T0280399

Springer-Lehrbuch

Peter Vogel

Systemtheorie ohne Ballast

Zeitdiskrete LTI-Systeme

Professor Peter Vogel
Fachhochschule Düsseldorf
Fachbereich Medien
Josef-Gockeln-Str. 9
40474 Düsseldorf
vogelpe@aol.com

Weitere Informationen finden Sie unter:
http://extras.springer.com/2011/978-3-642-16045-5

ISSN 0937-7433
ISBN 978-3-642-16045-5 e-ISBN 978-3-642-16046-2
DOI 10.1007/978-3-642-16046-2
Springer Heidelberg Dordrecht London New York

Die Deutsche Nationalbibliothek verzeichnet diese Publikation in der Deutschen Nationalbibliografie; detaillierte bibliografische Daten sind im Internet über http://dnb.d-nb.de abrufbar.

Einbandentwurf: WMXDesign GmbH, Heidelberg

Gedruckt auf säurefreiem Papier

Springer ist Teil der Fachverlagsgruppe Springer Science+Business Media (www.springer.com)

Ver–rückt

im positiven Sinne

muss man sein

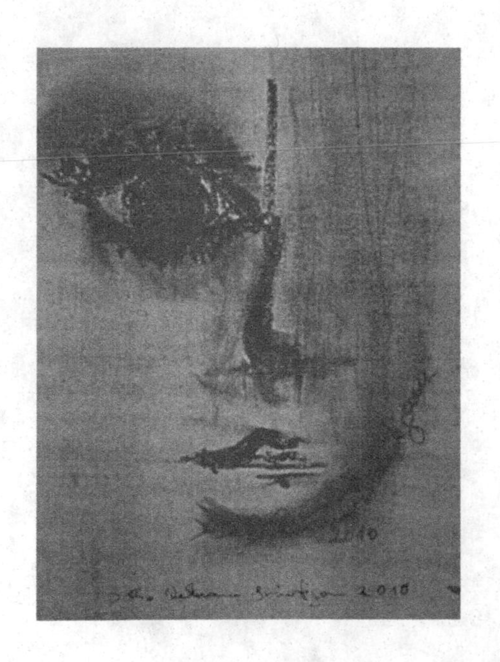

Vorwort

Motivation zum Schreiben dieses Buches
Was bewegt einen FH–Professor dazu, ein Fachbuch zu schreiben? In einer auf Profit ausgerichteten Gesellschaft rechtfertigt der Verkaufserlös den Arbeitsaufwand nicht. Auch die Fachhochschule, seit ihrer Umstellung von Diplom auf Bachelor dazu berufen, Studierende durch das Studium zu „pressen", um dem Markt geeignete Absolventen schneller zur Verfügung zu stellen, kommt als Impulsgeber für ein Buchprojekt nur begrenzt in Frage. Diese Umstellung hat vielmehr zu einer überproportional starken Reduzierung der Grundlagenfächer geführt — bei gleichzeitiger Reduzierung der gymnasialen Schulzeit, wodurch Probleme wie hohe Abbrecherquoten vorprogrammiert wurden. Die Motivation geben vor allem lernwillige Studierende und der Wunsch, unter ihrer Mitwirkung mehrjährige Lehrerfahrungen und interessante Forschungsergebnisse — dank der Freiheit von Forschung und Lehre — in einer optimierten Form zu bündeln.

Zielsetzung und Zielgruppe
Dieses Buch soll Studierenden, die mit der Systemtheorie oder einer ihrer vielen Anwendungen konfrontiert werden, z. B. in der *Signalverarbeitung*, *Nachrichtentechnik* bzw. *Nachrichtenverarbeitung* oder *Regelungstechnik*, eine Hilfestellung sein. Hierbei können die in allen Einzelheiten nachvollziehbaren Ausführungen sowie die Übungsaufgaben mit Lösungen helfen. Auch Fachleute und Kollegen können von der exakten und modularen Darstellung profitieren und sich mit einem Ansatz einer allgemeinen Theorie über zeitdiskrete LTI–Systeme konfrontieren, also über lineare und zeitinvariante Systeme. Hierbei stehen weniger der „Bau" von Systemen sondern (zeitlose) Tatsachen und Erkenntnisse im Vordergrund, hergeleitet aus wenigen Grundannahmen. Somit werden nicht nur (angehende) Ingenieure angesprochen, sondern auch Physiker und Mathematiker.

Was ist das Thema dieses Buches?
Zeitkontinuierliche Systeme wie beispielsweise elektrische Netzwerke werden nur am Rande betrachtet. In der digitalen Signalverarbeitung findet stattdessen das sog. *zeitdiskrete* Systemmodell Anwendung. Quantisierungseffekte, welche in der

Datenkompression eine entscheidende Rolle spielen, werden ebenso wenig berücksichtigt wie zufällige Signale, mit denen Systeme angeregt werden können. Auf die Signalanalyse wird nur soweit eingegangen, wie sie zur Systembeschreibung benötigt wird. Der Schwerpunkt sind somit zeitdiskrete LTI–Systeme, die mit deterministischen Signalen angeregt werden.

Was heißt „ohne Ballast"?

Dass der Schwerpunkt auf zeitdiskreten LTI–Systemen liegt, bedeutet nicht, dass andere Themen der Systemtheorie „Ballast" darstellen. Sie können vielmehr als Vertiefungen aufgefasst werden. Näheres über die Anregung zeitdiskreter LTI–Systeme mit zufälligen Signalen findet man beispielsweise in [1] und [2]. Zeitkontinuierliche LTI–Systeme werden üblicherweise mit Hilfe von sog. *Distributionen* behandelt [3]–[6]. Ein Beispiel ist die *Delta–Funktion*, mit der Elektrotechniker und Physiker die Verteilungsdichte einer Punktladung oder Punktmasse angeben. Auch bei der Frequenzdarstellung zeitdiskreter LTI–Systeme ist die Delta–Funktion selbstverständlich [2], [3]. Eine mathematisch exakte Darstellung zeitkontinuierlicher LTI–Systeme findet man in [7]. Sie setzt spezielle mathematische Kenntnisse über Distributionen voraus, wie sie beispielsweise in [8] vermittelt werden. Distributionen werden jedoch wie in [1] nicht benötigt, was die exakte Nachvollziehbarkeit auch für Nicht–Mathematiker ermöglicht. Lediglich Grundkenntnisse der Mathematik, unter anderem über Folgen und Reihen sowie komplexe Zahlen, werden benötigt. Eine „distributionsfreie" und dennoch exakte Darstellung zeitkontinuierlicher LTI–Systeme wird vom Autor als Herausforderung angesehen.

Didaktisches Konzept

- Der Leser wird vom Beispiel über die Verallgemeinerung zum Ergebnis geführt.
- Zahlreiche Übungen mit Lösungen sind für den Lerneffekt erforderlich und ermöglichen das Selbststudium.
- Eine schnelle Orientierung erfolgt durch zahlreiche Untertitel (in Fettdruck) sowie die Darstellung von Definitionen und Ergebnissen in *grauen Boxen*. Auf eine Unterscheidung zwischen Definitionen und Ergebnissen wird großer Wert gelegt.
- Neben dem Haupttext sind mathematische Begründungen, gekennzeichnet durch eine kleine Schriftgröße, angegeben. Sie sind für das Verständnis des folgenden Haupttextes nicht erforderlich und können daher zunächst „überlesen" werden.
- Problemstellungen werden durch Fragen gekennzeichnet.
- Grauwertbilder werden digital gefiltert [9], um eine Systemoperation zu visualisieren.

Der Autor freut sich über eine Kontaktaufnahme über **vogelpe@aol.com**.
Ergänzende Informationen zum Buch können unter
http://extras.springer.com/2011/978-3-642-16045-5
unter Angabe der ISBN-Nummer eingesehen werden.

Kaarst, 2011 *Peter Vogel*

Danksagung

Mein Dank gilt zunächst den Kollegen Werner Krabs, Jörg Becker-Schweitzer und Reinhard Schmitt für die Begutachtung von Kapitel 2 im Auftrag des Springer Verlags. In diesem Zusammenhang möchte ich Angelika Wegener für Diskussionen zu Kapitel 2, was die deutsche Rechtschreibung seit 1996 betrifft, danken.

Die ersten vier Kapitel wurden in Vorlesungen der Nachrichtentechnik sowie der Angewandten Mathematik an der Fachhochschule Düsseldorf vorgetragen. Die Vorlesungen wurden durch einen Review–Prozess für das Manuskript ergänzt, an dem die Studiengänge Medientechnik und Ton– und Bild in Praktika sowie Klausuren beteiligt wurden. Das anspruchsvollere Kapitel 5 wurde in einem Wahlpflichtfach vorgetragen und ebenfalls einem Review–Prozess unterzogen. Allen beteiligten Studierenden, die auf diese Weise zur Verbesserung des Buches beigetragen haben, gilt mein Dank, insbesondere den Teilnehmern des Wahlpflichfaches, Thomas Becker, Ulrich Hendan, Masih Jakubi, Matthias Koch, Philipp Ludwig, Alexander Ruhnke und Jochen Schlump. Meinem Tutor Masih Jakubi danke ich auch für seine Assistenz in photografischen Belangen.

Urban Mintgens danke ich für seine mit Akriebie betriebene Korrekturlesung eines Großteils des Manuskripts sowie inspirierende Diskussionen. Meinem Filius Sebastian Vogel gebührt ebenfalls mein Dank für die Korrekturlesung eines Teils des Manuskripts.

Schließlich bedanke ich mich bei der Firma le–tex publishing services GmbH für die unentbehrliche Unterstützung betreffend der Erstellung des Manuskripts in LATEX.

Inhaltsverzeichnis

Überblick

Die folgende Auflistung gibt einen Überblick über die Kap. 1–5. Übungen zu den Kap. 1–4 befinden sich am Ende jedes Kapitels, die dazugehörigen Lösungen findet man in Anhang B. Am Ende von Kap. 5 sind einige (teilweise ungelöste) Probleme dargestellt. Auf den Anhang A.1 über Eigenbewegungen wird in den Kap. 3–5 verwiesen. Anhang A.2 über symmetrische FIR–Filter und Allpässe vertieft Kap. 4.

1. Signale

- Was sind zeitdiskrete Signale?
- Auf welche Weise können Signale miteinander verknüpft werden?
- Signale mit bestimmten Eigenschaften bilden Signalräume. Wichtige Beispiele: Sinusförmige Signale einer bestimmten Frequenz, periodische Signale einer bestimmten Periodendauer.

2. Systeme

- Die Systembeispiele 1–12, darunter sechs LTI–Systeme, werden vorgestellt.
- Die LTI–Eigenschaft wird definiert. Was sind kausale und stabile Systeme?
- Bleiben Systemeigenschaften bei einer Zusammenschaltung erhalten?
- Inverse Systeme: Die Umkehrung eines Systems macht eine neue Systemeigenschaft erforderlich: Seine Eindeutigkeit.
- Rückblick auf die Systemeigenschaften: Ist jede Kombination von Systemeigenschaften möglich?
- Die vielseitige Rückkopplung: Als Regelkreis, Hallgenerator und zur Realisierung von Impulsantworten unendlicher Dauer.

3. Zeitdiskrete Faltungssysteme

- Faltungsdarstellung: Das Ausgangssignal ergibt sich durch Faltung des Eingangssignals mit der Impulsantwort des Systems. Sie gilt definitionsgemäß für Faltungssysteme wie FIR–Filter (Impulsantwort ist von endlicher Dauer), aber nicht für jedes zeitdiskrete LTI–System. Fünf Faltungsmethoden stehen zur Auswahl.
- Wie erkennt man anhand der Impulsantwort die Stabilität?
- Die Faltbarkeit zweier Signale ist nicht selbstverständlich.
- Ergeben sich bei Zusammenschaltungen wieder Faltungssysteme?

- Die Impulsantwort eines inversen Systems kann rekursiv berechnet werden. Ein Beispiel ist die Impulsantwort einer Rückkopplung. Mit Hilfe einer Rückkopplung kann ein FIR–Filter invertiert werden.
- Zusammenschaltung von FIR–Filtern:
  Welche zeitdiskreten LTI–Systeme können realisiert werden?

4. Frequenzdarstellung realisierbarer LTI–Systeme

- Die z–Transformation ist eine Faltungsmethode für Signale endlicher Dauer.
- Die z–Transformation der Impulsantwort ergibt die Übertragungsfunktion. Mit Hilfe ihrer Nullstellen kann ein FIR–Filter „zerlegt" werden.
- Die sinusförmige Anregung eines FIR–Filters führt auf seine Frequenzfunktion, ein Sonderfall der Übertragungsfunktion.
- Die Fouriertransformation der Impulsantwort ergibt die Frequenzfunktion.
- Eine Frequenzfunktion kann als Ortskurve dargestellt werden.
- Symmetrische FIR–Filter sind linearphasig.
- Die charakteristische Gleichung eines realisierbaren LTI–Systems ermöglicht einen analytischen Zugang zu Eigenbewegungen und Impulsantworten.
- Die z–Transformation für Signale unendlicher Dauer ermöglicht die Erweiterung der Übertragungsfunktion von FIR–Filtern auf realisierbare LTI–Systeme.
- Die Frequenzfunktion realisierbarer LTI–Systeme: Die Anregung mit einem Einschaltvorgang, der ab dem Einschaltzeitpunkt sinusförmig ist, führt auf die Frequenzfunktion. Welche Frequenzfunktionen sind für eine Rückkopplung 1. und 2. Ordnung möglich? Was ist ein Allpass?

5. Anwendungen und Vertiefungen

- Digitale Regelungstechnik: Wie erhält man eine verschwindende Regelabweichung?
- Durch Erweiterung der Fourier–Transformation auf Signale endlicher Energie gewinnt man interessante Faltungssysteme: Ideale Tiefpässe, den Hilbert–Transformator, die Verzögerung des zeitdiskreten Signals um eine nichtganzahlige Verzögerungszeit.
- Ein Faltungssystem kann durch ein FIR–Filter angenähert werden, welches man durch Fensterung der Impulsantwort gewinnt. Bei einer Rechteckfensterung tritt das Gibbsche Phänomen auf.
- Verallgemeinerte Faltungssysteme: Welche LTI–Systeme können außerdem durch FIR–Filter angenähert werden? Entartete Frequenzfunktionen wie die des *Sinus–Detektors* bzw. der Systembeispiele 11–17 sind ebenfalls möglich.
- Theorie zeitdiskreter LTI–Systeme: Ein Ansatz für eine allgemeine Theorie wird beschrieben. Bezüglich komplizierter Beweise wird auf [10] verwiesen. FIR–Filter werden als Werkzeug zur Beschreibung von Signalräumen und Signalabhängigkeiten benutzt. Sie spielen eine wichtige Rolle bei der Definition zeitdiskreter LTI–Systeme, denn Signalbhängigkeiten für die Eingangssignale des Systems bestehen auch ausgangsseitig.

Konventionen

1. Sprachliche Abkürzungen

Abschn.	Abschnitt
bzw.	beziehungsweise
d. h.	das heißt
i. F.	im Folgenden
Kap.	Kapitel
sog.	sogenannt
z. B.	zum Beispiel

2. Texthervorhebungen

Definition

Wichtige Definitionen werden durch eine hellgraue Schattierung hervorgehoben.

Ergebnis

Wichtige Ergebnisse werden durch eine dunkelgraue Schattierung hervorgehoben.

Textstellen mit mathematischen Beweisführungen sind durch eine kleinere Schriftgröße gekennzeichnet. Diese Textstellen sind für das Verständnis des folgenden Textes nicht erforderlich.

3. Formelzeichen

Einige häufig auftretende mathematische Abkürzungen und zwei sehr häufig verwendete Formeln sind in der folgenden Liste zusammengestellt. Eine ausführliche Formelsammlung findet man im Internet unter der im Vorwort angegebenen Internet–Adresse des Springer–Verlags.

$:=$ Definierendes Gleichheitszeichen

$\sum_i$ Wenn der Summationsbereich endlich ist, handelt es sich um eine Summe. Wenn der Summationsbereich alle ganzen Zahlen umfasst, werden Reihengrenzwerte gebildet. Hierbei bestehen zwei Möglichkeiten:

1. Bei einer symmetrischen Grenzwertbildung wird zunächst die Summe über $-n \leq i \leq n$ gebildet und dann der Grenzwert für $n \to \infty$ bestimmt. Anwendungen: Faltung, Fourier–Transformation in Kap. 5.
2. Bei einer unsymmetrischen Grenzwertbildung werden die beiden Summen über $-n \leq i < 0$ und $0 \leq i \leq n$ gebildet und dann die Grenzwerte für $n \to \infty$ gebildet. Anwendungen: z–Transformation, Fourier–Transformation in Kap. 4.

$\sum_{i=0}^{\infty} q^i$ Geometrische Reihe (für eine komplexe Zahl q)
Die Reihe konvergiert genau dann, wenn $|q| < 1$ gilt. Der Reihengrenzwert beträgt dann $1/(1-q)$. Er ergibt sich aus der *geometrischen Summenformel*

$$1+q+q^2+\cdots+q^n = \frac{1-q^{n+1}}{1-q}\ , \ q \neq 1\ ,$$

die man unmittelbar durch Multiplikation beider Seiten dieser Gleichung mit $1-q$ bestätigen kann.

arg Argument einer komplexen Zahl: Winkel zwischen dem Vektor $(\mathrm{Re}\,, \mathrm{Im})$ (Realteil, Imaginärteil) und der Realteil–Achse, bestimmbar gemäß

$$\arg = \begin{cases} \arctan \mathrm{Im}/\mathrm{Re} : \mathrm{Re} > 0 \\ \arctan \mathrm{Im}/\mathrm{Re} + \pi : \mathrm{Re} < 0\ ,\ \mathrm{Im} \geq 0 \\ \arctan \mathrm{Im}/\mathrm{Re} - \pi : \mathrm{Re} < 0\ ,\ \mathrm{Im} < 0 \\ \pi/2 : \mathrm{Re} = 0\ ,\ \mathrm{Im} > 0 \\ -\pi/2 : \mathrm{Re} = 0\ ,\ \mathrm{Im} < 0 \\ \text{nicht definiert} : \mathrm{Re} = \mathrm{Im} = 0 \end{cases} .$$

j Imaginäre Einheit

Im Imaginärteil einer komplexen Zahl
Re Realteil einer komplexen Zahl

sgn Signum– bzw. Vorzeichenfunktion, definiert durch $\mathrm{sgn}(x) = 1$ für $x > 0$, -1 für $x < 0$ und 0 für $x = 0$

z^* Konjugation einer komplexen Zahl z. Es ist $z^* = \mathrm{Re}\, z - \mathrm{j}\ \mathrm{Im}\, z$.

Kapitel 1
Signale

Zusammenfassung Es wird in die Welt der Signale eingeführt: Was sind analoge und digitale Signale? Welche Signale sind von besonderer Bedeutung? Auf welche Weise kann man Signale miteinander verknüpfen? Die Aufstellung von Signaleigenschaften ermöglicht eine Ordnung in der Welt der Signale. Dabei stellt sich heraus, dass eine Signaleigenschaft wie beispielsweise die Sinusförmigkeit erhalten bleibt, wenn elementare Signaloperationen durchgeführt werden. Diese Signale bilden daher einen sog. *Signalraum*. Auf periodische Signale und die sog. *Diskrete Fourier–Transformation* (DFT) wird ebenfalls eingegangen.

1.1 Signalmodelle

Tonaufzeichnung durch ein Mikrofon

Ein Beispiel für ein Signal ist der elektrische Spannungsverlauf als Ergebnis einer Tonaufzeichnung durch ein Mikrophon. Der Spannungsverlauf folgt hierbei den Schallschwingungen in kontinuierlicher Weise, d. h. die elektrische Spannung (der Signalwert) besitzt zu jedem Zeitpunkt einen bestimmten Wert. Ein solches Signal nennt man *zeitkontinuierlich*.

Daten in einer Datei

Im Gegensatz zu zeitkontinuierlichen Signalen sind *zeitdiskrete* Signale nur zu bestimmten Zeitpunkten definiert. Ein erstes Beispiel ist eine Datei. Die Zeitpunkte kann man sich als „Adressen" vorstellen, mit denen die einzelnen Bytewerte der Datei adressiert werden. Der Wertevorrat der Signalwerte ist begrenzt auf die durch ein einzelnes Byte darstellbaren $2^8 = 256$ Zustände oder ganzen Zahlen von 0–255. Ein Signal mit einem endlichen Wertevorrat für die Signalwerte nennt man *wertdiskret*. Ein Signal, das sowohl zeitdiskret als auch wertdiskret ist, nennt man *digital*. Die in einer Datei gespeicherten Bytewerte sind also ein Beispiel für ein digitales Signal.

Digitale Bilder und Textdaten
Weitere Beispiele für digitale Signale sind digitale Bilder und Textdaten. Digitale Bilder kann man sich als eine Matrix von Zahlenwerten vorstellen, welche die Helligkeitsinformationen und Farbinformationen für jeden Bildpunkt wiedergeben [11]. Grauwertbilder enthalten keine Farbinformationen, sondern nur Helligkeitsinformationen. Textdaten sind ein weiteres Beispiel für digitale Signale. Die einzelnen Textzeichen sind aus einem endlichen Alphabet, z. B. dem deutschen Alphabet, entnommen.

Signalmodelle
Ein digitales Signal kann innerhalb einer endlichen Zeitspanne durch endlich viele Binärsymbole dargestellt werden. Im Gegensatz dazu nennt man ein zeitkontinuierliches und wertkontinuierliches (nicht wertdiskretes) Signal *analog*. Die bisherigen Ausführungen legen es nahe, ein zeitdiskretes Signal durch eine Folge reeller Zahlen zu beschreiben und ein zeitkontinuierliches Signal durch eine reellwertige Funktion. Bestimmte Erweiterungen dieses Signalmodells sind möglich:

Komplexe Signalwerte
Signale mit komplexen Signalwerten werden verwendet, um Herleitungen zu vereinfachen wie beispielsweise in Abschn. 1.3.4. Ein Signal mit nichtreellen Signalwerten bezeichnen wir auch als „Pseudosignal".

Distributionen
Die Verwendung sog. *verallgemeinerter Funktionen*, auch *Distributionen* genannt, ist für die Beschreibung analoger Signale sinnvoll. Ein Beispiel ist die aus der Physik bekannte sog. *Delta–Funktion*. Distributionen werden auch bei der Beschreibung von zeitdiskreten Signalen im Frequenzbereich angewandt. Wir vermeiden sie konsequent, da wir sie nicht für erforderlich halten, und um eine für Ingenieure in allen Einzelheiten nachvollziehbare Darstellung zu ermöglichen.

Was ist ein Signal?

Ein **zeitdiskretes Signal** wird durch eine (zweiseitige) Zahlenfolge $x(k)$, $k \in \mathbb{Z}$ dargestellt. Dabei bezeichnet $x(k)$ neben dem Signal seinen *Signalwert* zum Zeitpunkt k. Ein **zeitkontinuierliches Signal** wird durch eine Funktion $x(t)$ dargestellt, welche für alle reellen Zahlen t definiert ist. Dabei bezeichnet $x(t)$ neben dem Signal auch den *Signalwert* zum Zeitpunkt t. Bei einem wertdiskreten Signal ist der Wertevorrat für die Signalwerte endlich. Bei einem wertkontinuierlichen Signal sind beliebige Signalwerte erlaubt. Bei einem **Pseudosignal** sind beliebige komplexe Zahlen als Signalwerte möglich.

Unendlicher Zeitbereich
Der Zeitbereich eines Signals erstreckt sich von $-\infty$ bis $+\infty$. Signale unendlicher Dauer wie beispielsweise eine Sinusschwingung sind damit beschreibbar. Ein unbegrenzter Zeitbereich gestattet die zeitliche Verschiebung eines Signals, z. B. eine Signalverzögerung.

Funktionen als zeitkontinuierliche Signale

Zur Beschreibung eines zeitkontinuierlichen Signals kommt jede Funktion in Betracht. Folglich sind Potenzen $t^a, a \in \mathbb{R}$, Exponentialfunktionen $e^{\lambda t}, \lambda \in \mathbb{R}$ oder die sin–Funktion $\sin[2\pi f t]$ mit f als Frequenz Beispiele für zeitkontinuierliche Signale. Aber auch unstetige Funktionen wie die *Sprungfunktion* oder der *Rechteck–Impuls* stellen wichtige zeitkontinuierliche Signale dar (s. Tab. 1.1). Die hierbei auftretenden unendlich steilen Signalflanken bei $t = 0$ sind Idealisierungen, die experimentell nur näherungsweise realisiert werden können. In beiden Fällen handelt es sich um einen *Einschaltvorgang* mit dem Einschaltzeitpunkt 0.

Tabelle 1.1 Beispiele für Signale

Signal	Signalverlauf
Sprungfunktion $\varepsilon(t) := \begin{cases} 0 : t < 0 \\ 1 : t \geq 0 \end{cases}$	$\varepsilon(t)$; 1; t
Rechteck–Impuls $r_{[0,\tau]}(t) := \begin{cases} 1 : 0 \leq t < \tau \\ 0 : \text{sonst} \end{cases}$	$r_{[0,\tau]}(t)$; 1; τ; t
Zeitdiskrete Sprungfunktion $\varepsilon(k) := \begin{cases} 0 : k < 0 \\ 1 : k \geq 0 \end{cases}$	$\varepsilon(k)$; 1; 2; ...; k
Zeitdiskreter Dirac–Impuls $\delta(k) := \begin{cases} 1 : k = 0 \\ 0 : \text{sonst} \end{cases}$	$\delta(k)$; k

Abtastung zeitkontinuierlicher Signale

Aus einem zeitkontinuierlichen Signal erhält man durch *Abtastung* ein zeitdiskretes Signal (s. Abb. 1.1). Bei einer *äquidistanten* Abtastung wird das zeitkontinuierliche Signal $x(t)$ mit dem konstanten Abtastabstand T abgetastet, woraus das zeitdiskrete Signal

$$x_d(k) = x(kT) \tag{1.1}$$

entsteht. So entsteht die zeitdiskrete Sprungfunktion durch Abtastung der zeitkontinuierlichen Sprungfunktion (s. Tab. 1.1). Aus einem zeitkontinuierlichen Rechteck–Impuls entsteht durch Abtastung ein zeitdiskreter Rechteck–Impuls. Ist die Impulsdauer kleiner als der Abtastabstand, erhält man den *zeitdiskreten Dirac–Impuls* (s. Tab. 1.1). Er besitzt nur einen einzigen Signalwert ungleich 0 für den Zeitpunkt $k = 0$, nämlich $\delta(0) = 1$.

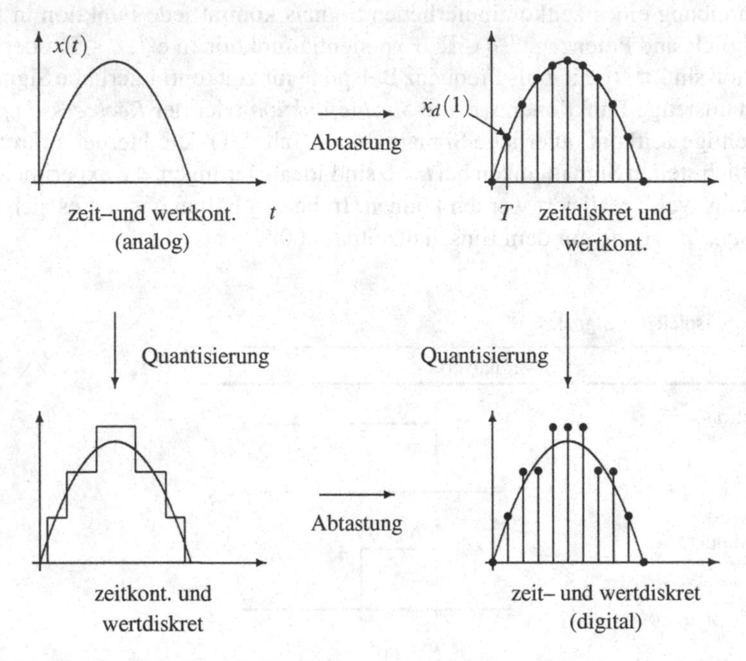

Abb. 1.1 Signalmodelle: Durch Abtastung und Quantisierung erhält man aus einem analogen Signal (*links oben*) ein digitales Signal (*rechts unten*).

Quantisierung

Bei der Quantisierung wird ein wertkontinuierliches Signal in ein wertdiskretes Signal umgeformt. Man kann sich die Quantisierung als einen Rundungsvorgang vorstellen. In Abb. 1.1 werden die Signalwerte durch die Quantisierung auf vier unterschiedliche Werte gerundet. Somit könnte jeder Signalwert des quantisierten Signals mit zwei Binärzeichen kodiert werden (2 Bit–Kodierung). Abb. 1.1 zeigt, dass die Reihenfolge des Abtastens und der Quantisierung keinen Einfluss auf das digitale Signal hat. Der Weg zurück von einem quantisierten Signal zum nicht quantisierten Signal wird als *Rekonstruktion* bezeichnet. Wegen Rundungsfehlern ist eine fehlerfreie Rekonstruktion nicht möglich.

Interpolation

Um aus einem abgetasteten Signal ein zeitkontinuierliches Signal zurückzugewinnen, sind die Signalwerte zwischen zwei Abtastzeitpunkten zu berechnen. Werden hierbei die Signalwerte bei den Abtastzeitpunkten exakt reproduziert, liegt eine Interpolation vor. Ein einfaches Prinzip ist ein Halteglied. Es gibt den abgetasteten Signalwert bis zum nächsten Abtastzeitpunkt aus (s. Abb. 1.2). Ein Halteglied wird beispielsweise in der Regelungstechnik angewandt.

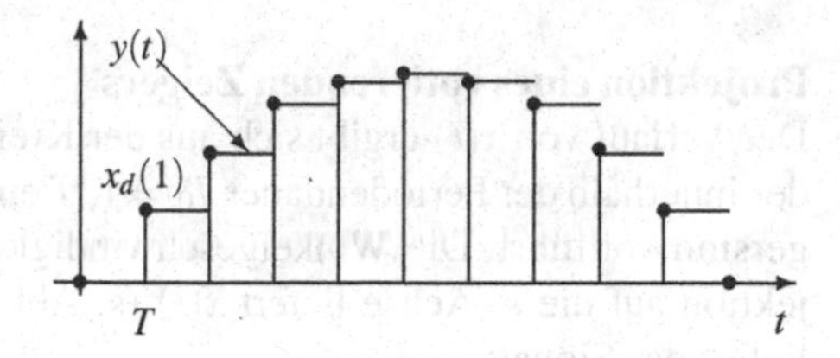

Abb. 1.2 Interpolation mit dem Halteglied: Jeder Signalwert des zeitdiskreten Signals $x_d(k)$ wird für eine Zeitspanne von T Zeiteinheiten ausgegeben (Signal $y(t)$).

Anwendungen

Digitale Regelung

Die Temperatur in einem Raum soll digital geregelt werden. Dies bedeutet, dass ein digitales Steuersignal berechnet wird, um die Raumheizung zu steuern. Damit die Raumheizung dieses Signal „versteht", muss es in ein analoges Signal umgeformt werden, z. B. mit einem Halteglied.

Nachrichtenübertragung

Es soll ein digitales Signal über eine elektrische Leitung übertragen werden. Die Übertragung kann nur analog erfolgen, indem das digitale Signal in einen elektrischen Spannungsverlauf (analoges Signal) umgeformt wird. Die Umformung erfolgt durch einen *Modulator*.

Digitale Signalverarbeitung

Ein analoges Tonsignal soll mit Hilfe von Algorithmen, die in einem Rechner ablaufen, „enthallt" werden. Als erster Schritt muss das analoge Signal zunächst in ein digitales Signal umgeformt werden. Nach der digitalen Signalverarbeitung wird ein analoges Tonsignal gebildet. Dabei werden die Signalwerte des Tonsignals zwischen zwei Abtastzeitpunkten interpoliert.

1.1.1 Zeitkontinuierliche sinusförmige Signale

Ein zeitkontinuierliches sinusförmiges Signal kann durch

$$x(t) = A \cdot \cos[2\pi ft + \Phi_0] \qquad (1.2)$$

dargestellt werden. Alternativ kann die sin–Funktion verwendet werden. Die Signalparameter sind

f : die Frequenz,
A : die Amplitude ($A \geq 0$) und
Φ_0 : der Nullphasenwinkel.

Projektion eines rotierenden Zeigers
Der Verlauf von $x(t)$ ergibt sich aus der Kreisbewegung eines Zeigers der Länge A, der innerhalb der Periodendauer $T_0 = 1/f$ eine volle Umdrehung gegen den Uhrzeigersinn vollführt. Die Winkelgeschwindigkeit ist folglich $2\pi/T_0 = 2\pi f$. Die Projektion auf die x–Achse liefert $x(t)$ (s. Abb. 1.3). Die Projektion auf die y–Achse liefert das Signal

$$y(t) = A \cdot \sin[2\pi ft + \Phi_0] \,. \tag{1.3}$$

Bei der komplexwertigen Darstellung eines sinusförmigen Signals wird die xy–Ebene als komplexe Zahlenebene interpretiert. Folglich lautet diese Darstellung

$$x_c(t) := A \cdot e^{j\,(2\pi ft+\Phi_0)} = x(t) + j\,y(t) \,. \tag{1.4}$$

Da $x_c(t)$ komplexwertig ist, handelt es sich um ein „sinusförmiges Pseudosignal".

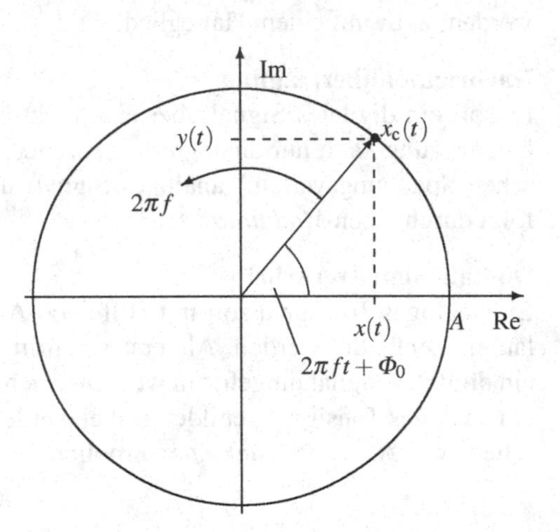

Abb. 1.3 Ein sinusförmiges Signal wird als Pseudosignal x_c dargestellt.
Realteil von $x_c(t)$:
$x(t) = A \cdot \cos[2\pi ft + \Phi_0]$,
Imaginärteil von $x_c(t)$:
$y(t) = A \cdot \sin[2\pi ft + \Phi_0]$,
Betrag $|x_c(t)|$: Amplitude A,
Argument $\arg x_c(t)$:
Winkel $2\pi ft + \Phi_0$.

1.1.2 Zeitdiskrete sinusförmige Signale

Ein zeitdiskretes sinusförmiges Signal entsteht durch Abtastung eines zeitkontinuierlichen sinusförmigen Signals mit dem Abtastabstand $T = 1$ gemäß

$$x(k) = A \cdot \cos[2\pi fk + \Phi_0] \,. \tag{1.5}$$

Dabei bezeichnen wieder f die Frequenz, A die Amplitude und Φ_0 den Nullphasenwinkel. Alternativ kann man auch die sin–Funktion verwenden.

Konstante Signale

Für $f = 0$ erhält man das konstante Signal

$$x(k) = A \cdot \cos \Phi_0 \, . \tag{1.6}$$

Seine Signalwerte sind alle gleich (s. Abb. 1.4).

Alternierende Signale

Für $f = 1/2$ erhält man das alternierende Signal

$$x(k) = A \cdot (-1)^k \cdot \cos \Phi_0 \, . \tag{1.7}$$

Seine Signalwerte wechseln ständig das Vorzeichen, während ihre Beträge alle gleich sind (s. Abb. 1.4).

100	-100	100	-100	100	-100	100	-100
100	-100	100	-100	100	-100	100	-100
100	-100	100	-100	100	-100	100	-100
100	-100	100	-100	100	-100	100	-100
100	-100	100	-100	100	-100	100	-100
100	-100	100	-100	100	-100	100	-100
100	-100	100	-100	100	-100	100	-100
100	-100	100	-100	100	-100	100	-100
100	-100	100	-100	100	-100	100	-100
100	-100	100	-100	100	-100	100	-100
100	-100	100	-100	100	-100	100	-100

Abb. 1.4 Konstante und alternierende Signale, verdeutlicht durch ein streifenförmiges Bild. Die Signalwerte sind die Grauwerte der Bildpunkte eines Bildes. Ein konstantes Signal entsteht längs der Spalten, ein alternierendes Signal entsteht längs der Zeilen.

Periodizität

Wird der Zeitpunkt k um 1 erhöht, erhöht sich der Winkel $\Phi(k) = 2\pi fk + \Phi_0$ in $x(k) = A \cdot \cos[2\pi fk + \Phi_0]$ um $2\pi f$. Nach Ablauf einer Zeitspanne T_0 ist folglich der zurückgelegte Winkel $2\pi f T_0$. Wenn das zeitdiskrete sinusförmige Signal $x(k)$ die Periodendauer T_0 besitzt, muss folglich $2\pi f T_0$ ein ganzzahlig Vielfaches $n \cdot 2\pi$ sein. Daraus folgt für die Frequenz die Bedingung

$$f = \frac{n}{T_0} \, , \; n \in \mathbb{Z} \, . \tag{1.8}$$

Die Frequenz ist somit der Quotient aus einer natürlichen Zahl und der Periodendauer und damit eine rationale Zahl. Nur wenn diese Bedingung erfüllt ist, ist das zeitdiskrete sinusförmige Signal periodisch. In dieser Hinsicht unterscheiden sich zeitdiskrete sinusförmige Signale von zeitkontinuierlichen sinusförmigen Signalen, die bei *jeder* Frequenz periodisch sind. Die Periodendauer kann aus Gl. (1.8) direkt abgelesen werden (sofern der Bruch teilerfremd ist). Beispielsweise ergibt sich für die Frequenz $f = 2/5$ die Periodendauer $T_0 = 5$ (s. Abb. 1.5).

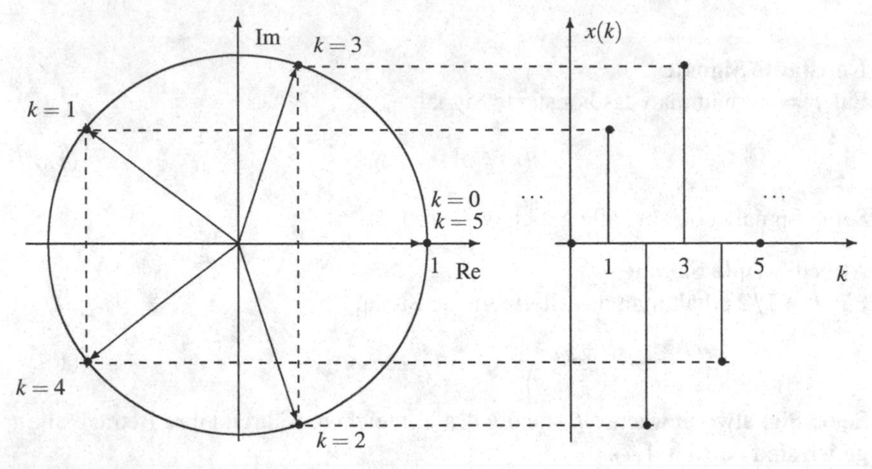

Abb. 1.5 Darstellung eines zeitdiskreten sinusförmigen Signals.
Die Frequenz ist $f = 2/5$, die Periodendauer beträgt $T_0 = 5$.
Links: Das Pseudosignal $x_c(k) = e^{j2\pi fk}$. *Rechts:* Das Signal $x(k) = \sin[2\pi fk]$.
Die Argumente $\Phi(k) := \arg x_c(k)$ sind $\Phi(0) = 0$, $\Phi(1) = 2\pi f = 144°$,
$\Phi(2) = 4\pi f = 288°$, $\Phi(3) = 6\pi f = 432°$, $\Phi(4) = 8\pi f = 576°$, $\Phi(5) = 10\pi f = 720°$.

Frequenzbereich

Ein weiterer Unterschied ergibt sich aus der folgenden Überlegung: Bei zeitkontinuierlichen sinusförmigen Signalen sind beliebig große Frequenzen $f > 0$ sinnvoll, da immer neue Signale entstehen. Bei zeitdiskreten sinusförmigen Signalen liegen die Verhältnisse anders. Hier sind die Frequenzen im Frequenzbereich $0 \leq f \leq 1/2$ bereits ausreichend, denn es gilt

$$A \cdot \cos[-2\pi fk + \Phi_0] = A \cdot \cos[2\pi fk - \Phi_0] \, , \tag{1.9}$$

$$\begin{aligned} A \cdot \cos[2\pi(f+1)k + \Phi_0] &= A \cdot \cos[2\pi fk + 2\pi k + \Phi_0] \\ &= A \cdot \cos[2\pi fk + \Phi_0] \, . \end{aligned} \tag{1.10}$$

Nach Gl. (1.9) sind negative Frequenzen durch positive Frequenzen darstellbar. Gl. (1.10) besagt, dass die Frequenzwerte f und $f+1$ das gleiche Signal ergeben.

Zusammenhang mit dem Abtasttheorem

Die Abtastung des zeitkontinuierlichen Signals $x_1(t) := A \cdot \cos[2\pi ft + \Phi_0]$ an den Abtaststellen k ergibt das gleiche zeitdiskrete Signal wie die Abtastung von $x_2(t) := A \cdot \cos[2\pi(f+1)t + \Phi_0]$. Obwohl die zeitkontinuierlichen Signale $x_1(t)$ und $x_2(t)$ unterschiedlich sind, sind ihre Abtastwerte für den Abtastabstand $T = 1$ gleich. Aus den Abtastwerten $A \cdot \cos[2\pi fk + \Phi_0]$ kann demnach *nicht* auf das zeitkontinuierliche Signal geschlossen werden. Dies ist nach dem *Abtasttheorem von Shannon* nur möglich, wenn für die Abtastfrequenz die Abtastbedingung $f_a > 2|f|$ gilt. Da die Abtastfrequenz $f_a = 1/T = 1$ ist, lautet die Abtastbedingung $|f| < 1/2$. Diese Bedingung kann nicht von zwei Frequenzen f und $f+1$ gleichzeitig erfüllt sein.

Maximale Frequenz
Die größte Frequenz im Frequenzbereich $0 \leq f \leq 1/2$,

$$f_{\max} := 1/2\,, \tag{1.11}$$

kann als größte Frequenz eines zeitdiskreten sinusförmigen Signals interpretiert werden. Bei dieser Frequenz ist das zeitdiskrete sinusförmige Signal alternierend. Bei zeitkontinuierlichen sinusförmigen Signalen gibt es keine maximale Frequenz.

1.2 Elementare Signaloperationen

Wann treten elementare Signaloperationen auf?
Bei der Übertragung analoger Signale können sich aufgrund von Energieverlusten die Signale abschwächen und müssen daher verstärkt werden. Es können Signalverzögerungen auftreten oder dem Signal kann ein Rauschprozess überlagert sein. Eine Signalverstärkung oder die Überlagerung zweier analoger Signale kann beispielsweise in Operationsverstärker–Schaltungen vorgenommen werden [12]. In einem Addierer können zwei digitale Signale überlagert werden. In einem Multiplizierer kann ein digitales Signal mit einem Faktor multipliziert werden. In einem Schieberegister können die Signalwerte eines digitalen Signals gespeichert und verzögert ausgelesen werden. Diese Signalverknüpfungen wollen wir *elementare Signaloperationen* nennen. Sie sind sowohl für zeitdiskrete als auch für zeitkontinuierliche Signale möglich.

Was ist eine elementare Signaloperation?

- Addition zweier Signale (Überlagerung):
  Die Summe der beiden Signale x_1 , x_2 ist das Signal mit den Signalwerten

$$y(t) = x_1(t) + x_2(t)\,. \tag{1.12}$$

- Multiplikation eines Signals mit einem Faktor:
  Die Multiplikation des Signals x mit einem Faktor $\lambda \in \mathbb{R}$ ist das Signal

$$y(t) = \lambda x(t)\,. \tag{1.13}$$

- Zeitliche Verschiebung eines Signals:
  Die zeitliche Verschiebung des Signals x um c Zeiteinheiten ist das Signal

$$y(t) = x(t - c)\,. \tag{1.14}$$

  Die kompaktere Schreibweise $y = \tau_c(x)$ wird ebenfalls benutzt.

Die Multiplikation zweier Signale ist nicht aufgeführt, da sie nicht als elementare Signaloperation aufgefasst wird.

Zeitliche Verschiebung
Bei der zeitlichen Verschiebung liegt für $c > 0$ eine *Verzögerung* vor. Für $c = 0$ wird das Signal nicht geändert. Bei zeitdiskreten Signalen ist c ganzzahlig, da Signalwerte nur für ganzzahlige Zeitpunkte definiert sind. Verzögerungen ergeben sich beispielsweise beim Anlegen einer elektrischen Spannung am Ende einer elektrischen Leitung. Infolge einer Wellenausbreitung mit endlicher Geschwindigkeit stellt sich ein verzögerter elektrischer Spannungsverlauf am anderen Leitungsende ein.

Multiplikation mit einem Faktor
Neben einer reinen Verzögerung können außerdem Signalverzerrungen und Signaldämpfungen auftreten. Die Signaldämpfung kann durch die Multiplikation des Signals mit einem Faktor λ dargestellt werden. Abhängig von λ ergeben sich die folgende Fälle:

$$\begin{aligned} \lambda = 1 &: \text{ keine Signaländerung,} \\ |\lambda| > 1 &: \text{ Signalverstärkung,} \\ |\lambda| < 1 &: \text{ Signaldämpfung,} \\ \lambda = -1 &: \text{ Invertierung.} \end{aligned}$$

Die zwei folgenden Beispiele zeigen, wie aus Signalen, z. B. der Sprungfunktion und dem Dirac–Impuls, komplexere Signale aufgebaut werden können. Hierbei werden elementare Signaloperationen auf die Sprungfunktion bzw. den Dirac–Impuls sowie die daraus entstehenden Signale angewandt.

Beispiel: Rechteck–Impuls und Sprungfunktion
Mit Hilfe der Sprungfunktion kann ein Rechteck–Impuls wie folgt gebildet werden (s. Abb. 1.6):

$$r_{[0,\tau]}(t) = \varepsilon(t) - \varepsilon(t-\tau)\,. \tag{1.15}$$

Durch Anwendung elementarer Signaloperationen entstehen treppenförmige Signalverläufe.

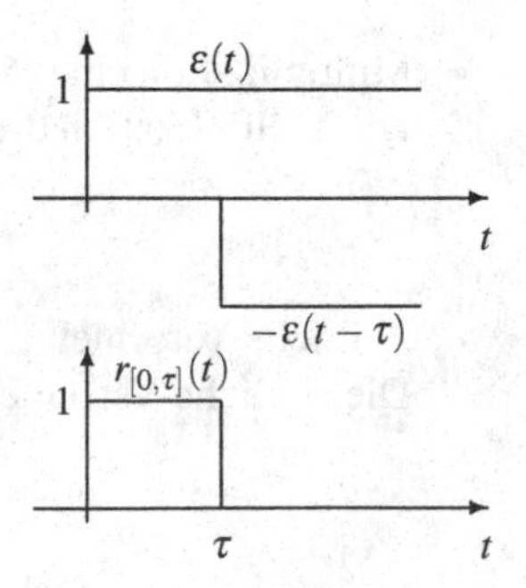

Abb. 1.6 Durch Anwendung elementarer Signaloperationen auf die Sprungfunktion entsteht ein Rechteck–Impuls. Die Sprungfunktion $\varepsilon(t)$ und die um τ Zeiteinheiten verzögerte Sprungfunktion $\varepsilon(t-\tau)$, multipliziert mit -1, werden überlagert.

Beispiel: Dirac–Impuls
Mit Hilfe elementarer Signaloperationen, angewandt auf den zeitdiskreten Dirac–Impuls $\delta(k)$, kann das zeitdiskrete Signal x in Abb. 1.7 gebildet werden. Für jeden der vier Signalwerte $x(k) \neq 0$ wird ein Impuls benötigt, beispielsweise für $x(-1)$ der Impuls $x(-1)\delta(k+1)$. Die Überlagerung der vier Impulse ergibt das Signal x, d. h. es gilt

$$x(k) = \sum_i x(i)\delta(k-i) . \tag{1.16}$$

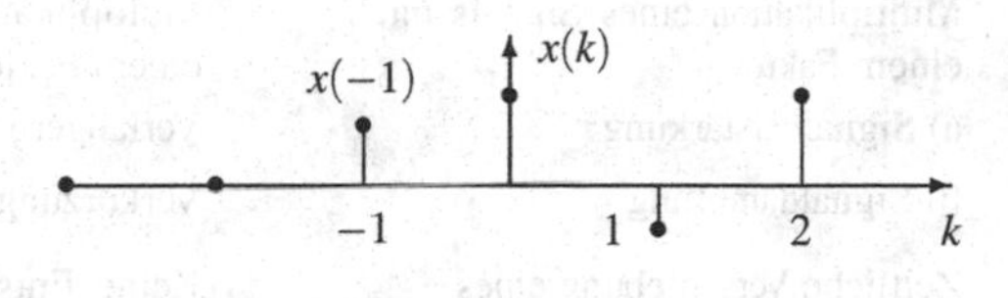

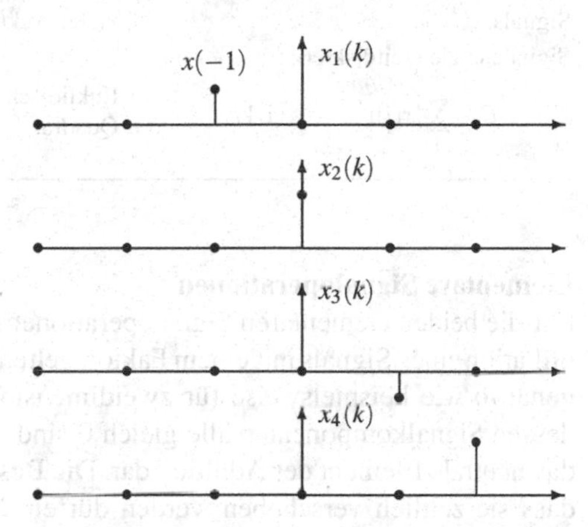

Abb. 1.7 Durch Anwendung elementarer Signaloperationen auf den Dirac–Impuls entsteht das Signal x. Dabei werden die vier Impulse $x_1(k) = x(-1)\delta(k+1)$, $x_2(k) = x(0)\delta(k)$, $x_3(k) = x(1)\delta(k-1)$, $x_4(k) = x(2)\delta(k-2)$ überlagert.

1.3 Signalräume

Signale als Vektoren
Bei der Addition (Überlagerung) zweier Signale oder der Multiplikation eines Signals mit einem Faktor λ werden die einzelnen Signalwerte auf die gleiche Weise verknüpft wie bei endlich–dimensionalen Vektoren, z. B. zweidimensionalen (Zeilen–)Vektoren $\underline{x} = (x(1), x(2))$. Die Vektorkomponenten werden für jede Dimension miteinander addiert bzw. mit dem Faktor λ multipliziert. Daher liegt die Vermutung nahe, Signale als Vektoren interpretieren zu dürfen. Führt man einen Vergleich zwischen Signalen und Vektoren durch, stellt man fest, dass diese Vermutung bestätigt wird (s. Tab. 1.2). Insbesondere sind die Signalwerte als Vektorkomponenten zu interpretieren.

Tabelle 1.2 Signale als Vektoren

Signal	Vektor
Zeitpunkt	Index
Zeitbereich	Indexmenge
Signalwert	Vektorkomponente
0–Signal	0–Vektor
Überlagerung zweier Signale	Addition zweier Vektoren
Multiplikation eines Signals mit einem Faktor	Multiplikation eines Vektors mit einem Faktor
a) Signalverstärkung	Verlängerung eines Vektors
b) Signaldämpfung	Verkürzung eines Vektors
Zeitliche Verschiebung eines Signals	Keine Entsprechung bei endlich vielen Vektorkomponenten
Signalenergie (zeitdiskret): $$E = \sum_i \lvert x(i) \rvert^2 \qquad (1.17)$$	Euklidische Vektorlänge zum Quadrat

Elementare Signaloperationen

Für die beiden elementaren Signaloperationen, Addition zweier Signale und Multiplikation eines Signals mit einem Faktor, gelten die Rechenregeln eines *Vektorraums* genauso wie beispielsweise für zweidimensionale Vektoren. Das sog. *Nullsignal*, dessen Signalkomponenten alle gleich 0 sind, entspricht dem Nullvektor und stellt das neutrale Element der Addition dar. Die Besonderheit bei Signalen besteht darin, dass sie zeitlich verschoben werden dürfen. Dies liegt am unendlich ausgedehnten Zeitbereich, der bei zeitdiskreten Signalen durch die Menge der ganzen Zahlen $\mathbb{Z}$ gegeben ist. Bei zeitkontinuierlichen Signalen ist er gleich der Menge der reellen Zahlen $\mathbb{R}$. Bei zweidimensionalen Vektoren dagegen ist eine zeitliche Verschiebung nicht ohne weiteres möglich, denn die Indexmenge ist die endliche Menge $\{1,2\}$. Die Signale bilden daher einen besonderen Vektorraum, den wir als *Signalraum* bezeichnen wollen.

Was ist ein Signalraum?

Eine Signalmenge Ω wird Signalraum genannt, wenn alle drei elementaren Signaloperationen, Addition zweier Signale, Multiplikation mit einem Faktor und die zeitliche Verschiebung eines Signals, für Signale aus Ω wieder Signale aus Ω ergeben.

Die Erklärung eines Signalraums ist nicht nur auf die Gesamtheit aller zeitdiskreten oder zeitkontinuierlichen Signale anwendbar, sondern erlaubt auch Signalräume für Signale mit bestimmten Eigenschaften. Ein Beispiel sind periodische Signale einer bestimmten Periodendauer T_0. Die Anwendung der elementaren Signaloperationen auf solche Signale ergibt wieder periodische Signale der Periodendauer T_0.

1.3.1 Signalraum der sinusförmigen Signale

Ein weiteres Beispiel für einen Signalraum sind die sinusförmigen Signale einer bestimmten Frequenz f. Diese Aussage beinhaltet die Tatsache, dass die Überlagerung zweier sinusförmiger Signale der gleichen Frequenz f wieder ein sinusförmiges Signal der Frequenz f ergibt.

Überlagerung zweier sinusförmiger Signale
Die beiden zeitdiskreten sinusförmigen Signale können gemäß

$$x(k) = A_1 \cdot \sin[2\pi fk + \Phi_1] \; , \; y(k) = A_2 \cdot \sin[2\pi fk + \Phi_2]$$

mit zwei beliebigen Amplituden A_1 und A_2 sowie beliebigen Nullphasenwinkeln Φ_1 und Φ_2 dargestellt werden. Die Sinusförmigkeit der Überlagerung $x(k) + y(k)$ wird anschaulich mit Hilfe der zugehörigen Pseudosignale

$$x_c(k) = A_1 \cdot e^{j\,(2\pi fk + \Phi_1)} \; , \; y_c(k) = A_2 \cdot e^{j\,(2\pi fk + \Phi_2)}$$

begründet. Sie werden in Abb. 1.8 durch Zeiger dargestellt, die mit konstanter Winkelgeschwindigkeit $2\pi f$ gegen den Uhrzeigersinn rotieren.

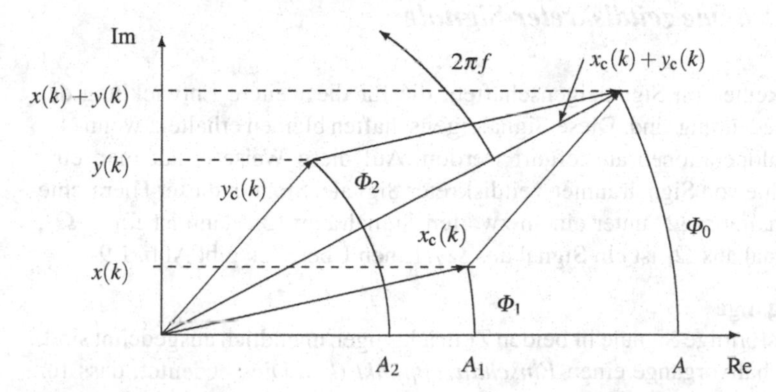

Abb. 1.8 Überlagerung zweier sinusförmiger Signale der gleichen Frequenz f.
Gezeigt sind die Zeiger für $x_c(k)$, $y_c(k)$ und $x_c(k) + y_c(k)$ bei $k = 0$. Sie rotieren gegen den Uhrzeigersinn mit der Winkelgeschwindigkeit $2\pi f$. Ihre Projektionen auf die Imaginärteilachse ergeben die Signale $x(k)$, $y(k)$ und $x(k) + y(k)$.

Aus
$$x(k)+y(k) = \mathrm{Im}\{x_c(k)\} + \mathrm{Im}\{y_c(k)\} = \mathrm{Im}\{x_c(k)+y_c(k)\}$$
folgt, dass $x(k)+y(k)$ die Projektion des Zeigers $x_c(k)+y_c(k)$ auf die Imaginärteilachse ist. Da dieser Zeiger ebenfalls mit konstanter Winkelgeschwindigkeit $2\pi f$ gegen den Uhrzeigersinn rotiert, ist $x(k)+y(k)$ auch sinusförmig mit der Frequenz f. Die Amplitude A und der Nullphasenwinkel Φ_0 des Signals $x(k)+y(k)$ hängen von den Amplituden und Nullphasenwinkeln der Signale $x(k)$ und $y(k)$ ab. Für den Fall
$$x(k) = A_1 \cdot \sin[2\pi fk] \, , \, y(k) = A_2 \cdot \cos[2\pi fk]$$
beispielsweise sind $\Phi_1 = 0$ und $\Phi_2 = \pi/2$, d. h. die Zeiger für $x_c(k)$ und $y_c(k)$ stehen senkrecht aufeinander. In diesem Fall ist [13, S. 183]
$$x(k)+y(k) = A \cdot \sin[2\pi fk + \Phi_0] \, , \, A = \sqrt{A_1^2 + A_2^2} \, , \, \Phi_0 = \arctan\frac{A_2}{A_1} \, . \quad (1.18)$$

Multiplikation mit einem Faktor
Die Multiplikation eines sinusförmigen Signals mit einem Faktor ändert die Amplitude. Bei einem negativen Faktor wird außerdem der Nullphasenwinkel um π geändert. Beispielsweise ist $-\sin[2\pi fk] = \sin[2\pi fk + \pi]$. Die Sinusförmigkeit bleibt somit erhalten.

Zeitliche Verschiebung
Auch bei einer zeitlichen Verschiebung bleibt die Sinusförmigkeit erhalten:
$$A \cdot \sin[2\pi f(k-c) + \Phi_0] = A \cdot \sin[2\pi fk + (\Phi_0 - 2\pi fc)] \, . \quad (1.19)$$

1.3.2 Signalräume zeitdiskreter Signale

Es gibt eine Reihe von Signaleigenschaften, die für die weitere Entwicklung der Theorie von Bedeutung sind. Diese Signaleigenschaften bleiben erhalten, wenn elementare Signaloperationen ausgeführt werden. Auf diese Weise erhält man eine ganze Hierarchie von Signalräumen zeitdiskreter Signale. Steht in dieser Hierarchie ein erster Signalraum Ω_1 unter einem zweiten Signalraum Ω_2, dann ist $\Omega_1 \subset \Omega_2$, d. h. jedes Signal aus Ω_1 ist ein Signal aus Ω_2. Einen Überblick gibt Abb. 1.9.

Einschaltvorgänge
Während sinusförmige Signale in beiden Zeitrichtungen unendlich ausgedehnt sind, besitzen Einschaltvorgänge einen *Einschaltzeitpunkt* (k_1). Dies bedeutet, dass für Zeiten vor k_1 die Signalwerte gleich 0 sind. Zum Zeitpunkt k_1 selbst ist der Signalwert ungleich 0. Ein Beispiel ist die Sprungfunktion mit dem Einschaltzeitpunkt $k_1 = 0$. Einschaltvorgänge bilden einen Signalraum. Insbesondere ist die zeitliche Verschiebung eines Einschaltvorgangs wieder ein Einschaltvorgang. Dabei ist wichtig, dass der Einschaltzeitpunkt nicht fest vorgegeben wird.

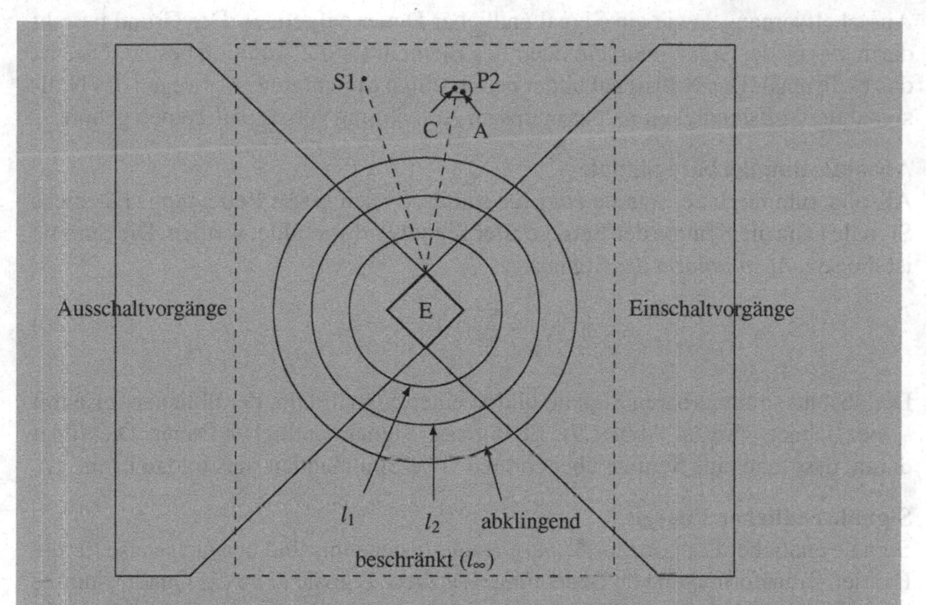

Abb. 1.9 Zeitdiskrete Signalräume: Signale, die sowohl einen Einschaltvorgang als auch einen Ausschaltvorgang darstellen, sind von endlicher Dauer (E). Absolut summierbare Signale (l_1) sind quadratisch summierbar (l_2) und damit auch abklingend und beschränkt (l_∞). Konstante Signale (C) und alternierende Signale (A) sind nicht abklingend, aber beschränkt. Sie sind beide im Signalraum periodischer Signale der Periodendauer $T_0 = 2$ enthalten (P2) und sinusförmig. Es gibt aber auch sinusförmige Signale, die nicht periodisch sind (S1). Jeder Signalraum enthält das Nullsignal — daher die beiden gestrichelten Verbindungslinien zu den Signalen endlicher Dauer.

Ausschaltvorgänge
Ausschaltvorgänge bilden ebenfalls einen Signalraum. Ausschaltvorgänge sind Signale, deren Signalwerte nach einem *Ausschaltzeitpunkt* k_2 gleich 0 sind. Zum Zeitpunkt k_2 selbst ist der Signalwert ungleich 0. Ein Beispiel ist die am Zeitnullpunkt gespiegelte Sprungfunktion $\varepsilon(-k)$ mit $k_2 = 0$.

Signale endlicher Dauer
Signale, die sowohl Einschaltvorgang als auch Ausschaltvorgang sind, sind von endlicher Dauer. Der Mengen–Durchschnitt der Ein– und Ausschaltvorgänge ergibt also gerade die Signale endlicher Dauer (s. Abb. 1.9, „E"). Sie besitzen einen Einschaltzeitpunkt und einen Ausschaltzeitpunkt und bilden ebenfalls einen Signalraum. Beispiele sind der Dirac–Impuls und der Rechteck–Impuls. Die aus Ein– und Ausschaltzeitpunkt gebildete Differenz $k_2 - k_1$ wollen wir als *Signalbreite* bezeichnen. Beispielsweise ist die Signalbreite des Dirac–Impulses gleich 0.

Das Nullsignal
Für das Nullsignal sind alle Signalwerte gleich 0. Es besitzt daher weder einen Einschaltzeitpunkt noch einen Ausschaltzeitpunkt. Es wird dennoch als ein Ein– und

Ausschaltvorgang sowie ein Signal endlicher Dauer aufgefasst. Der Grund besteht darin, dass jeder Signalraum ein neutrales Element für die Addition besitzt. Dies ist das Nullsignal. Das Nullsignal bildet bereits einen Signalraum, weswegen das Nullsignal der Vollständigkeit halber in unsere Aufzählung von Signalräumen gehört.

Absolut summierbare Signale

Absolut summierbare Signale sind für stabile Systeme von Bedeutung. Für diese Signale kann die Summe der Beträge aller Signalwerte gebildet werden. Die Summe ist die sog. *Absolutnorm* des Signals:

$$\|x\|_1 := \sum_i |x(i)| < \infty\,. \tag{1.20}$$

Die absolut summierbaren Signale bilden einen Signalraum, der üblicherweise mit l_1 bezeichnet wird (s. Abb. 1.9). Er umfasst Signale endlicher Dauer. Dies liegt daran, dass man eine Summe über endlich viele Summanden stets bilden kann.

Signale endlicher Energie

Signale endlicher Energie, auch *Energiesignale* genannt, sind beispielsweise für die Fourier–Transformation von Bedeutung. Für diese Signale kann die Quadratsumme aller Signalwertbeträge gebildet werden, die uns bereits als Signalenergie in Gl. (1.17) begegnet ist. Die Wurzel daraus ist die sog. *Euklidische Norm* des Signals:

$$\|x\|_2 := \sqrt{\sum_i |x(i)|^2} < \infty\,. \tag{1.21}$$

Die Euklidische Norm ist wie die Absolutnorm für ein beliebiges Signal nicht notwendigerweise endlich. Beispielsweise besitzt das konstante Signal $x(k) = 1$ weder eine endliche Absolutnorm noch eine endliche Euklidische Norm. Die Signale endlicher Energie bilden ebenfalls einen Signalraum, der mit l_2 bezeichnet wird (s. Abb. 1.9). Er umfasst die absolut summierbaren Signale, wie Abb. 1.9 zeigt, denn für ein Signal x mit $\|x\|_1 < \infty$ gilt

$$\|x\|_2 \leq \|x\|_1 < \infty\,. \tag{1.22}$$

Dies folgt aus der für alle natürlichen Zahlen n geltenden Ungleichung

$$\sum_{i=-n}^{n} |x(i)|^2 \leq \left[\sum_{i=-n}^{n} |x(i)|\right]^2 = \sum_{i=-n}^{n} |x(i)| \cdot \sum_{k=-n}^{n} |x(k)|\,.$$

Für zwei Summanden entspricht sie der Ungleichung $|a|^2 + |b|^2 \leq [|a| + |b|] \cdot [|a| + |b|]$. Die rechte Seite enthält neben $|a|^2$ und $|b|^2$ zweimal das gemischten Produkt $|a| \cdot |b| \geq 0$.

Abklingende Signale

Abklingende Signale sind Signale, die im Unendlichen ($+\infty$ und $-\infty$) gegen 0 streben. Sie bilden einen Signalraum, der die Signale endlicher Energie (l_2) umfasst (s. Abb. 1.9).

Die Reihenglieder einer konvergenten Reihe wie in Gl. (1.21) streben gegen 0.

Beschränkte Signale

Beschränkte Signale sind für stabile Systeme von Bedeutung. Bei beschränkten Signalen sind die Signalwerte durch eine obere Schranke bzw. Grenze $C > 0$ begrenzt, d. h. es gilt für alle Zeitpunkte k

$$|x(k)| \leq C . \tag{1.23}$$

Ein Beispiel ist die Sprungfunktion mit $C = 1$. Die kleinste obere Schranke für die Beträge $|x(k)|$, das sog. *Supremum*, ist die *Maximumnorm* des Signals:

$$\|x\|_\infty := \sup_i |x(i)| < \infty . \tag{1.24}$$

Wenn das Signal einen betragsmäßig größten Wert besitzt, kann man das Supremum mit dem Maximum gleichsetzen.

Das Supremum liefert die obere Grenze für die Beträge $|x(k)|$, d. h. jede Zahl $> \|x\|_\infty$ ist eine obere Schranke für die Beträge $|x(k)|$ und jede Zahl $< \|x\|_\infty$ ist keine obere Schranke. Beispiel: Für das Signal mit den Signalwerten $x(k) = \cdots , 0 , 0 , 1/2 , 2/3 , 3/4 , 4/5 \cdots$ ist das Supremum gleich 1. Ein Maximum gibt es in diesem Fall nicht.

Die beschränkten Signale bilden einen Signalraum, der mit l_∞ bezeichnet wird. Er umfasst die abklingenden Signale, wie Abb. 1.9 zeigt. Insbesondere sind Signale endlicher Energie beschränkt. Dies kommt durch die Ungleichung

$$\|x\|_\infty \leq \|x\|_2 < \infty \tag{1.25}$$

zum Ausdruck.

1. Abklingende Signale sind beschränkt

Ein abklingendes Signal besitzt die Grenzwerte $x(-\infty) = x(\infty) = 0$. Daraus folgt, dass es eine natürliche Zahl n gibt mit $|x(i)| < 1$ für alle $|i| > n$. Unter den endlich vielen Zahlen $|x(i)|$ für $-n \leq i \leq n$ gibt es aber eine größte Zahl, so dass das Signal x beschränkt ist.

2. Ungleichung Gl. (1.25):

Für alle k gilt $|x(k)| \leq \|x\|_2$, d. h. $\|x\|_2$ ist eine obere Schranke für die Betragswerte $|x(k)|$. Somit ist $\|x\|_\infty$ als kleinste obere Schranke ebenfalls $\leq \|x\|_2$.

Periodische Signale

Periodische Signale der Periodendauer T_0 sind dadurch gekennzeichnet, dass sich die Signalwerte nach Ablauf der Periodendauer T_0 gemäß $x(k + T_0) = x(k)$ wiederholen. Mit T_0 ist auch jedes ganzzahlig Vielfache von T_0 eine Periodendauer des Signals. Beispielsweise besitzt ein konstantes Signal die Periodendauer 1, aber auch die Periodendauer 2. Daher enthält der Signalraum der periodischen Signale der Periodendauer $T_0 = 2$, in Abb. 1.9 mit P2 bezeichnet, die konstanten Signale (C) und die alternierenden Signale (A). Periodische Signale sind — abgesehen vom Nullsignal — nicht abklingend, aber beschränkt. Ihre Maximumnorm ist durch den betragsmäßig größten Signalwert innerhalb einer Periode festgelegt.

Sinusförmige Signale
Beispiele für sinusförmige Signale sind konstante Signale (Frequenz $f = 0$) und alternierende Signale ($f = 1/2$). Diese Signale sind periodisch mit der Periodendauer $T_0 = 2$. Abb. 1.9 zeigt außerdem sinusförmige Signale mit einer vorgegebenen nichtrationalen Frequenz (S1). Wie wir bereits wissen, sind diese Signale nicht periodisch, weswegen sie als „isolierte Sinussterne“ auftreten. Sinusförmige Signale sind — abgesehen vom Nullsignal — nicht abklingend. Sie sind beschränkt, da ihre Signalwerte durch die Amplitude begrenzt sind.

1.3.3 Signalbeispiele

Das Signal $x(k) = \varepsilon(k-1)/k$
Wegen des mit der Sprungfunktion gebildeten Faktors $\varepsilon(k-1)$ sind die Signalwerte für $k \leq 1$ gleich 0. Dies trifft vereinbarungsgemäß auch für $k = 0$ zu. Es handelt sich also um einen Einschaltvorgang mit dem Einschaltzeitpunkt $k_1 = 1$. Das Signal ist nicht absolut summierbar, da die harmonische Reihe

$$1 + 1/2 + 1/3 + 1/4 + \cdots$$

divergiert. Es ist jedoch quadratisch summierbar (ein Energiesignal) wegen

$$\|x\|_2^2 = 1 + 1/4 + 1/9 + 1/16 + \cdots = \pi^2/6 < \infty\,. \tag{1.26}$$

Das Signal $x(k) = \varepsilon(k-1)/k^2$
Dieser Einschaltvorgang ist absolut summierbar, da das vorherige Signal quadratisch summierbar ist.

Die letzten beiden Signalbeispiele sind von der Form $x(k) = \varepsilon(k-1)/k^{\alpha}$, indem man $\alpha = 1$ oder $\alpha = 2$ setzt. Wir haben festgestellt, dass absolute Summierbarkeit für $\alpha = 2$ besteht, dagegen nicht für $\alpha = 1$. Dies liegt am *Abklingverhalten* des Signals: Je größer α ist, desto schneller klingen die Signalwerte im Unendlichen ab. Der Wert $\alpha = 1$ erweist sich als Grenze: Für Werte $\alpha > 1$ ist das Signal absolut summierbar, für Werte $\alpha < 1$ ist dies nicht der Fall. Bei der Grenze $\alpha = 1$ ist das Signal ebenfalls nicht absolut summierbar [14, Band II, S. 206].

Das Signal $\varepsilon(k)\lambda^k$
Das Signalverhalten dieses Einschaltvorgangs hängt von λ ab.

1. Fall: $|\lambda| < 1$.
   Das Signal ist exponentiell abklingend.
   Aus der *geometrischen Summenformel*,

$$1 + \lambda + \lambda^2 + \cdots + \lambda^n = \frac{1 - \lambda^{n+1}}{1 - \lambda}\,,\ \lambda \neq 1\,, \tag{1.27}$$

folgt für $|\lambda| < 1$ der Grenzwert einer *geometrischen Reihe*:

$$\|x\|_1 = \sum_{k=0}^{\infty} |x(k)| = \sum_{k=0}^{\infty} |\lambda|^k = \frac{1}{1-|\lambda|} < \infty . \tag{1.28}$$

Das Signal ist daher absolut summierbar.

2. Fall: $|\lambda| = 1$.
   Für $\lambda = 1$ ist das Signal ab dem Einschaltzeitpunkt $k_1 = 0$ konstant, für $\lambda = -1$ alternierend. Somit ist in beiden Fällen das Signal beschränkt, aber nicht abklingend.
3. Fall: $|\lambda| > 1$.
   Das Signal ist nicht beschränkt.

1.3.4 Zeitdiskrete periodische Signale

Beispiele für zeitdiskrete periodische Signale haben wir bereits kennengelernt. Sinusförmige Signale der Periodendauer T_0 besitzen nach Gl. (1.8) die Frequenz $f = n/T_0$, wobei n eine ganze Zahl n ist. Für $T_0 = 5$ beispielsweise sind die folgenden Frequenzen möglich: $f = 0$, $1/5$, $2/5$, $3/5$ und $f = 4/5$ (vgl Abb. 1.5, S. 8). Andere Frequenzen $f = n/T_0$ führen nicht zu anderen sinusförmigen Signalen, da sie sich von diesen Frequenzen nur um eine ganze Zahl unterscheiden. Alle sinusförmigen Signale der Periodendauer T_0 erhält man daher durch die Frequenzen

$$f_i = \frac{i}{T_0} \, , \; i = 0 \, , 1 \, , \ldots \, , T_0 - 1 \, . \tag{1.29}$$

Somit sind alle Frequenzen ganzzahlig Vielfache der „Grundfrequenz" $f_1 = 1/T_0$. Hierbei wird die maximale Frequenz $f_{\max} = 1/2$ für $i > T_0/2$ überschritten.

Fourierreihenentwicklung für zeitdiskrete Signale?

Für periodische Funktionen ist es unter bestimmten Voraussetzungen möglich, die Funktion als Fourierreihe darzustellen. Hierbei werden sinusförmige Funktionen überlagert, deren Frequenzen ein ganzzahlig Vielfaches der Grundfrequenz betragen. Es stellt sich die Frage, ob eine solche Darstellung für den zeitdiskreten Fall ebenfalls möglich ist. Da für die Periodendauer T_0 die Frequenzen $f_i, 0 \leq i \leq T_0 - 1$ ausreichend sind, müsste die folgende Darstellung möglich sein:

$$x(k) = \sum_{i=0}^{T_0-1} \lambda_i \mathrm{e}^{\mathrm{j}\,2\pi f_i k} . \tag{1.30}$$

Sie hat Ähnlichkeit mit der Darstellung eines Signals gemäß Gl. (1.16). Bei Gl. (1.16) wird das Signal nicht mit sinusförmigen Pseudosignalen, sondern mit Impulsen $\delta(k-i)$ aufgebaut. Wie bei periodischen Funktionen nennen wir die im Allgemeinen komplexen Zahlen λ_i *Fourier–Koeffizienten*. Gl. (1.30) kann übersichtlicher mit Hilfe von Vektoren dargestellt werden. Mit $\underline{x}$ wird der Vektor mit den Vektorkomponenten $x(k)$, $0 \leq k \leq T_0 - 1$ bezeichnet, mit $\underline{b_i}$ der Vektor mit den Vektorkomponenten $b_i(k) := \mathrm{e}^{\mathrm{j}\,2\pi f_i k}$, $0 \leq k \leq T_0 - 1$. Gl. (1.30) lautet dann

$$\underline{x} = \sum_{i=0}^{T_0-1} \lambda_i \cdot \underline{b}_i\,. \tag{1.31}$$

Dieser Darstellung gemäß wird der Signalvektor $\underline{x}$ mit Hilfe der *Basisvektoren* $\underline{b}_0$, ... , $\underline{b}_{T_0-1}$ dargestellt. Die Fourier–Koeffizienten sind die Koordinaten des Signalvektors für diese Basisvektoren.

Orthogonalität der Basisvektoren

Die Möglichkeit einer Darstellung gemäß Gl. (1.31), sowie die einfache Bestimmung der Fourier–Koeffizienten, beruht auf der Eigenschaft, dass zwei verschiedene Basisvektoren $\underline{b}_i$ und $\underline{b}_n$ aufeinander senkrecht stehen (orthogonal sind). Dies bedeutet, dass ihr *Skalarprodukt*

$$\langle \underline{b}_i, \underline{b}_n \rangle := \sum_{k=0}^{T_0-1} b_i(k) \cdot b_n^*(k) \tag{1.32}$$

gleich 0 ist. Die Auswertung des Skalarprodukt für zwei Basisvektoren ergibt

$$\langle \underline{b}_i, \underline{b}_n \rangle := \begin{cases} T_0 : i = n \\ 0 : i \neq n \end{cases} \tag{1.33}$$

Nachweis von Gl. (1.33)

Es ist

$$\begin{aligned} \sum_{k=0}^{T_0-1} b_i(k) \cdot b_n^*(k) &= \sum_{k=0}^{T_0-1} \mathrm{e}^{\mathrm{j}\,2\pi f_i k} \cdot [\mathrm{e}^{\mathrm{j}\,2\pi f_n k}]^* \\ &= \sum_{k=0}^{T_0-1} \mathrm{e}^{\mathrm{j}\,2\pi (f_i - f_n) k} = \sum_{k=0}^{T_0-1} \mathrm{e}^{\mathrm{j}\,2\pi (i-n) k / T_0} \\ &= \sum_{k=0}^{T_0-1} \left[\mathrm{e}^{\mathrm{j}\,2\pi (i-n)/T_0}\right]^k . \end{aligned}$$

Für $i = n$ folgt als Ergebnis T_0. Für $i \neq n$ ergibt sich aus der geometrischen Summenformel mit $q := \mathrm{e}^{\mathrm{j}\,2\pi (i-n)/T_0}$

$$\frac{1 - q^{T_0}}{1 - q} = \frac{1 - \mathrm{e}^{\mathrm{j}\,2\pi (i-n)}}{1 - q} = 0\,.$$

Bestimmung der Fourier–Koeffizienten

Aufgrund der Orthogonalität der Basisvektoren sind die Fourier–Koeffizienten einfach bestimmbar. Aus Gl. (1.31) folgt für einen beliebigen Wert $0 \leq n \leq T_0 - 1$

$$\langle \underline{x}, \underline{b}_n \rangle = \sum_{i=0}^{T_0-1} \lambda_i \langle \underline{b}_i, \underline{b}_n \rangle = \lambda_n \cdot T_0 .$$

Daher ist für $0 \leq n \leq T_0 - 1$

$$\lambda_n = \mathrm{DFT}_n := \frac{1}{T_0} \langle \underline{x}, \underline{b}_n \rangle = \frac{1}{T_0} \sum_{k=0}^{T_0-1} x(k)\, \mathrm{e}^{-\mathrm{j}\, 2\pi f_n k} . \tag{1.34}$$

Die Diskrete Fourier–Transformation
Die Bestimmung der Fourier–Koeffizienten wird als *Diskrete Fourier–Transformation* (DFT) bezeichnet. Die Fourier–Koeffizienten werden auch *DFT–Koeffizienten* genannt, daher die Bezeichnung DFT_n. Sie sind im Allgemeinen auch bei reellen Signalwerten $x(k)$ komplexwertig. Aus Gl. (1.30) folgt die Darstellung

$$x(k) = \sum_{i=0}^{T_0-1} \mathrm{DFT}_i\, \mathrm{e}^{\mathrm{j}\, 2\pi f_i k} . \tag{1.35}$$

Sie kann als Rücktransformation aufgefasst werden, mit der aus den DFT–Koeffizienten die Signalwerte zurückgewonnen werden können.

Interpretation der DFT–Koeffizienten
Nach Gl. (1.35) wird das sinusförmige Pseudosignal $\mathrm{e}^{\mathrm{j}\, 2\pi f_i k}$ der Frequenz f_i mit dem DFT–Koeffizienten DFT_i multipliziert. Daher können die DFT–Koeffizienten als „Frequenzgehalt" interpretiert werden: Der DFT–Koeffizient DFT_i gibt an, wie groß der Frequenzgehalt für die Frequenz f_i am Signal $x(k)$ ist. Insbesondere gibt der DFT–Koeffizient

$$\mathrm{DFT}_0 = \frac{1}{T_0} \sum_{k=0}^{T_0-1} x(k) \tag{1.36}$$

den Gleichanteil des periodischen Signals $x(k)$ an.
Fassen wir zusammen:

Sinusförmige und periodische Signale

Sinusförmige Signale einer bestimmten Frequenz bilden einen **Signalraum**. Wendet man die drei elementaren Signaloperationen auf diese Signale an, entstehen folglich wieder sinusförmige Signale mit der gleichen Frequenz.
Zeitdiskrete sinusförmige Signale der Periodendauer T_0 sind nur dann **periodisch**, wenn die Frequenz eine rationale Zahl gemäß $f_i = i/T_0$ ist. Die Frequenzen für $0 \leq i \leq T_0 - 1$ liefern bereits alle zeitdiskreten sinusförmigen Signale der Periodendauer T_0. Dies ergibt sich daraus, dass die Abtastung eines zeitkontinuierlichen sinusförmigen Signals mit Abtastabstand $T = 1$ für zwei Frequenzen f und $f + 1$ das gleiche zeitdiskrete Signal ergeben.
Mit Hilfe von Gl. (1.34) kann der Frequenzgehalt eines zeitdiskreten periodischen Signals in Form seiner **DFT–Koeffizienten** bestimmt werden. Die Rücktransformation kann gemäß Gl. (1.35) vorgenommen werden.

Beispiel: DFT für periodische Signale der Periodendauer 2
Für ein periodisches Signal der Periodendauer $T_0 = 2$ ist $f_0 = 0$ und $f_1 = 1/2$. Die Basisvektoren (als Zeilenvektoren) lauten $\underline{b}_0 = (1,1)$ und $\underline{b}_1 = (1,-1)$. Aus Gl. (1.35) folgt

$$x(k) = \mathrm{DFT}_0 \cdot 1 + \mathrm{DFT}_1 \cdot (-1)^k . \tag{1.37}$$

Dies bedeutet, dass ein periodische Signal der Periodendauer $T_0 = 2$ durch Überlagerung eines konstanten Signals und eines alternierenden Signals gebildet werden kann. Aus Gl. (1.34) folgen die DFT–Koeffizienten

$$\mathrm{DFT}_0 = \frac{1}{2}[x(0) + x(1)] \, , \; \mathrm{DFT}_1 = \frac{1}{2}[x(0) - x(1)] \, .$$

1.4 Übungsaufgaben zu Kap. 1

Übung 1.1 (Elementare Signaloperationen)
Man berechne die Signalwerte $y(k) = x_1(k) - 3x_2(k-2)$ für $k = 0$ bis 4. Die Signale $x_1(k)$ und $x_2(k)$ sind eine der drei folgenden Signale:
$a_1(k) = \cos[\pi k/2]$, $a_2(k) = \sin[\pi k/2]$, $a_3(k) = \varepsilon(k-2) + \delta(k)$, so dass sich insgesamt neun Fälle ergeben.

Übung 1.2 (Überlagerung sinusförmiger Signale)
Gegeben sind die zwei sinusförmigen Signale $x_1(t) = \cos[2\pi f_1 t]$, $x_2(t) = \sin[2\pi f_2 t]$. Durch einen Plot von $x(t) = x_1(t) + x_2(t)$ für die beiden Fälle $f_1 = f_2 = 1/4$ und $f_1 = 1/4$, $f_2 = 1/2$ überzeuge man sich davon, dass $x(t)$ im ersten Fall sinusförmig und im zweiten Fall nicht sinusförmig, aber periodisch mit der Periodendauer $T_0 = 4$ ist.

Übung 1.3 (Überlagerung sinusförmiger Signale)
Man berechne die Amplitude A und den Nullphasenwinkel Φ_0 für $y(k) = x_1(k) - 3x_2(k-2)$ aus Übung 1.1 mit Hilfe von Gl. (1.18). Die Signale $x_1(k)$ und $x_2(k)$ sind eine der zwei Signale $a_1(k) = \cos[\pi k/2]$ und $a_2(k) = \sin[\pi k/2]$, so dass sich insgesamt vier Fälle ergeben.

Übung 1.4 (Signaleigenschaften)
Für die folgenden Signale gebe man an, ob das Signal abklingend, absolut summierbar und beschränkt ist:

1. $x_1(k) = [1/2]^k \cdot \sin[\pi k/2]$,
2. $x_2(k) = \varepsilon(k)[1/2]^k \cdot \sin[\pi k/2]$,
3. $x_3(k) = \varepsilon(k) \cdot \sin^2[\pi k/2]$.

Übung 1.5 (Signalräume)
Man charakterisiere den Signalraum, den man erhält, wenn man endlich viele elementare Signaloperationen auf die Sprungfunktion $\varepsilon(k)$ anwendet.

Übung 1.6 (DFT)
Für das periodische Signal mit der Periodendauer $T_0 = 3$ und den Signalwerten $x(0) = 3$, $x(1) = 2$, $x(2) = 1$ berechne man die DFT–Koeffizienten.

Kapitel 2
Systeme

Zusammenfassung In diesem Kapitel werden Systeme für die Signalverarbeitung eingeführt. Unterschiedliche Signalverarbeitungen wie in einer Verstärkerschaltung, einem Regelkreis oder einem Hallgenerator können damit einheitlich beschrieben werden. Wie Signale besitzen auch Systeme unterschiedliche Eigenschaften, welche beispielsweise darüber entscheiden, ob sich ein System zeitunabhängig verhält (Zeitinvarianz) oder ob sich die Systemoperation umkehren lässt (Eindeutigkeit). Eine wichtige Klasse von Systemen sind die sog. *LTI–Systeme* (engl. *Linear Time Invariant*), welche nicht nur zeitinvariant, sondern auch linear sind. Es wird untersucht, ob Systemeigenschaften erhalten bleiben, wenn Systeme zusammengeschaltet werden. Hierbei werden drei Grundschaltungen unterschieden: Die Summenschaltung und Hintereinanderschaltung sowie die *Rückkopplung*. Zur Beschreibung des Systemverhaltens der Rückkopplung wird als Grundannahme vorausgesetzt, dass sie sich vor dem Einschaltzeitpunkt des Eingangssignals in Ruhe befindet. Unter dieser Voraussetzung bleibt die Rückkopplung in Ruhe, wenn keine äußere Anregung erfolgt, d. h. sog. *Eigenbewegungen* treten nicht auf. Ihr Systemverhalten wird durch Hallentstehung in einem Raum veranschaulicht. Diese Vorstellung führt auf eine explizite Darstellung des Ausgangssignals der Rückkopplung in Abhängigkeit vom Eingangssignal, welche als *Summenformel* bezeichnet wird.

2.1 Systembeispiele

Beispiele für Systeme haben wir bereits in Abschn. 1.1 kennengelernt. Dazu gehören die beiden elementaren Signaloperationen, *Multiplikation eines Signals mit einem Faktor* und eine *zeitliche Verschiebung bzw. Verzögerung eines Signals*. Die Durchführung der Systemoperation ist die Aufgabe eines Systems. Hierbei ordnet das System einem Eingangssignal ein Ausgangssignal zu.

Was ist ein System?

Ein System erhält ein Eingangssignal x und erzeugt als Ergebnis der Systemoperation ein Ausgangssignal y, welches nur vom Eingangssignal abhängt. Es gilt also $y = S(x)$, wobei S die Systemoperation bezeichnet. Andere Schreibweisen sind $x \rightarrow y$ und $x \stackrel{S}{\rightarrow} y$. Bei einem zeitdiskreten System sind die Ein– und Ausgangssignale zeitdiskret, bei einem zeitkontinuierlichen System sind sie zeitkontinuierlich.

Weitere Systembeispiele sind die Abtastung, Interpolation und Quantisierung aus Abschn. 1.1. Bei der Abtastung und Interpolation handelt es sich weder um zeitdiskrete noch um zeitkontinuierliche Systeme, sondern um „Mischformen", bei denen die Ein– und Ausgangssignale nicht vom gleichen Signaltyp (zeitdiskret, zeitkontinuierlich) sind. Die Quantisierung kann abhängig vom Signaltyp des Eingangssignals als zeitdiskretes oder zeitkontinuierliches System aufgefasst werden. Weitere Beispiele für zeitdiskrete Systeme sind in Tab. 2.1 zusammengefasst. Die Systembeispiele 1 bis 4, 11 und 12 erweisen sich als **LTI–Systeme**. Die anderen Systembeispiele sind deshalb aufgeführt, um Systemeigenschaften zu demonstrieren. Neben diesen Systemen werden i. F. der zeitkontinuierliche Differenzierer und das RC–Glied ebenfalls herangezogen. Diese Systeme sind in der Tabelle nicht aufgeführt, da es sich um zeitkontinuierliche Systeme handelt.

Tabelle 2.1 Beispiele für zeitdiskrete Systeme

System	Ausgangssignal
1. **Proportionalglied**	$y(k) = \lambda x(k)$
2. **Verzögerungsglied** (τ_c)	$y(k) = x(k-c)$
3. **Differenzierer** (S_Δ)	$y(k) = x(k) - x(k-1)$
4. **Summierer** (S_{Σ^-})	$y(k) = \sum_{i=-\infty}^{k} x(i)$
5. Konstante	$y(k) = \mathrm{C}$
6. Quadrierer	$y(k) = x^2(k)$
7. Ein zeitvariantes Proportionalglied	$y(k) = k \cdot x(k)$
8. Ein zeitvariantes Verzögerungsglied	$y(k) = \begin{cases} x(k) : k < 0 \\ 0 : k = 0 \\ x(k-1) : k > 0 \end{cases}$
9. Matrizenmultiplikation	$\begin{pmatrix} y(2k) \\ y(2k+1) \end{pmatrix} = \begin{bmatrix} 1 & 1 \\ 1 & -1 \end{bmatrix} \begin{pmatrix} x(2k-1) \\ x(2k) \end{pmatrix}$
10. Matrizenmultiplikation	$\begin{pmatrix} y(2k) \\ y(2k+1) \end{pmatrix} = \begin{bmatrix} 1 & 2 \\ 2 & 4 \end{bmatrix} \begin{pmatrix} x(2k-1) \\ x(2k) \end{pmatrix}$
11. **Grenzwertbilder**	$y(k) = x(-\infty) := \lim_{k \to -\infty} x(k)$
12. **Mittelwertbilder**	$y(k) = \overline{x(k)} := \lim_{n \to \infty} \frac{1}{2n+1} \sum_{i=-n}^{n} x(k-i)$

Der *zeitkontinuierliche Differenzierer* bildet die Ableitung des Eingangssignals nach der Zeit, d. h. es gilt $y(t) = x'(t)$. Das RC–Glied ist das elektrische Netzwerk gemäß Abb. 2.1. Der Zusammenhang zwischen Eingangsspannung $x := u_1$ und Ausgangsspannung $y := u_2$ ist durch die *Differentialgleichung*

$$\tau \cdot y' + y = x \tag{2.1}$$

gegeben, wobei τ die Zeitkonstante des RC–Glieds bezeichnet.

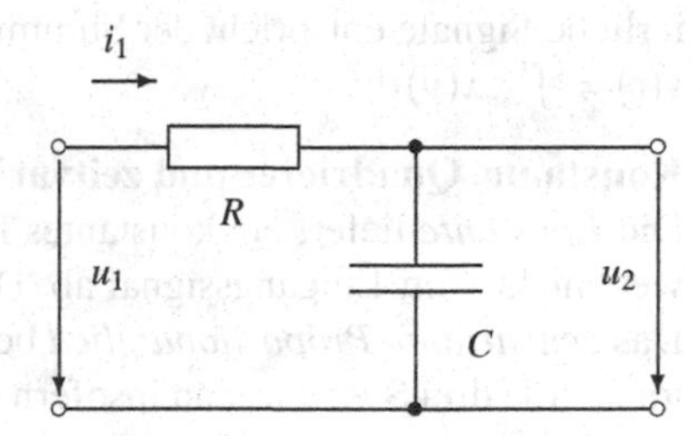

Abb. 2.1 Schaltungsbeispiel RC–Glied: Es ist $i_1 = (u_1 - u_2)/R = C \cdot u_2'$, woraus als Ergebnis die Differentialgleichung $\tau \cdot u_2' + u_2 = u_1$ folgt. Mit $\tau = R \cdot C$ wird die Zeitkonstante des RC–Glieds bezeichnet.

Proportionalglied und Verzögerungsglied

Diese Systeme führen elementare Signaloperationen aus, die bereits in Abschn. 1.2 behandelt wurden. Das Proportionalglied bewirkt für einen konstanten Proportionalitätsfaktor $\lambda > 1$ eine Signalverstärkung unter Beibehaltung des Vorzeichens. Das dynamische Verhalten eines Verstärkers in Form von Signalverzögerungen und Verzerrungen wird nicht berücksichtigt.

Eine Signalverzögerung wird durch das Verzögerungsglied verursacht, sofern die Verzögerungszeit $c > 0$ ist. Beim zeitdiskreten Verzögerungsglied muss c ganzzahlig sein, da die Signale nur für ganzzahlige Zeitpunkte definiert sind. Für $c = 1$ ist das Verzögerungsglied durch einen Speicher darstellbar, aus dem der gespeicherte Signalwert eine Zeiteinheit verzögert ausgelesen wird. Für $c > 1$ werden mehrere solche Speicher in einer Hintereinanderschaltung benötigt.

Zeitdiskreter Differenzierer

Der Differenzierer bildet die Differenz zwischen zwei aufeinanderfolgenden Eingangswerten und kann mit Hilfe elementarer Signaloperationen gemäß Abb. 2.2 dargestellt werden.

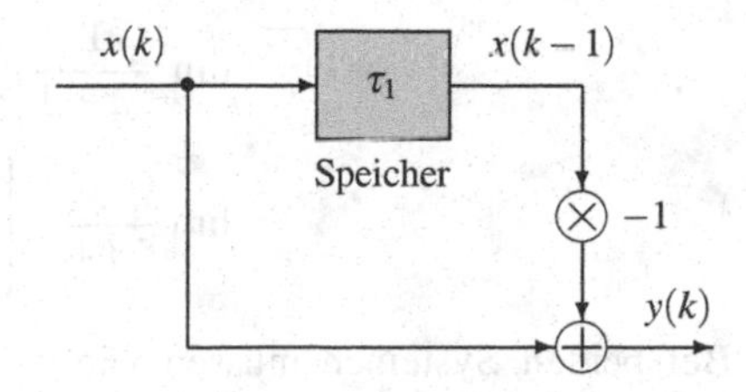

Abb. 2.2 Zeitdiskreter Differenzierer: Darstellung mit Hilfe eines Verzögerungsglieds ($c = 1$), Addierers und Proportionalglieds (Faktor -1). Es ist $y(k) = x(k) - x(k-1)$.

Summierer
Beim Summierer erfolgt eine Summierung der Eingangswerte bis zum Ausgabezeitpunkt. Der Summierer benötigt *linksseitig summierbare* Eingangssignale, d. h. es muss der Grenzwert $\lim_{N\to-\infty}\sum_{i=N}^{k} x(i)$ gebildet werden können. Die Menge dieser Signale wird mit Ω_{Σ^-} bezeichnet, ein weiteres Beispiel für einen Signalraum. Daher muss die Vielfalt der Eingangssignale eingeschränkt werden, damit das Systemmodell funktioniert. Die Systemoperation entspricht einer „Autowaschanlage für PKWs", die keine „Lastkraftwagen" verarbeiten kann. Für zeitkontinuierliche Signale entspricht der Summierer dem Integrierer mit dem Ausgangssignal $y(t) = \int_{-\infty}^{t} x(v)\,\mathrm{d}v$.

Konstante, Quadrierer und zeitvariantes Proportionalglied
Die *Konstante* liefert ein konstantes Ausgangssignal. Hierbei hängt der Ausgangswert nicht vom Eingangssignal ab. Der *Quadrierer* quadriert jeden Eingangswert. Das *zeitvariante Proportionalglied* besitzt den zeitabhängigen Proportionalitätsfaktor k. Alle drei Systeme sind insofern „einfache" Systeme, als ein Ausgangswert nur vom Eingangswert zum Ausgabezeitpunkt abhängt oder überhaupt keine Abhängigkeit vom Eingangssignal besteht (Konstante). Das Proportionalglied ist in diesem Sinn ebenfalls ein „einfaches" System.

Zeitvariantes Verzögerungsglied
Das System führt eine zeitliche Verzögerung (um eine Zeiteinheit) nur für Eingangswerte $x(k)$, $k \geq 0$ durch.

Matrizenmultiplikationen
Bei den Systembeispielen 9 und 10 werden Matrizenmultiplikationen mit einer quadratischen Matrix blockweise für jeweils zwei aufeinanderfolgende Eingangswerte durchgeführt. Beispielsweise ist für Systembeispiel 9 (Hadamard–Transformation für $n = 2$)

$$y(0) = x(-1) + x(0)\,,\; y(1) = x(-1) - x(0)\,. \tag{2.2}$$

Grenzwertbilder und Mittelwertbilder
Der Grenzwertbilder bildet ein konstantes Ausgangssignal. Im Unterschied zur Konstanten ist der Ausgangswert vom Eingangssignal abhängig. Beim Mittelwertbilder sind auch nicht konstante Ausgangssignale möglich. Beispielsweise ist für $x(k) = k$

$$\begin{aligned} y(k) &= \lim_{n\to\infty} \frac{1}{2n+1} \sum_{i=-n}^{n} (k-i) \\ &= \lim_{n\to\infty} \frac{1}{2n+1} \left[2(n+1)k - \sum_{i=-n}^{n} i \right] = k\,. \end{aligned} \tag{2.3}$$

Bei beiden Systemen müssen wie beim Summierer die Eingangssignale eingeschränkt werden, damit die Systemoperation möglich ist. Der Grenzwertbilder und

Mittelwertbilder sind insofern „exotische“ Systeme, als ein Eingangssignal endlicher Dauer das Nullsignal ausgangsseitig bewirkt.

Wirkungsweise des Differenzierers

Die Wirkungsweise des Differenzierers kann durch seine Antwort auf die Sprungfunktion, die sog. *Sprungantwort*, verdeutlicht werden. Es resultiert der Dirac–Impuls:

$$y_\varepsilon(k) = \varepsilon'(k) = \varepsilon(k) - \varepsilon(k-1) = \delta(k)\,. \tag{2.4}$$

Werden die zeitdiskreten Signale durch *Grauwertbilder* dargestellt, erzeugt folglich der Differenzierer bei einem Grauwertsprung ein nadelförmiges Signal an der Stelle des Helligkeitssprungs, wobei die Impulshöhe durch die Größe des Sprungs gegeben ist. Bei konstanten Grauwertflächen dagegen liefert der Differenzierer den Wert 0. Er erzeugt somit eine Art Konturbild, bei dem die Umrisse skizzenhaft hervorgehoben werden. Aus einer Bildzeile mit den Grauwerten $\ldots, 20, \ldots 20, 100 \ldots, 100, 20, \ldots$ beispielsweise entsteht nach der Differenziation $\ldots 0, \ldots 0, 80, 0, \ldots, -80, 0, \ldots$. Abb. 2.3 demonstriert die Wirkung anhand eines Grauwertbildes.

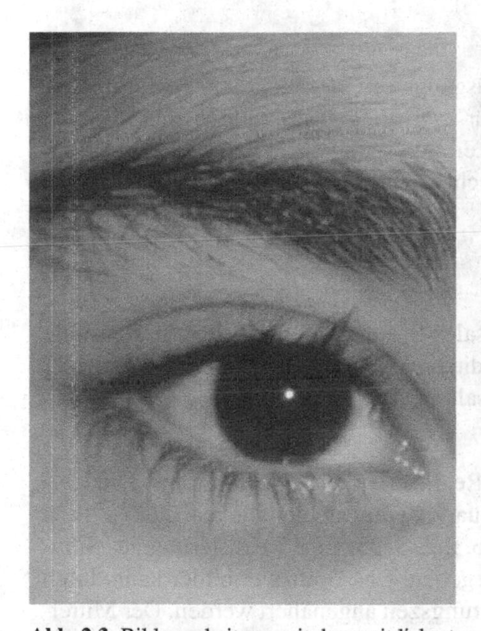

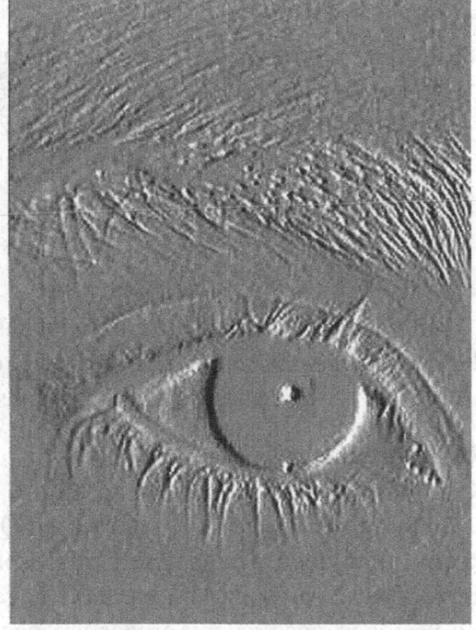

Abb. 2.3 Bildverarbeitung mit dem zeitdiskreten Differenzierer:
Das Grauwertbild (*links*) wird horizontal Bildzeile für Bildzeile gefiltert. Das Ergebnis ist eine Art Konturbild, das horizontale Helligkeitssprünge hervorhebt (*rechts*). Die Grauwerte liegen im Bereich 0–255 (0 entspricht Schwarz, 255 Weiß). Im differenzierten Bild werden Grauwerte gemäß $G := 128 + 8y$ berechnet. Der Signalwert 0 wird somit durch den mittleren Grauton $G = 128$ dargestellt. Negative Signalwerte sind dunkler, positive Signalwerte heller. Durch den Verstärkungsfaktor 8 treten die Konturen deutlicher hervor. Zahlenwerte außerhalb des Bereichs 0–255 werden auf 0 bzw. 255 gesetzt.

2.2 Systemeigenschaften

Die für Systeme grundlegenden Eigenschaften Kausalität, Linearität und Zeitinvarianz sowie Stabilität werden anhand von Systembeispielen eingeführt. Damit wird der Rahmen für das vorliegende Buch präzisiert: *Lineare zeitinvariante Systeme*.

2.2.1 Kausalität und Gedächtnis

Bei einem Verzögerungsglied mit negativer Verzögerungszeit, beispielsweise für $y(k) = x(k+1)$, liegt die paradoxe Situation vor, dass der Ausgangswert von einem zukünftigen Eingangswert abhängt. Ein solches System verletzt das Kausalitätsprinzip, wonach eine Wirkung nicht vor der Ursache stattfinden darf, und heißt deshalb *nichtkausal*. Der Mittelwertbilder ist ebenfalls nichtkausal, da zur Bildung eines Ausgangswerts alle Eingangswerte herangezogen werden. Die anderen Systembeispiele sind kausal (bei einer nicht negativen Verzögerungszeit auch der Verzögerer).

Was ist Kausalität?

Ein System heißt kausal, wenn jeder Ausgangswert $y(t)$ nicht von zukünftigen Eingangswerten $x(t'), t' > t$ abhängt. Für zwei Eingangssignale x_1 und x_2 mit gleichen Eingangswerten bis zu einem Zeitpunkt t_1 sind folglich auch die Ausgangswerte bis zu diesem Zeitpunkt gleich:

$$x_1(t) = x_2(t) \text{ für } t \le t_1 \Rightarrow y_1(t) = y_2(t) \text{ für } t \le t_1 . \tag{2.5}$$

Ein weiteres Beispiel für ein nichtkausales System ist ein System, das anstelle der *linksseitigen* Differenz $x(k) - x(k-1)$ die *rechtsseitige* Differenz $x(k+1) - x(k)$ bildet. Der Differenzierer dagegen ist kausal.

Realisierbarkeit

Kausalität ist eine Voraussetzung für die Realisierbarkeit eines Systems. Die kausalen Systembeispiele 1–10 sind bis auf Quantisierungsfehler alle realisierbar. Eine Realisierung des Differenzierers zeigt Abb. 2.2, S. 25. Eine Realisierung des Summierers wird später in Abschn. 2.6.2 angegeben. Der Grenzwertbilder kann durch ein Verzögerungsglied mit großer Verzögerungszeit angenähert werden. Der Mittelwertbilder ist *nichtrealisierbar*, da er nichtkausal ist.

Gedächtnis

Der Differenzierer bildet die Differenz zwischen zwei aufeinanderfolgenden Eingangswerten gemäß $y(k) = x(k) - x(k-1)$. Er „erinnert" sich an den vergangenen Eingangswert $x(k-1)$, aber an keine weiter zurückliegenden Eingangswerte. Sein Gedächtnis ist somit endlich. Das Gedächtnis eines Systems kann sich aber auch auf unendlich viele Eingangswerte erstrecken wie beim Summierer. Ein anderer Fall besteht darin, dass weder vergangene noch zukünftige Eingangswerte verwendet werden. Ein solches System heißt *gedächtnislos*. Ein Verzögerungsglied mit negativer Verzögerungszeit, z. B. $y(k) = x(k+1)$, ist ebenfalls nicht gedächtnislos. Gegenteiliger Meinung könnte man sein, weil kein vergangener Eingangswert benutzt wird. Es wird jedoch für den Ausgabezeitpunkt k der zukünftige Eingangswert $x(k+1)$ benutzt.

Was ist Gedächtnislosigkeit?

Ein System heißt gedächtnislos, wenn jeder Ausgangswert $y(t)$ nicht von vergangenen oder zukünftigen Eingangswerten $x(t'), t' \neq t$ abhängt, d. h. zwei Eingangssignale x_1 und x_2 mit gleichen Signalwerten zu einem Zeitpunkt t_1 bewirken den gleichen Ausgangswert für diesen Zeitpunkt:

$$x_1(t_1) = x_2(t_1) \Rightarrow y_1(t_1) = y_2(t_2) \,. \tag{2.6}$$

Proportionalglied, Konstante und Quadrierer

Gedächtnislose Systeme — und nur diese — werden durch eine *Kennlinie* beschrieben, die die Abhängigkeit des Ausgangswerts $y(t)$ vom Eingangswert $x(t)$ angibt. Beispiele sind das Proportionalglied, dessen Kennlinie eine Gerade durch den Nullpunkt ist und der Quadrierer, dessen Kennlinie eine Parabel ist. Die Konstante ist ebenfalls gedächtnislos. Ihre Kennlinie ist eine horizontale Gerade (s. Abb. 2.4).

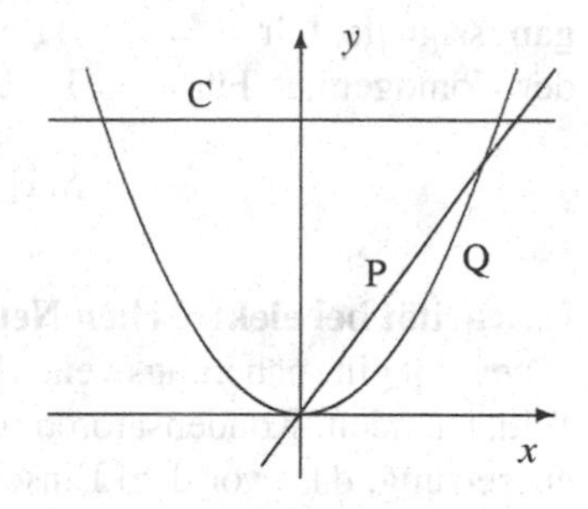

Abb. 2.4 Kennlinien gedächtnisloser Systeme:
P: Proportionalglied,
C: Konstante,
Q: Quadrierer.

Zeitvariantes Proportionalglied

Beim zeitvarianten Proportionalglied handelt es sich ebenfalls um ein System ohne Gedächtnis. Die Kennlinie zum Zeitpunkt k lautet $y = k \cdot x$. Die Kennlinie des Systems ist somit zeitabhängig bzw. das System besitzt mehr als eine Kennlinie. Die Kennlinien sind Geraden durch den Nullpunkt wie beim Proportionalglied, aber mit zeitlich wachsender Steigung.

2.2.2 *Linearität*

Was ist Linearität?

Additivität Für ein lineares System S bewirkt die Überlagerung zweier Eingangssignale x_1 , x_2 die Überlagerung der zugehörigen Ausgangssignale,

$$S(x_1 + x_2) = S(x_1) + S(x_2) . \tag{2.7}$$

Die Additivität entspricht dem sog. *Superpositionsprinzip.*
Homogenität Die Multiplikation eines Eingangssignals x mit einem beliebigen (reellen) Faktor λ bewirkt die Multiplikation des Ausgangssignals mit diesem Faktor,

$$S(\lambda x) = \lambda S(x) . \tag{2.8}$$

Linearität kann durch eine einzelne Beziehung ausgedrückt werden. Für beliebige Eingangssignale x_1 , x_2 und Faktoren λ_1 , λ_2 gilt

$$S(\lambda_1 x_1 + \lambda_2 x_2) = \lambda_1 S(x_1) + \lambda_2 S(x_2) . \tag{2.9}$$

Die Beziehung besagt, dass bei einer sog. *Linearkombination* zweier Eingangssignale deren Ausgangssignale auf die gleiche Weise miteinander verknüpft sind. Diese Beziehung sowie die Additivität gelten allgemeiner für endlich viele Eingangssignale. Für $\lambda_1 = \lambda_2 = 1$ entspricht die Beziehung der Additivität, für $\lambda_2 = 0$ der Homogenität. Für $\lambda_1 = 1$, $\lambda_2 = -1$ folgt

$$S(x_1 - x_2) = S(x_1) - S(x_2) . \tag{2.10}$$

Linearität bei elektrischen Netzwerken
Linearität gilt (näherungsweise) beispielsweise bei elektrischen Netzwerken, die aus Widerständen, Kondensatoren und Spulen aufgebaut sind, aber nur unter der Voraussetzung, dass vor dem Einschaltzeitpunkt die Kondensatoren und Spulen keine Energie gespeichert haben. Die Bildung der Ausgangsspannung eines RC–Glieds ist ein Beispiel.

Beispiel: Das RC–Glied
Eingangssignal und Ausgangssignal seien durch die Eingangsspannung und Ausgangsspannung eines RC–Glieds gegeben (s. Abb. 2.1, S. 25). Die Eingangsspannung sei für Zeiten $t < 0$ gleich 0. Der Kondensator ist also vor dem Zeitpunkt $t = 0$ entladen ($u_2 = 0$). Wir stellen uns die Frage, wie das RC–Glied auf die Anregung mit einem Rechteck–Impuls

$$r_{[0,t_0]}(t) = \begin{cases} 1 : 0 \le t < t_0 \\ 0 : \text{sonst} \end{cases} \tag{2.11}$$

reagiert. Die *Sprungantwort* des RC–Glieds, also das Ausgangssignal bei Anregung mit $x_1(t) = \varepsilon(t)$, ist der *Aufladevorgang* (s. Abb. 2.5)

$$u_2(t) = y_1(t) = \varepsilon(t) \cdot (1 - \mathrm{e}^{-t/\tau}) . \tag{2.12}$$

Die Kondensatorspannung nähert sich hierbei asymptotisch dem Wert 1.

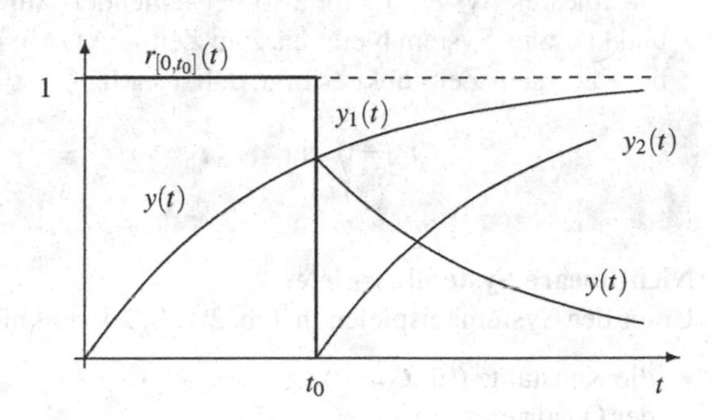

Abb. 2.5 Antwort des RC–Glieds auf einen Rechteck–Impuls: Wegen der Linearität des RC–Glieds sind die beiden Aufladevorgänge $y_1(t) = \varepsilon(t) \cdot (1 - \mathrm{e}^{-t/\tau})$ und $y_2(t) = y_1(t - t_0)$ gemäß $y(t) = y_1(t) - y_2(t)$ miteinander zu verknüpfen.

Die Antwort des RC–Glieds auf die um die Zeitspanne t_0 verzögerte Sprungfunktion $x_2(t) = \varepsilon(t - t_0)$ ist der um t_0 verzögerte Aufladevorgang $y_2(t) = y_1(t - t_0)$. Die Differenz $x_1(t) - x_2(t)$ ergibt den Rechteck–Impuls. Folglich ist die Antwort des RC–Glieds auf den Rechteck–Impuls wegen seiner Linearität $y(t) = y_1(t) - y_2(t)$ (s. Abb. 2.5). Für Zeiten $t < t_0$ ist nur der Aufladevorgang $y_1(t)$ wirksam. Für Zeiten $t \geq t_0$ ergibt die Differenz beider Aufladevorgänge den *Entladevorgang*

$$y(t) = \mathrm{e}^{-(t-t_0)/\tau} - \mathrm{e}^{-t/\tau} = \mathrm{e}^{-t/\tau}(\mathrm{e}^{t_0/\tau} - 1) . \tag{2.13}$$

Für $t \geq t_0$ ist $u_1 = 0$, d. h. der Kondensator entlädt sich über die kurzgeschlossenen Eingangsklemmen und den Widerstand R, und $y(t)$ nähert sich asymptotisch dem Wert 0.

Regeln für lineare Systeme

Eine wichtige Regel für lineare Systeme ergibt sich unmittelbar aus der Homogenität für $\lambda = 0$:

$$S(0) = S(\lambda x) = \lambda S(x) = 0 .$$

Ein lineares System reagiert also auf das Nullsignal mit dem Nullsignal. Diese Regel lässt sich für kausale lineare Systeme wie folgt erweitern. Für zwei Eingangssignale x_1 und x_2 mit gleichen Eingangswerten bis zu einem Zeitpunkt t_1 sind nach Gl. (2.5) auch die Ausgangswerte bis zu diesem Zeitpunkt gleich:

$$x_1(t) = x_2(t) \quad \text{für} \quad t \leq t_1 \Rightarrow y_1(t) = y_2(t) \quad \text{für} \quad t \leq t_1 .$$

Speziell für das Nullsignal $x_1(t) = 0$ ist wegen der Linearität $y_1(t) = 0$. Daraus folgt $y_2(t) = 0$ für $t \leq t_1$. Fassen wir zusammen:

Regeln für lineare Systeme

Die Antwort eines linearen Systems S auf das Nullsignal ist das Nullsignal,

$$x(t) = 0 \Rightarrow y(t) = 0 \,. \tag{2.14}$$

Ein lineares System bleibt also bei fehlender Anregung in Ruhe. Ein lineares und kausales System bleibt bis zum Zeitpunkt t_1 in Ruhe, wenn keine Anregung bis zu diesem Zeitpunkt erfolgt, d. h. es gilt

$$x(t) = 0 \;\text{ für }\; t \leq t_1 \Rightarrow y(t) = 0 \;\text{ für }\; t \leq t_1 \,. \tag{2.15}$$

Nichtlineare Systembeispiele
Unter den Systembeispielen in Tab. 2.1, S. 24 sind nichtlinear

- die Konstante (für $C \neq 0$),
- der Quadrierer.

Die *Konstante* $y(k) = C$ ist für $C \neq 0$ nichtlinear, denn sie verletzt das Kriterium für Linearität gemäß Gl. (2.14). Der *Quadrierer* erfüllt zwar Gl. (2.14), ist aber ebenfalls nichtlinear. Dies zeigt, dass diese Gleichung keine hinreichende, sondern nur eine notwendige Bedingung für Linearität ist. Das nichtlineare Verhalten des Quadrierers kann man anhand seiner Kennlinie erkennen. Nur wenn die Kennlinie eine Gerade durch den Nullpunkt ist, handelt es sich um ein lineares System (s. Übung 2.4). Daher sind die Konstante für $C \neq 0$ und der Quadrierer nichtlinear.

Lineare Systembeispiele
Die Linearität der übrigen Systembeispiele folgt daraus, dass eine Linearkombination von Eingangswerten und die Grenzwertbildung lineare Operationen sind. Eine Linearkombination von Eingangswerten tritt insbesondere beim Differenzierer sowie bei den beiden Matrizenmultiplikationen auf. Eine Grenzwertbildung wird beim Summierer sowie beim Grenzwertbilder und Mittelwertbilder vorgenommen. Die Linearität der Grenzwertbildung entspricht hierbei bekannten Rechenregeln für Grenzwerte. Die Additivität entspricht der Regel, dass der Grenzwert einer Summe zweier Folgen gliedweise gebildet werden darf.

2.2.3 Zeitinvarianz und LTI–Systeme

Bei einem zeitinvarianten System bewirkt eine zeitliche Verzögerung des Eingangssignals eine entsprechende Verzögerung des Ausgangssignals. So reagiert das RC–Glied auf eine am nächsten Tag eingeschaltete Gleichspannung mit dem gleichen Aufladevorgang wie heute, nur eben um einen Tag verzögert. Voraussetzung ist allerdings, dass die Ladezustände des Kondensators vor den Einschaltzeitpunkten gleich sind. Eine weitere Voraussetzung besteht darin, dass sich die Kapazität des Kondensators und der Wert des Widerstandes nicht verändert haben.

Was ist Zeitinvarianz, was ist ein LTI–System?

Ein System S heißt zeitinvariant, wenn für alle Eingangssignale und eine beliebige zeitliche Verschiebung τ_c um die Verzögerungszeit c gilt

$$S(\tau_c(x)) = \tau_c(S(x)) . \tag{2.16}$$

Ein System, das sowohl linear als auch zeitinvariant ist, heißt LTI–System. *LTI* steht für *linear* und *time–invariant.*

Nach Gl. (2.7) ist bei einem linearen System die Addition zweier Signale mit der Systemoperation (S) vertauschbar. Gleiches gilt nach Gl. (2.8) für die Multiplikation eines Signals mit einem Faktor. Bei einem zeitinvarianten System gilt die Vertauschbarkeit für die zeitliche Verschiebung eines Signals ebenso. Somit sind bei einem LTI–System alle drei elementaren Signaloperationen mit der Systemoperation vertauschbar.

Zeitvariante Systembeispiele
Die folgenden Systembeispiele in Tab. 2.1, S. 24 sind nicht zeitinvariant:

- zeitvariantes Proportionalglied,
- zeitvariantes Verzögerungsglied,
- die beiden Matrizenmultiplikationen.

Die Zeitvarianz des *zeitvarianten Proportionalglieds* wird durch den zeitabhängigen Proportionalitätsfaktor k verursacht. Das *zeitvariante Verzögerungsglied* bewirkt eine zeitabhängige Verschiebung. Die Eingangswerte ab dem Zeitpunkt 0 werden um eine Zeiteinheit verzögert, die anderen Eingangswerte nicht. Daher ist das System zeitvariant. Die beiden *Matrizenmultiplikationen* sind ebenfalls zeitvariant: Für Systembeispiel 9, die Hadamard–Transformation, folgt aus Gl. (2.2) für den Dirac–Impuls $x_1(k) = \delta(k)$

$$y_1(0) = x_1(-1) + x_1(0) = 1$$

und für den um eine Zeiteinheit verzögerten Dirac–Impuls $x_2(k) = \delta(k-1)$

$$y_2(1) = x_2(-1) - x_2(0) = 0 \neq y_1(0) .$$

Die Zeitinvarianz ist somit verletzt.

Zeitinvariante Systembeispiele
Das *Proportionalglied*, die *Konstante* und der *Quadrierer* sind zeitinvariant, denn diese Systeme haben eine von der Zeit unabhängige Kennlinie.

Der *Differenzierer* und *Summierer* sind zeitinvariant, denn ihre Systemoperationen sind zeitunabhängig. Beim Differenzierer beispielsweise wird stets die Differenz zwischen den letzten beiden Eingangswerten gebildet.

Beim *Grenzwertbilder* ist das Ausgangssignal konstant. Daher ist eine zeitliche Verschiebung des Ausgangssignals ohne Wirkung, d. h. es gilt $y(k) = y(k-c)$. Eine zeitliche Verschiebung des Eingangssignals hat keinen Einfluss auf das Ausgangssignal, d. h. es gilt $x(k-c) \to y(k)$. Die Zeitinvarianz folgt aus $x(k-c) \to y(k) = y(k-c)$.

Beim *Mittelwertbilder* bewirkt die zeitliche Verschiebung des Eingangssignals um c Zeiteinheiten das Ausgangssignal

$$\lim_{n\to\infty} \frac{1}{2n+1} \sum_{i=-n}^{n} x(k-c-i) = y(k-c) \, ,$$

d. h. der Mittelwertbilder ist ebenfalls zeitinvariant.

Aufgrund unserer bisherigen Ergebnisse sind die folgenden Systembeispiele sowohl linear als auch zeitinvariant und damit **LTI–Systeme**:

- Proportionalglied,
- Verzögerungsglied,
- Differenzierer,
- Summierer,
- Grenzwertbilder und Mittelwertbilder.

2.2.4 Stabilität

Der Differenzierer erzeugt als Antwort auf die Sprungfunktion den Dirac–Impuls. Ganz anders verhält sich der Summierer. Er summiert alle Eingangswerte bis zum Ausgabezeitpunkt und reagiert folglich mit der *Sprungantwort*

$$y_\varepsilon(k) = \varepsilon(k) \cdot (k+1) \, . \tag{2.17}$$

Während das Ausgangssignal des Differenzierers zwischen 0 und 1 bleibt, wächst das Ausgangssignal des Summierers unbegrenzt, d. h. es ist nicht beschränkt. Im ersten Fall liegt ein stabiles System vor, im zweiten Fall ein instabiles System. Sein Ausgangssignal ist unbeschränkt, obwohl das Eingangssignal beschränkt ist.

Was ist Stabilität?

Ein System heißt stabil, wenn für alle beschränkten Eingangssignale die Ausgangssignale ebenfalls beschränkt sind,

$$|x(t)| \le C_x \Rightarrow |y(t)| \le C_y \, . \tag{2.18}$$

Hierbei ist C_x eine beliebige Konstante und C_y eine Konstante, die nur von C_x abhängen darf.

Die Konstante C_y hängt somit nicht vom genauen Verlauf des Eingangssignals ab. Die Abhängigkeit beschränkt sich auf den Wert der Konstanten C_x. Die Konstante C_y aller stabilen Systembeispiele ist in Tab. 2.2 angegeben.

Beispiel: Differenzierer
Für den Differenzierer beispielsweise folgt aus $|x(k)| \leq C_x$ die Abschätzung

$$|y(k)| = |x(k) - x(k-1)| \leq |x(k)| + |x(k-1)| \leq 2C_x \,.$$

Also ist das System stabil mit der Konstanten $C_y = 2C_x$.

Tabelle 2.2 Begrenzung der Ausgangswerte bei den stabilen Systembeispielen

System	Konstante C_y
Proportionalglied	$\lvert\lambda\rvert \cdot C_x$
Verzögerungsglied	C_x
Differenzierer (diskret)	$2C_x$
Konstante	$\lvert C\rvert$
Quadrierer	C_x^2
Zeitvariantes Verzögerungsglied	C_x
Matrizenmultiplikation (9)	$2C_x$
Matrizenmultiplikation (10)	$6C_x$
Grenzwertbilder	C_x
Mittelwertbilder	C_x

Instabile Systembeispiele

Die folgenden Systembeispiele in Tab. 2.1, S. 24 sind nicht stabil (instabil):

- Summierer,
- das zeitvariante Proportionalglied.

Der Summierer ist instabil, weil seine Sprungantwort $y_\varepsilon(k) = \varepsilon(k) \cdot (k+1)$ unbegrenzt wächst. Die Sprungantwort $y_\varepsilon(k) = \varepsilon(k) \cdot k$ des zeitvarianten Proportionalglieds wächst ebenfalls unbegrenzt. Das System ist daher ebenfalls instabil.

Stabilität für lineare Systeme

Die Definition der Stabilität lässt sich für ein lineares System vereinfachen. Zunächst kann man die Stabilität mit Hilfe der Maximumnorm gemäß Gl. (1.24) wie folgt darstellen:

$$\|x\|_\infty \leq C_x \Rightarrow \|y\|_\infty \leq C_y(C_x) \,. \tag{2.19}$$

Hierbei drückt $C_y(C_x)$ die Abhängigkeit der Konstanten C_y von der Konstanten C_x aus. Bei einem linearen System ist diese Bedingung gleichwertig mit dem *Stabilitätskriterium*

$$\|y\|_\infty \leq C \cdot \|x\|_\infty \,, \tag{2.20}$$

wobei C einen *Umrechnungsfaktor* zwischen den Maximumnormen des Ein– und Ausgangssignals darstellt.

Nachweis des Stabilitätskriteriums Gl. (2.20):
Gl. (2.20) $\Rightarrow$ Gl. (2.19): Setze $C_y = C \cdot C_x$.
Gl. (2.19) $\Rightarrow$ Gl. (2.20):
Zum Nachweis wird die Linearität des Systems benötigt. Gehen wir zunächst von einem Eingangssignal ungleich dem Nullsignal aus. Dann ist $\|x\|_\infty > 0$ und es kann daher das Eingangssignal gemäß $\tilde{x} := x/\|x\|_\infty$ normiert werden. Es besitzt die Maximum–Norm 1. Aus Gl. (2.19) folgt $\|\tilde{y}\|_\infty \leq C_y(1)$. Aus der Linearität des Systems folgt

$$\|\tilde{y}\|_\infty = \|S(\tilde{x})\|_\infty = \left\|S(x/\|x\|_\infty)\right\|_\infty = \frac{1}{\|x\|_\infty} \cdot \|S(x)\|_\infty = \frac{\|y\|_\infty}{\|x\|_\infty} \, .$$

Somit gilt $\|y\|_\infty = \|x\|_\infty \cdot \|\tilde{y}\|_\infty \leq C_y(1) \cdot \|x\|_\infty$, also Gl. (2.20) mit der Konstanten $C = C_y(1)$. Für den Sonderfall, dass x das Nullsignal ist, folgt aus der Linearität des Systems $y = 0$. Gl. (2.20) ist daher ebenfalls erfüllt.

Minimaler Umrechnungsfaktor
Die in Tab. 2.2 angegebenen Umrechnungsfaktoren sind minimal, d. h. einen kleineren Umrechnungsfaktor gibt es nicht. Sie stellen daher eine Eigenschaft dieser Systeme dar. Für den Differenzierer beispielsweise beträgt dieser Umrechnungsfaktor $C = 2$. Ein kleinerer Umrechnungsfaktor ist nicht möglich: Für das Eingangssignal mit den beiden einzigen von 0 verschiedenen Eingangswerten $x(0) = 1$, $x(1) = -1$ sind die von 0 verschiedenen Ausgangswerte $y(0) = x(0) - x(-1) = 1$, $y(1) = x(1) - x(0) = -2$, $y(2) = x(2) - x(1) = 1$. Daher ist $\|x\|_\infty = 1$, aber $\|y\|_\infty = 2$.

Stabile lineare Systeme sind stetig

Gl. (2.20) kann auf die Differenz zweier Eingangssignale angewandt werden und liefert

$$\|y_1 - y_2\|_\infty \leq C \cdot \|x_1 - x_2\|_\infty \, . \tag{2.21}$$

Auf der rechten Seite wird mit $\|x_1 - x_2\|_\infty$ die Abweichung der zwei Eingangssignale „gemessen". Aus der Ungleichung folgt, dass die Abweichung der beiden Ausgangssignale beliebig klein ist, wenn nur die Abweichung zwischen den Eingangssignalen hinreichend klein ist. Dieser Sachverhalt drückt die **Stetigkeit** eines Systems aus: Kleine Abweichungen der Eingangssignale ermöglichen beliebig kleine Abweichungen der Ausgangssignale (unter Verwendung der Maximum–Norm). Stabile lineare Systeme verhalten sich in diesem Sinn stetig.

2.3 Grundschaltungen

Aus Systemen können auf verschiedene Weisen neue Systeme gebildet werden. Hierbei können drei *Grundschaltungen* unterschieden werden. Bei den ersten zwei Grundschaltungen werden zwei Systeme zusammengeschaltet (s. Abb. 2.6 und Abb. 2.7), bei der dritten Grundschaltung wird das Ausgangssignal über ein System im Rückkopplungspfad an den Systemeingang zurückgeführt (s. Abb. 2.8). Die Signalverbindungen zwischen den Systemen werden als verzögerungsfrei angenommen.

Signalverzögerungen, insbesondere bei zeitkontinuierlichen Systemen, müssen daher durch Verzögerungsglieder nachgebildet werden. Die drei Grundschaltungen können mehrfach angewandt werden. So kann die Summenschaltung und Hintereinanderschaltung von zwei auf beliebig viele *Teilsysteme* erweitert werden. Abb. 2.9 zeigt zwei Beispiele, bei denen die Summenschaltung und Hintereinanderschaltung kombiniert werden. Die beiden Systeme in Abb. 2.9 sind äquivalent, d. h. sie liefern für jedes Eingangssignal das gleiche Ausgangssignal, wenn das System S_1 linear ist: Für das linke System folgt aus der Linearität von S_1 das Ausgangssignal $y = S_1(S_2(x) + S_3(x)) = S_1(S_2(x)) + S_1(S_3(x))$, d. h. das Ausgangssignal des rechten Systems.

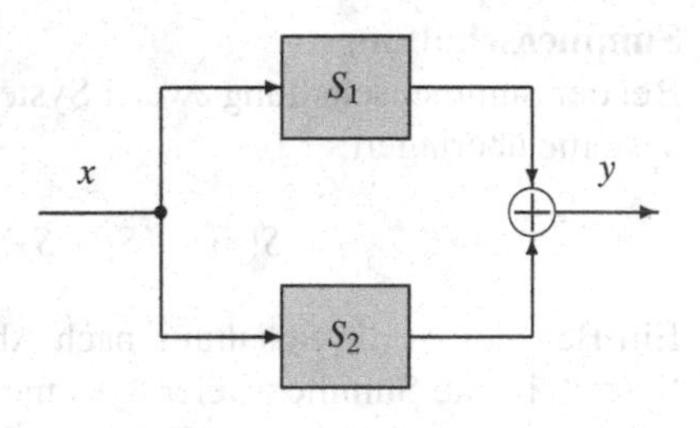

Abb. 2.6 Summenschaltung zweier Systeme: Das Ausgangssignal ist $y = S_1(x) + S_2(x)$.

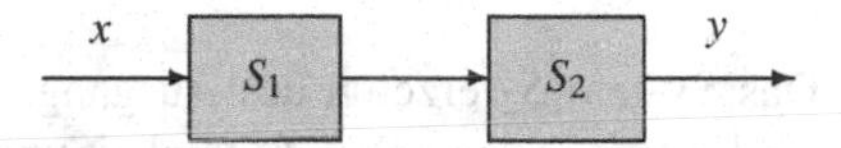

Abb. 2.7 Hintereinanderschaltung zweier Systeme: Das Ausgangssignal ist $y = S_2(S_1(x))$.

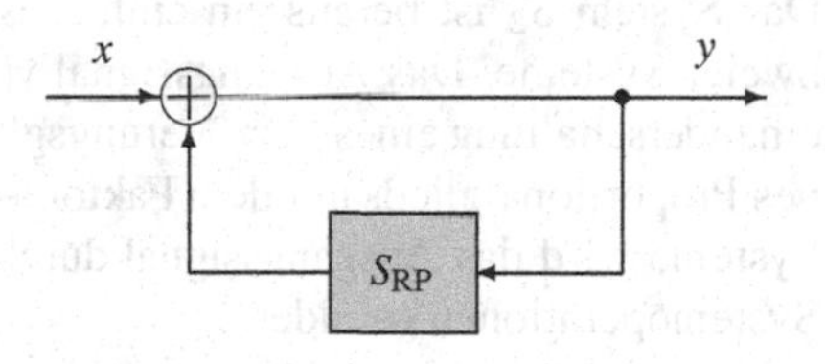

Abb. 2.8 Rückkopplung: Die Rückkopplungsgleichung lautet $x + S_{RP}(y) = y$.

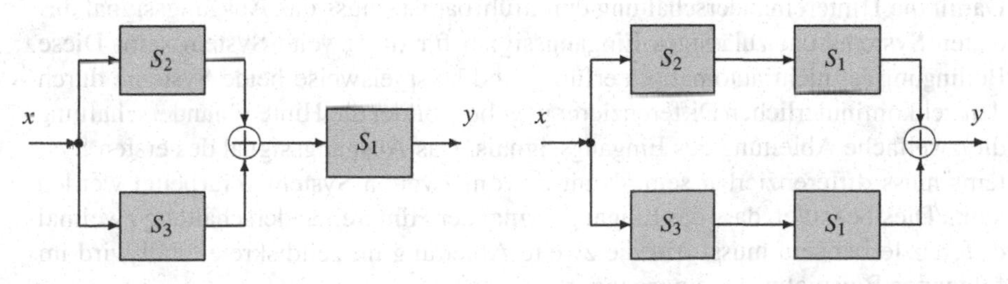

Abb. 2.9 Kombinationen von Grundschaltungen

Anwendungen
Eine Anwendung der Hintereinanderschaltung ist ein mehrstufiger Verstärker. Hierbei ist zu beachten, dass eine Verstärkerstufe Rückwirkungen auf die vorherigen Stufen haben kann, welche bei Systemen nicht auftreten. Mit Hilfe der Summenschaltung und Hintereinanderschaltung können nur unter Verwendung von Proportionalgliedern und Verzögerungsgliedern Filter für Ton– und Bildsignale aufgebaut werden. Mit Hilfe einer Rückkopplung können spezielle Filterungen vorgenommen werden. Ein Beispiel ist die Verhallung eines Tonsignals. Eine andere Anwendung der Rückkopplung ist der Regelkreis. Auf beide Anwendungen der Rückkopplung wird in Abschn. 2.6 näher eingegangen.

Summenschaltung
Bei der Summenschaltung zweier Systeme werden die Ausgangssignale beider Teilsysteme überlagert,

$$S(x) = (S_1 + S_2)(x) := S_1(x) + S_2(x)\,. \tag{2.22}$$

Ein Beispiel ist die Schaltung nach Abb. 2.2, S. 25 für den Differenzierer. Dieses System ist die Summe zweier Systeme S_1 und S_2. Das System S_1 ist das sog. *identische System* , welches ein Eingangssignal unverändert als Ausgangssignal abgibt. Es wird mit S_{id} bezeichnet. Es ist also $S_1 = S_{\mathrm{id}}$ mit

$$S_{\mathrm{id}}(x) := x\,. \tag{2.23}$$

Das System S_2 erzeugt das Ausgangssignal $-x(k-1)$. Dieses ist das Eingangssignal, verzögert um eine Zeiteinheit und multipliziert mit dem Faktor -1.

Hintereinanderschaltung
Das System S_2 ist bereits ein einfaches Beispiel für die Hintereinanderschaltung zweier Systeme. Das Ausgangssignal $y(k) = -x(k-1)$ entsteht durch die Hintereinanderschaltung eines Verzögerungsglieds mit der Verzögerungszeit $c = 1$ und eines Proportionalglieds mit dem Faktor -1. Bei der Hintereinanderschaltung zweier Systeme wird das Ausgangssignal durch die Hintereinanderausführung der beiden Systemoperationen gebildet:

$$S(x) = S_2(S_1(x))\,. \tag{2.24}$$

Damit die Hintereinanderschaltung durchführbar ist, muss das Ausgangssignal des ersten Systems ein zulässiges Eingangssignal für das zweite System sein. Diese Bedingung ist nicht automatisch erfüllt. Sind beispielsweise beide Systeme durch den zeitkontinuierlichen Differenzierer gegeben, bildet die Hintereinanderschaltung die zweifache Ableitung des Eingangssignals. Das Ausgangssignal des ersten Systems muss differenzierbar sein, damit es vom zweiten System verarbeitet werden kann. Dies bedeutet, dass das Eingangssignal der Hintereinanderschaltung zweimal differenzierbar sein muss. Auf die zweite Ableitung im zeitdiskreten Fall wird im folgenden Beispiel näher eingegangen.

Beispiel: Zweite zeitdiskrete Ableitung
Das System für die zweite Ableitung ist durch zwei Differenzierer realisierbar, die hintereinander geschaltet werden. Abb. 2.10 zeigt die Verarbeitung des Dirac–Impulses $x(k) = \delta(k)$ als Eingangssignal. Beide Differenziationen werden durch Bildung der Differenz zweier aufeinanderfolgender Eingangswerte berechnet.

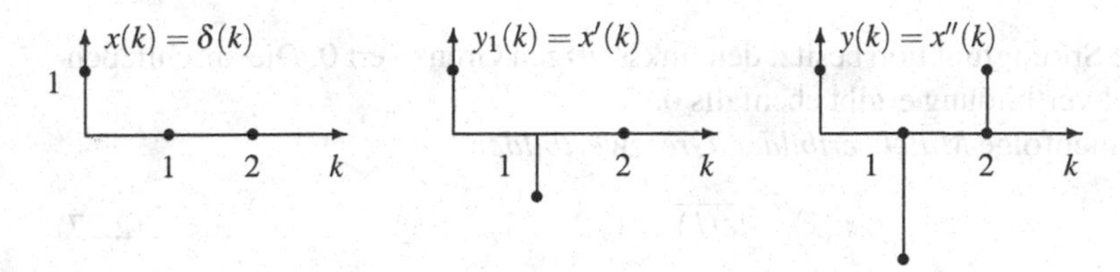

Abb. 2.10 Zweifache Differenziation des Dirac–Impulses

Es ist möglich, eine Formel zur Berechnung des Ausgangssignals wie folgt zu finden: Für ein beliebiges Eingangssignal x ist das Ausgangssignal $y(k) = y_1(k) - y_1(k-1)$ mit $y_1(k) = x(k) - x(k-1)$. Dies ergibt

$$\begin{aligned} y(k) &= x(k) - x(k-1) - [x(k-1) - x(k-2)] \\ &= x(k) - 2x(k-1) + x(k-2)\,. \end{aligned}$$

Für den Dirac–Impuls $x(k) = \delta(k)$ erhält man

$$y(k) = \delta(k) - 2\delta(k-1) + \delta(k-2) \tag{2.25}$$

in Übereinstimmung mit Abb. 2.10 (rechts).

Reihenfolge bei der Hintereinanderschaltung
Bei der Hintereinanderschaltung eines Proportionalglieds mit einem Verzögerungsglied spielt die Reihenfolge keine Rolle, d. h. das resultierende System erzeugt in jedem Fall das Ausgangssignal $\lambda x(k-c)$. Die Vertauschbarkeit bei der Hintereinanderschaltung zweier Systeme ist jedoch nicht automatisch erfüllt. Ein einfaches Beispiel ist die Matrizenmultiplikation. Bei der Multiplikation zweier Matrizen kommt es im Allgemeinen auf die Reihenfolge an. Ein Beispiel sind die Matrizen der Systembeispiele 9 und 10 in Tab. 2.1, S. 24. Bei der Hintereinanderschaltung dieser Systeme sind die beiden Matrizen zu multiplizieren. Abhängig von der Reihenfolge führt dies auf zwei unterschiedliche Ergebnisse. Sogar für LTI–Systeme lässt sich die *verbreitete Auffassung*, LTI–Systeme seien vertauschbar, widerlegen, wie im folgenden Beispiel dargelegt wird.

Beispiel: Verletzung der Vertauschbarkeit
Es wird die Hintereinanderschaltung des Grenzwertbilders (Systembeispiel 11) und Mittelwertbilders (Systembeispiel 12) betrachtet. Als Eingangssignal wird die Sprungfunktion $x(k) = \varepsilon(k)$ angenommen. Die Hintereinanderschaltung beider Systeme ergibt:

1. Fall: Reihenfolge *Grenzwertbilder, Mittelwertbilder.*

$$\varepsilon(k) \rightarrow \varepsilon(-\infty) = 0 \rightarrow 0 \, , \tag{2.26}$$

   denn die Sprungfunktion besitzt den linksseitigen Grenzwert 0. Die anschließende Mittelwertbildung ergibt ebenfalls 0.
2. Fall: Reihenfolge *Mittelwertbilder, Grenzwertbilder.*

$$\varepsilon(k) \rightarrow \overline{\varepsilon(k)} = 1/2 \rightarrow 1/2 \, , \tag{2.27}$$

   denn die Mittelwertbildung der Sprungfunktion ergibt den konstanten Wert $1/2$. Die linksseitige Grenzwertbildung erzeugt ebenfalls $1/2$.

Das Ergebnis der Hintereinanderschaltung hängt also von der Reihenfolge ab.

Die Reihenfolge hat einen Einfluss, wenn der linksseitige Grenzwert $x(-\infty)$ nicht mit dem Mittelwert $\overline{x}$ übereinstimmt.

Erhaltung der Systemeigenschaften
Wir stellen uns die Frage, ob bei einer Summenschaltung und Hintereinanderschaltung die Systemeigenschaften erhalten bleiben. Ergibt beispielsweise die Hintereinanderschaltung zweier stabiler Systeme wieder ein stabiles System? Dies ist offensichtlich richtig, da bei ihrer Anregung mit einem beschränktem Eingangssignal alle auftretenden Signale beschränkt sind (die Schranke für die Ausgangswerte hängt hierbei nur von der Schranke für die Eingangswerte ab). Die Hintereinanderschaltung von Systemen, die sich alle zeitunabhängig verhalten, muss sich ebenfalls zeitunabhängig verhalten. Die Erhaltung der *Linearität* ist weniger offensichtlich. Sie folgt aus

$$\begin{aligned} \lambda_1 x_1 + \lambda_2 x_2 &\xrightarrow{S_1} \lambda_1 S_1(x_1) + \lambda_2 S_1(x_2) \\ &\xrightarrow{S_2} \lambda_1 S_2(S_1(x_1)) + \lambda_2 S_2(S_1(x_2)) = \lambda_1 S(x_1) + \lambda_2 S(x_2) \, . \end{aligned}$$

Die Erhaltung der *Gedächtnislosigkeit* und *Kausalität* bei der Hintereinanderschaltung ist offensichtlich. Insbesondere müssen bei gedächtnislosen Systemen die Kennlinien der hintereinander geschalteten Systeme als Abbildungen verkettet werden. Die Erhaltung der Systemeigenschaften bei der Summenschaltung wird in Übung 2.6 nachgewiesen.
Somit gilt die folgende einfache Regel:

Erhaltung der Systemeigenschaften

Bei der Summenschaltung und Hintereinanderschaltung von Systemen bleiben die Systemeigenschaften Gedächtnislosigkeit, Kausalität, Stabilität, Linearität und Zeitinvarianz erhalten.

2.4 Inverse Systeme

Wir stellen uns die Frage, ob die Operation eines Systems umgekehrt werden kann. Man denke beispielsweise an ein verhalltes Tonsignal, aus dem das unverhallte Signal zurückgewonnen werden soll. Die Frage nach Umkehrbarkeit wird zunächst am Beispiel des Differenzierers und Summierers erläutert. Unter bestimmten Voraussetzungen bezüglich der Signale besteht hier eine gegenseitige Umkehrbarkeit (s. Abb. 2.11). Dieser Zusammenhang entspricht der in der Mathematik bekannten Umkehrung der Integration durch Differenziation und der Differenziation durch Integration.

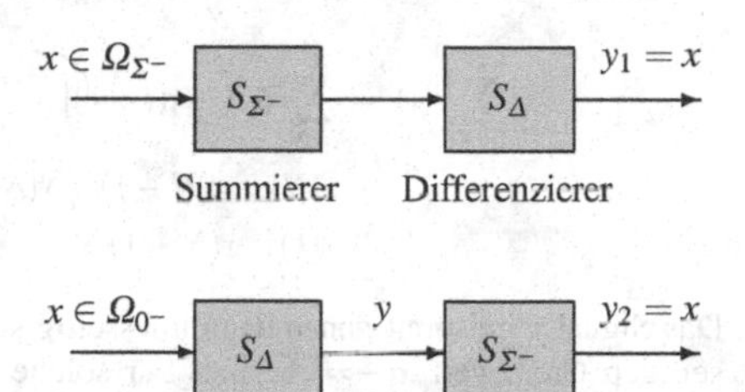

Abb. 2.11 Umkehrbarkeit des Summierers durch den Differenzierer (*oben*) und des Differenzierers durch den Summierer (*unten*). Signalraum $\Omega_{\Sigma-}$: Linksseitig summierbare Signale, Signalraum Ω_{0-}: Linksseitig abklingende Signale.

Reihenfolge Summierer, Differenzierer

Der Differenzierer bildet die Differenz zwischen zwei aufeinanderfolgenden Ausgangswerten des Summierers, woraus das Ausgangssignal

$$y_1(k) = \sum_{i=-\infty}^{k} x(i) - \sum_{i=-\infty}^{k-1} x(i) \tag{2.28}$$

folgt. Damit die Systemoperation des Summierers erlaubt ist, muss das Eingangssignal linksseitig summierbar sein. Unter dieser Voraussetzung gilt $y_1(k) = x(k)$, d. h. der Differenzierer kehrt die Systemoperation des Summierers um.

Dies folgt aus der für $N \leq k-1$ gültigen Darstellung

$$x(k) = \sum_{i=N}^{k} x(i) - \sum_{i=N}^{k-1} x(i) = x(N) + \cdots + x(k) - [x(N) + \cdots + x(k-1)]$$

durch Grenzübergang $N \to -\infty$.

Reihenfolge Differenzierer, Summierer

Der Summierer summiert die Differenzen zwischen zwei aufeinanderfolgenden Eingangswerten bis zum Ausgangszeitpunkt auf, woraus das Ausgangssignal

$$y_2(k) = \sum_{i=-\infty}^{k} y(i) = \sum_{i=-\infty}^{k} [x(i) - x(i-1)] \tag{2.29}$$

folgt. Für die Systemumkehrung werden linksseitig abklingende Eingangssignale benötigt. Diese bilden einen Signalraum, der i. F. mit Ω_{0^-} bezeichnet wird. Für linksseitig abklingende Eingangssignale gilt $y(k) = x(k)$, d. h. der Summierer kehrt unter dieser Voraussetzung die Systemoperation des Differenzierers um (s. Abb. 2.11, unten).

Damit die Hintereinanderschaltung ausgeführt werden kann, muss das Ausgangssignal $y = S_\Delta(x)$ des Differenzierers linksseitig summierbar sein. Für $N < k$ ist

$$\begin{aligned}
\sum_{i=N}^{k} y(i) &= \sum_{i=N}^{k} [x(i) - x(i-1)] \\
&= x(N) - x(N-1) + x(N+1) - x(N) + \cdots + x(k) - x(k-1) \\
&= x(k) - x(N-1)\,.
\end{aligned}$$

Das Signal y ist somit genau dann linksseitig summierbar, wenn das Eingangssignal einen linksseitigen Grenzwert $x(-\infty)$ besitzt. Für solche Eingangssignale ist die Hintereinanderschaltung ausführbar. Für $N \to -\infty$ folgt

$$y_2(k) = x(k) - x(-\infty)\,.$$

Ist darüber hinaus das Eingangssignal linksseitig abklingend, d. h. gilt $x(-\infty) = 0$, erhält man durch Summierung das Eingangssignal $y_2(k) = x(k)$ zurück. Es gilt also

$$x \in \Omega_{0^-} \Rightarrow y = S_\Delta(x) \in \Omega_{\Sigma^-} \tag{2.30}$$

und $S_{\Sigma^-}(y) = x$.

Das eine Systemoperation umkehrende System wird inverses System genannt:

Was ist ein inverses System?

Sind S, S^{-1} zwei Systeme mit

$$S^{-1}(S(x)) = x \tag{2.31}$$

für alle Eingangssignale x aus einem Signalraum Ω, dann heißt S^{-1} inverses System oder Umkehrsystem (für Signale aus Ω).

Abb. 2.12 verdeutlicht die Umkehrung für den Differenzierer anhand eines Grauwertbildes. So kann bespielsweise aus dem in Abb. 2.3, S. 27 gezeigten differenzierten Grauwertbild das ursprüngliche Bild durch Summierung zurückzugewonnen werden.

		100	100		
	100	100	100	100	
100	100	100	100	100	
100	100	100	100	100	
100	100		100	100	100
100	100	100	100	100	100
100	100	100	100	100	100
100	100	100	100	100	100
	80	100	100	100	100
		100	100	100	
			100		

		100		-100		
	100				-100	
100					-100	
100					-100	
100		-100	100			-100
100						-100
100						-100
100						-100
	80	20				-100
		100			-100	
			100	-100		

Abb. 2.12 Umkehrung der zeitdiskreten Differenziation:
Der Differenzierer filtert jede einzelne Bildzeile des Grauwertbildes (*links*). Der Signalwert 0 ist hierbei durch ein leeres Feld dargestellt. Aus dem Ausgangsbild (*rechts*) lässt sich das ursprüngliche Bild mit Hilfe des Summierers zeilenweise zurückgewinnen.

Eindeutigkeit (Umkehrbarkeit) eines Systems

Die Umkehrbarkeit einer Systemoperation erfordert, dass zwei unterschiedliche Eingangssignale zwei unterschiedliche Ausgangssignale bewirken. Die Information, welche die Eingangssignale voneinander unterscheidet, darf durch die Systemoperation nicht zerstört werden, und zwar selbst dann nicht, wenn sich die Eingangssignale nur in einem einzigen Signalwert voneinander unterscheiden. Wir nennen ein solches System eindeutig. In der Mathematik ist eine eindeutige Systemoperation als injektive Abbildung wohlbekannt.

Was ist Eindeutigkeit?

Ein System heißt eindeutig (für einen Eindeutigkeitsbereich Ω), wenn für zwei verschiedene Eingangssignale x_1 , $x_2 \in \Omega$ die Ausgangssignale verschieden sind,

$$x_1(t) \neq x_2(t) \Rightarrow y_1(t) \neq y_2(t)\,. \tag{2.32}$$

Die Angabe des Eindeutigkeitsbereichs ist für die Umkehrbarkeit eines Systems wichtig. Beispielsweise erzeugt der Differenzierer für alle konstanten Eingangssignale das Nullsignal. Konstante Eingangssignale gehören daher nicht zum Eindeutigkeitsbereich. Für linksseitig abklingende Eingangssignale dagegen ist, wie wir gesehen haben, die Systemoperation umkehrbar.

Abbildungsschema für den Differenzierer und Summierer
Abb. 2.13 zeigt die Verhältnisse für den Differenzierer und Summierer als zueinander inverse Systeme: Nach Gl. (2.30) liefert der Differenzierer für ein linksseitig abklingendes Eingangssignal ein linksseitig summierbares Ausgangssignal. Diese Signale sind linksseitig abklingend (Nachweis folgt):

$$\Omega_{\Sigma^-} \subset \Omega_{0^-} \,. \tag{2.33}$$

Die Ausgangssignale des Summierers sind ebenfalls linksseitig abklingend:

$$y \in \Omega_{\Sigma^-} \Rightarrow S_{\Sigma^-}(y) \in \Omega_{0^-} \,. \tag{2.34}$$

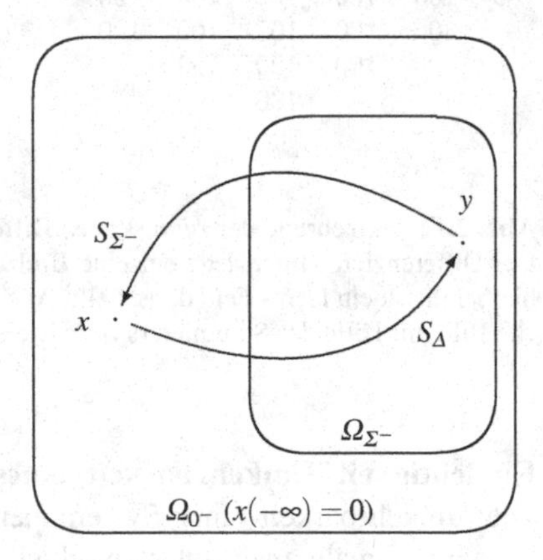

Abb. 2.13 Differenzierer (S_Δ) und Summierer (S_{Σ^-}) als zueinander inverse Systeme: Die Eingangssignale des Differenzierers sind linksseitig abklingend (Signalraum Ω_{0^-}), die Eingangssignale des Summierers sind linksseitig summierbar (Signalraum Ω_{Σ^-}). Beide Systeme sind unter diesen Voraussetzungen über die Eingangssignale eindeutig.

Nachweis von Gl. (2.33):
Dies folgt daraus, dass die Reihenglieder einer konvergenten Reihe eine Nullfolge bilden.

Nachweis von Gl. (2.34):
Es sei $y \in \Omega_{\Sigma^-}$ und $x := S_{\Sigma^-}(y)$. Für $N < k < 0$ ist

$$\sum_{i=N}^{k} y(i) = \sum_{i=N}^{0} y(i) - \sum_{i=k+1}^{0} y(i) \,.$$

Die zweite Summe auf der rechten Seite ist nicht von N abhängig und y linksseitig summierbar. Daher liefert der Grenzübergang $N \to -\infty$ für $x = S_{\Sigma^-}(y)$

$$x(k) = \lim_{N \to -\infty} \sum_{i=N}^{k} y(i) = \sum_{i=-\infty}^{0} y(i) - \sum_{i=k+1}^{0} y(i) \,.$$

Die erste Summe auf der rechten Seite ist nicht von k abhängig. Daher liefert der Grenzübergang $k \to -\infty$

$$x(-\infty) = \sum_{i=-\infty}^{0} y(i) - \sum_{i=-\infty}^{0} y(i) = 0 \,.$$

Eindeutigkeit bei linearen Systemen
Für ein lineares System vereinfacht sich Gl. (2.32): Setzt man $x_2(t) = 0$ (Nullsignal), dann ist nach Gl. (2.14) ebenfalls $y_2(t) = 0$. Ein Signal $x_1 \neq 0$ wird daher in ein Signal $y_1 \neq 0$ überführt. Aus $y_1 = 0$ folgt daher $x_1 = 0$. Dies ist die Umkehrung von Gl. (2.14). Somit gilt:

Eindeutigkeitskriterium für lineare Systeme

Bei einem eindeutigen linearen System (für einen Signalraum Ω) ist das Nullsignal das einzige Eingangssignal, welches in das Nullsignal überführt wird,

$$y(t) = 0 \Leftrightarrow x(t) = 0 \,. \tag{2.35}$$

Gl. (2.35) ist hinreichend für Eindeutigkeit
Wir betrachten zwei Signale x_1, $x_2 \in \Omega$ mit $x_1 \neq x_2$. Dann ist $x := x_1 - x_2 \in \Omega$ mit $x \neq 0$. Aus Gl. (2.35) folgt $y = S(x) = S(x_1 - x_2) \neq 0$. Aus der Linearität von S folgt $S(x_1) - S(x_2) \neq 0$, also die Eindeutigkeit des Systems.

Der Differenzierer erfüllt das Eindeutigkeitskriterium für abklingende Eingangssignale: Aus $y(k) = x(k) - x(k-1) = 0$ folgt zunächst ein konstantes Eingangssignal. Da es außerdem linksseitig abklingend ist, muss es das Nullsignal sein.

Eindeutige Systembeispiele
Unter den Systembeispielen findet man die folgenden eindeutigen Systeme:

- Proportionalglied (für $\lambda \neq 0$):
  Das Inverse System ist ein Proportionalglied mit dem Faktor $1/\lambda$.
- Verzögerungsglied:
  Das zum Verzögerungsglied mit der Verzögerungszeit c inverse System ist durch $y(k) = x(k+c)$ gegeben. Bei einer echten Verzögerung ($c > 0$) ist dieses System nichtkausal.
- Differenzierer und Summierer:
  Diese Systeme sind zueinander invers, wie in Abb. 2.13 ausführlich dargelegt wurde. Der Differenzierer ist für linksseitig abklingende Eingangssignale eindeutig. Konstante Signale gehören nicht zum Eindeutigkeitsbereich des Differenzierers.

Neben dem Summierer $S_{\Sigma-}$ gibt es ein nichtkausales inverses System in Form des **rechtsseitigen Summierers**(Übung 2.9), gegeben durch

$$y(k) := -\sum_{i=k+1}^{\infty} x(i) \,. \tag{2.36}$$

Er bildet eine *rechtsseitige* Summe des Eingangssignals und ist für alle rechtsseitig summierbaren Eingangssignale definiert. Es ist daher möglich, die Differenziation eines Grauwertbildes wie in Abb. 2.12, S. 43 auch durch den rechtsseitigen Summierer umzukehren.

- Zeitvariantes Verzögerungsglied:
  Das inverse System bewirkt wie das zeitvariante Verzögerungsglied eine zeitliche Verschiebung seines Eingangssignals (Übung 2.7).
- Systembeispiel 9:
  Das inverse System ist durch eine Matrizenmultiplikation mit der inversen Matrix

$$\begin{pmatrix} 1 & 1 \\ 1 & -1 \end{pmatrix}^{-1} = \frac{1}{2}\begin{pmatrix} 1 & 1 \\ 1 & -1 \end{pmatrix}$$

  gegeben. Diese Matrix ist bis auf einen Faktor gleich der Matrix des Systems (Hadamard–Transformation).

Die übrigen Systembeispiele sind nicht eindeutig (s. Übung 2.8).

LTI–Systeme
Die ersten vier Systembeispiele sind LTI–Systeme, deren Inversen ebenfalls LTI–Systeme sind. Dieser Sachverhalt lässt sich dahingehend verallgemeinern, dass das inverse System eines LTI–Systems stets ein LTI–System ist. Bezüglich der Linearität kann man sich darauf berufen, dass die Umkehrabbildung einer linearen Abbildung ebenfalls linear ist [13, S. 163]. Die Zeitinvarianz ergibt sich aus der anschaulichen Vorstellung, dass eine zeitunabhängige Systemoperation nur durch eine von der Zeit ebenfalls unabhängige Systemoperation umzukehren ist.

2.5 Systemeigenschaften — ein Rückblick

Wir haben eine Reihe von Systemeigenschaften anhand von Systembeispielen in Tab. 2.1, S. 24 kennengelernt. Die Eigenschaften der Systembeispiele sowie weitere Beispiele sind in den folgenden zwei Tabellen zusammengefasst. Die Tabellen enthalten alle Kombinationen der Systemeigenschaften Linearität, Zeitinvarianz, Eindeutigkeit und Stabilität. In Tab. 2.3 sind gedächtnislose Systeme, in Tab. 2.4 gedächtnisbehaftete Systeme aufgeführt. Die gedächtnislosen Systeme sind automatisch kausal. Die Fälle 13 und 15 zeigen, dass gedächtnislose LTI–Systeme immer stabil sind. Dies ist darin begründet, das solche Systeme eine Gerade als Kennlinie besitzen, welche somit keine Polstellen aufweisen kann (s. Übung 2.4).

Aus den gedächtnislosen Systemen erhält man einige der in Tab. 2.4 aufgeführten Systeme, indem man $x(k)$ durch $x(k-1)$ ersetzt. Beispiele für nichtkausale Systeme erhält man, indem man $x(k)$ durch $x(k+1)$ ersetzt. Es werden nur kausale Systeme gezeigt, weswegen das nichtkausale Systembeispiel 12 nicht aufgeführt ist. Systembeispiel 3 (Differenzierer) ist zweimal aufgeführt, als eindeutiges und als nicht eindeutiges System. Der Differenzierer ist dann nicht eindeutig, wenn als Eingangssignale konstante Signale zugelassen werden.

Tabelle 2.3 Beispiele für gedächtnislose zeitdiskrete Systeme:
In den Fällen 5 und 7 wird der Ausgangswert für $x(k) = 0$ beliebig festgesetzt.

Nr.	linear	zeitinv.	eind.	stabil	Ausgangssignal
1	-	-	-	-	$k \cdot x^2(k)$
2	-	-	-	×	$\varepsilon(k)$
3	-	-	×	-	$(1+k^2)x^3(k)$
4	-	-	×	×	$[1+\varepsilon(k)]x^3(k)$
5	-	×	-	-	$1/\lvert x(k)\rvert$, $x(k) \neq 0$
6	-	×	-	×	Systembeispiele 5 ($C \neq 0$) und 6
7	-	×	×	-	$1/x(k)$, $x(k) \neq 0$
8	-	×	×	×	$x^3(k)$
9	×	-	-	-	Systembeispiel 7
10	×	-	-	×	$\varepsilon(k)x(k)$
11	×	-	×	-	$(1+k^2)x(k)$
12	×	-	×	×	$(1+\varepsilon(k))x(k)$
13	×	×	-	-	nicht möglich
14	×	×	-	×	$y(k) = 0$ (Systembeispiel 1)
15	×	×	×	-	nicht möglich
16	×	×	×	×	$2x(k)$ (Systembeispiel 1)

Tabelle 2.4 Beispiele für gedächtnisbehaftete kausale zeitdiskrete Systeme

Nr.	linear	zeitinv.	eind.	stabil	Ausgangssignal
1	-	-	-	-	$k \cdot x^2(k-1)$
2	-	-	-	×	$\varepsilon(k)x^2(k-1)$
3	-	-	×	-	$(1+k^2)x^3(k-1)$
4	-	-	×	×	$[1+\varepsilon(k)]x^3(k-1)$
5	-	×	-	-	$\sum_{i=-\infty}^{k} x^2(i)$
6	-	×	-	×	$x^2(k-1)$
7	-	×	×	-	$1+\sum_{i=-\infty}^{k} x(i)$
8	-	×	×	×	$x^3(k-1)$
9	×	-	-	-	$k \cdot x(k-1)$
10	×	-	-	×	Systembeispiel 10
11	×	-	×	-	$(1+k^2)x(k-1)$
12	×	-	×	×	Systembeispiele 8, 9
13	×	×	-	-	$\sum_{i=-\infty}^{k} [x(i) - x(-\infty)]$
14	×	×	-	×	Systembeispiel 11, 3
15	×	×	×	-	Systembeispiel 4
16	×	×	×	×	Systembeispiele 2, 3

Beispiel Nr. 13 (Tab. 2.4)
In Beispiel Nr. 13 wird mit dem Grenzwertbilder das Signal $x(k) - x(-\infty)$ gebildet und damit der Summierer angeregt. Damit die Systemoperation durchgeführt werden kann, muss für das Eingangssignal $x(-\infty)$ gebildet werden können und das Signal $x(k) - x(-\infty)$ linksseitig summierbar sein. Das System ist nicht eindeutig, da es auf $x(k) = 1$ mit $y(k) = 0$ reagiert. Es ist instabil, da es auf $x(k) = \varepsilon(k)$ mit $y(k) = \varepsilon(k) \cdot (k+1)$ wie der Summierer reagiert.

Bei der Analyse der Beispiele ist es hilfreich, sich die folgenden Regeln zu vergegenwärtigen (s. dazu auch Übung 2.4):

Ergebnisse für gedächtnislose Systeme

- Gedächtnislose Systeme werden durch Kennlinien beschrieben. Bei Zeitinvarianz ist die Kennlinie zeitunabhängig bzw. es gibt nur eine Kennlinie.
- Bei Linearität sind die Kennlinien Geraden durch den Nullpunkt.
- Bei Stabilität haben die Kennlinien keine Polstellen.

Ergebnisse für lineare Systeme

- Das Nullsignal wird in das Nullsignal überführt (vgl. Gl. (2.14)).
- Bei Eindeutigkeit gilt die Umkehrung, d. h. nur das Nullsignal wird in das Nullsignal überführt (vgl. Gl. (2.35)).
- Bei Kausalität bleibt das System bis zum Einschaltzeitpunkt des Eingangssignals in Ruhe (vgl. Gl. (2.15)).

Erhaltung der Systemeigenschaften
Wir halten fest, dass die Systemeigenschaften Gedächtnislosigkeit, Kausalität, Linearität, Zeitinvarianz und Stabilität bei der Summenschaltung und Hintereinanderschaltung erhalten bleiben. Die Eindeutigkeit bleibt im Allgemeinen nur bei der Hintereinanderschaltung erhalten (s. Übung 2.10). Untersuchungen für die Rückkopplung stehen noch aus und werden im nächsten Abschnitt vorgenommen.

Ausgangssignal eines LTI–Systems
Für LTI–Systeme haben wir am Beispiel des RC–Glieds eine Methode kennengelernt, das Ausgangssignal mit Hilfe der Sprungantwort zu bilden. Die Antwort des RC–Glieds auf einen Rechteck–Impuls wurde aus zwei Aufladevorgängen zusammengesetzt. Die Bildung des Ausgangssignals eines zeitdiskreten LTI–Systems mit Hilfe seiner *Impulsantwort*

$$h := S(\delta) \tag{2.37}$$

wird beispielhaft für ein aus drei Impulsen bestehendes Eingangssignal in Abb. 2.14 gezeigt.

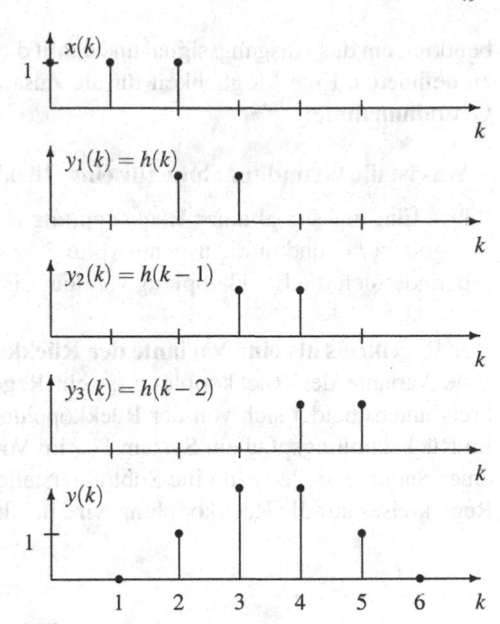

Abb. 2.14 Bildung des Ausgangssignals eines LTI–Systems:
Jeder Impuls erzeugt ein Ausgangssignal.
Der erste Eingangsimpuls erzeugt die Impulsantwort $y_1(k) = h(k)$.
Der zweite Eingangsimpuls erzeugt die um eine Zeiteinheit verzögerte Impulsantwort $y_2(k) = h(k-1)$, eine Konsequenz der Zeitinvarianz.
Der dritte Eingangsimpuls erzeugt $y_3(k) = h(k-2)$.
Alle drei Ausgangssignale müssen überlagert werden, eine Konsequenz der Linearität.

2.6 Rückkopplung

Bei der Rückkopplung nach Abb. 2.8, S. 37 wird das Ausgangssignal an den Eingang der Schaltung zurückgeführt. Dabei durchläuft das Ausgangssignal das System S_{RP} im Rückkopplungspfad. Daraus folgt für den Zusammenhang zwischen dem Eingangssignal und Ausgangssignal die Rückkopplungsgleichung

$$x + S_{\text{RP}}(y) = y\,. \tag{2.38}$$

Voraussetzungen
Es wird i. F. der zeitdiskrete Fall betrachtet und vorausgesetzt, dass das System S_{RP} ein verzögerndes LTI–System ist. Aus der Verzögerung folgt, dass der Ausgangswert des Signals $y_{\text{RP}} := S_{\text{RP}}(y)$ zum Zeitpunkt k nur von vergangenen Signalwerten $y(i)$, $i < k$ abhängt. Ein Beispiel ist das Verzögerungsglied mit $y_{\text{RP}}(k) = y(k-1)$. Ein weiteres Beispiel ist der Fall, dass keine Rückkopplung vorliegt ($S_{\text{RP}} = 0$). In diesem Fall ist $y = x$. Ein Gegenbeispiel ist das identische System $S_{\text{RP}}(y) = y$. Die Rückkopplungsgleichung lautet dann $x + y = y$, woraus $x = 0$ folgt. Die Rückkopplung ist in diesem Fall sinnlos. Wirkt das System im Rückkopplungspfad dagegen verzögernd, hängt $y_{\text{RP}}(k)$ nur von $y(i)$, $i < k$ ab. Folglich können aus

$$y(k) = x(k) + y_{\text{RP}}(k)\,,\; y_{\text{RP}} = S_{\text{RP}}(y) \tag{2.39}$$

die Ausgangswerte $y(k)$ für $k \geq k_1$ rekursiv berechnet werden, wenn sie für $k < k_1$ bekannt sind. Die Ausgangswerte für $k < k_1$ werden daher als *Zusatzinformation* benötigt, um das Ausgangssignal und damit die Systemoperation der Rückkopplung zu definieren. Eine Möglichkeit für die Zusatzinformation beinhaltet die folgende **Grundannahme**:

Was ist die Grundannahme für eine Rückkopplung?

Das Eingangssignal einer Rückkopplung ist ein Einschaltvorgang (Einschaltzeitpunkt k_1) und alle Ausgangswerte $y(k)$ sind für $k < k_1$ gleich 0. Demnach befindet sich die Rückkopplung vor dem Einschaltzeitpunkt „in Ruhe".

Der Regelkreis als eine Variante der Rückkopplung

Eine Variante der Rückkopplung ist ein Regelkreis nach Abb. 2.15. Der Regelkreis unterscheidet sich von der Rückkopplung darin, dass anstelle eines Systems im Rückkopplungspfad ein System S_{VP} im Vorwärtspfad verwendet wird. Anstelle einer Summierstelle wird eine Subtrahierstelle verwendet. Die Zurückführung des Regelkreises auf die Rückkopplung wird in Übung 2.11 behandelt.

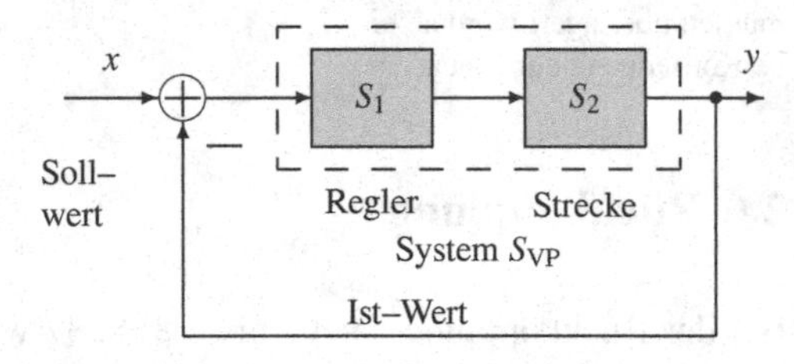

Abb. 2.15 Regelkreis, bestehend aus einem Regler (System S_1) und einer Regelstrecke (System S_2)

Temperaturregelung

Anhand einer Temperaturregelung soll die Wirkungsweise des Regelkreises verdeutlicht werden. Hierbei ist x eine Soll–Temperatur, die in der Subtrahierstelle mit der gemessenen Raum–Temperatur y verglichen wird. Bei einer Abweichung der Raum–Temperatur von der Soll–Temperatur verändert der *Regler* die Einstellung an der Heizungsanlage. Sie bildet zusammen mit dem Raum die *Regelstrecke*. Bei zu geringer Raum–Temperatur wird die Energiezufuhr erhöht, im anderen Fall gedrosselt. Auf diese Weise wird versucht, die Raum–Temperatur möglichst schnell der Soll–Temperatur anzugleichen.

Ein Test des Regelkreises könnte darin bestehen, die Soll–Temperatur sprunghaft zu erhöhen, um die Antwort des Regelkreises, den zeitlichen Verlauf der Raum–Temperatur zu beobachten. Bei einer schlechten Regelung könnte es nach dem Sprung der Soll–Temperatur zu einem oszillierenden Verlauf der Raum–Temperatur kommen. Bei einer zu schwach eingestellten Energiezufuhr würde die Raum–Temperatur zu träge auf die neue Soll–Temperatur reagieren. Somit ergibt sich die regelungstechnische Aufgabe, den Regler geeignet festzulegen. Hierbei ist die Regelstrecke zu berücksichtigen, welche sich aus der Heizungsanlage und dem zu heizenden Raum zusammensetzt. Das genaue Systemverhalten der Regelstrecke wird benötigt, um den Regler und damit den Regelkreis zu optimieren.

2.6.1 Die Rückkopplung als Hallgenerator

Die Wirkungsweise einer Rückkopplung kann anhand der Entstehung von Hall in einem Raum verdeutlicht werden. Wir nehmen an, dass das System im Rückkopplungspfad die ersten Reflexionen an den Raumwänden beschreibt. Diese durchlaufen das System im Rückkopplungspfad ein zweites Mal, so dass weitere Reflexionen an den Wänden gebildet werden. Diese Vorstellung führt zu einem guten Einblick in die Rückkopplung. Man kann sie als **nicht abbrechende Hintereinanderschaltung** des Systems im Rückkopplungspfad auffassen. Dies wird im Folgenden zunächst in einem Beispiel und in Abschn. 2.6.3 exakt begründet. Im Beispiel wird ein LTI–System S_{RP} im Rückkopplungspfad angenommen, dessen Impulsantwort $y_1 = S_{\mathrm{RP}}(\delta)$ Abb. 2.14, S. 49 entnommen ist. Das System S_{RP} reagiere also auf den Dirac–Impuls mit zwei um zwei Zeiteinheiten verzögerten Impulsen der gleichen Höhe. Diese Annahme ist zwar für einen Hall weniger realistisch, führt aber zu übersichtlichen Signalverläufen gemäß Abb. 2.16.

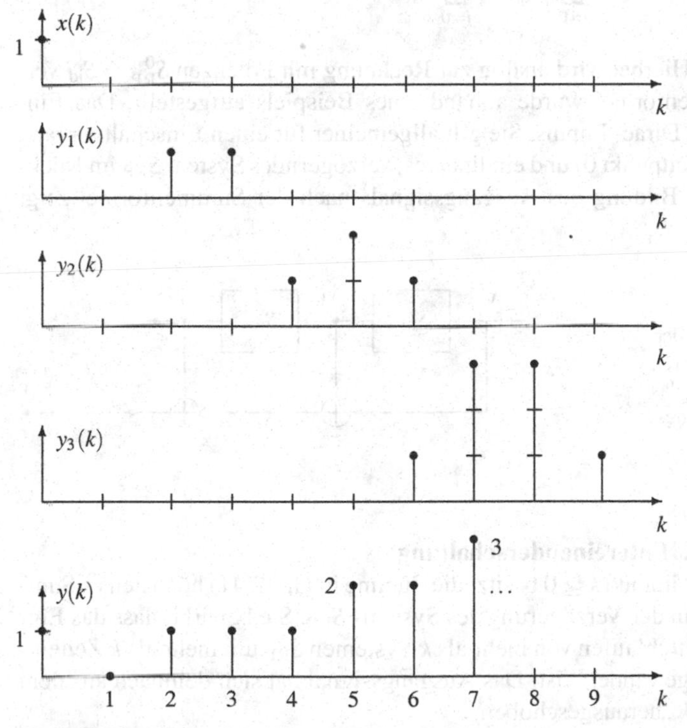

Abb. 2.16 Signalverläufe bei einer Rückkopplung:
Der Dirac–Impuls als Eingangssignal x und die Reflexionen y_1 , y_2 , y_3 überlagern sich zum Ausgangssignal y. Das Ausgangssignal ist nur bis zum Zeitpunkt $k = 7$ dargestellt, da für $k > 7$ weitere Reflexionen y_4 , y_5 , ... berücksichtigt werden müssen. Die waagrechten Hilfslinien bei y_2 und y_3 dienen der Konstruktion dieser Signale mit Hilfe der Impulsantwort y_1.

Überlagerung von Reflexionen — die Summenformel
Die Anregung der Rückkopplung erfolgt mit dem Dirac–Impuls, den man sich als einen „Pistolenschuss“ vorstellen kann. Neben den ersten Reflexionen sind die zweiten und dritten Reflexionen

$$y_2 = S_{RP}(y_1)\,,\; y_3 = S_{RP}(y_2) \tag{2.40}$$

dargestellt. Diese Signale findet man mit Hilfe der LTI–Eigenschaft des Systems S_{RP} wie in Abb. 2.14. Weitere Reflexionen sind nicht dargestellt. Man kann sie sich als nach rechts „wandernde Berge“ vorstellen. Die Überlagerung aller Reflexionen mit dem Eingangssignal ergibt das Ausgangssignal in Abb. 2.16. Es kommt zu einem anwachsenden Ausgangssignal, d. h. diese Rückkopplung verhält sich instabil.

Mit der Bezeichnung S^i_{RP} für die Hintereinanderschaltung, bestehend aus i Systemen S_{RP}, kann das Ausgangssignal gemäß der *Summenformel*

$$y(k) = \sum_{i=0}^{k} y_i(k) = \sum_{i=0}^{k} S^i_{RP}(x)(k)\,,\; k \geq 0 \tag{2.41}$$

dargestellt werden. Hierbei wird analog zur Rechnung mit Potenzen $S^0_{RP} = S_{id}$ vereinbart. Die Summenformel wurde anhand eines Beispiels aufgestellt. Das Eingangssignal war der Dirac–Impuls. Sie gilt allgemeiner für einen Einschaltvorgang (mit dem Einschaltzeitpunkt 0) und ein lineares, verzögerndes System S_{RP} im Rückkopplungspfad. Die Bildung des Ausgangssignals nach der Summenformel zeigt Abb. 2.17.

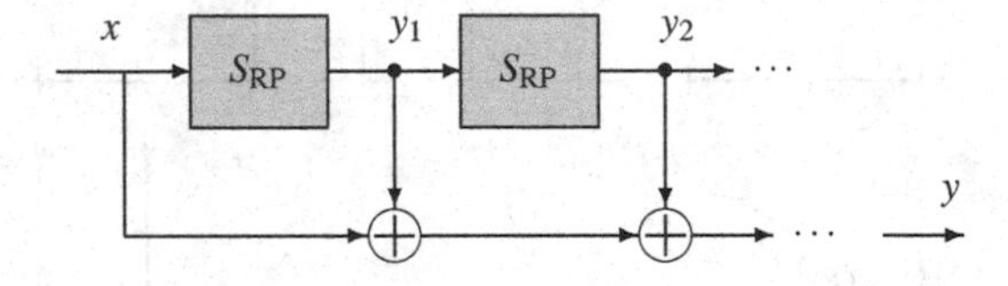

Abb. 2.17 Darstellung der Rückkopplung als Hintereinanderschaltung: S_{RP} ist das System im Rückkopplungspfad.

Nicht abbrechende Hintereinanderschaltung
Für einen Ausgabezeitpunkt $k \geq 0$ besitzt die Summe in Gl. (2.41) höchstens k Summanden. Dies liegt an der Verzögerung des Systems S_{RP}. Sie bewirkt, dass das Eingangssignal beim Durchlaufen von mehr als k Systemen S_{RP} um mehr als k Zeiteinheiten nach „rechts gewandert“ ist. Das Ausgangssignal hat sich demnach aus dem Zeitfenster $0\,,\ldots\,,k$ „herausgeschoben“,

$$y_i(k) = S^i_{RP}(x)(k) = 0 \;\text{ für }\; i > k\,. \tag{2.42}$$

Daher läuft die Summe in Gl. (2.41) nur bis zum Ausgabezeitpunkt k, d. h. das System S_{RP} wird höchstens k–mal durchlaufen. Andererseits bricht die Hintereinanderschaltung nicht ab, sondern es treten immer neue „Reflexionen“ y_i auf.

2.6.2 Die Rückkopplung als Summierer

Für den Fall, dass sich das Verzögerungsglied τ_1 im Rückkopplungspfad befindet, wird ein Ausgangswert gespeichert und verzögert an den Eingang zurückgeführt. Aus Gl. (2.41) folgt

$$y(k) = x(k) + x(k-1) + x(k-2) + \cdots + x(0)\,,\; k \geq 0\,. \tag{2.43}$$

Es werden somit die Eingangswerte eines Einschaltvorgangs (mit Einschaltzeitpunkt 0) bis zum Ausgabezeitpunkt addiert wie beim Summierer. Damit haben wir die Frage beantwortet, wie der *Summierer* realisiert werden kann. Die Realisierung gelingt durch eine Rückkopplung. Diese Rückkopplung nennen wir *Summierer–Rückkopplung* (s. Abb. 2.18).

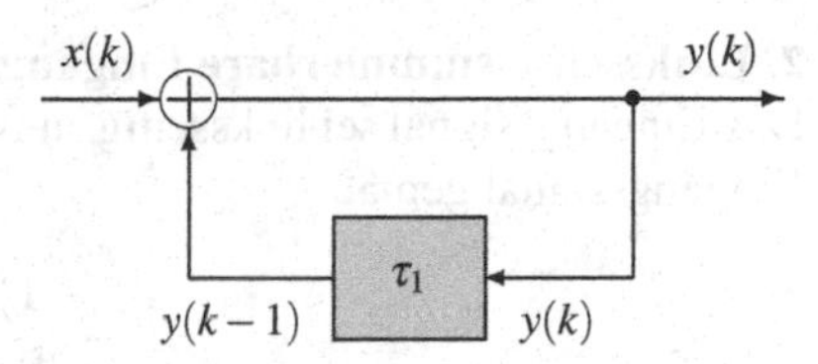

Abb. 2.18 Summierer–Rückkopplung: Realisierung des Summierers S_{Σ}- mit Hilfe eines Verzögerungsglieds im Rückkopplungspfad.

Analyse der Rückkopplungsgleichung

Wir wollen die Summierer–Rückkopplung ausführlich analysieren und dabei auch Eingangssignale zulassen, die keine Einschaltvorgänge sind. Für den Fall $S_{\mathrm{RP}} = \tau_1$ lautet die Rückkopplungsgleichung

$$y(k) = y(k-1) + x(k)\,. \tag{2.44}$$

Wenn man einen einzigen Ausgangswert kennt, können alle anderen Ausgangswerte bestimmt werden. Zur *Systemdefinition* gehört daher ein einzelner Ausgangswert, beispielsweise der Signalwert $y(-1)$. Beginnend bei $k = 0$ erhält man

$$\begin{aligned} y(0) &= y(-1) + x(0)\,,\\ y(1) &= y(0) + x(1) = y(-1) + x(0) + x(1)\,,\\ y(k) &= y(-1) + \sum_{i=0}^{k} x(i)\,,\; k \geq 0\,. \end{aligned} \tag{2.45}$$

Andererseits folgt aus $y(k-1) = y(k) - x(k)$

$$\begin{aligned} y(-2) &= y(-1) - x(-1)\,,\\ y(-3) &= y(-2) - x(-2) = y(-1) - x(-1) - x(-2)\,,\\ y(k) &= y(-1) - \sum_{i=k+1}^{-1} x(i)\,,\; k \leq -2\,. \end{aligned} \tag{2.46}$$

Somit sind durch „Vorwärts– und Rückwärtslaufen“ auf der Zeitachse alle Ausgangswerte bestimmbar. Für den Signalwert $y(-1)$ betrachten wir drei Fälle.

1. Anregung mit einem Einschaltvorgang
Das Eingangssignal ist ein Einschaltvorgang mit dem Einschaltzeitpunkt 0. Dann ist

$$y(k) = y(-1) + \varepsilon(k) \sum_{i=0}^{k} x(i) . \tag{2.47}$$

Der Wert $y(-1)$ kann als *Anfangszustand* der Rückkopplung aufgefasst werden. Er ist der gespeicherte Wert im Rückkopplungspfad vor dem Einschaltzeitpunkt. Nur für $y(-1) = 0$ ist die Grundannahme erfüllt und das Ausgangssignal gemäß Gl. (2.43) gegeben. Für $y(-1) \neq 0$ wird dieses Signal vom konstanten Signal mit dem Wert $y(-1)$ überlagert.

2. Linksseitig summierbare Eingangssignale
Das Eingangssignal sei linksseitig summierbar. Der Wert $y(-1)$ wird abhängig vom Eingangssignal gemäß

$$y(-1) = \sum_{i=-\infty}^{-1} x(i) \tag{2.48}$$

gewählt wie beim Summierer. Aus Gl. (2.45) und Gl. (2.46) folgt für einen beliebigen Ausgabezeitpunkt k das Ausgangssignal des Summierers,

$$y(k) = \sum_{i=-\infty}^{k} x(i) . \tag{2.49}$$

Beispielsweise ist für $k \geq 0$

$$y(k) = y(-1) + \sum_{i=0}^{k} x(i) = \sum_{i=-\infty}^{-1} x(i) + \sum_{i=0}^{k} x(i) = \sum_{i=-\infty}^{k} x(i) .$$

3. Rechtsseitiger Summierer
Als „Gedankenexperiment“ wird der Signalwert $y(-1)$ abhängig vom Eingangssignal gleich

$$y(-1) = -\sum_{i=0}^{\infty} x(i) \tag{2.50}$$

gewählt, d. h. die Kausalität ist verletzt. Das Eingangssignal wird als rechtsseitig summierbar vorausgesetzt. Aus Gl. (2.45) und Gl. (2.46) folgt für einen beliebigen Ausgabezeitpunkt k das Ausgangssignal des *rechtsseitigen Summierers* gemäß Gl. (2.36):

$$y(k) = -\sum_{i=k+1}^{\infty} x(i) . \tag{2.51}$$

2.6.3 Die Rückkopplung als inverses System

Abb. 2.19 zeigt eine verblüffend einfache Methode, um aus dem Ausgangssignal der Rückkopplung das Eingangssignal zurückzugewinnen.

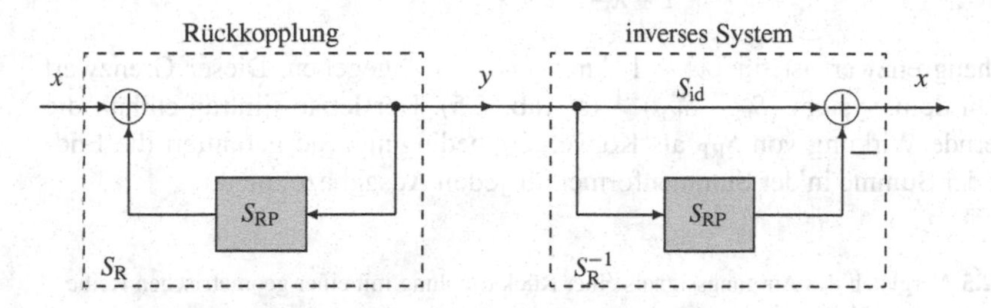

Abb. 2.19 Die Rückkopplung und ihr inverses System

Hierbei wird die Rückkopplungsgleichung $x + S_{RP}(y) = y$ nach dem Eingangssignal aufgelöst. Dies ergibt

$$x = y - S_{RP}(y) . \tag{2.52}$$

Die Systemoperation $y \to y - S_{RP}(y)$ kehrt somit die Systemoperation der Rückkopplung um. Mit Hilfe des identischen Systems $S_{id}(y) = y$ kann die Umkehroperation auch durch $S_{id} - S_{RP}$ dargestellt werden. Halten wir fest:

Rückkopplung und inverses System

Die Systemoperation der Rückkopplung (S_R) wird durch die Systemoperation

$$S_R^{-1} = S_{id} - S_{RP} \tag{2.53}$$

umgekehrt.

Die Umkehrung stellt keine speziellen Bedingungen an das System S_{RP} und zeigt, dass die Rückkopplung stets eindeutig ist. Die Umkehrbarkeit ermöglicht beispielsweise, ein „verhalltes" Signal zu „enthallen", also die Reflexionen zu entfernen. Die Rückkopplung könnte ein Hallgenerator sein, welcher die Verhallung vornimmt oder die Hallentstehung in einem Raum modellhaft beschreibt. In beiden Fällen liefert das inverse System $S_R^{-1} = S_{id} - S_{RP}$ das unverhallte Signal zurück.

Die Umkehrbarkeit der Systemoperation der Rückkopplung eröffnet einen weiteren Einblick in die Rückkopplung. Aus $S_R^{-1} = S_{id} - S_{RP}$ folgt

$$S_R = (S_{id} - S_{RP})^{-1} . \tag{2.54}$$

Als Beispiel betrachten wir die Summierer–Rückkopplung. Dann ist $S_{RP} = \tau_1$ und $S_{id} - S_{RP} = S_{id} - \tau_1 = S_\Delta$ (s. Tab. 2.1, S. 24). Das dazu inverse System ist tatsächlich der Summierer.

Summenformel

In Abschn. 2.6.1 haben wir für Einschaltvorgänge die Summenformel Gl. (2.41) aufgestellt. Sie erinnert an die *geometrische Reihe*

$$1+\lambda+\lambda^2+\cdots.$$

Ihr Reihengrenzwert ist für $|\lambda| < 1$ durch $(1-\lambda)^{-1}$ gegeben. Dieser Grenzwert entspricht dem System $(S_{\text{id}} - S_{\text{RP}})^{-1}$ (s. Tab. 2.5). Der letzte Eintrag enthält die verzögernde Wirkung von S_{RP} als Konvergenzbedingung. Sie garantiert die Endlichkeit der Summe in der Summenformel für jeden Ausgabezeitpunkt.

Tabelle 2.5 Vergleich des Ausgangssignals einer Rückkopplung mit einer geometrischen Reihe

Systeme	Analogie zu Zahlen
S_{RP}	λ
S_{id}	1
$(S_{\text{id}} - S_{\text{RP}})^{-1} = S_{\text{id}} + S_{\text{RP}} + S_{\text{RP}}^2 + \cdots$	$(1-\lambda)^{-1} = 1+\lambda+\lambda^2+\cdots$
S_{RP} verzögernd	$\lvert\lambda\rvert < 1$

Summenformel

Für Einschaltvorgänge x und y (Einschaltzeitpunkt $k_1 = 0$) gilt

$$y(k) = (S_{\text{id}} - S_{\text{RP}})^{-1}(x)(k) = \sum_{i=0}^{k} S_{\text{RP}}^i(x)(k)\,,\ k \geq 0\,. \tag{2.55}$$

Hierbei ist S_{RP} ein lineares und verzögerndes System im Rückkopplungspfad.

Nachweis der Summenformel für Einschaltvorgänge

Es ist für $k \geq 0$

$$\begin{aligned}
\sum_{i=0}^{k} S_{\text{RP}}^i(x)(k) &= \sum_{i=0}^{k} S_{\text{RP}}^i[y - S_{\text{RP}}(y)](k) \\
&= \sum_{i=0}^{k} [S_{\text{RP}}^i(y)(k) - S_{\text{RP}}^{i+1}(y)](k) \\
&= y(k) + S_{\text{RP}}(y)(k) + \cdots + S_{\text{RP}}^k(y)(k) - S_{\text{RP}}(y)(k) - \cdots - S_{\text{RP}}^k(y)(k) - S_{\text{RP}}^{k+1}(y)(k) \\
&= y(k) - S_{\text{RP}}^{k+1}(y)(k) \\
&= y(k)\,.
\end{aligned}$$

Bei der letzten Umformung wurde $S_{\text{RP}}^{k+1}(y)(k) = 0$ benutzt. Dies folgt aus der Konvergenzbedingung, dass S_{RP} verzögernd ist, und der Voraussetzung, dass y den Einschaltzeitpunkt $k_1 = 0$ besitzt (vgl. Gl. (2.42)).

2.6.4 Eigenbewegungen der Rückkopplung

Die Summenformel für die Rückkopplung beruht auf der Grundannahme, dass sich die Rückkopplung vor dem Einschaltzeitpunkt in Ruhe befindet. Folglich bleibt die Rückkopplung in Ruhe, wenn sie nicht angeregt wird ($x = 0 \Rightarrow y = 0$). Welche Ausgangssignale sind möglich, wenn die Grundannahme fallen gelassen wird? Ein solches Ausgangssignal wäre eine Lösung der Rückkopplungsgleichung $y - S_{RP}(y) = x$ für $x = 0$ und käme *ohne äußere Anregung* der Rückkopplung zustande. Tatsächlich können bei einer Rückkopplung solche Ausgangssignale auftreten. Die Rückkopplung schwingt dann wie ein *Oszillator* und führt eine sog. *Eigenbewegung* aus.

Was ist eine Eigenbewegung?

Jedes Ausgangssignal der Rückkopplung bei fehlender äußerer Anregung, d. h. jedes Signal y_0 mit

$$y_0 - S_{RP}(y_0) = 0\,, \tag{2.56}$$

wird Eigenbewegung der Rückkopplung genannt.

Eigenschaften von Eigenbewegungen

1. Eigenbewegungen bilden einen Signalraum. Insbesondere ist mit y_1 und y_2 auch die Linearkombination $\lambda_1 y_1 + \lambda_2 y_2$ eine Eigenbewegung (Nachweis folgt). Das Nullsignal ist eine Eigenbewegung, denn aus der Linearität des Systems S_{RP} folgt $S_{RP}(0) = 0$. Eine Eigenbewegung verschieden vom Nullsignal wird i. F. als *echte Eigenbewegung* bezeichnet.
2. Zwei Ausgangssignale y_1 und y_2 der Rückkopplung können für das gleiche Eingangssignal vorliegen, beispielsweise bei der Summierer–Rückkopplung für verschiedene Ausgangswerte $y(-1)$. Die Ausgangssignale unterscheiden sich in einer Eigenbewegung voneinander, d. h. $y_1 - y_2$ ist eine Eigenbewegung.

Nachweis zu 1
Es seien $y_1 - S_{RP}(y_1) = 0$ und $y_2 - S_{RP}(y_2) = 0$. Aus der Linearität von S_{RP} folgt für $y := \lambda_1 y_1 + \lambda_2 y_2$

$$y - S_{RP}(y) = \lambda_1 y_1 + \lambda_2 y_2 - [\lambda_1 S_{RP}(y_1) + \lambda_2 S_{RP}(y_2)] = 0\,.$$

Nachweis zu 2
Aus der Subtraktion der beiden Gleichungen $y_1 - S_{RP}(y_1) = x$ und $y_2 - S_{RP}(y_2) = x$ folgt für $y := y_1 - y_2$: $y_1 - y_2 - [S_{RP}(y_1) - S_{RP}(y_2)] = x - x = 0$.
Aus der Linearität von S_{RP} folgt $y - S_{RP}(y) = 0$.

Eigenbewegungen bei der Summierer–Rückkopplung
Bei der Summierer–Rückkopplung lautet die Bedingung für eine Eigenbewegung $y_0(k) - y_0(k-1) = 0$. Die Eigenbewegungen sind daher konstante Signale $y_0(k) = C$ mit C als gespeicherter Wert. Für $C \neq 0$ liegen echte Eigenbewegungen vor. Wir

haben herausgefunden, dass zur vollständigen Beschreibung der Summierer–Rückkopplung die Festlegung eines einzigen Ausgangswertes, zum Beispiel $y(-1)$, ausreicht. Für einen Einschaltvorgang x mit Einschaltzeitpunkt 0 ist das Ausgangssignal nach Gl. (2.47) durch

$$y(k) = y(-1) + \varepsilon(k) \sum_{i=0}^{k} x(i)$$

gegeben. Offensichtlich verursacht $y(-1) \neq 0$ die Eigenbewegung $y_0(k) = y(-1)$, die der Summe der Eingangswerte überlagert wird. Das Ausgangssignal der Summierer–Rückkopplung ergibt sich also in diesem Fall durch Überlagerung der Summenformel, Gl. (2.55), mit einer Eigenbewegung.

Allgemeine Form des Ausgangssignals
Allgemein ergibt sich für einen Einschaltvorgang x (Einschaltzeitpunkt $k_1 = 0$) das Ausgangssignal der Rückkopplung durch Überlagerung der Summenformel mit einer Eigenbewegung $y_0(k)$, d. h.

$$y(k) = y_0(k) + \sum_{i=0}^{k} S_{\mathrm{RP}}^{i}(x)(k) . \tag{2.57}$$

Nachweis von Gl. (2.57):
Wir zeigen: Für ein Eingangssignal mit Einschaltzeitpunkt $k_1 = 0$ ist $y(k)$ gemäß der Summenformel Gl. (2.55) eine Lösung der Rückkopplungsgleichung. Da sich zwei Lösungen der Rückkopplungsgleichung in einer Eigenbewegung voneinander unterscheiden, folgt daraus die Darstellung des Ausgangssignals gemäß Gl. (2.57).
Für $k \geq 0$ ist

$$\begin{aligned}
y(k) - S_{\mathrm{RP}}(y)(k) &= \sum_{i=0}^{k} S_{\mathrm{RP}}^{i}(x)(k) - S_{\mathrm{RP}}\left\{\sum_{i=0}^{k} S_{\mathrm{RP}}^{i}(x)(k)\right\} \\
&= x(k) + S_{\mathrm{RP}}(x)(k) + \cdots + S_{\mathrm{RP}}^{k}(x)(k) \\
&\quad - S_{\mathrm{RP}}(x)(k) - \cdots - S_{\mathrm{RP}}^{k}(x)(k) - S_{\mathrm{RP}}^{k+1}(x)(k) \\
&= x(k) - S_{\mathrm{RP}}^{k+1}(x)(k) \\
&= x(k) .
\end{aligned}$$

Die letzte Umformung ergibt sich aus Gl. (2.42).

Wann treten Eigenbewegungen auf?

Eine echte Eigenbewegung hat einen wesentlichen Einfluss auf die Systemeigenschaften der Rückkopplung. So verletzt bei der Summierer–Rückkopplung die Eigenbewegung $y_0(k) = y(-1) \neq 0$ die Linearität der Rückkopplung (denn aus $x = 0$ folgt nicht $y = 0$). Daher ist die Frage zu klären, unter welchen Bedingungen echte Eigenbewegungen auftreten. Bei der Summierer–Rückkopplung ist $y(-1)$ der gespeicherte Wert vor dem Einschaltzeitpunkt 0, d. h. der Anfangszustand der Rückkopplung. Ist dieser Wert gleich 0, treten keine echten Eigenbewegungen auf. Diese Aussage lässt sich verallgemeinern: Unter der Grundannahme, dass sich die Rückkopplung vor dem Einschaltzeitpunkt $k_1 = 0$ in Ruhe befindet, d. h. für

$$x(k) = 0 \text{ für } k < 0 \Rightarrow y(k) = 0 \text{ für } k < 0 \tag{2.58}$$

(vgl. Gl. (2.15)), bewirkt ein Einschaltvorgang x einen Einschaltvorgang y. In diesem Fall ist das Ausgangssignal durch Gl. (2.55) gegeben. Eine echte Eigenbewegung ist diesem Ausgangssignal nicht überlagert. Sie würde sich dadurch „verraten“, dass man sie vor dem Einschaltzeitpunkt beobachten könnte.
Halten wir fest:

Kriterium für Eigenbewegungen

Unter der Grundannahme, dass sich die Rückkopplung vor dem Einschaltzeitpunkt in Ruhe befindet, treten keine echten Eigenbewegungen auf, wenn das System im Rückkopplungspfad linear und verzögernd ist. Das Ausgangssignal der Rückkopplung ist dann durch Gl. (2.55) gegeben.

Systemeigenschaften der Rückkopplung
Bei der Beschreibung der Rückkopplung als System werden wir von dieser Grundannahme ausgehen. Eigenbewegungen treten folglich nicht auf. Eigenbewegungen werden i. F. trotzdem betrachtet, denn es wird sich herausstellen, dass Eigenbewegungen einen Rückschluss auf das Systemverhalten zulassen. Unter der Grundannahme gilt Gl. (2.55). In diesem Fall ist die Rückkopplung linear und zeitinvariant wie das System im Rückkopplungspfad. Die LTI–Eigenschaft bleibt also wie bei der Summenschaltung und Hintereinanderschaltung erhalten. Die Rückkopplung ist eindeutig, denn sie lässt sich nach Gl. (2.53) durch die Systemoperation $S_{\mathrm{id}} - S_{\mathrm{RP}}$ umkehren. Die Stabilität des Systems S_{RP} muss nicht erhalten bleiben, wie das Beispiel der instabilen Summierer–Rückkopplung lehrt. Ein Beispiel für eine stabile Rückkopplung enthält Übung 2.13 für $|\lambda| < 1$.

2.7 Übungsaufgaben zu Kap. 2

Übung 2.1 (121–Filter)
Es sei $x(k)$ ein zeitdiskretes Signal, das die Grauwerte einer (unendlich ausgedehnten) Bildzeile wiedergibt. Das folgende *Filter* bildet das zeitdiskrete Ausgangssignal gemäß

$$y(k) = \frac{1}{4}x(k-1) + \frac{1}{2}x(k) + \frac{1}{4}x(k+1)\,.$$

Wir nennen es *121–Filter* und werden uns in Kap. 3 und 4 eingehend damit beschäftigen.

1. Man stelle die Sprungantwort des Filters dar.
2. Ist das Filter kausal und realisierbar?
3. Man begründe, warum es sich um ein stabiles LTI–System handelt.

Übung 2.2 (Zeitkontinuierlicher Differenzierer)
Man untersuche die Systemeigenschaften des zeitkontinuierlichen Differenzierers.

Übung 2.3 (Gedächtnislose zeitvariante Systeme)
Man beschreibe die Kennlinien der folgenden zeitvarianten Systeme für die Zeitpunkte $k = 0, 1, 2$ mit Worten:

1. $y(k) = x(k) + (-1)^k$,
2. $y(k) = (-1)^k x(k)$,
3. $y(k) = [x(k)]^{|k|}$.

Übung 2.4 (Gedächtnislose Systeme)
Mit $y = F_k(x)$ wird die Kennlinie eines gedächtnislosen zeitdiskreten Systems zum Zeitpunkt k bezeichnet. Wie lautet die Bedingung für F_k in den folgenden Fällen:

1. Das System ist zeitinvariant.
2. Das System ist linear.
3. Das System ist zeitinvariant und stabil.
4. Das System ist ein LTI–System.

Übung 2.5 (Rauhaus–System)
Man untersuche das folgende zeitdiskrete System hinsichtlich Linearität und Zeitinvarianz: Das System lässt den ersten Impuls eines Einschaltvorgangs ungehindert passieren und sperrt dann alle zeitlich darauffolgenden Impulse des Eingangssignals (die Sicherung brennt durch).

Übung 2.6 (Summenschaltung)
Man überzeuge sich davon, dass die Systemeigenschaften Kausalität, Stabilität, Linearität und Zeitinvarianz bei der Summenschaltung zweier zeitdiskreter Systeme erhalten bleiben.

Übung 2.7 (Inverse Systeme)
Man bestimme das inverse System zum Systembeispiel 8 (zeitvariantes Verzögerungsglied).

Übung 2.8 (Eindeutigkeit)
Man überzeuge sich davon, dass die folgenden Systembeispiele nicht eindeutig sind: die Konstante, der Quadrierer, das zeitvariante Proportionalglied und die Systembeispiele 10 bis 12.

Übung 2.9 (Rechtsseitiger Summierer)
Man überzeuge sich anhand des Dirac–Impulses als Eingangssignal davon, dass der Differenzierer und der rechtsseitige Summierer gemäß Gl. (2.36) zueinander invers sind.

Übung 2.10 (Erhaltung der Eindeutigkeit)
Gegeben sind zwei eindeutige Systeme S_1 und S_2.

1. Man gebe das zu der Hintereinanderschaltung der beiden Systeme inverse System an.
2. Wie lautet das inverse System, wenn es sich bei beiden Systemen um den Summierer handelt?
3. Man gebe jeweils ein Beispiel dafür an, dass die Summenschaltung der beiden Systeme eindeutig bzw. nicht eindeutig ist.

Übung 2.11 (Regelkreis)
Man baue einen Regelkreis nach Abb. 2.15, S. 50 mit Hilfe der drei Grundschaltungen auf.

Übung 2.12 (RC–Glied)
Wie lässt sich die Systemoperation des RC–Glieds umkehren?

Übung 2.13 (Rückkopplung)
Gegeben sei eine Rückkopplung mit dem System $S_{\mathrm{RP}}(y)(k) = \lambda y(k-1)$ im Rückkopplungspfad.

1. Unter der Voraussetzung $y(-1) = 0$ bestimme man die Sprungantwort der Rückkopplung in Abhängigkeit vom Rückkopplungsfaktor λ.
2. Wie groß ist der Grenzwert $y(\infty)$?
3. Wie lauten die Eigenbewegungen der Rückkopplung für $y(0) = 1$?

Kapitel 3
Zeitdiskrete Faltungssysteme

Zusammenfassung Wird ein LTI–System mit einem Signal endlicher Dauer angeregt, gewinnt man das Ausgangssignal durch Faltung des Eingangssignals mit der Impulsantwort des Systems. Lässt sich das Ausgangssignal für ein beliebiges Eingangssignal durch Faltung gewinnen, liegt ein System vor, das wir *Faltungssystem* nennen. Abhängig davon, ob die Impulsantwort des Faltungssystems von endlicher Dauer ist oder nicht, liegt ein sog. *FIR–Filter* (engl.: Finite Impulse Response) vor oder ein sog. *IIR–Filter* (engl.: Infinite Impulse Response). Faltungs–Methoden und die Faltbarkeit werden ausführlich behandelt. Da bei einem Faltungssystem die Impulsantwort das System vollständig beschreibt, sind die Impulsantworten kausaler oder stabiler Faltungssysteme entsprechend charakterisiert. Die Zusammenschaltung von FIR–Filtern wird mathematisch durch eine *Differenzengleichung* beschrieben. Unter der Grundannahme, dass sich das System vor dem Einschaltzeitpunkt in Ruhe befindet, kann daraus die Impulsantwort des realisierbaren LTI–Systems rekursiv ermittelt werden. Die Bestimmung einer Eigenbewegung, die ohne äußere Anregung zustande kommt, ist auf diese Weise ebenfalls möglich. Bei einer Rückkopplung ist sie durch die gespeicherten Signalwerte im Rückkopplungspfad festgelegt. Bei geeigneter Wahl stimmt sie ab dem Zeitpunkt 0 mit der Impulsantwort überein.

3.1 Faltungsdarstellung bei LTI–Systemen

Ausgangssignal eines LTI–Systems

Für das Beispiel in Abb. 2.14, S. 49 wurde gezeigt, wie für ein lineares und zeitinvariantes System S das Ausgangssignal $y(k)$ mit Hilfe seiner Impulsantwort $h(k)$ gebildet werden kann. Dies soll jetzt anhand von Gleichungen nachvollzogen werden. Nach Gl. (1.16) gilt

$$x(k) = \sum_{i=k_1}^{k_2} x(i)\delta(k-i)\,. \tag{3.1}$$

Dabei bezeichnen k_1 und k_2 den Ein– bzw. Ausschaltzeitpunkt des Signals x. $\delta(k-i)$ ist der Impuls der Höhe 1 zum Zeitpunkt i. Wegen der Linearität des LTI–Systems S erhält man

$$y(k) = \sum_{i=k_1}^{k_2} x(i)h_i(k) , \tag{3.2}$$

wobei $h_i(k)$ die Systemantwort für $\delta(k-i)$ bezeichnet. Da es sich um einen Impuls handelt, wird $h_i(k)$ als *Impulsantwort* bezeichnet. Bei einem linearen, nicht zeitinvarianten System kann der Signalverlauf der Impulsantworten h_i unterschiedlich sein. Bei einem LTI–System ergibt sich jedoch wegen der Zeitinvarianz immer der gleiche Signalverlauf. Aus der Impulsantwort h_0 folgen durch zeitliche Verschiebungen alle anderen Impulsantworten

$$h_i(k) = h_0(k-i) . \tag{3.3}$$

Die Impulsantwort h_0 wird *die Impulsantwort* des LTI–Systems genannt und üblicherweise mit h bezeichnet. Für das Ausgangssignal folgt die Darstellung

$$y(k) = \sum_{i=k_1}^{k_2} x(i)h(k-i) . \tag{3.4}$$

Gl. (3.4) beinhaltet die Verknüpfung der zwei Signale x und h auf eine ganz bestimmte Art und Weise, die man Faltung nennt:

Was ist die Faltung?

Die Verknüpfung zweier Signale x und h gemäß Gl. (3.4) heißt *Faltung*. Sie wird durch ein Sternzeichen symbolisiert, d. h. es gilt

$$(x*h)(k) := \sum_i x(i)h(k-i) . \tag{3.5}$$

Die Summe auf der rechten Seite heißt *Faltungssumme*. Das Ergebnis der Verknüpfung nennt man *Faltungsprodukt*, die beiden verknüpften Signale sind die *Faltungsfaktoren*.

Bei der vorliegenden Erklärung der Faltung soll auch die Möglichkeit mit eingeschlossen werden, dass das Eingangssignal nicht von endlicher Dauer ist, weswegen die Summationsgrenzen in Gl. (3.5) weggelassen wurden. In diesem Fall ist der Grenzübergang

$$(x*h)(k) := \lim_{n\to\infty} \sum_{i=-n}^{n} x(i)h(k-i) \tag{3.6}$$

durchzuführen, was die *Faltbarkeit* der Signale x und h voraussetzt. Ein Signal x endlicher Dauer ist mit einer beliebigen Impulsantwort h faltbar, denn die Faltungssumme in Gl. (3.5) ist in diesem Fall endlich.
Mit Gl. (3.4) haben wir herausgefunden:

Faltungsdarstellung für LTI–Systeme

Für ein LTI–System mit der Impulsantwort $h = S(\delta)$ ist das Ausgangssignal bei Anregung mit einem Signal x endlicher Dauer das Faltungsprodukt $y = x * h$.

Wie werden zwei Impulse miteinander gefaltet?
Als Beispiel wird der Verzögerer mit der Verzögerungszeit c_2 betrachtet. Seine Antwort auf den Dirac–Impuls ist $h(k) = \delta(k-c_2)$. Der Verzögerer soll mit dem Impuls $x(k) := \delta(k-c_1)$ angeregt werden. Da es sich um ein Signal endlicher Dauer handelt, ergibt sich das Ausgangssignal durch das Faltungsprodukt $y = x * h$. Durch den Verzögerer wird der Impuls $x(k) = \delta(k-c_1)$ um c_2 Zeiteinheiten verzögert. Folglich ist das Ausgangssignal ein Impuls der Höhe 1 zum Zeitpunkt $c_1 + c_2$. Daher gilt

$$\delta(k-c_1) * \delta(k-c_2) = \delta(k-c_1-c_2)\,. \tag{3.7}$$

Faltung mit dem Dirac–Impuls
Für $x = \delta$ folgt aus Gl. (3.4)

$$y = \delta * h = h\,. \tag{3.8}$$

Sie beschreibt die Eigenschaft des Dirac–Impulses als *neutrales Element der Faltung*: Die Faltung eines Signals mit dem Dirac–Impuls lässt das Signal unverändert, wie die Zahl 1 bei der Multiplikation.
Interpretation: Die Anregung eines (LTI–)Systems mit dem Dirac–Impuls $x = \delta$ liefert als Ausgangssignal die Impulsantwort $y = h$.

Die Eigenschaft des Dirac–Impulses als neutrales Element der Faltung ist uns bereits in Gl. (3.1) begegnet, die man auch gemäß

$$x = x * \delta \tag{3.9}$$

darstellen kann. Sie gilt nicht nur für Signale x endlicher Dauer, sondern auch für andere Eingangssignale.
Interpretation: Die Anregung des identischen Systems (Impulsantwort $h = \delta$) mit einem beliebigen Signal x liefert als Ausgangssignal das Eingangssignal $y = x$.

Zusammenhang der Faltung mit der Korrelation
Die Faltung besitzt Ähnlichkeit mit der sog. *(Kreuz–)Korrelation* zweier Signale. Sie ist durch

$$\rho(k) := \sum_i x(i)h(k+i) \tag{3.10}$$

definierbar. Anstelle der Signalwerte $h(k-i)$ werden bei der Korrelation die Signalwerte $h(k+i)$ verwendet. Dieses Prinzip wird in Programmen für die Filterung von Bildern angewandt. Das Signal h wird hierbei über das Signal x „gelegt", wobei k die Position von $x(0)$ angibt. Dann erfolgt die Summation gemäß

$$\rho(k) = \cdots + x(-1)h(k-1) + x(0)h(k) + x(1)h(k+1) + \cdots \quad .$$

Durch Variation von k erhält man auf diese Weise verschiedene Korrelationswerte $\rho(k)$. Sie geben Auskunft über die Ähnlichkeit des Signals $x(i)$ mit dem Signal $h(k+i)$. Besteht beispielsweise eine exakte Übereinstimmung gemäß $x(i) = h(k+i)$ für alle i, wird dies durch einen hohen Korrelationswert $\rho(k)$ angezeigt. Durch Auswertung der Korrelation für verschiedene Werte k kann in diesem Fall das Signal x im Signal h „lokalisiert“ werden. Eine Anwendung ist die Nachrichtenübertragungstechnik.

Gewichtung der Eingangswerte

Gl. (3.4) besagt, dass der Eingangswert $x(i)$ mit $h(k-i)$ zu multiplizieren bzw. zu gewichten ist und dann die Summe über alle Eingangswerte zu bilden ist. Für $i = k-1$, k und $k+1$ beispielsweise erhält man die Gewichtswerte $h(1)$, $h(0)$ und $h(-1)$. Daher gilt auch die folgende Darstellung:

$$y(k) = \cdots + h(-1)x(k+1) + h(0)x(k) + h(1)x(k-1) + \cdots . \tag{3.11}$$

Aus diesem Grund heißt die Impulsantwort h auch *Gewichtsfunktion* und ihre Signalwerte $h(i)$ heißen *Gewichtswerte*.

Wie Gl. (3.11) zeigt, wird der Eingangswert zum Ausgabezeitpunkt k mit $h(0)$ gewichtet, der vergangene Eingangswert $x(k-1)$ mit $h(1)$, $x(k-2)$ mit $h(2)$ usw., der zukünftige Eingangswert $x(k+1)$ mit $h(-1)$, $x(k+2)$ mit $h(-2)$ usw. . Die Gewichtswerte $h(-1)$, $h(-2)$, ... sind bei einem kausalen System folglich alle gleich 0. Abb. 3.1 veranschaulicht die Rechenschritte.

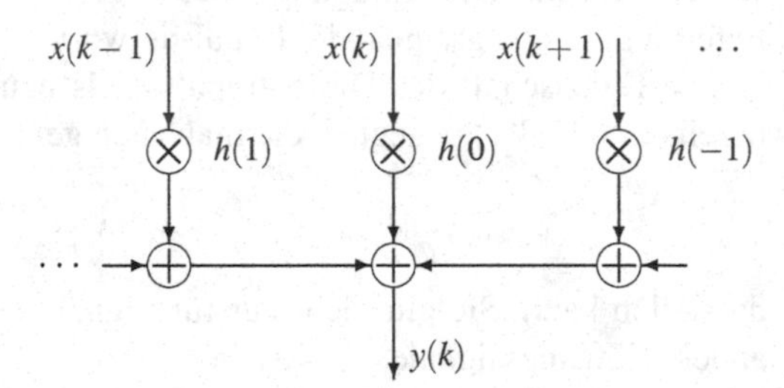

Abb. 3.1 Bestimmung des Ausgangswerts $y(k)$ durch Gewichtung der Eingangswerte gemäß Gl. (3.11)

Die Berechnung der Faltungssumme nach Gl. (3.5) und die Gewichtung von Eingangswerten sind als **Methode 1** bzw. **Methode 2** in Tab. 3.1 angegeben. Da bei Methode 1 Ausgangssignale $y_i(k) = x(i)h(k-i)$ überlagert werden, wird diese Methode auch „Überlagerung von Ausgangssignalen“ genannt. Neben diesen beiden Methoden enthält Tab. 3.1 weitere Methoden für die Faltung, die i. F. am Beispiel des Differenzierers demonstriert werden. Als Eingangssignal wird

$$x(k) = \delta(k) + \delta(k-1) + \delta(k-2)$$

angenommen (s. Methode 3 in Tab. 3.1).

Tabelle 3.1 Faltungsmethoden am Beispiel des Differenzierers mit der Impulsantwort $h(k) = \delta(k) - \delta(k-1)$ für das Eingangssignal $x(k) = \delta(k) + \delta(k-1) + \delta(k-2)$

Methode	Beschreibung
1. Überlagerung von Ausgangssignalen gemäß Gl. (3.5)	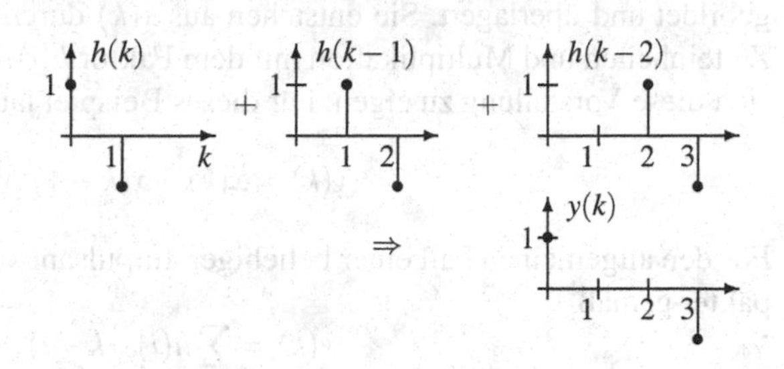
2. Gewichtung von Eingangswerten gemäß Gl. (3.11): $y(k) = x(k) - x(k-1)$	$y(0) = 1 - 0 = 1\,,\; y(1) = 1 - 1 = 0\,,$ $y(2) = 1 - 1 = 0\,,\; y(3) = 0 - 1 = -1\,.$
3. Überlagerung von Eingangssignalen gemäß Gl. (3.11)	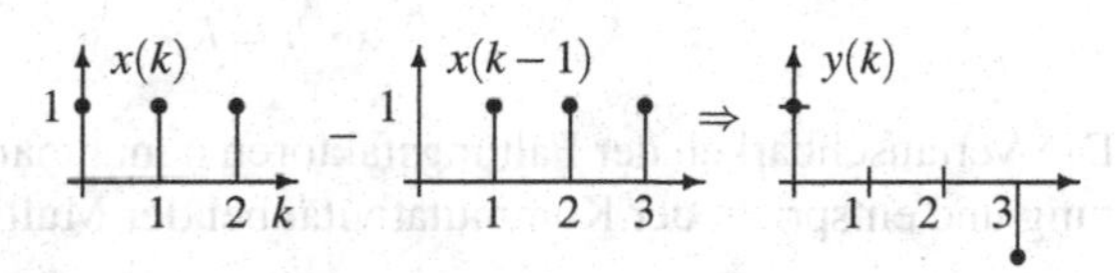
4. Papierstreifenmethode	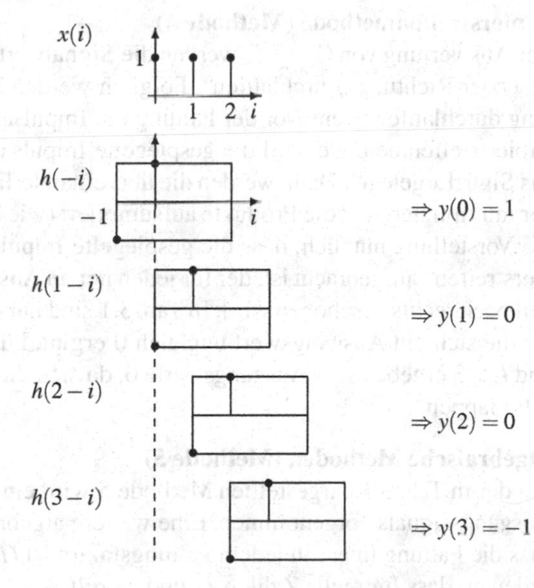
5. Algebraische Methoden, z. B.	$y(k) = x(k) - x(k-1)$ $= [\delta(k) + \delta(k-1) + \delta(k-2)]$ $\quad -[\delta(k-1) + \delta(k-2) + \delta(k-3)]$ $= \delta(k) - \delta(k-3)\,.$

Überlagerung von Eingangssignalen (Methode 3)
Man kann Gl. (3.11) auch als Überlagerung von Eingangssignalen interpretieren. Bei dieser Vorstellung werden aus dem Eingangssignal $x(k)$ die Signale $h(i)x(k-i)$ gebildet und überlagert. Sie entstehen aus $x(k)$ durch zeitliche Verschiebung um i Zeiteinheiten und Multiplikation mit dem Faktor $h(i)$. Methode 3 in Tab. 3.1 macht sich diese Vorstellung zu eigen. Für dieses Beispiel lautet Gl. (3.11)

$$y(k) = x(k) - x(k-1)\,.$$

Für den allgemeinen Fall einer beliebigen Impulsantwort $h(k)$ kann Gl. (3.11) kompakter gemäß

$$y(k) = \sum_i h(i)x(k-i) \tag{3.12}$$

angegeben werden. Der Vergleich mit Gl. (3.5) zeigt, dass bei der Faltung die Faltungsfaktoren vertauscht werden können, d. h. es gilt

$$x * h = h * x\,. \tag{3.13}$$

Die Vertauschbarkeit der Faltungsfaktoren nennt man auch *Kommutativität* der Faltung und entspricht der Kommutativität bei der Multiplikation von Zahlen.

Papierstreifenmethode (Methode 4)
Bei Auswertung von Gl. (3.5) werden die Signalwerte $x(i)$ und $h(k-i)$ in entgegengesetzter Richtung „durchlaufen". Folglich werden beide Signale in gleicher Richtung durchlaufen, wenn vor der Faltung die Impulsantwort gespiegelt wird. Bei der Papierstreifenmethode wird die gespiegelte Impulsantwort an die „Position k unter das Signal x gelegt". Dann werden die übereinanderliegenden Signalwerte miteinander multipliziert und die Produkte aufsummiert (wie bei der Korrelation). Hierbei ist die Vorstellung nützlich, dass die gespiegelte Impulsantwort $h(-i)$ auf einem „Papierstreifen" aufgebracht ist, der für jeden neuen Ausgabezeitpunkt um eine Zeiteinheit nach rechts geschoben wird. In Tab. 3.1 sind nur die Ausgabezeitpunkte gezeigt, für die sich ein Ausgangswert ungleich 0 ergibt. Für die Ausgabezeitpunkte $k < 0$ und $k > 3$ ergeben sich Ausgangswerte 0, da sich die Signale $x(i)$ und $h(k-i)$ nicht „überlappen".

Algebraische Methoden (Methode 5)
Bei der in Tab. 3.1 dargestellten Methode 5 wird eine algebraische Umformung des Ausgangssignals vorgenommen. Eine weitere algebraische Methode basiert darauf, dass die Faltung linear in jedem Faltungsfaktor ist (*Bilinearität* der Faltung)). Dies bedeutet, dass für reelle Zahlen λ_1 und λ_2 gilt:

$$[\lambda_1 x_1 + \lambda_2 x_2] * h = \lambda_1(x_1 * h) + \lambda_2(x_2 * h)\,. \tag{3.14}$$

Für den Fall $\lambda_1 = 1$, $\lambda_2 = \pm 1$ folgt

$$[x_1 \pm x_2] * h = x_1 * h \pm x_2 * h\,. \tag{3.15}$$

Die Faltung ist somit distributiv, d. h. die Faltung zweier Summen darf gliedweise erfolgen und entspricht dem Ausmultiplizieren bei Zahlen.

Für das Beispiel in Tab. 3.1 ist das Signal $x(k) = \delta(k) + \delta(k-1) + \delta(k-2)$ mit der Impulsantwort $h(k) = \delta(k) - \delta(k-1)$ des Differenzierers zu falten. Man erhält zunächst

$$\begin{aligned} y(k) &= [\delta(k) + \delta(k-1) + \delta(k-2)] * [\delta(k) - \delta(k-1)] \\ &= [\delta(k) + \delta(k-1) + \delta(k-2)] * \delta(k) - [\delta(k) + \delta(k-1) + \delta(k-2)] * \delta(k-1) \\ &= \delta(k) * \delta(k) + \delta(k-1) * \delta(k) + \delta(k-2) * \delta(k) \\ &\quad - \delta(k) * \delta(k-1) - \delta(k-1) * \delta(k-1) - \delta(k-2) * \delta(k-1) . \end{aligned}$$

Die Faltung von Impulsen gemäß Gl. (3.7) führt auf

$$\begin{aligned} y(k) &= \delta(k) + \delta(k-1) + \delta(k-2) - \delta(k-1) - \delta(k-2) - \delta(k-3) \\ &= \delta(k) - \delta(k-3) . \end{aligned} \tag{3.16}$$

Weitere Systembeispiele
Neben dem Differenzierer haben wir weitere Systembeispiele für LTI–Systeme gefunden (s. Tab. 3.2).

Tabelle 3.2 Impulsantworten von LTI–Systemen

System	Impulsantwort h	Gewichtswerte $h(k) \neq 0$
Proportionalglied (FIR)	$\lambda\,\delta(k)$	$h(0) = \lambda$
Identisches System (FIR)	$\delta(k)$	$h(0) = 1$
Verzögerungsglied (FIR)	$\delta(k-c)$	$h(c) = 1$
Differenzierer (FIR)	$\delta(k) - \delta(k-1) = \delta'(k)$	$h(0) = 1$, $h(1) = -1$
Summierer (IIR)	$\varepsilon(k)$	$h(k) = 1$ für $k \geq 0$
Grenzwertbilder	$h(k) = 0$	keine
Mittelwertbilder	$h(k) = 0$	keine

FIR–Filter

Die Impulsantworten der ersten vier Systeme erhält man, indem man in

$$y(k) = \lambda x(k) , \; y(k) = x(k) , \; y(k) = x(k-c) , \; y(k) = x(k) - x(k-1)$$

$x(k) = \delta(k)$ einsetzt. Wie Tab. 3.2 zeigt, sind für diese Systeme nur endlich viele Gewichtswerte $h(k)$ ungleich 0. Die Gewichtung der Eingangswerte mit diesen Werten ergeben die Ausgangssignale auch für den Fall, dass das Eingangssignal **nicht** von endlicher Dauer ist. Die Faltungsdarstellung ist vielmehr für beliebige Eingangssignale richtig. Die Ausgangssignale erhält man folglich durch Faltung des Eingangssignals mit den Impulsantworten. Da diese von endlicher Dauer sind, nennt man solche Systeme *FIR–Filter*. Die Gewichtswerte $h(k)$ sind die sog. *Filterkoeffizienten*.

Summierer
Der Summierer summiert alle Eingangswerte bis zum Ausgabezeitpunkt k auf, d. h. es ist

$$y(k) = \sum_{i=-\infty}^{k} x(i) .$$

Die *Impulsantwort* des Summierers ist folglich durch die Sprungfunktion gegeben:

$$h(k) = \varepsilon(k) . \qquad (3.17)$$

Die Gewichtswerte lauten $h(k) = 1$ für $k \geq 0$. Die damit durchgeführte Gewichtung der Eingangswerte ergibt wie bei den FIR–Filtern das Ausgangssignal auch für den Fall, dass das Eingangssignal **nicht** von endlicher Dauer ist. Die Faltungsdarstellung ist vielmehr für alle Eingangssignale, also für linksseitig summierbare Signale, richtig. Das Ausgangssignal erhält man folglich wie bei FIR–Filtern durch Faltung des Eingangssignals mit der Impulsantwort. Da die Impulsantwort von unendlicher Dauer ist, liegt ein *IIR–Filter* vor.

Grenzwertbilder und Mittelwertbilder
Das Ausgangssignal des Grenzwertbilders ist

$$y(k) = x(-\infty) .$$

Die Impulsantwort ist folglich $h(k) = 0$, d. h. alle Signalwerte sind gleich 0. Die Faltung eines Eingangssignals $x(k)$ mit der Impulsantwort ergibt folglich das Nullsignal. Trotzdem ist das Ausgangssignal des Grenzwertbilders nicht notwendigerweise das Nullsignal, nämlich dann nicht, wenn das Eingangssignal einen linksseitigen Grenzwert $x(-\infty) \neq 0$ besitzt. Die Faltungsdarstellung des Ausgangssignals ist daher nicht allgemeingültig. Dies ist kein Widerspruch, denn die Faltungsdarstellung wird bei LTI–Systemen für Eingangssignale endlicher Dauer zwingend vorgeschrieben, aber nicht für beliebige Eingangssignale. Für ein Eingangssignal endlicher Dauer ist $y(k) = 0$ in Übereinstimmung mit dem Faltungsprodukt $(h * x)(k) = (0 * x)(k) = 0$.

Der Mittelwertbilder besitzt wie der Grenzwertbilder ebenfalls die Impulsantwort $h(k) = 0$, denn der Mittelwert des Dirac–Impulses ist 0. Deswegen ist die Faltungsdarstellung auch für den Mittelwertbilder nicht allgemeingültig. In dieser Hinsicht unterscheiden sich der Mittelwertbilder und der Grenzwertbilder von den anderen LTI–Systemen. Dies soll durch den Begriff *Faltungssystem* verdeutlicht werden:

Was ist ein Faltungssystem?

Ein System, dessen Ausgangssignal für alle Eingangssignale durch Faltung des Eingangssignals mit seiner reellwertigen Impulsantwort gemäß $y = x * h$ gebildet werden kann, heißt Faltungssystem. Ist die Impulsantwort h von endlicher Dauer, dann heißt es FIR–Filter, im anderen Fall IIR–Filter.

Realisierung von Faltungssystemen
Beispiele für die Realisierung von Faltungssystemen haben wir bereits kennengelernt. Der zeitdiskrete Differenzierer ist ein Beispiel für ein FIR–Filter (s. Abb. 2.2, S. 25). Der Summierer ist ein Beispiel für ein IIR–Filter (s. Abb. 2.18, S. 53). Die Realisierung eines FIR–Filters mit drei Filterkoeffizienten $h(0)$, $h(1)$ und $h(2)$ zeigt Abb. 3.2. Um die vergangenen Eingangswerte $x(k-1)$ und $x(k-2)$ zu gewichten, werden diese in einem Schieberegister gespeichert, das durch die zwei Verzögerungsglieder in Abb. 3.2 gebildet wird. Aus Abb. 3.2 erhält man den zeitdiskreten Differenzierer, indem man $h(0)=1$, $h(1)=-1$, $h(2)=0$ setzt. Bei einem kausalen FIR–Filter stellt die Anzahl der Verzögerungsglieder, d. h. die Länge des Schieberegisters, das *Gedächtnis* des Systems dar. Es bestimmt, wie weit zurückliegende Eingangswerte gewichtet werden. Im vorliegenden Beispiel sind es 2 Werte. Bei der Impulsantwort kommt das Gedächtnis als Ausschaltzeitpunkt zum Ausdruck.

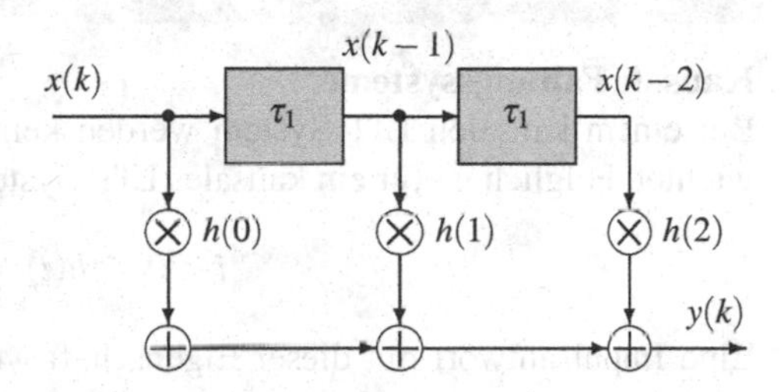

Abb. 3.2 Realisierung eines kausalen FIR–Filters mit den Filterkoeffizienten $h(0)$, $h(1)$ und $h(2)$: Die Verzögerungsglieder bilden ein Schieberegister.

Sind Faltungssysteme LTI–Systeme?
Nehmen wir an, dass die Impulsantwort h eines Raumes gemessen wurde, um damit die Verhallung eines Tonsignals x gemäß $y=x*h$ vorzunehmen. Ist dieses Faltungssystem linear und zeitinvariant? Aus der Bilinearität der Faltung gemäß Gl. (3.14) folgt, dass Faltungssysteme linear sind. Zur Beurteilung der Zeitinvarianz untersuchen wir, wie sich eine zeitliche Verschiebung des Eingangssignals um c Zeiteinheiten auf das Ausgangssignal des Faltungssystems auswirkt. Das Ausgangssignal für das Eingangssignal $x(i-c)$ ist

$$\sum_i x(i-c)h(k-i) = \sum_n x(n)h(k-(n+c)) = y(k-c) ,$$

wie die Substitution $n := i-c$ zeigt. Das Ausgangssignal erhält man also durch zeitliche Verschiebung von $y(k)$ um c Zeiteinheiten, d. h. Faltungssysteme sind auch zeitinvariant. Dieser Sachverhalt lässt sich als eine weitere Eigenschaft der Faltung interpretieren. Mit Hilfe des Verschiebungsoperators $\tau_c : x(k) \to x(k-c)$ lässt sie sich wie folgt ausdrücken:

$$\tau_c(x)*h = \tau_c(x*h) . \tag{3.18}$$

Die bisherigen Ergebnisse kann man wie folgt zusammenfassen:

Faltungssysteme

- Faltungssysteme sind dadurch gekennzeichnet, dass ihr Ausgangssignal durch Faltung des Eingangssignals mit der Impulsantwort des Systems gebildet werden kann und sind eine spezielle Form von LTI–Systemen.
- Das Proportionalglied, das Verzögerungsglied, der Differenzierer und der Summierer sind Beispiele für Faltungssysteme. Der Summierer ist ein IIR–Filter, die anderen Systeme sind FIR–Filter.
- Der Grenzwertbilder und Mittelwertbilder sind LTI–Systeme, aber keine Faltungssysteme.
- LTI–Systeme lassen sich durch eine Faltung beschreiben, wenn das Eingangssignal von endlicher Dauer ist. Sie verhalten sich für solche Eingangssignale wie ein Faltungssystem.

Kausale Faltungssysteme
Bei einem kausalen LTI–System werden keine „zukünftigen" Eingangswerte gewichtet. Folglich ist für ein kausales LTI–System

$$i < 0 \Rightarrow h(i) = 0 \,. \tag{3.19}$$

Eine Impulsantwort mit dieser Eigenschaft wird daher auch *kausal* genannt. Eine kausale Impulsantwort besitzt demnach nur eine „rechte Hälfte". Die Systembeispiele für FIR–Filter und IIR–Filter sind daher alle kausal.

Eine kausale Impulsantwort stellt einen Einschaltvorgang mit einem Einschaltzeitpunkt $k_1 \geq 0$ dar. Das System antwortet folglich auf den Dirac–Impuls mit einem ersten Impuls zum Zeitpunkt k_1. Vor diesem Zeitpunkt sind alle Ausgangswerte gleich 0, d. h.

$$i < k_1 \Rightarrow h(i) = 0 \,. \tag{3.20}$$

Daher kann der Einschaltzeitpunkt der Impulsantwort als *Verzögerungszeit* bzw. *Latenzzeit* des Systems interpretiert werden. Für $k_1 > 0$ insbesondere ist das System verzögernd.

Faltungsdarstellung bei LTI–Systemen?
Die weit verbreitete Auffassung, alle LTI–Systeme seien als Faltungsoperation beschreibbar, wird durch den Grenzwertbilder und Mittelwertbilder widerlegt. Beide Systeme haben die Impulsantwort $h = 0$, d. h. ihre Impulsantwort ist für die Bestimmung ihrer Ausgangssignale nicht nützlich. Bei Faltungssystemen dagegen beinhaltet die Impulsantwort die vollständige Beschreibung des Systems, d. h. die Impulsantwort eines Faltungssystems stellt eine *Systemcharakteristik* dar.

Immerhin gilt die Faltungsdarstellung bei LTI–Systemen für Eingangssignale endlicher Dauer. Es stellt sich die Frage, ob die Faltungsdarstellung auch für andere Eingangssignale gilt. Für den wichtigen Fall eines kausalen LTI–Systems lässt sich eine Erweiterung auf **Einschaltvorgänge** vornehmen. In diesem Fall sind nur Impulse des Eingangssignals bis zum Ausgabezeitpunkt k zu berücksichtigen. Für einen Einschaltvorgang sind dies nur endlich viele Impulse. Die Überlagerung der Systemreaktionen auf diese Impulse ergibt das Ausgangssignal, als ob das Eingangssignal von endlicher Dauer wäre. Damit haben wir herausgefunden:

Faltungsdarstellung bei kausalen LTI–Systemen

Kausale LTI–Systeme lassen sich durch eine Faltung beschreiben, wenn das Eingangssignal ein Einschaltvorgang ist.

Nachweis der Faltungsdarstellung
Bei einem kausalen LTI–System reagiert das System bis zu einem Zeitpunkt N so, als ob alle Eingangswerte $x(k)$ nach diesem Zeitpunkt gleich 0 wären. Das Ausgangssignal stimmt somit für $k \leq N$ mit dem Ausgangssignal bei Anregung mit

$$x_{[-\infty,N]}(k) := \begin{cases} x(k) : k \leq N \\ 0 : k > N \end{cases}$$

überein. Handelt es sich beim Eingangssignal um einen Einschaltvorgang, ist das Signal $x_{[-\infty,N]}(k)$ von endlicher Dauer. Aus der Faltungsdarstellung für Eingangssignale endlicher Dauer folgt für $k \leq N$

$$y(k) = \sum_{i \geq 0} h(i) x_{[-\infty,N]}(k-i) = \sum_{i \geq 0} h(i) x(k-i) \,.$$

Da hierbei N beliebig ist, ist die Faltungsdarstellung für den Einschaltvorgang x bestätigt.

Sprungantwort eines kausalen LTI–Systems
Da die Sprungfunktion ein Einschaltvorgang ist, gilt für die Sprungantwort eines kausalen LTI–Systems

$$y_\varepsilon(k) = \sum_{i \geq 0} h(i) x(k-i) = \sum_{i \geq 0} h(i) \varepsilon(k-i) \,,$$

woraus

$$y_\varepsilon(k) = \varepsilon(k) \sum_{i=0}^{k} h(i) \tag{3.21}$$

folgt. Es wird somit die Impulsantwort h bis zum Ausgabezeitpunkt k aufsummiert.

Beispiel: Sprungantwort des Summierers
Der Summierer besitzt die Impulsantwort $h(i) = \varepsilon(i)$. Seine Sprungantwort ist folglich

$$y_\varepsilon(k) = \varepsilon(k) \cdot (k+1)$$

in Übereinstimmung mit Gl. (2.17). Jeder Impuls $\delta(k-i)$ der Sprungfunktion $x(k) = \varepsilon(k)$ erzeugt die Systemreaktion $h(k-i) = \varepsilon(k-i)$. Ihre Überlagerungen für $i \geq 0$ bis zum Ausgabezeitpunkt k ergeben die Sprungantwort des Summierers.

Beispiel: Grenzwertbilder
Die Anwendung von Gl. (3.21) ist nicht auf Faltungssysteme beschränkt. Für den Grenzwertbilder beispielsweise ist sie auch erfüllt. Aus seiner Impulsantwort $h = 0$ folgt $y_\varepsilon = 0$. Die Sprungantwort des Grenzwertbilders ist also das Nullsignal. Dies

ist offensichtlich richtig, denn der linksseitige Grenzwert $x(-\infty)$ ist für einen Einschaltvorgang gleich 0. Der Mittelwertbilder besitzt ebenfalls die Impulsantwort $h = 0$, aber seine Sprungantwort ist $y_\varepsilon(k) = 1/2 \neq 0$. Warum ist Gl. (3.21) für dieses System nicht richtig?

Abhängigkeit der Impulsantwort eines LTI–Systems von der Sprungantwort
Nach Gl. (3.21) kann man die Sprungantwort aus einer kausalen Impulsantwort ermitteln, indem man die Impulsantwort bis zum Ausgabezeitpunkt k aufsummiert. Es stellt sich die Frage, ob umgekehrt aus der Sprungantwort die Impulsantwort ermittelt werden kann. Diese Frage kann nach den Ergebnissen von Abschn. 2.4 für eine kausale Impulsantwort beantwortet werden. Eine kausale Impulsantwort ist linksseitig summierbar. Ihre Summierung gemäß Gl. (3.21) kann demnach durch Differenziation rückgängig gemacht werden, d. h. die Impulsantwort erhält man durch Differenziation aus der Sprungantwort zurück:

$$h = y'_\varepsilon \,. \tag{3.22}$$

Dieser Zusammenhang gilt nicht nur für ein Faltungssystem mit kausaler Impulsantwort, sondern für beliebige LTI–Systeme.

Nachweis von Gl. (3.22):
Eine Gl. (3.22) entsprechende Beziehung gilt zunächst für die Sprungfunktion und den Dirac–Impuls, denn es ist nach Gl. (2.4) $\delta(k) = \varepsilon(k) - \varepsilon(k-1) = \varepsilon'(k)$. Aus der LTI–Eigenschaft des Systems folgt

$$h(k) = S\{\varepsilon(k) - \varepsilon(k-1)\} = S\{\varepsilon(k)\} - S\{\varepsilon(k-1)\} = y_\varepsilon(k) - y_\varepsilon(k-1) = y'_\varepsilon(k) \,.$$

Mit der Sprungantwort eines LTI–System ist auch seine Impulsantwort eindeutig bestimmt. Für ein Faltungssystem — kausal oder nichtkausal — bedeutet dies, dass die Sprungantwort des Systems wie seine Impulsantwort das System vollständig beschreibt.

3.2 Stabilitätskriterium

Da bei einem Faltungssystem die Impulsantwort das System vollständig beschreibt, stellt sich die Frage, wie anhand der Impulsantwort die Stabilität des Systems beurteilt werden kann. Nach Gl. (2.18) müssen für die Ausgangswerte des Systems Grenzen gefunden werden, wenn das Eingangssignal beschränkt ist.
Für eine Abschätzung der Ausgangswerte gemäß Gl. (3.12), $y(k) = \sum_i h(i)x(k-i)$, ist es naheliegend, die Dreiecksungleichung anzuwenden, wonach für zwei Zahlen a und b die Ungleichung $|a+b| \leq |a| + |b|$ gilt. Daher ist für jeden Zeitpunkt k

$$|y(k)| \leq \sum_i |h(i)| \cdot |x(k-i)| \,. \tag{3.23}$$

Für ein beschränktes Eingangssignal $x(k)$ mit $|x(k)| \leq C_x$ erhält man

$$|y(k)| \leq C_x \sum_i |h(i)|\,. \tag{3.24}$$

Das Ausgangssignal ist daher ebenfalls beschränkt, wenn nur die Impulsantwort absolut summierbar ist, d. h. für

$$\|h\|_1 = \sum_i |h(i)| < \infty\,. \tag{3.25}$$

Die Schranke C_y für die Ausgangswerte kann dann gemäß

$$C_y = C_x \cdot \|h\|_1 \tag{3.26}$$

gewählt werden. Sie ist nicht vom Verlauf des Eingangssignals, sondern nur von der Konstanten C_x abhängig, wie bei der Definition der Stabilität gemäß Gl. (2.18) gefordert wird. Mit Gl. (3.25) ist eine für die Stabilität hinreichende Bedingung gefunden. Eine etwas kompliziertere Überlegung zeigt, dass diese Bedingung auch notwendigerweise bei Stabilität erfüllt sein muss, so dass Stabilität mit Gl. (3.25) äquivalent ist.

Stabilitätskriterium

Ein Faltungssystem ist genau dann stabil, wenn seine Impulsantwort absolut summierbar ist.
Zusatz: Bei Stabilität ist jedes beschränkte Signal als Eingangssignal erlaubt.

Notwendigkeit von Gl. (3.25):
Das Faltungssystem mit der Impulsantwort h sei stabil. Nach Gl. (2.18) gilt

$$|x(k)| \leq C_x \Rightarrow |y(k)| \leq C_y$$

mit einer Konstanten C_y, die nur von der Konstanten C_x abhängen darf.

Übliche Beweisführung nicht korrekt?
Als Eingangssignal wird üblicherweise

$$x(i) := \operatorname{sgn}[h(-i)] \tag{3.27}$$

definiert. Hierbei bezeichnet $\operatorname{sgn}(v)$ die Vorzeichenfunktion, welche 1 oder -1 liefert je nachdem, ob v positiv oder negativ ist. Wegen $|x(k)| \leq 1$ ist x beschränkt. Daraus folgt

$$y(0) = \sum_i h(i)x(-i) = \sum_i |h(i)| = \|h\|_1$$

und daraus $\|h\|_1 < \infty$. Was ist an dieser Schlussfolgerung auszusetzen? Wir benötigen streng genommen den Zusatz, dass das beschränkte Signal in Gl. (3.27) als Eingangssignal erlaubt ist. Der Zusatz ist aber noch nicht bewiesen!

Beweisführung mit einer Modifikation

Die folgenden Signale sind erlaubte Eingangssignale, da sie von endlicher Dauer und damit mit der Impulsantwort h faltbar sind:

$$x_n(n-i) := \begin{cases} \operatorname{sgn}[h(i)] : -n \leq i \leq n\,,\ h(i) \neq 0 \\ 0 : \text{sonst}\,. \end{cases} \tag{3.28}$$

Sie besitzen die Schranke $C_x = 1$ und liefern die Ausgangswerte

$$y_n(n) = \sum_{i=-n}^{n} h(i)x_n(n-i) = \sum_{i=-n\,,\,h(i)\neq 0}^{n} h(i)\operatorname{sgn}[h(i)] = \sum_{i=-n}^{n} |h(i)|\,.$$

Aus der Stabiltät folgt $|y_n(n)| \leq C_y$ für alle natürlichen Zahlen n. Die Konstante C_y hängt nur von $C_x = 1$, aber nicht von n ab, woraus die absolute Summierbarkeit von h folgt.

Zusatz

Für ein beschränktes Signal x mit $|x(k)| \leq C_x$ folgt aus $\|h\|_1 < \infty$

$$\sum_i |h(i)| \cdot |x(k-i)| \leq C_x \cdot \|h\|_1 < \infty\,,$$

d. h. die Reihe $y(k) = \sum_i h(i)x(k-i)$ konvergiert absolut und ist daher auch konvergent. Das Signal x ist somit mit der Impulsantwort h faltbar.

Anwendung des Stabilitätskriteriums

Nach dem gefundenen Stabilitätskriterium ist jedes FIR–Filter stabil, denn seine Impulsantwort ist von endlicher Dauer und damit absolut summierbar. Insbesondere sind das Proportionalglied, das Verzögerungsglied und der Differenzierer stabil. IIR–Filter können stabil und instabil sein. Der Summierer beispielsweise ist instabil, denn seine Impulsantwort ist die Sprungfunktion, welche nicht absolut summierbar ist. Das Faltungssystem mit der Impulsantwort $h(k) = \varepsilon(k)\lambda^k$ ist für $|\lambda| < 1$ ein Beispiel für ein stabiles IIR–Filter, denn seine Impulsantwort ist absolut summierbar (vgl. Abschn. 1.3.3).

Interpretation der Absolutnorm der Impulsantwort

In Gl. (2.20) wurde für lineare Systeme die Stabilitätsbedingung $\|y\|_\infty \leq C \cdot \|x\|_\infty$ aufgestellt. Hierbei stellt C einen Umrechnungsfaktor dar. Für ein Faltungssystem kann $C = \|h\|_1$ gesetzt werden, d. h. es gilt

$$\|y\|_\infty \leq \|h\|_1 \cdot \|x\|_\infty\,. \tag{3.29}$$

Nachweis von Gl. (3.29)

Nach Gl. (3.24) gilt $|y(k)| \leq \|h\|_1 \cdot C_x$, wobei C_x eine obere Schranke von x bezeichnet. Die Ungleichung gilt folglich auch für die kleinste obere Schranke $C_x = \|x\|_\infty$. Folglich ist $C_y := \|h\|_1 \cdot \|x\|_\infty$ eine obere Schranke für y. Für die kleinste obere Schranke $\|y\|_\infty$ von y gilt daher Gl. (3.29).

Anmerkung: $C = \|h\|_1$ ist der **kleinste Umrechnungsfaktor** .

Begründung: Aus $\|y\|_\infty \leq C \cdot \|x\|_\infty$ folgt für die Signale x_n gemäß Gl. (3.28)

$\sum_{i=-n}^{n} |h(i)| = y_n(n) \leq \|y_n\|_\infty \leq C \cdot \|x_n\|_\infty = C$, woraus $C \geq \|h\|_1$ folgt.

3.3 Faltbarkeit

Welche Signale sind miteinander faltbar?
Die Faltung zweier Signale kann stets durchgeführt werden, wenn beide Signale von endlicher Dauer sind, denn in diesem Fall ist die Faltungssumme endlich. Bei Signalen unendlicher Dauer ist zunächst unklar, ob die Faltung durchgeführt werden kann. Als Beispiel wird der Summierer betrachtet. Seine Impulsantwort ist die Sprungfunktion. Eine Faltung der Impulsantwort mit einem Signal $x(k)$ beinhaltet die Summierung der Signalwerte $x(k)$ bis zum Ausgabezeitpunkt. Diese Operation kann beispielsweise für die Sprungfunktion $x = \varepsilon$ durchgeführt werden, aber nicht für das Signal $x(k) = 1$.

Tab. 3.3 gibt Auskunft darüber, welche Signaltypen miteinander gefaltet werden können. Außerdem gibt sie den Signaltyp des Faltungsprodukts an. Diese Information ist bei der Hintereinanderschaltung von Faltungssystemen wichtig, weil das Ausgangssignal eines Faltungssystems das Eingangssignal eines zweiten Faltungssystems wird.

Tabelle 3.3 Miteinander faltbare Signale und Signaltyp des Faltungsprodukts

Signal h	Signal x	Faltungsprodukt
1. endliche Dauer	beliebig	beliebig
2. beliebig	endliche Dauer	beliebig
3. Einschaltvorgang	Einschaltvorgang	Einschaltvorgang
4. Ausschaltvorgang	Ausschaltvorgang	Ausschaltvorgang
5. endliche Dauer	endliche Dauer	endliche Dauer
6. absolut summierbar	beschränkt	beschränkt
7. endliche Energie	endliche Energie	beschränkt
8. absolut summierbar	absolut summierbar	absolut summierbar

Faltung mit einem Signal endlicher Dauer (Fälle 1 und 2)
Die Faltung kann durchgeführt werden, wenn eines der beiden Signale endliche Dauer besitzt, denn die Faltungssumme $y(k) = \sum_i h(i)x(k-i)$ ist dann für jeden Zeitpunkt k **endlich**. Dies bedeutet, dass ein FIR–Filter mit jedem Signal angeregt werden kann (Fall 1). Das Faltungsprodukt $y = h * x$ muss nicht von endlicher Dauer sein. Sein Signaltyp hängt vielmehr vom Typ des Signals x ab. Für $h = \delta$ beispielsweise (identisches System) ist $y = x$, d. h. die Signaltypen von x und y stimmen in diesem Fall überein. Im Fall 2 wird ein Faltungssystem mit einem Signal endlicher Dauer angeregt. Dies führte für ein LTI–System auf die Faltungsdarstellung $y = x * h$ (vgl. Abschn. 3.1).

Faltung von Einschaltvorgängen (Fall 3)

Eine **endliche Faltungssumme** liegt auch dann vor, wenn beide Signale Einschaltvorgänge sind. Dies bedeutet, dass ein kausales Faltungssystem mit einem beliebigen Einschaltvorgang angeregt werden kann. Ein Beispiel ist die Sprungantwort des Summierers. Sein Ausgangssignal ist die Summe der Eingangswerte bis zum Ausgabezeitpunkt, d. h. es ist $y_\varepsilon(k) = \varepsilon(k)(k+1)$. Das Ausgangssignal ist also ebenfalls ein Einschaltvorgang. Allgemein gilt, dass die Faltung zweier Einschaltvorgänge einen Einschaltvorgang ergibt. Man bezeichnet daher den Signalraum der Einschaltvorgänge als *faltungsabgeschlossen*. Wir überzeugen uns von der Faltungsabgeschlossenheit, indem wir den Einschaltzeitpunkt von $y = x * h$ bestimmen. Dieser hängt von den Einschaltzeitpunkten der beiden Signale x und h ab. Sie werden mit $k_1(h)$ bzw. $k_1(x)$ bezeichnet. Wie in Gl. (3.20) wird $k_1(h)$ als Verzögerungszeit bzw. Latenzzeit des Faltungssystems interpretiert. Folglich wird der erste Eingangsimpuls zum Zeitpunkt $k_1(x)$ durch das System um $k_1(h)$ Zeiteinheiten verzögert. Der erste Ausgangsimpuls findet somit zum Zeitpunkt $k_1(x) + k_1(h)$ statt. Die Einschaltzeitpunkte von x und h werden somit addiert, d. h.

$$k_1(x * h) = k_1(x) + k_1(h) . \tag{3.30}$$

Nachweis von Gl. (3.30)

Die Einschaltzeitpunkte werden mit $k_1 := k_1(x)$ und $\overline{k}_1 := k_1(h)$ abgekürzt. Der erste Impuls des Eingangssignals ist dann

$$x_1(k) := x(k_1)\delta(k - k_1) .$$

Er bewirkt die Systemantwort

$$y_1(k) = x(k_1)h(k - k_1) .$$

Für $k < k_1 + \overline{k}_1$ ist $k - k_1 < \overline{k}_1$ und daher $y_1(k) = 0$. Der erste Ausgangsimpuls findet zum Zeitpunkt $k = k_1 + \overline{k}_1$ statt mit $y_1(k) = x(k_1)h(\overline{k}_1) \neq 0$.

Faltung von Ausschaltvorgängen (Fall 4)

Faltungsabgeschlossenheit gilt auch für Ausschaltvorgänge. Wir überzeugen uns von der Faltungsabgeschlossenheit, indem wir den Ausschaltzeitpunkt von $y = x * h$ bestimmen. Dieser hängt von den Ausschaltzeitpunkten der beiden Signale x und h ab. Sie werden mit $k_2(x)$ bzw. $k_2(h)$ bezeichnet. Den Ausschaltzeitpunkt $k_2(h)$ der Impulsantwort kann man wie folgt interpretieren: Das System antwortet auf den Dirac–Impuls mit einem letzten Impuls zum Zeitpunkt $k_2(h)$. Nach diesem Zeitpunkt sind alle Ausgangswerte gleich 0, d. h.

$$i > k_2(h) \Rightarrow h(i) = 0 . \tag{3.31}$$

Daher kann der Ausschaltzeitpunkt der Impulsantwort als *Nachwirkungszeit* interpretiert werden.

Mit Hilfe dieser Interpretation kann man den Ausschaltzeitpunkt von y wie folgt bestimmen: Der letzte Eingangsimpuls zum Zeitpunkt $k_2(x)$ wirkt am Ausgang des Systems um $k_2(h)$ Zeiteinheiten nach. Der letzte Ausgangsimpuls findet somit zum

Zeitpunkt $k_2(x) + k_2(h)$ statt. Die Ausschaltzeitpunkte von x und h werden somit addiert, d. h.

$$k_2(x * h) = k_2(x) + k_2(h) \,. \tag{3.32}$$

Nachweis von Gl. (3.32)
Die Ausschaltzeitpunkte werden mit $k_2 := k_2(x)$ und $\overline{k}_2 := k_2(h)$ abgekürzt. Der letzte Impuls des Eingangssignals ist

$$x_2(k) := x(k_2)\delta(k - k_2) \,.$$

Er bewirkt die Systemantwort

$$y_2(k) = x(k_2)h(k - k_2) \,.$$

Für $k > k_2 + \overline{k}_2$ ist $k - k_2 > \overline{k}_2$ und daher $y_2(k) = 0$. Der letzte Ausgangsimpuls findet zum Zeitpunkt $k = k_2 + \overline{k}_2$ statt mit $y_2(k) = x(k_2)h(\overline{k}_2) \neq 0$.

Faltung zweier Signale endlicher Dauer (Fall 5)

Sind beide Signale h und x von endlicher Dauer, liegen die Fälle 3 und 4 vor. Daraus folgt ein Ausgangssignal mit dem Einschaltzeitpunkt $k_1(x) + k_1(h)$ und dem Ausschaltzeitpunkt $k_2(x) + k_2(h)$. Die *Signalbreite* des Ausgangssignals ist folglich

$$\begin{aligned} k_2(y) - k_1(y) &= k_2(x) + k_2(h) - [k_1(x) + k_1(h)] \\ &= [k_2(x) - k_1(x)] + [k_2(h) - k_1(h)] \,. \end{aligned} \tag{3.33}$$

Demnach ist das Signal am Ausgang des FIR–Filters gegenüber dem Eingangssignal um die Signalbreite der Impulsantwort, dem sog. *Filtergrad* des FIR–Filters verbreitert:

$$\mathrm{grad(FIR)} := k_2(h) - k_1(h) \,. \tag{3.34}$$

Der Filtergrad ist auf FIR–Filter beschränkt, denn nur für FIR–Filter besitzt die Impulsantwort einen Ein– und Ausschaltzeitpunkt. Für das Beispiel in Tab. 3.1 ergibt sich für die Faltung des Eingangssignals $x(k) = \delta(k) + \delta(k-1) + \delta(k-2)$ mit $h(k) = \delta(k) - \delta(k-1)$ eine Signalverbreiterung um 1 Zeiteinheit, da der Filtergrad des FIR–Filters gleich 1 ist.

Das Verzögerungsglied mit der Impulsantwort $h(k) = \delta(k-c)$ besitzt den Ein- und Ausschaltzeitpunkt $k_1(h) = k_2(h) = c$ und damit den Filtergrad 0. Das Eingangssignal wird in diesem Fall nur verzögert. Eine Signalverbreiterung findet nicht statt.

Das *121–Filter* aus Übung 2.1 besitzt die *Impulsantwort*

$$h_{121}(k) = \frac{1}{4}\delta(k-1) + \frac{1}{2}\delta(k) + \frac{1}{4}\delta(k+1) \tag{3.35}$$

und damit den Filtergrad $k_2(h) - k_1(h) = 1 - (-1) = 2$.

Absolut summierbare und beschränkte Signale (Fall 6)
Dieser Fall liegt vor, wenn ein stabiles Faltungssystem mit einem beschränkten Eingangssignal x angeregt wird, denn in diesem Fall ist nach dem Stabilitätskriterium aus Abschn. 3.2 die Impulsantwort h absolut summierbar. Die Faltbarkeit von x und h wird durch den Zusatz des Stabilitätskriteriums gewährleistet, wonach jedes beschränkte Signal als Eingangssignal erlaubt ist. Das Ergebnis der Faltung ist ein beschränktes Signal, wie sich aus Gl. (3.29),

$$\|y\|_\infty \leq \|h\|_1 \cdot \|x\|_\infty ,$$

ergibt. Die Faltungssumme kann im Gegensatz zu den bisherigen Fällen unendlich viele Summanden besitzen, beispielsweise für $h(k) = \varepsilon(k)\lambda^k$, $|\lambda| < 1$ und $x(k) = 1$.

Faltung zweier Energiesignale (Fall 7)
Wenn das Faltungssystem instabil ist, aber seine Impulsantwort endliche Energie besitzt, welche Eingangssignale sind dann möglich? Die Faltbarkeit ist gewährleistet, wenn beide Signale x und h endliche Energie besitzen, denn für das Faltungsprodukt gilt (Nachweis folgt)

$$\|y\|_\infty \leq \|h\|_2 \cdot \|x\|_2 . \tag{3.36}$$

Dies bedeutet, dass die Faltung zweier Energiesignale ein beschränktes Signal ergibt. Einen weiteren Aufschluss über das Ergebnis der Faltung zweier Energiesignale liefert Abschn. 5.2 (Anmerkung zum Faltungssatz).

Nachweis der Faltbarkeit zweier Energiesignale und Gl. (3.36)
Für zwei Signale $h(i)$ und $x(i)$ endlicher Energie lautet die Schwarzsche Ungleichung [15]

$$\sum_i |h(i)| \cdot |x(i)| \leq \|h\|_2 \cdot \|x\|_2 . \tag{3.37}$$

Die Ungleichung wird auf das Signal $x(k-i)$ angewandt, wobei k ein beliebiger Zeitpunkt ist. Wegen $\|x(k-i)\|_2 = \|x\|_2$ erhält man

$$\sum_i |h(i)| \cdot |x(k-i)| \leq \|h\|_2 \cdot \|x\|_2 .$$

Die Reihe $\sum_i h(i)x(k-i)$ konvergiert demnach absolut und ist damit konvergent, d. h. x und h sind miteinander faltbar. Aus Gl. (3.23) folgt

$$|y(k)| \leq \sum_i |h(i)| \cdot |x(k-i)| \leq \|h\|_2 \cdot \|x\|_2 , \tag{3.38}$$

d. h. es gilt Gl. (3.36).

Faltung zweier absolut summierbarer Signale (Fall 8)
Auf diese Fragestellung wird man geführt, wenn zwei stabile Faltungssysteme hintereinander geschaltet werden. Die Anregung mit dem Dirac–Impuls liefert am Ausgang des ersten Systems seine Impulsantwort h_1. Die Anregung des zweiten Systems liefert folglich das Ausgangssignal

$$h = h_1 * h_2 \,. \tag{3.39}$$

Die Impulsantwort der Hintereinanderschaltung ergibt sich demnach durch Faltung der Impulsantworten der Teilsysteme. Wenn beide Faltungssysteme stabil sind, sind nach Gl. (3.25) h_1 und h_2 absolut summierbar. Ist ihr Faltungsprodukt ebenfalls absolut summierbar? Da absolut summierbare Signale endliche Energie besitzen, sind die beide Signale miteinander faltbar (s. Fall 7). Die absolute Summierbarkeit des Faltungsprodukts für zwei absolut summierbare Signale x und h folgt aus der Ungleichung

$$\|y\|_1 \leq \|h\|_1 \cdot \|x\|_1 \,. \tag{3.40}$$

Nachweis von Gl. (3.40)
Die Signale x und h sind absolut summierbar und besitzen daher endliche Energie (s. Fall 7). Aus Gl. (3.38) folgt für jeden endlichen Bereich $k_1 \leq k \leq k_2$

$$\sum_{k=k_1}^{k_2} |y(k)| \leq \sum_{k=k_1}^{k_2} \sum_i |h(i)| \cdot |x(k-i)| \,.$$

Auf der rechten Seite steht eine endliche Summe von Grenzwerten, die auch gemäß

$$\sum_i \sum_{k=k_1}^{k_2} |h(i)| \cdot |x(k-i)| = \sum_i |h(i)| \sum_{k=k_1}^{k_2} |x(k-i)| \leq \|h\|_1 \cdot \|x\|_1$$

berechnet werden kann, woraus Gl. (3.40) folgt.

3.4 Summenschaltung für Faltungssysteme

In Abschn. 2.3 wurden drei Grundschaltungen eingeführt, mit denen aus bestehenden Systemen neue Systeme gebildet werden können. Es stellt sich die Frage, ob die mit Faltungssystemen gebildeten Systeme ebenfalls Faltungssysteme sind. Welche Impulsantworten besitzen sie? Diese Fragen werden i. F. für die Summenschaltung beantwortet. Da die Impulsantwort eines Faltungssystems das System vollständig beschreibt, sind in Abb. 3.3 für die beiden Teilsysteme die Impulsantworten angegeben.

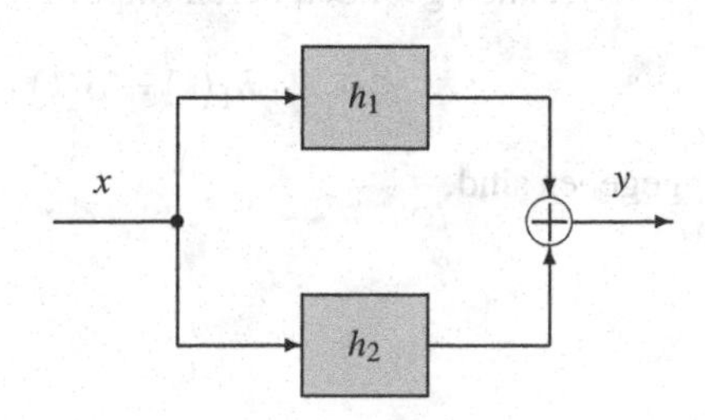

Abb. 3.3 Summenschaltung zweier Faltungssysteme: Das Ausgangssignal ist $y = x * h_1 + x * h_2$.

Faltungsdarstellung der Summenschaltung
Damit die Systemoperation durchführbar ist, muss das Eingangssignal mit beiden Impulsantworten h_1 und h_2 faltbar sein. Das Ausgangssignal ergibt sich dann durch Überlagerung der Ausgangssignale der beiden Teilsysteme zu

$$y = x * h_1 + x * h_2 \,. \tag{3.41}$$

Daraus folgt durch Einsetzen von $x = \delta$ die Impulsantwort des Gesamtsystems:

$$h = h_1 + h_2 \,. \tag{3.42}$$

Hierbei haben wir davon Gebrauch gemacht, dass der Dirac–Impuls gemäß Gl. (3.9) das neutrale Element der Faltung ist. Wegen der Distributivität der Faltung nach Gl. (3.15) kann das Ausgangssignal auch gemäß

$$y = x * (h_1 + h_2) \tag{3.43}$$

dargestellt werden. Die Distributivität verlangt keine über die Faltbarkeit hinausgehenden Bedingungen für die Signale x, h_1 und h_2. Die gefundene Darstellung zeigt, dass das Gesamtsystem ebenfalls ein Faltungssystem ist.
Fassen wir zusammen:

Summenschaltung von Faltungssystemen

Die Summenschaltung zweier Faltungssysteme ist ein Faltungssystem. Ihre Impulsantwort ist gleich der Summe der Impulsantworten der Teilsysteme.

Das Nullsystem
Bei der Summenschaltung trägt ein Teilsystem mit dem Ausgangssignal $y = 0$ keinen Beitrag zum Ausgangssignal des Gesamtsystems bei. Ein System mit dem Ausgangssignal $y = 0$ wollen wir *Nullsystem* nennen. Es ist durch die Impulsantwort $h = 0$ gekennzeichnet.

Der Differenzierer als Summenschaltung
Ein einfaches Beispiel für die Summenschaltung stellt der Differenzierer dar. Sein Ausgangssignal $y(k) = x(k) - x(k-1)$ wird in einer Summenschaltung mit zwei Teilsystemen gebildet, deren Impulsantworten durch

$$h_1(k) = \delta(k) \,, \; h_2(k) = -\delta(k-1)$$

gegeben sind.

3.5 Hintereinanderschaltung von Faltungssystemen

Abb. 3.4 zeigt die Hintereinanderschaltung zweier Faltungssysteme.

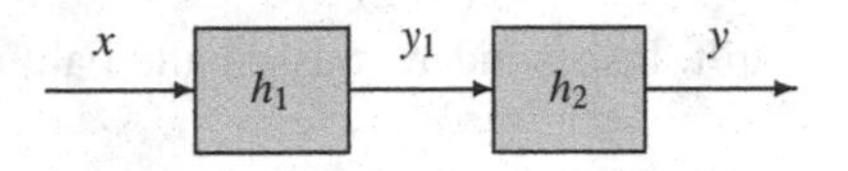

Abb. 3.4 Hintereinanderschaltung zweier Faltungssysteme: Das Ausgangssignal ist $y = (x * h_1) * h_2$.

Faltbarkeitsbedingungen

Damit die Systemoperation durchführbar ist, muss das Eingangssignal mit der Impulsantwort h_1 des ersten Teilsystems faltbar sein. Das Ausgangssignal des ersten Teilsystems ist dann $y_1 = x * h_1$. Zweitens muss y_1 mit h_2 faltbar sein. Das Ausgangssignal ist daher

$$y = (x * h_1) * h_2 \,. \tag{3.44}$$

Daraus folgt durch Einsetzen von $x = \delta$ die Impulsantwort des Gesamtsystems gemäß Gl. (3.39):

$$h = h_1 * h_2 \,.$$

Nach Tab. 3.3, S. 75 sind h_1 und h_2 beispielsweise dann faltbar, wenn beide Faltungssysteme kausal sind, denn dann sind beide Impulsantworten Einschaltvorgänge. Allgemeiner ist die Systemoperation $y = (x * h_1) * h_2$ dann durchführbar, wenn eine der folgenden drei *Faltbarkeitsbedingungen* erfüllt ist:

1. Die Impulsantworten sind von endlicher Dauer, d. h. die Faltungssysteme sind FIR–Filter. Das Eingangssignal ist beliebig.
2. Die Impulsantworten und das Eingangssignal sind Einschaltvorgänge. Die Impulsantworten sind insbesondere dann Einschaltvorgänge, wenn beide Faltungssysteme kausal sind.
3. Die Impulsantworten sind absolut summierbar, d. h. die Faltungssysteme sind stabil. Das Eingangssignal ist beschränkt.

Ist die Hintereinanderschaltung ein Faltungssystem?

Liegt bei der Hintereinanderschaltung ein Faltungssystem vor? Dies ist dann der Fall, wenn die folgende Umformung vorgenommen werden kann:

$$y = (x * h_1) * h_2 = x * (h_1 * h_2) \,.$$

Die durchgeführte Umformung beinhaltet die *Assoziativität der Faltung* . Sie ermöglicht eine beliebige „Klammersetzung“ bei einem Faltungsprodukt, bestehend aus mehreren Faltungsfaktoren, analog einer Multiplikation von Zahlen.

Was ist die Assoziativität der Faltung?

Faltungssysteme verhalten sich assoziativ, wenn für ihre Impulsantworten und Eingangssignale

$$y = (x * h_1) * h_2 = x * (h_1 * h_2) \tag{3.45}$$

gilt. Insbesondere müssen alle Faltungen durchführbar sein.

Unabhängig davon, ob die Assoziativität erfüllt ist oder nicht, ist die Impulsantwort der Hintereinanderschaltung nach Gl. (3.39) stets durch $h = h_1 * h_2$ gegeben. Nach den bisherigen Ergebnissen ist es daher möglich, die Impulsantwort von Systemen anzugeben, die durch Summenschaltungen und Hintereinanderschaltungen von Faltungssystemen entstehen. Für die Systeme in Abb. 2.9, S. 37 beispielsweise erhält man die Impulsantwort $h = (h_2 + h_3) * h_1$, wenn die Teilsysteme die entsprechenden Impulsantworten besitzen.

Gegenbeispiel zur Assoziativität
Es wird die Hintereinanderschaltung des Differenzierers (1. Teilsystem) und Summierers (2. Teilsystem) betrachtet. Als Eingangssignal wird das konstante Signal $x(k) = 1$ angenommen. Für das Ausgangssignal des Gesamtsystems folgt

$$y = (x * \delta') * \varepsilon = 0 \,,$$

denn die Differenziation des konstanten Eingangssignals ergibt $1 * \delta' = 0$. Die Impulsantwort der Hintereinanderschaltung ist

$$\delta' * \varepsilon = \delta \,, \tag{3.46}$$

denn die Ableitung der Sprungfunktion ist der Dirac–Impuls. Daher ist

$$x * (\delta' * \varepsilon) = x * \delta = x \neq (x * \delta') * \varepsilon = 0 \,. \tag{3.47}$$

Die Assoziativität ist somit verletzt. Daraus folgt, dass sich das Ausgangssignal nicht durch Faltung des Eingangssignals mit der Impulsantwort der Hintereinanderschaltung gewinnen lässt.

Drei Fälle für Assoziativität
Es stellt sich heraus, dass für die drei aufgestellten Faltbarkeitsbedingungen die Assoziativität erfüllt ist. Für die soeben betrachtete Hintereinanderschaltung des Differenzierers und Summierers ist keine der drei Faltbarkeitsbedingungen erfüllt. Die beiden Teilsysteme sind zwar kausal, aber das Eingangssignal $x(k) = 1$ ist kein Einschaltvorgang. Für einen Einschaltvorgang als Eingangssignal dagegen wäre die zweite Faltbarkeitsbedingung erfüllt und die Faltung assoziativ.

Nachweis der Assoziativität
Ist eine der drei Faltbarkeitsbedingungen erfüllt, kann die Systemoperation $y = (x * h_1) * h_2$ durchgeführt werden, d. h. es gilt

$$y(k) = \sum_n y_1(n)h_2(k-n)\,,\; y_1(n) = \sum_i x(i)h_1(n-i)\,.$$

Für $y(k)$ folgt

$$y(k) = \sum_n \sum_i x(i)h_1(n-i)h_2(k-n)\,.$$

Der Nachweis der Assoziativität beruht auf einer Vertauschung der Summationsreihenfolge:

$$y(k) = \sum_i x(i) \sum_n h_1(n-i)h_2(k-n)\,.$$

Mit der Substitution $m := n - i$ folgt

$$\sum_n h_1(n-i)h_2(k-n) = \sum_m h_1(m)h_2(k-m-i) = (h_1 * h_2)(k-i)$$

und daraus $y = x * (h_1 * h_2)$.

Faltbarkeitsbedingung 1 und 2
Die Faltungssummen für $y(k)$ und $y_1(n)$ sind dann endlich (vgl. Abschn. 3.3, Fälle 1 und 3). Daher darf die Summationsreihenfolge vertauscht werden.

Faltbarkeitsbedingung 3
Die Faltungssummen für $y(k)$ und $y_1(n)$ sind im Allgemeinen nicht endlich. Um die Summationsreihenfolge auch für diesen Fall zu vertauschen, wird der *Umordnungssatz für Doppelreihen* benötigt [14, II]. Er erlaubt die Vertauschbarkeit der Summationsreihenfolge unter der Voraussetzung

$$S(k) := \sum_n \sum_i |x(i)h_1(n-i)h_2(k-n)| < \infty\,. \tag{3.48}$$

Die Voraussetzung ist erfüllt, denn für $|x(i)| \le C_x$ ist

$$S(k) \le C_x \cdot \sum_n |h_2(k-n)| \sum_i |h_1(n-i)| \le C_x \cdot \|h_2\|_1 \cdot \|h_1\|_1 < \infty\,.$$

Reihenfolge der Teilsysteme

Die Reihenfolge von zwei hintereinander geschalteten Faltungssystemen hat keinen Einfluss auf die Impulsantwort $h = h_1 * h_2$, da die Faltung kommutativ ist. Hat die Reihenfolge einen Einfluss auf das Ausgangssignal? Bei Assoziativität der Faltung lässt sich die Frage leicht beantworten:
Aus der Assozitiativität folgt zunächst

$$y = (x * h_1) * h_2 = x * (h_1 * h_2)\,.$$

Da die Faltung kommutativ ist, vgl. Gl. (3.13), gilt

$$y = x * (h_2 * h_1)\,.$$

Mit Hilfe der Assoziativität erhält man

$$y = (x * h_2) * h_1\,.$$

Demnach hat die Reihenfolge der Teilsysteme keinen Einfluss auf das Ausgangssignal.

Die bisherigen Ergebnisse fassen wir zusammen:

Hintereinanderschaltung von Faltungssystemen

Die Impulsantwort der Hintereinanderschaltung zweier Faltungssysteme ergibt sich durch Faltung der Impulsantworten der Teilsysteme. Die Hintereinanderschaltung ist ein Faltungssystem, wenn die Assoziativität gilt. Sie ist in jedem der folgenden drei Fälle erfüllt:

1. Beide Faltungssysteme sind FIR–Filter, die Eingangssignale beliebig,
2. Impulsantworten und Eingangssignale sind Einschaltvorgänge,
3. beide Faltungssysteme sind stabil, die Eingangssignale beschränkt.

Bei Assoziativität hat die Reihenfolge der Teilsysteme keinen Einfluss auf das Ausgangssignal.

Hintereinanderschaltung von FIR–Filtern

Bei der Hintereinanderschaltung von FIR–Filtern liegt der erste Fall für Assoziativität vor. Nach Gl. (3.39) ist die Impulsantwort des Gesamtsystems durch $h = h_1 * h_2$ gegeben. Nach Gl. (3.33) werden bei der Faltung zweier Signale endlicher Dauer die Signalbreiten addiert. Daraus folgt, dass sich die Signalbreite von h aus der Summe der Signalbreiten von h_1 und h_2 ergibt. Die Signalbreite der Impulsantwort eines FIR–Filters haben wir gemäß Gl. (3.34) als *Filtergrad* bezeichnet. Daraus folgt:

Addition von Filtergraden

Bei der Hintereinanderschaltung zweier FIR–Filter gilt die einfache Regel, dass die Filtergrade der beiden Teilsysteme addiert werden, d. h. es gilt

$$\mathrm{grad}(\mathrm{FIR}_1\mathrm{FIR}_2) = \mathrm{grad}(\mathrm{FIR}_1) + \mathrm{grad}(\mathrm{FIR}_2)\,. \tag{3.49}$$

Werden beispielsweise zwei gleiche FIR–Filter hintereinander geschaltet, verdoppelt sich der Filtergrad. Für zwei 121–Filter folgt ein FIR–Filter mit dem Filtergrad 4. Wird allgemeiner das 121–Filter p–mal in einer Hintereinanderschaltung verwendet, folgt für die Hintereinanderschaltung der Filtergrad $2p$. Die Addition der Filtergrade gilt nur für FIR–Filter, denn nur in diesem Fall ist der Filtergrad definiert. Für die Hintereinanderschaltung des Differenzierers mit dem Summierer gilt nach Gl. (3.46) $\delta' * \varepsilon = \delta$. In diesem Fall ergibt die Hintereinanderschaltung eines FIR–Filters vom Filtergrad 1 mit einem IIR–Filter ein FIR–Filter vom Filtergrad 0.

3.6 Inverse Faltungssysteme

Differenzierer und Summierer als inverse Faltungssysteme
In Abschn. 2.4 wurden inverse Systeme am Beispiel des Summierers und Differenzierers vorgestellt. Der Sachverhalt, dass der Differenzierer und Summierer zueinander invers sind, kommt durch Gl. (3.46),

$$\delta' * \varepsilon = \delta$$

zum Ausdruck. Wird die Hintereinanderschaltung des Differenzierers und Summierers mit einem Einschaltvorgang angeregt, folgt aus der Assoziativität der Faltung für Einschaltvorgänge $y = (x * \delta') * \varepsilon = x * (\delta' * \varepsilon) = x$. Die Hintereinanderschaltung verhält sich in diesem Fall wie das identische System.

Inverse Impulsantwort
Gl. (3.46) lässt sich wie folgt verallgemeinern:

Was ist eine inverse Impulsantwort?

Zwei Impulsantworten h_1 und h_2 nennt man zueinander invers, wenn

$$h_1 * h_2 = \delta \tag{3.50}$$

gilt. Mit h_1^{-1} wird eine zur Impulsantwort h_1 inverse Impulsantwort bezeichnet.

Bei Assoziativität der Faltung, beispielsweise für Einschaltvorgänge, folgt für die Hintereinanderschaltung wie beim Differenzierer und Summierer

$$y = (x * h_1) * h_2 = x * (h_1 * h_2) = x * \delta = x\,.$$

Die Systemoperation des ersten Faltungssystems wird somit durch das zweite Faltungssystem umgekehrt. Analog wird die Systemoperation des zweiten Faltungssystems durch das erste Faltungssystem umgekehrt, denn es ist

$$y = (x * h_2) * h_1 = x * (h_2 * h_1) = x * \delta = x\,.$$

Wie wird ein Einschaltvorgang invertiert?
Es stellt sich die Frage, wie man eine inverse Impulsantwort finden kann. Diese Frage soll für den wichtigen Fall beantwortet werden, dass die zu invertierende Impulsantwort h_1 ein Einschaltvorgang ist (Einschaltzeitpunkt k_1). Die Impulsantwort h_1 wird zunächst wie folgt *normiert*:

$$a(k) := \frac{h_1(k+k_1)}{h_1(k_1)}\,. \tag{3.51}$$

Sie besitzt den Einschaltzeitpunkt 0 und die Impulshöhe $a(0) = 1$, denn es gilt

$$k_1(a) = 0\,,\; a(0) = 1\,. \tag{3.52}$$

Aus ihr gewinnt man die Impulsantwort h_1 gemäß $h_1(k) = h_1(k_1) \cdot a(k - k_1)$ zurück. Für die gesuchte Inverse h_1^{-1} erhält man

$$h_1^{-1}(k) = \frac{1}{h_1(k_1)} \cdot a^{-1}(k + k_1)\,, \tag{3.53}$$

denn es gilt

$$h_1(k) = h_1(k_1) \cdot a(k) * \delta(k - k_1)\,,\; h_1^{-1}(k) = \frac{1}{h_1(k_1)} \cdot a^{-1}(k) * \delta(k + k_1)\,.$$

Damit ist die Invertierung von h_1 auf die Invertierung des normierten Einschaltvorgangs a zurückgeführt.

Mit $y := a^{-1}$ ist die Faltungsgleichung zur Bestimmung von a^{-1} durch $a * y = \delta$ gegeben. Da a den Einschaltzeitpunkt 0 besitzt und sich die Einschaltzeitpunkte von a und y addieren, muss y ebenfalls den Einschaltzeitpunkt $k_1 = 0$ besitzen. Die Faltungsgleichung lautet somit ausführlich für $k \geq 0$

$$a(0)y(k) + a(1)y(k-1) + \cdots + a(k)y(0) = \delta(k)\,.$$

Für $k = 0$ erhält man mit Gl. (3.52) $a(0)y(0) = y(0) = 1$ und für $k = 1\,,\,2$

$$y(1) = -a(1)y(0) = -a(1)\,,\; y(2) = -a(1)y(1) - a(2)y(0)\,.$$

Insbesondere ist $y = a^{-1}$ ebenfalls normiert:

$$k_1(a^{-1}) = 0\,,\; a^{-1}(0) = 1 \tag{3.54}$$

Invertierung eines (normierten) Einschaltvorgangs

Der zu einem gemäß Gl. (3.52) normierter Einschaltvorgang $a(k)$ inverse Einschaltvorgang $y = a^{-1}$ kann nach der folgenden Rekursionsvorschrift bestimmt werden:

$$y(0) = 1\,,\; y(k) = -a(1)y(k-1) - \cdots - a(k)y(0)\,,\; k > 0\,. \tag{3.55}$$

Invertierung mit Verzögerung

Für ein verzögerndes Faltungssystem ($k_1 > 0$) folgt aus $h_1 * h_1^{-1} = \delta$ für h_1^{-1} der Einschaltzeitpunkt $-k_1 < 0$. Ein verzögerndes Faltungssystem lässt sich daher nicht durch ein kausales Faltungssystem umkehren. Wird dagegen die Impulsantwort h_1^{-1} um k_1 Zeiteinheiten verzögert, erhält man die kausale Impulsantwort $h_1^{-1}(k - k_1)$. Die Faltung von $x * h_1$ mit dieser Impulsantwort liefert $x(k - k_1)$, also das Eingangssignal verzögert um k_1 Zeiteinheiten zurück.

Anwendung auf den Differenzierer

Es soll die Impulsantwort des Differenzierers invertiert werden und damit Gl. (3.46) bestätigt werden. Für die Impulsantwort $h_1(k) = \delta(k) - \delta(k-1)$ folgt $h_1(0) = 1$, $h_1(1) = -1$. Die übrigen Filterkoeffizienten sind gleich 0. Daher ist h_1 bereits normiert, d. h. $a = h_1$. Aus Gl. (3.55) erhält man

$$\begin{aligned} y(0) &= 1\,, \\ y(1) &= -a(1)y(0) = -(-1)\cdot 1 = 1\,, \\ y(2) &= -a(1)y(1) - a(2)y(0) = -(-1)\cdot 1 - 0 = 1\,, \cdots\,, \end{aligned}$$

also tatsächlich die Sprungfunktion $y(k) = \varepsilon(k)$.

Ist die Invertierung stets durchführbar?

Wir haben herausgefunden, dass jeder Einschaltvorgang invertiert werden kann — vorausgesetzt, er kann normiert werden. Dies ist für alle Einschaltvorgänge — abgesehen vom Nullsignal — möglich. Das Nullsignal kann nicht invertiert werden, da eine Faltung mit dem Nullsignal das Nullsignal ergibt.

Gibt es mehrere Inverse?

Die Invertierung eines normierten Einschaltvorgangs nach Gl. (3.55) lässt nicht mehrere inverse Signale zu. Dies bedeutet, das es zu einem Einschaltvorgang nur einen inversen Einschaltvorgang gibt. Man kann daher von „dem inversen Einschaltvorgang“ sprechen.

Es gibt nur einen inversen Einschaltvorgang

Angenommen, y_1 und y_2 seien Einschaltvorgänge, die beide invers zum Einschaltvorgang h_1 sind. Die folgenden Umformungen zeigen, dass y_1 und y_2 übereinstimmen:

$$\begin{aligned} y_1 &= y_1 * \delta = y_1 * (h_1 * y_2) \\ &= (y_1 * h_1) * y_2 = \delta * y_2 = y_2\,. \end{aligned}$$

Bei den Umformungen haben wir von der Assoziativität der Faltung für Einschaltvorgänge Gebrauch gemacht.

Anmerkung

Aus der Eindeutigkeit des inversen Einschaltvorgangs darf nicht geschlossen werden, dass es zu einem Signal nur ein inverses Signal gibt. Als Gegenbeispiel wird die Impulsantwort $h_1 = \delta'$ des Differenzierers betrachtet. Dann gilt nicht nur $\delta' * \varepsilon = \delta$, sondern auch für eine Konstante C

$$\delta' * (\varepsilon + C) = \delta' * \varepsilon + \delta' * C = \delta + 0 = \delta\,. \tag{3.56}$$

Neben ε ist somit auch das Signal $h_2 := \varepsilon + C$ invers zu h_1. Worin liegt die Auflösung dieses scheinbaren *Paradoxons*? Die Eindeutigkeit des zu h_1 inversen Signals bezieht sich auf Einschaltvorgänge! Für $C \neq 0$ ist h_2 jedoch kein Einschaltvorgang.

Für $C = -1$ erhält man den Ausschaltvorgang $h_2 = \varepsilon - 1$. Dies ist der zu h_1 inverse Ausschaltvorgang. Wir haben dieses Signal als Impulsantwort des *rechtsseitigen Summierers*, Gl. (2.36), kennengelernt. Einen inversen Ausschaltvorgang gibt es nicht nur für $h_1 = \delta'$, sondern für jeden Ausschaltvorgang, und kann ähnlich zu Gl. (3.55) berechnet werden.

Systemidentifikation
Eine zweite Anwendung der Invertierung eines Einschaltvorgangs besteht in der Identifikation eines Faltungssystems. Ist es möglich, anhand der Systemreaktion $y = x * h$ auf ein Eingangssignal x die Impulsantwort h des Systems zu ermitteln, um damit das Faltungssystem zu identifizieren? Diese Aufgabe ist für jeden Einschaltvorgang $x \neq 0$ lösbar: Mit dem dazu inversen Einschaltvorgang x^{-1} kann die Impulsantwort gemäß

$$h = (x^{-1} * x) * h = x^{-1} * (x * h)$$

gebildet werden. Aus $y = x * h$ folgt

$$h = x^{-1} * y\,. \tag{3.57}$$

Die Antwort eines kausalen Faltungssystems auf einen beliebigen Einschaltvorgang (ungleich dem Nullsignal) beschreibt demnach das System vollständig. Ein Beispiel ist die Abhängigkeit der Impulsantwort von der Sprungantwort gemäß Gl. (3.22): Aus der Sprungfunktion $x = \varepsilon$ erhält man die Sprungantwort $y = y_\varepsilon$ und daraus die Impulsantwort gemäß

$$h = \varepsilon^{-1} * y_\varepsilon = \delta' * y_\varepsilon = y'_\varepsilon$$

zurück.

3.7 Rückkopplung für Faltungssysteme

Abb. 3.5 zeigt die Rückkopplung mit einem Faltungssystem im Rückkopplungspfad. Seine Impulsantwort wird mit h_{RP} bezeichnet. Da dieses System verzögernd ist, handelt es sich bei h_{RP} um einen Einschaltvorgang mit Einschaltzeitpunkt $k_1 > 0$. Die Rückkopplungsgleichung, welche den Zusammenhang zwischen Ein– und Ausgangssignal beschreibt, lautet

$$x + h_{\mathrm{RP}} * y = y\,. \tag{3.58}$$

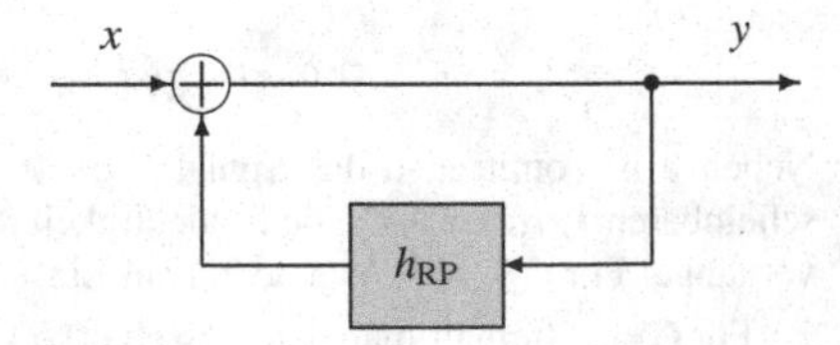

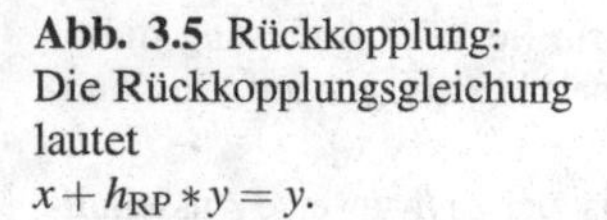
Abb. 3.5 Rückkopplung: Die Rückkopplungsgleichung lautet $x + h_{\mathrm{RP}} * y = y$.

Faltungsdarstellung der Rückkopplung
Eine dritte Anwendung der Invertierung eines Einschaltvorgangs besteht in der Bestimmung der Impulsantwort der Rückkopplung. Dazu wird die Rückkopplungsgleichung gemäß $y - h_{\mathrm{RP}} * y = x$ bzw. mit Hilfe der **Hilfs–Impulsantwort**

$$a := \delta - h_{\mathrm{RP}} \tag{3.59}$$

kompakter gemäß

$$a * y = x \tag{3.60}$$

dargestellt. Unter der Grundannahme, dass sich die Rückkopplung vor dem Einschaltzeitpunkt in Ruhe befindet, liefert die Anregung der Rückkopplung mit einem Einschaltvorgang x einen Einschaltvorgang y. Die Faltung beider Seiten der Rückkopplungsgleichung mit dem zu a inversen Einschaltvorgang liefert zunächst $a^{-1} * (a * y) = a^{-1} * x$. Da alle Signale Einschaltvorgänge sind, gilt das Assoziativgesetz (vgl. Abschn. 3.5) und man erhält

$$y = a^{-1} * x\,. \tag{3.61}$$

Für $x = \delta$ erhält man die Impulsantwort der Rückkopplung gemäß $h = a^{-1}$. Da der Einschaltzeitpunkt von h_{RP} größer als 0 ist, ist $a = \delta - h_{\mathrm{RP}}$ gemäß Gl. (3.52) normiert. Die Invertierung von a kann daher mit Hilfe von Gl. (3.55) erfolgen. Nach Gl. (3.54) ist a^{-1} ebenfalls normiert. Die Rückkopplung reagiert demnach auf den Dirac–Impuls ohne Latenzzeit mit dem Signalwert $h(0) = 1$. Dies ist auch wie folgt erklärbar: Der Dirac–Impuls am Eingang der Rückkopplung „läuft" über die Summierstelle der Rückkopplung an den Ausgang, da das System im Rückkopplungspfad verzögernd ist. Wir haben damit eine weitere Anwendung für die Invertierung eines Einschaltvorgangs kennengelernt: Die Bestimmung der Impulsantwort einer Rückkopplung:

Rückkopplung für Faltungssysteme

Das System im Rückkopplungspfad sei ein verzögerndes Faltungssystem mit der Impulsantwort h_{RP}. Unter der Grundannahme, dass sich die Rückkopplung vor dem Einschaltzeitpunkt in Ruhe befindet, ist die Rückkopplung ein Faltungssystem. Die Impulsantwort ist gemäß

$$h = a^{-1} = (\delta - h_{\mathrm{RP}})^{-1} \tag{3.62}$$

gegeben. Die Invertierung kann nach Gl. (3.55) rekursiv erfolgen.

Summenformel
Was ergibt sich aus der Summenformel für das Ausgangssignal einer Rückkopplung gemäß Gl. (2.55), wenn das System im Rückkopplungspfad ein Faltungssystem mit der Impulsantwort h_{RP} ist? In diesem Fall ist $S^i_{\mathrm{RP}}(x) = h^{*i}_{\mathrm{RP}} * x$. Hierbei bezeichnet

h_{RP}^{*i} eine *Faltungspotenz* der Impulsantwort h_{RP}. Beispielsweise ist $h_{\mathrm{RP}}^{*2} = h_{\mathrm{RP}} * h_{\mathrm{RP}}$ und $h_{\mathrm{RP}}^{*0} = \delta$. Für $x = \delta$ folgt die Impulsantwort der Rückkopplung gemäß

$$h(k) = \sum_{i=0}^{k} S_{\mathrm{RP}}^{i}(x)(k) = \sum_{i=0}^{k} h_{\mathrm{RP}}^{*i}(k)\ ,\ k \geq 0\ . \tag{3.63}$$

Eigenbewegungen

Aus der Rückkopplungsgleichung $a * y = x$ folgt für $x = 0$

$$a * y_0 = 0 \tag{3.64}$$

als äquivalente Bedingung für eine Eigenbewegung. Wendet man auf Gl. (3.61) $x = 0$ an, erhält man $y = 0$. Diese Gleichung ist also nicht imstande, echte Eigenbewegungen zu beschreiben. Woran liegt das? Gl. (3.61) wurde für Einschaltvorgänge aufgestellt. Echte Eigenbewegungen sind demnach **keine Einschaltvorgänge**.

Beispiel: Summierer–Rückkopplung

Bei der Summierer–Rückkopplung befindet sich im Rückkopplungspfad das Verzögerungsglied mit der Verzögerungszeit $c = 1$, d. h. es ist $h_{\mathrm{RP}}(k) = \delta(k-1)$ (s. Abb. 2.18, S. 53).
Wegen $h_{\mathrm{RP}}^{*i}(k) = \delta(k-i)$ lautet die Summenformel

$$h(k) = \sum_{i=0}^{k} \delta(k-i) = \varepsilon(k)\ .$$

Sie gibt korrekt die Impulsantwort der Summierer–Rückkopplung wieder.
Für die Hilfs–Impulsantwort a erhält man

$$a(k) = \delta(k) - \delta(k-1)\ . \tag{3.65}$$

Dies ist die Impulsantwort des Differenzierers. Der dazu inverse Einschaltvorgang ist nach Gl. (3.46) durch $a^{-1} = \varepsilon$ gegeben, womit $h = \varepsilon$ bestätigt wird.
Die Eigenbewegungen sind durch $a * y_0 = y_0' = 0$ definiert. Das sind konstante Signale, wie aus Abschn. 2.6.4 bekannt ist.

3.8 Rückkopplung für FIR–Filter

Die Summierer–Rückkopplung ist ein Beispiel dafür, dass das Faltungssystem im Rückkopplungspfad ein FIR–Filter ist. Abb. 3.6 zeigt die Rückkopplung für den Fall, dass das System im Rückkopplungspfad ein FIR–Filter mit N Verzögerungsgliedern der Verzögerungszeit $c = 1$ ist. Da das FIR–Filter verzögernd ist, ist der Filterkoeffizient $h_{\mathrm{RP}}(0) = 0$. Der Filterkoeffizient $h_{\mathrm{RP}}(N)$ wird ungleich 0 angenommen, d. h. alle N Verzögerungsglieder werden benötigt.

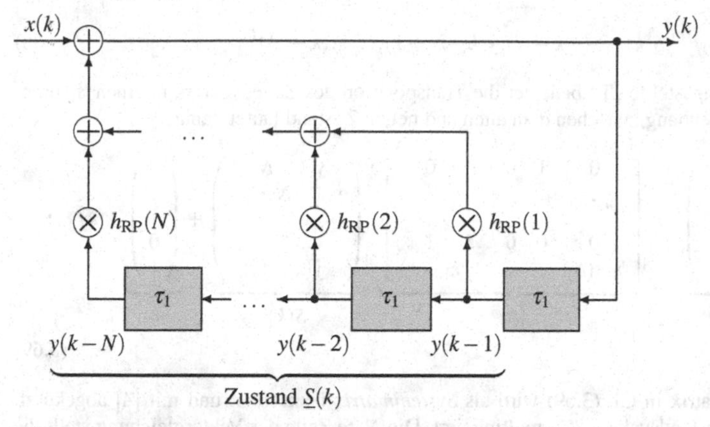

Abb. 3.6 Rückkopplung mit einem verzögernden FIR–Filter im Rückkopplungspfad. Die N gespeicherten Ausgangswerte bilden den Zustand der Rückkopplung zum Zeitpunkt k.

3.8.1 Wirkungsweise der Rückkopplung

Die N Verzögerungsglieder bilden ein Schieberegister. Dort sind N vergangene Ausgangswerte $y(k-N)$, $y(k-N+1)$, ... , $y(k-1)$ gespeichert. Sie bilden den **Zustand** der Rückkopplung zum Ausgabezeitpunkt k, der i. F. mit $\underline{S}(k)$ bezeichnet wird. Abhängig vom Zustand der Rückkopplung zu irgendeinem Zeitpunkt können mit Hilfe der Rückkopplungsgleichung

$$y(k) = x(k) + h_{\mathrm{RP}}(1)y(k-1) + \cdots + h_{\mathrm{RP}}(N)y(k-N) \tag{3.66}$$

rekursiv alle Ausgangswerte ab diesem Zeitpunkt bestimmt werden. Durch Umstellung der Rückkopplungsgleichung gemäß

$$\begin{aligned} y(k-N) = \frac{1}{h_{\mathrm{RP}}(N)}[y(k) - x(k) \; - \; h_{\mathrm{RP}}(1)y(k-1) - \cdots \\ - \; h_{\mathrm{RP}}(N-1)y(k-N+1)] \end{aligned} \tag{3.67}$$

können auch alle Ausgangswerte für vergangene Zeitpunkte rekursiv berechnet werden. Als Eingangssignale sind alle Signale möglich. Für $x(k) = 0$ können Eigenbewegungen rekursiv berechnet werden. Zur Beschreibung des Systemverhaltens werden wie in Kap. 2 Einschaltvorgänge vorausgesetzt und es wird die Grundannahme benutzt, dass sich die Rückkopplung vor dem Einschaltzeitpunkt in Ruhe befindet. Dies bedeutet, dass der Zustand der Rückkopplung zum Einschaltzeitpunkt nur die Werte 0 besitzt.

Zustandsdarstellung

Die Rückkopplungsgleichung Gl. (3.66) kann wie folgt interpretiert werden: Abhängig vom Zustand und Eingangswert $x(k)$ zum Zeitpunkt k folgt der Ausgangswert $y(k)$ und damit auch der neue Zustand zum Zeitpunkt $k+1$.

Der Zustand zum Zeitpunkt k wird i. F. vektoriell gemäß

$$\underline{S}(k) := (y(k-N), y(k-N+1), \ldots, y(k-1))^T \tag{3.68}$$

dargestellt. Das hochgestellte „T" bedeutet die Transposition des Zeilenvektors in einen Spaltenvektor. Der Zusammenhang zwischen dem alten und neuen Zustand lautet dann:

$$\underbrace{\begin{pmatrix} y(k-N+1) \\ \vdots \\ y(k-1) \\ y(k) \end{pmatrix}}_{\underline{S}(k+1)} = \underbrace{\begin{bmatrix} 0 & 1 & 0 & \ldots & 0 \\ \vdots & & & & \\ 0 & & 0 & 0 \ldots & 1 \\ h_{\mathrm{RP}}(N) & \ldots & \ldots & \ldots & h_{\mathrm{RP}}(1) \end{bmatrix}}_{[A]} \cdot \underbrace{\begin{pmatrix} y(k-N) \\ y(k-N+1) \\ \vdots \\ y(k-1) \end{pmatrix}}_{\underline{S}(k)} + \underbrace{\begin{pmatrix} 0 \\ \vdots \\ 0 \\ 1 \end{pmatrix}}_{\underline{b}} \cdot x(k)\,. \tag{3.69}$$

Die quadratische Matrix in Gl. (3.69) wird als *Systemmatrix* bezeichnet und mit $[A]$ abgekürzt. Sie wird mit dem Zustandsvektor $\underline{S}(k)$ multipliziert. Die N–te Zeile der Vektorgleichung stellt die Rückkopplungsgleichung dar. Die ersten $N-1$ Zeilen der Vektorgleichung sind selbstverständlicherweise erfüllt. Beispielsweise lautet die $(N-1)$–te Zeile $y(k-1) = y(k-1)$. Gl. (3.69) kann kürzer gemäß

$$\underline{S}(k+1) = [A] \cdot \underline{S}(k) + \underline{b} \cdot x(k) \tag{3.70}$$

dargestellt werden, wobei $\underline{b} = (0\,,\, 0\,,\, \ldots\,,\, 1)^T$ den Einheitsvektor bezeichnet. Der Ausgangswert $y(k)$ lässt sich ebenfalls vektoriell darstellen. Aus der Rückkopplungsgleichung folgt

$$y(k) = \underline{c}^T \cdot \underline{S}(k) + d \cdot x(k) \tag{3.71}$$

mit

$$\underline{c}^T = (h_{\mathrm{RP}}(N), \ldots\,,\, h_{\mathrm{RP}}(1))\,,\; d = 1\,.$$

Die beiden Gleichungen Gl. (3.70) und Gl. (3.71) bilden eine sog. *Zustandsdarstellung* der Rückkopplung. Sie hat den Vorteil, dass man mit ihr die Impulsantwort und die Eigenbewegungen der Rückkopplung in expliziter Form angeben kann [3], [5].

3.8.2 Impulsantwort als eine Eigenbewegung

Es wird i. F. erklärt, dass die Impulsantwort der Rückkopplung als eine spezielle Eigenbewegung aufgefasst werden kann.

Fall 1: Impulsantwort der Rückkopplung
Die Impulsantwort der Rückkopplung erhält man aus der Rückkopplungsgleichung für $x = \delta$. Da sich die Rückkopplung vor dem Einschaltzeitpunkt $k_1 = 0$ in Ruhe befindet, sind die Werte der Impulsantwort für $k < 0$ gleich 0. Insbesondere ist der Zustand zum Zeitpunkt 0 der Ruhezustand,

$$\underline{S}(0)\; :\; h(-N) = \cdots = h(-1) = 0\,. \tag{3.72}$$

Aus der Rückkopplungsgleichung Gl. (3.66) folgt für die Impulsantwort der Rückkopplung (vgl. Gl. (3.55))

$$h(0) = 1\,,\; h(k) = h_{\mathrm{RP}}(1)h(k-1) + \cdots + h_{\mathrm{RP}}(N)h(k-N)\,,\; k > 0\,. \tag{3.73}$$

Der Zustand der Rückkopplung zum Zeitpunkt $k = 1$ ist also

$$\underline{S}(1) : h(1-N) = \cdots = h(-1) = 0\,,\ h(0) = 1\,. \tag{3.74}$$

Fall 2: Eigenbewegungen der Rückkopplung
Die Eigenbewegungen der Rückkopplung erhält man aus der Rückkopplungsgleichung *Gl.*(3.66) für $x(k) = 0$:

$$y_0(k) = h_{\mathrm{RP}}(1)y_0(k-1) + \cdots + h_{\mathrm{RP}}(N)y_0(k-N)\,. \tag{3.75}$$

Die Eigenbewegung wird durch den Zustand für einen beliebigen Zeitpunkt festgelegt, z. B. durch den Zustand für $k = 1$. Die Zustandswerte

$$\underline{S}(1) \,:\, y_0(1-N) = \cdots = y_0(-1) = 0\,,\ y_0(0) = 1$$

für diesen Zustand sind dabei von besonderem Interesse. Dieser Zustand stimmt nämlich mit dem Zustand gemäß Gl. (3.74) überein. Wegen $x(k) = 0$ für $k \geq 1$ stimmen die Eingangswerte ab diesem Zeitpunkt ebenfalls für beide Fälle überein. Folglich sind die Ausgangswerte für beide Fälle für $k \geq 1$ gleich. Wegen $h(0) = y(0) = 1$ besteht auch Übereinstimmung für $k = 0$.
Wir haben herausgefunden:

Impulsantwort als Eigenbewegung

Die Impulsantwort der Rückkopplung mit einem FIR–Filter im Rückkopplungspfad stimmt mit einer Eigenbewegung der Rückkopplung für Zeitpunkte $k \geq 0$ überein. Diese Eigenbewegung ist durch den Zustand

$$\underline{S}(1) \,:\, y_0(1-N) = \cdots = y_0(-1) = 0\,,\ y_0(0) = 1 \tag{3.76}$$

der Rückkopplung festgelegt.

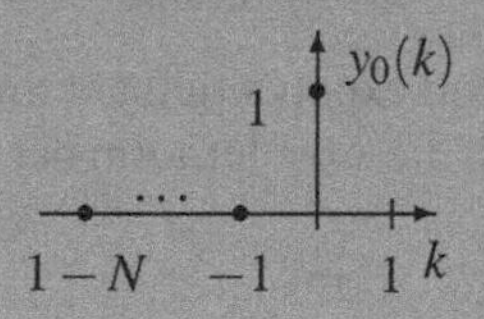

Die Übereinstimmung gilt auch für Zeitpunkte $1-N \leq k \leq -1$, da dann die Ausgangswerte gleich 0 sind. Für $k = -N$ besteht keine Übereinstimmung mehr: Einerseits ist $h(-N) = 0$. Andererseits folgt aus Gl. (3.67) der von 0 verschiedene Wert

$$y_0(-N) = \frac{1}{h_{\mathrm{RP}}(N)}[y_0(0) - 0] = \frac{1}{h_{\mathrm{RP}}(N)}\,. \tag{3.77}$$

Die Übereinstimmung des Ausgangssignals mit einer Eigenbewegung gilt allgemein für jedes Eingangssignal endlicher Dauer. Da es den Ausschaltzeitpunkt k_2 besitzt, ist $x(k) = 0$ für $k > k_2$. Daher liegt ab dem Ausschaltzeitpunkt k_2 eine Eigenbewegung vor, die Rückkopplung „schwingt aus". Die Eigenbewegung ist durch den Zustand

$$\underline{S}(k_2) \; : \; y_0(k_2 - N + 1)\,, \cdots, y_0(k_2) \tag{3.78}$$

festgelegt.

3.8.3 Die Rückkopplung 1. Ordnung

Bei der Rückkopplung 1. Ordnung ($N = 1$) wird nur ein Verzögerungsglied im Rückkopplungspfad sowie ein einziger Multiplizierer für den Filterkoeffizienten benötigt. Er wird i. F. *Rückkopplungsfaktor* genannt und wie in Übung 2.13 mit $\lambda := h_{\mathrm{RP}}(1)$ bezeichnet. Er ist ein Maß dafür, wie stark das Ausgangssignal zurückgekoppelt wird. Die Rückkopplungsgleichung lautet

$$y(k) = x(k) + \lambda y(k-1)\,. \tag{3.79}$$

A) Impulsantwort

Da sich die Rückkopplung vor dem Einschaltzeitpunkt $k_1 = 0$ in Ruhe befindet, ist $h(k) = 0$ für $k < 0$. Für $x = \delta$ folgt wie in Gl. (3.66)

$$\begin{aligned} h(0) &= 1 + h(-1) = 1\,, \\ h(1) &= \lambda h(0) = \lambda\,, \\ h(2) &= \lambda h(1) = \lambda^2 \ldots \end{aligned}$$

bzw.

$$h(k) = \varepsilon(k)\lambda^k\,. \tag{3.80}$$

Für $|\lambda| < 1$ ist die Impulsantwort exponentiell abklingend mit dem *Abklingfaktor* λ (s. Abb. 3.7). In diesem Fall ist die Absolutnorm der Impulsantwort,

$$\|h\|_1 = \sum_{i=0}^{\infty} |\lambda|^i = \frac{1}{1-|\lambda|}\,, \tag{3.81}$$

endlich und damit die Rückkopplung stabil. Die Absolutnorm ist bei einer stabilen Rückkopplung ein Maß für die „Trägheit" des Systems, denn sie tritt sowohl bei der Impulsantwort als auch bei der Sprungantwort als Zeitkonstante in Erscheinung. Abb. 3.7 zeigt die Zeitkonstante (T_1) für einen Wert $0 < \lambda < 1$. In diesem Fall haben die Signalwerte der Impulsantwort das gleiche Vorzeichen und die Impulsantwort klingt monoton ab. Für $-1 < \lambda < 0$ wechseln die Werte der Impulsantwort ständig das Vorzeichen, d. h. die Impulsantwort nähert sich oszillierend der 0.

B) Sprungantwort
Die Sprungantwort kann nach Gl. (3.21) aus der Impulsantwort gemäß

$$y_\varepsilon(k) = \varepsilon(k) \sum_{i=0}^{k} h(i)$$

bestimmt werden. Die Sprungantwort nähert sich für $k \to \infty$ dem Grenzwert (Endwert) (vgl. Übung 2.13)

$$y_\varepsilon(\infty) = \frac{1}{1-\lambda}. \tag{3.82}$$

Für den gezeigten Fall $0 < \lambda < 1$ nähert sich die Sprungantwort diesem Grenzwert monoton. Für $-1 < \lambda < 0$ nähert sich die Sprungantwort oszillierend dem Grenzwert.

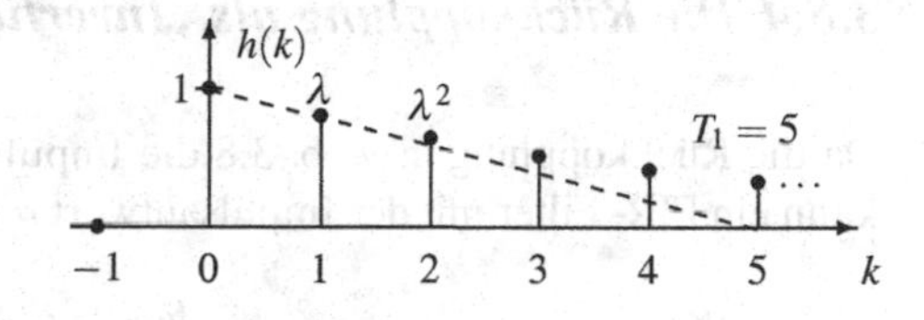

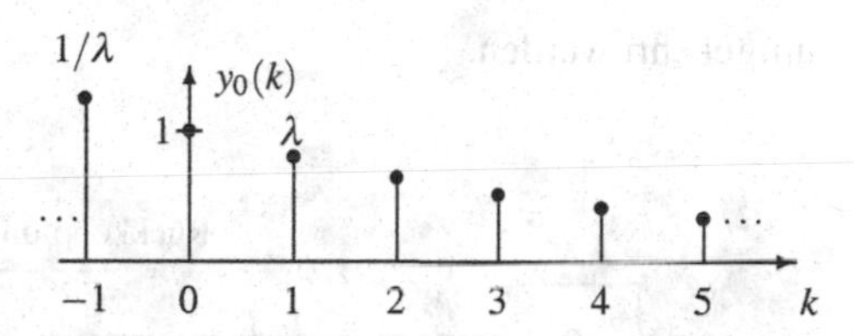

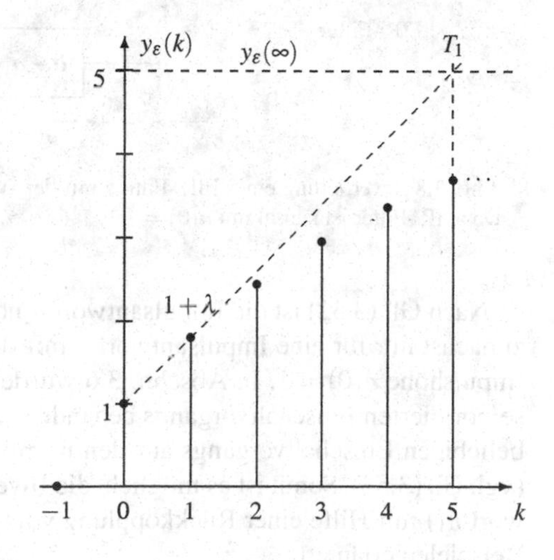

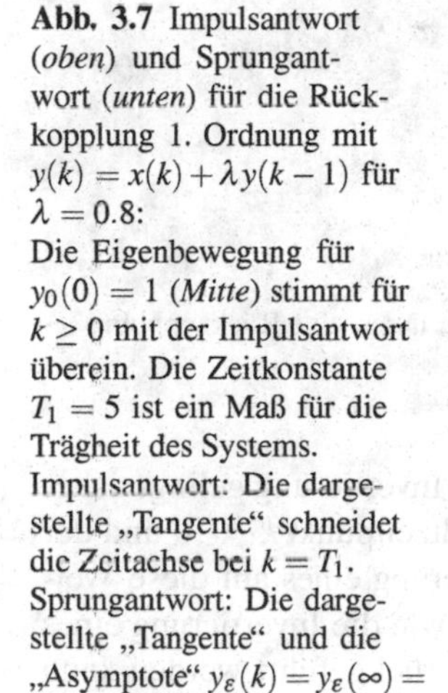
Abb. 3.7 Impulsantwort (*oben*) und Sprungantwort (*unten*) für die Rückkopplung 1. Ordnung mit $y(k) = x(k) + \lambda y(k-1)$ für $\lambda = 0.8$:
Die Eigenbewegung für $y_0(0) = 1$ (*Mitte*) stimmt für $k \geq 0$ mit der Impulsantwort überein. Die Zeitkonstante $T_1 = 5$ ist ein Maß für die Trägheit des Systems.
Impulsantwort: Die dargestellte „Tangente" schneidet die Zeitachse bei $k = T_1$.
Sprungantwort: Die dargestellte „Tangente" und die „Asymptote" $y_\varepsilon(k) = y_\varepsilon(\infty) = 5$ schneiden sich bei $k = T_1$.

C) Eigenbewegungen
Aus der Rückkopplungsgleichung $y(k) = \lambda y(k-1)$ folgen Eigenbewegungen der Form (vgl. Übung 2.13)

$$y_0(k) = C \cdot \lambda^k \,. \tag{3.83}$$

Im Gegensatz zur Impulsantwort sind Eigenbewegungen zeitlich in beide Richtungen unendlich ausgedehnt. Die Eigenbewegung, welche die Rückkopplung ausführt, wird durch die Konstante C festgelegt. Wegen $y_0(0) = C$ ist sie der Wert der Eigenbewegung für $k = 0$.

Der Vergleich der Impulsantwort mit den Eigenbewegungen zeigt, dass beide für $k \geq 0$ übereinstimmen, wenn $C = 1$ gesetzt wird. Übereinstimmung besteht also für $y_0(0) = 1$, was der Bedingung Gl. (3.76) entspricht.

3.8.4 Die Rückkopplung als „Invertierungs–Maschine"

Da die Rückkopplung in Abb. 3.8 die Impulsantwort a^{-1} mit $a = \delta - h_{\text{RP}}$ besitzt, kann ein FIR–Filter mit der Impulsantwort a durch die Rückkopplung mit

$$h_{\text{RP}} = \delta - a \tag{3.84}$$

umgekehrt werden.

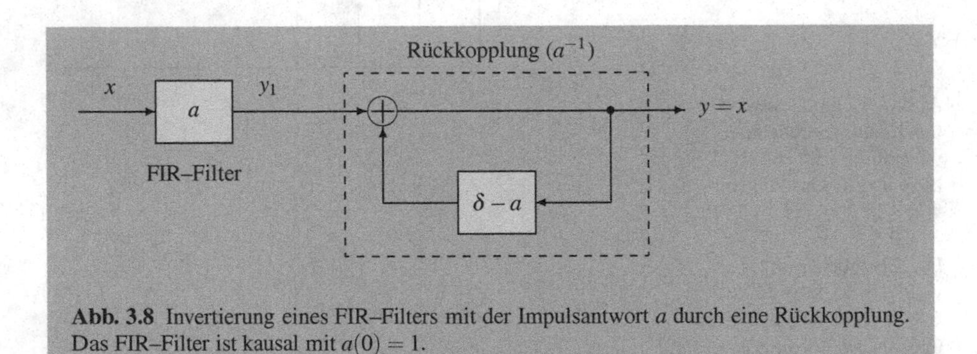

Abb. 3.8 Invertierung eines FIR–Filters mit der Impulsantwort a durch eine Rückkopplung. Das FIR–Filter ist kausal mit $a(0) = 1$.

Nach Gl. (3.52) ist die Impulsantwort a normiert. Die Invertierung gelingt daher zunächst nur für eine Impulsantwort a mit dem Einschaltzeitpunkt $k_1 = 0$ und der Impulshöhe $a(0) = 1$. In Abschn. 3.6 wurde die Invertierung eines auf diese Weise normierten Einschaltvorgangs behandelt und gezeigt, wie die Invertierung eines beliebigen Einschaltvorgangs auf den normierten Fall zurückgeführt werden kann (vgl. Gl. (3.53). Somit ist es möglich, die Invertierung eines FIR–Filters (Impulsantwort h_1) mit Hilfe einer Rückkopplung vorzunehmen. Dies wird in den folgenden Beispielen erläutert.

Beispiele für die Invertierung mit einer Rückkopplung

1. Invertierung der Impulsantwort

$$a(k) = \delta(k) + \delta(k-1) : \tag{3.85}$$

Da a bereits normiert ist, erfolgt die Invertierung durch die Rückkopplung mit $h_{\mathrm{RP}}(k) = \delta(k) - a(k) = -\delta(k-1)$. Die Impulsantwort dieser Rückkopplung ist $a^{-1}(k) = \varepsilon(k)(-1)^k$ (s. Übung 3.7). Die Rückkopplung ist daher instabil.

2. Invertierung der Impulsantwort

$$h_1(k) := \frac{1}{2}[\delta(k) + \delta(k-1)] : \tag{3.86}$$

Es wird zunächst die Impulsantwort gemäß $a := 2 \cdot h_1$ normiert. Die Invertierung von a erfolgt mit der Rückkopplung für Fall 1. Aus $h_1 = 1/2 \cdot a$ folgt

$$h_1^{-1} = 2 \cdot a^{-1} .$$

Die Invertierung erfolgt somit mit Hilfe einer Hintereinanderschaltung der Rückkopplung für Fall 1 und einem Proportionalglied mit dem Faktor 2.

3. Invertierung der Impulsantwort

$$h_2(k) := h_1(k-1) = \delta(k-1) * h_1(k) : \tag{3.87}$$

Man erhält

$$h_2^{-1}(k) = \delta(k+1) * h_1^{-1}(k) .$$

Wegen des Faltungsfaktors $\delta(k+1)$ ist diese Impulsantwort nicht kausal. Dafür verantwortlich ist die verzögernde Wirkung des FIR–Filters, dessen Impulsantwort h_2 erst bei $k_1 = 1$ auf den Dirac–Impuls reagiert. Verwendet man anstelle von h_2^{-1} die Impulsantwort h_1^{-1}, erhält man als Ausgangssignal

$$y(k) = h_1(k-1) * h_1^{-1}(k) * x(k) = x(k-1) ,$$

also das Eingangssignal verzögert um 1 Zeiteinheit zurück.

4. Invertierung des 121–Filters:
Die Invertierung der Impulsantwort

$$h_3(k) := \frac{1}{4}\delta(k) + \frac{1}{2}\delta(k-1) + \frac{1}{4}\delta(k-2) = h_1(k) * h_1(k) \tag{3.88}$$

des *kausalen 121–Filters* ergibt

$$h_3^{-1} = h_1^{-1} * h_1^{-1} = 4 \cdot a^{-1} * a^{-1} .$$

Die Invertierung ist somit durch die Hintereinanderschaltung zweier instabiler Rückkopplungen für Fall 1 und einem Proportionalglied mit dem Faktor 4 möglich.

3.9 Hintereinanderschaltung eines FIR–Filters und einer Rückkopplung

Die Hintereinanderschaltung eines FIR–Filters mit einer Rückkopplung ist uns bereits in Abb. 3.8 begegnet. Abb. 3.9 zeigt den allgemeinen Fall.

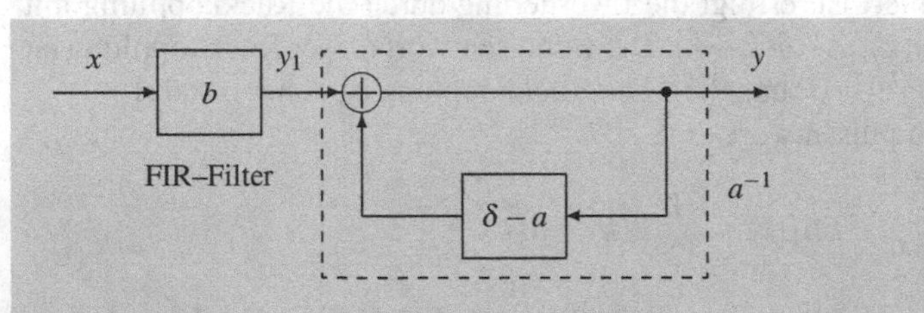

Abb. 3.9 Hintereinanderschaltung eines FIR–Filters mit der Impulsantwort b und einer Rückkopplung mit der Impulsantwort a^{-1}

Da das System realisierbar sein soll, wird ein kausales FIR–Filter vorausgesetzt. Ein– und Ausschaltzeitpunkt seiner Impulsantwort werden mit k_1 bzw. k_2 bezeichnet und mit $n := k_2 - k_1$ sein Filtergrad.

Differenzengleichung
Für die Rückkopplung mit der Hilfs–Impulsantwort $a = \delta - h_{\mathrm{RP}}$ lautet die Rückkopplungsgleichung

$$a * y = y_1 \,.$$

Da y_1 das Ausgangssignal des FIR–Filters mit der Impulsantwort b ist, folgt

$$a * y = y_1 = b * x \,. \tag{3.89}$$

Sie beschreibt den Zusammenhang zwischen dem Eingangssignal und dem Ausgangssignal des Gesamtsystems. Ausführlich lautet sie wegen $a(0) = 1$:

$$y(k) + a(1)y(k-1) + \cdots + a(N)y(k-N) = b(k_1)x(k-k_1) + \cdots + b(k_2)x(k-k_2) \,. \tag{3.90}$$

Die folgenden Begriffe werden verwendet:

- Die vorstehende Gleichung ist eine *Differenzengleichung*. Sie wird wie eine Differentialgleichung mit „DGL“ abgekürzt.
- N ist die *Ordnung* der DGL bzw. die Ordnung des Systems. Hierbei ist $a(N) \neq 0$ vorausgesetzt.
- Die linke Seite der DGL ist der rekursive Teil der DGL, die rechte Seite der nichtrekursive Teil. Die Werte $a(i)$ sind die *rekursiven (Filter–)Koeffizienten*, die Werte $b(i)$ die *nichtrekursiven (Filter–)Koeffizienten*.

Für $N = 0$ reduziert sich der rekursive Teil der DGL auf $y(k)$ und es liegt ein FIR–Filter vor. Ein System der 0. Ordnung ist also ein FIR–Filter. Für $N > 0$ und $b(0) = 1$, $b(1) = \cdots = b(n) = 0$ entfällt der nichtrekursive Teil der DGL und es liegt eine Rückkopplung vor. Für $N > 0$ kann das Ausgangssignal für jedes Eingangssignal wie bei der Rückkopplung rekursiv berechnet werden. Hierfür wird der Zustand der Rückkopplung, gegeben durch N aufeinanderfolgende Ausgangswerte zu irgendeinem Zeitpunkt, benötigt.

Systemverhalten
Zur Systembeschreibung wird die Grundannahme benutzt, dass sich die Rückkopplung vor dem Einschaltzeitpunkt in Ruhe befindet. Für einen Einschaltvorgang x folgt am Ausgang des FIR–Filters der Einschaltvorgang $y_1 = b * x$, womit die Rückkopplung angeregt wird. Aus der Impulsantwort a^{-1} der Rückkopplung folgt daraus

$$y = a^{-1} * b * x \tag{3.91}$$

und insbesondere die Impulsantwort der Hintereinanderschaltung gemäß

$$h = a^{-1} * b \,. \tag{3.92}$$

Für $b = \delta$ stimmt sie mit der Impulsantwort a^{-1} der Rückkopplung überein. Die Rückkopplung selbst ist nach Gl. (3.54) nicht verzögernd. Aus Gl. (3.30) folgt der Einschaltzeitpunkt

$$k_1(h) = k_1(a^{-1}) + k_1(b) = k_1(b) \,. \tag{3.93}$$

Eine Latenzzeit der Hintereinanderschaltung kann also nur durch ein verzögerndes FIR–Filter verursacht werden.

Eigenbewegungen
Eigenbewegungen ergeben sich aus $x = 0$. In diesem Fall folgt für das Ausgangssignal des FIR–Filters und damit für das Eingangssignal der Rückkopplung ebenfalls $y_1 = b * x = 0$. Die Eigenbewegungen der Hintereinanderschaltung sind somit die Eigenbewegungen der Rückkopplung. Folglich ist Gl. (3.64) auch eine äquivalente Bedingung für Eigenbewegungen der Hintereinanderschaltung:

$$a * y_0 = 0 \,.$$

Hat die Reihenfolge einen Einfluss?
Abb. 3.10 zeigt die Hintereinanderschaltung eines FIR–Filters und einer Rückkopplung in umgekehrter Reihenfolge.

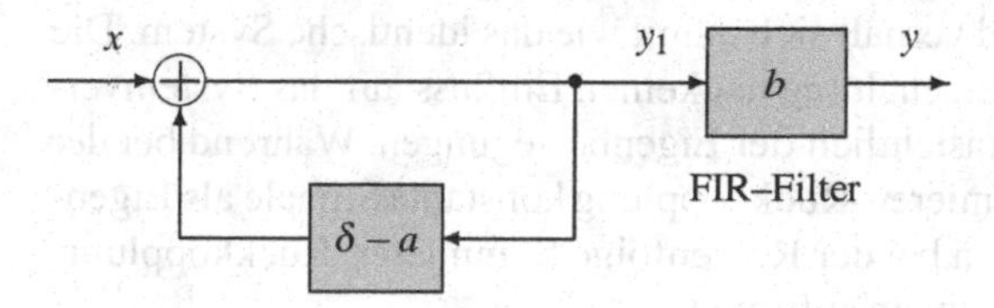

Abb. 3.10 Hintereinanderschaltung eines FIR–Filters und einer Rückkopplung bei vertauschter Reihenfolge

Aus der Impulsantwort a^{-1} der Rückkoplung folgt für die Schaltung ebenfalls die Impulsantwort

$$h = a^{-1} * b\,.$$

Die Schaltungen nach Abb. 3.9 und Abb. 3.10 besitzen daher das gleiche Systemverhalten. Trotzdem können sie sich hinsichtlich ihrer Eigenbewegungen unterschiedlich verhalten, wie im folgenden Beispiel verdeutlicht wird.

Beispiel: Hintereinanderschaltung Differenzierer und Summierer–Rückkopplung
Da der Summierer und Differenzierer zueinander invers sind, ist das Systemverhalten der Hintereinanderschaltung durch das identische System gegeben.

Schaltung nach Abb. 3.9
Am Ausgang des Differenzierers wird das Signal

$$y_1(k) = x(k) - x(k-1)$$

gebildet, mit dem die Rückkopplung angeregt wird. Folglich lautet die Rückkopplungsgleichung $y(k) = y_1(k) + y(k-1)$, woraus die DGL

$$y(k) - y(k-1) = y_1(k) = x(k) - x(k-1) \tag{3.94}$$

folgt. Für $x(k) = 0$ erhält man konstante Signale als Eigenbewegungen.

Schaltung nach Abb. 3.10
Für die Rückkopplung folgt

$$x(k) + y_1(k-1) = y_1(k)$$

und daraus für den Ausgang des Differenzierers

$$y(k) = y_1(k) - y_1(k-1) = x(k)\,. \tag{3.95}$$

Echte Eigenbewegungen der Rückkopplung, d. h. konstante Signale (vgl. Abschn. 2.6.4), werden durch den Differenzierer somit „weggefiltert" bzw. „vernichtet" und können ausgangsseitig nicht auftreten.

Zusammenfassung
Die Hintereinanderschaltung aus Summierer–Rückkopplung und Differenzierer besitzt die Impulsantwort $h = \delta$ und verhält sich damit wie das identische System. Die Reihenfolge in der Hintereinanderschaltung hat keinen Einfluss auf das Systemverhalten. Sie hat jedoch Einfluss hinsichtlich der Eigenbewegungen. Während bei der Reihenfolge Differenzierer, Summierer–Rückkopplung konstante Signale als Eigenbewegungen möglich sind, können bei der Reihenfolge Summierer–Rückkopplung, Differenzierer keine Eigenbewegungen auftreten.

3.10 Realisierbare LTI–Systeme

Aus Proportionalgliedern, Verzögerungsgliedern und Summierstellen können FIR–Filter aufgebaut werden. FIR–Filter können, sofern sie verzögernd sind, im Rückkopplungspfad einer Rückkopplung dazu benutzt werden, IIR–Filter zu realisieren. Solche Systeme können mit FIR–Filtern zu neuen Systemen zusammengeschaltet werden und im Rückkopplungspfad weiterer Rückkopplungen verwendet werden. Auf diese Weise können „riesige“ Systeme gebildet werden, die ein Netzwerk aus Proportionalgliedern, Verzögerungsgliedern und Summierstellen darstellen. Klar ist nach unseren bisherigen Ergebnissen, dass diese Systeme Faltungssysteme sind, sofern es sich bei den Eingangssignalen um Einschaltvorgänge handelt und sich die Rückkopplungen vor dem Einschaltzeitpunkt in Ruhe befinden. Wie können diese Systeme näher beschrieben werden? Wie sehen ihre Impulsantworten aus? Können diese Schaltungen auch Eigenbewegungen ausführen wie eine Rückkopplung? Unter einer Eigenbewegung soll wie bei einer Rückkopplung jedes Ausgangssignal der Schaltung ohne äußere Anregung, d. h. für $x(k) = 0$, verstanden werden.

Grundschaltungen für realisierbare LTI–Systeme
Ist die Impulsantwort $h = a^{-1} * b$ mit zwei kausalen Impulsantworten a und b endlicher Dauer vielleicht die allgemeine Form einer realisierbaren Impulsantwort? Um diese Frage zu beantworten, werden i. F. zwei realisierbare LTI–Systeme angenommen und die Grundschaltungen mit diesen Systemen untersucht. Das erste Teilsystem habe die Impulsantwort $h_1 = a_1^{-1} * b_1$ und das zweite Teilsystem die Impulsantwort $h_2 = a_2^{-1} * b_2$.

1. Summenschaltung
Die Impulsantwort der Summenschaltung ist

$$\begin{aligned} h = h_1 + h_2 &= a_1^{-1} * b_1 + a_2^{-1} * b_2 \\ &= a_1^{-1} * [a_2^{-1} * a_2] * b_1 + a_2^{-1} * [a_1^{-1} * a_1] * b_2 \\ &= (a_1 * a_2)^{-1} * [a_2 * b_1 + a_1 * b_2] \qquad (3.96) \\ &= a^{-1} * b\,, \end{aligned}$$

wenn a und b gemäß Tab. 3.4 definiert werden. Da a_1 und a_2 normiert sind, haben beide den Einschaltzeitpunkt 0 mit $a_1(0) = a_2(0) = 1$. Daraus folgt, dass $a = a_1 * a_2$ auch den Einschaltzeitpunkt 0 mit

$$a(0) = \sum_{i \geq 0} a_1(i) a_2(-i) = 1$$

besitzt, also ebenfalls normiert ist.

2. Hintereinanderschaltung
Die Impulsantwort der Hintereinanderschaltung ist

$$h = h_1 * h_2 = a_1^{-1} * b_1 * a_2^{-1} * b_2 = (a_1 * a_2)^{-1} * b_1 * b_2 = a^{-1} * b \tag{3.97}$$

mit a und b gemäß Tab. 3.4.

3. Rückkopplung
Es wird das erste Teilsystem mit der Impulsantwort $h_1 = a_1^{-1} * b_1$ im Rückkopplungspfad angenommen und vorausgesetzt, dass dieses System verzögernd ist. Da die Rückkopplung selbst nicht verzögernd ist, muss das FIR–Filter verzögernd sein, d. h. es ist $b_1(0) = 0$. Die Impulsantwort der Rückkopplung ist

$$\begin{aligned} h &= (\delta - h_{\mathrm{RP}})^{-1} = (\delta - a_1^{-1} * b_1)^{-1} \\ &= (a_1^{-1} * a_1 - a_1^{-1} * b_1)^{-1} = [a_1^{-1} * (a_1 - b_1)]^{-1} = a_1 * (a_1 - b_1)^{-1} \\ &= a^{-1} * b \end{aligned} \tag{3.98}$$

mit $a = a_1 - b_1$ und $b = a_1$ (s. Tab. 3.4). Auch in diesem Fall ist a normiert: Wegen $b_1(0) = 0$ folgt $a(0) = a_1(0) = 1$. Da das System im Rückkopplungspfad verzögernd ist, ist die Rückkopplung selbst nicht verzögernd.

Tabelle 3.4 Grundschaltungen für realisierbare LTI–Systeme:
Das erste Teilsystem besitzt die Impulsantwort $h_1 = a_1^{-1} * b_1$, das zweite Teilsystem die Impulsantwort $h_2 = a_2^{-1} * b_2$. Das erste Teilsystem wird im Rückkopplungspfad benutzt und ist verzögernd. Die Grundschaltungen besitzen dann die Impulsantwort $h = a^{-1} * b$ mit den angegebenen Filterkoeffizienten a und b.

Grundschaltung	a	b
1. Summenschaltung	$a_1 * a_2$	$a_2 * b_1 + a_1 * b_2$
2. Hintereinanderschaltung	$a_1 * a_2$	$b_1 * b_2$
3. Rückkopplung	$a_1 - b_1$	a_1

In allen drei Fällen ergibt sich eine Impulsantwort der Form $h = a^{-1} * b$ mit zwei kausalen Impulsantworten endlicher Dauer. Diese ist somit die allgemeine Form für ein *realisierbares LTI–System*.
Halten wir fest:

Impulsantworten realisierbarer LTI–Systeme

Eine beliebige Anwendung der drei Grundschaltungen Summenschaltung, Hintereinanderschaltung und Rückkopplung auf kausale FIR–Filter ergibt sog. *realisierbare LTI–Systeme*. Ihre Impulsantworten sind von der Form $h = a^{-1} * b$ mit zwei kausalen Impulsantworten a und b endlicher Dauer.

Differenzengleichung
Für einen Einschaltvorgang x ergibt sich der Einschaltvorgang $y = h * x = a^{-1} * b * x$. Faltung beider Seiten dieser Gleichung mit a ergibt die DGL

$$a * y = b * x.$$

Die DGL beschreibt nicht nur den Zusammenhang zwischen den Ein– und Ausgangssignalen, wenn beide Signale Einschaltvorgänge sind. Für jede Schaltung, die mit Hilfe der Grundschaltungen aus FIR–Filtern aufgebaut ist, kann der Zusammenhang zwischen den Ein– und Ausgangssignalen durch eine geeignete DGL äquivalent beschrieben werden. Für diese DGL stellt $a * y = 0$ eine äquivalente Bedingung für Eigenbewegung dar.

Implementierung eines realisierbaren LTI–Systems
Die Implementierung für die Impulsantwort $h = a^{-1} * b$ kann mit der Hintereinanderschaltung eines FIR–Filters (Impulsantwort b) und einer Rückkopplung (Impulsantwort a^{-1}) erfolgen (s. Abb. 3.9 und Abb. 3.10). Andere Implementierungen, beispielsweise mit einer minimalen Anzahl von Verzögerungsgliedern, sind ebenfalls möglich [2].

Spezielle Differenzengleichungen
Tab. 3.5 zeigt, dass FIR–Filter (Impulsantwort b) und Rückkopplungen (Impulsantwort a) einheitlich durch eine Differenzengleichung beschrieben werden können. Der Differenzierer ist ein Beispiel für ein FIR–Filter, die Summierer–Rückkopplung ein Beispiel für eine Rückkopplung. Die Hintereinanderschaltung beider Systeme wurde in Abschn. 3.9 behandelt. Der Einschaltzeitpunkt $k_1(b)$ bestimmt nach Gl. (3.93) die Latenzzeit des Systems. Das System ist daher für $b(0) = 0$ verzögernd. Für $b(0) \neq 0$ ist das System „sprungfähig". Dies bedeutet, dass der Ausgangswert zum Einschaltzeitpunkt des Eingangssignals auf einen Wert ungleich 0 „springt".

Tabelle 3.5 Spezielle Differenzengleichungen

Fall	Differenzengleichung
FIR–Filter	$y(k) = b(0)x(k) + \cdots + b(n)x(k-n)$
Rückkopplung	$y(k) + a(1)y(k-1) + \cdots + a(N)y(k-N) = x(k)$
Rückkopplung 1. Ordnung	$y(k) + a(1)y(k-1) = x(k)$
Rückkopplung 2. Ordnung	$y(k) + a(1)y(k-1) + a(2)y(k-2) = x(k)$
Differenzierer:	$y(k) = x(k) - x(k-1)$
Summierer–Rückkopplung	$y(k) - y(k-1) = x(k)$
Hintereinanderschaltung Differenzierer und Summierer–Rückkopplung	$y(k) - y(k-1) = x(k) - x(k-1)$
Verzögerndes System	$b(0) = 0$
Sprungfähiges System	$b(0) \neq 0$

Äquivalente Differenzengleichungen
Bei einer DGL ist der Fall möglich, dass die Impulsantworten a und b einen gemeinsamen Faltungsfaktor g enthalten. Es liegt dann eine DGL der Form

$$(a*g)*y=(b*g)*x \tag{3.99}$$

vor, die wir als *erweiterte DGL* bezeichnen. Wenn g eine Signalbreite größer 0 besitzt, hat die erweitere DGL eine höhere Ordnung als die ursprüngliche DGL, welche nunmehr „verborgen" ist. Für Einschaltvorgänge x und y kann die erweiterte DGL auf die ursprüngliche DGL *reduziert* werden, indem beide Seiten der erweiterten DGL mit dem zu g inversen Einschaltvorgang g^{-1} gefaltet werden. Enthält die ursprüngliche DGL keine gemeinsamen Faltungsfaktoren, ist eine weitere Reduktion nicht möglich. Die DGL heißt in diesem Fall *nichtreduzierbar*.

Erweiterung und Reduktion einer DGL sind äquivalente Umformungen, wenn Ein– und Ausgangssignale Einschaltvorgänge sind. Diese Umformungen haben keinen Einfluss auf die Impulsantwort

$$h=(a*g)^{-1}*(b*g)=a^{-1}*g^{-1}*b*g=a^{-1}*b \tag{3.100}$$

und damit auch keinen Einfluss auf das Systemverhalten. Für beliebige Signale sind Erweiterung und Reduktion jedoch keine äquivalenten Umformungen einer DGL: Bei Erweiterung der DGL für $x=0$ mit der Impulsantwort g ergeben sich aus $(a*g)*y_1=0$ falsche Eigenbewegungen der Form $g*y_1=0$. Bei der Hintereinanderschaltung des Differenzierers (erstes System) und der Summierer–Rückkopplung (zweites System) gehen Eigenbewegungen (konstante Signale) „verloren", wenn die DGL $y(k)-y(k-1)=x(k)-x(k-1)$ auf $y(k)=x(k)$ reduziert wird.

Inverse Systeme
Aus der Impulsantwort $h=a^{-1}*b$ eines realisierbaren Systems folgt die Impulsantwort für das inverse System gemäß

$$h^{-1}=a*b^{-1}\,. \tag{3.101}$$

Wie lautet die DGL für das inverse System? Aus $h^{-1}=a*b^{-1}$ folgt für einen Einschaltvorgang x_1 der Einschaltvorgang $y_1=h^{-1}*x_1=a*b^{-1}*x_1$ und daraus

$$b*y_1=a*x_1\,.$$

Dies ist eine DGL für das inverse System. Die rekursiven Filterkoeffizienten sind demnach mit den nichtrekursiven Filterkoeffizienten vertauscht. Aus der Forderung der Kausalität des inversen Systems ergeben sich die folgenden zwei Fälle:

A) Das System ist nicht verzögernd
In diesem Fall gilt $b(0)\neq 0$. Daher besitzen b und b^{-1} den Einschaltzeitpunkt $k_1=0$. Das inverse System ist somit ebenfalls kausal. Eine Normierung der DGL gemäß $b(0)=1$ kann durch Division beider Seiten der DGL durch $b(0)$ erreicht werden.

B) Invertierung mit Verzögerung

Das realisierbare System mit der Impulsantwort $h = a^{-1} * b$ sei verzögernd mit der Latenzzeit $k_1 > 0$. Die Latenzzeit wird durch das FIR–Filter mit der Impulsantwort b verursacht. Das realisierbare System kann als Hintereinanderschaltung zweier Teilsysteme wie folgt dargestellt werden:

1. Teilsystem 1: Ein Verzögerungsglied mit der Verzögerungszeit k_1.
2. Teilsystem 2: Ein verzögerungsfreies, realisierbares LTI–System mit der Impulsantwort $h(k+k_1)$.

Das zweite Teilsystem kann durch ein realisierbares System umgekehrt werden, wie in Fall A ausgeführt wurde. Nach der Umkehrung des zweiten Teilsystems folgt das Ausgangssignal $y(k) = x(k-k_1)$. Das Eingangssignal wird somit bis auf eine Verzögerung von $c = k_1$ Zeiteinheiten zurückgewonnen.
Fassen wir zusammen:

Invertierung eines realisierbaren LTI–Systems

Ein realisierbares LTI–System, das nicht verzögernd ist, kann durch ein realisierbares LTI–System invertiert werden, bei dem die rekursiven Filterkoeffizienten mit den nichtrekursiven Filterkoeffizienten vertauscht sind. Bei einem verzögernden realisierbaren LTI–System kann mit einem realisierbaren LTI–System das Eingangssignal mit entsprechender Verzögerungszeit zurückgewonnen werden.

Impulsantwort als Eigenbewegung

Nach Abschn. 3.8.2 stimmt die Impulsantwort einer Rückkopplung ab dem Zeitpunkt 0 mit einer Eigenbewegung überein. Es wird i. F. anhand eines Beispiels verdeutlicht, dass auch für beliebige realisierbare LTI–System die Impulsantwort ab einem bestimmten Zeitpunkt mit einer Eigenbewegung übereinstimmt und damit aus Signalen der Form $y_1(k) = k^i|p_0|^k \cos[2\pi f_0 k]$ und $y_2(k) = k^i|p_0|^k \sin[2\pi f_0 k]$ „zusammengebaut" ist (vgl. Anhang A.1). Dazu betrachten wir die Hintereinanderschaltungen nach Abb. 3.9, S. 98 und Abb. 3.10, S. 99. Es wird die Rückkopplung 1. Ordnung mit $h_{\mathrm{RP}}(k) = \lambda\delta(k-1)$ angenommen und für die Impulsantwort des FIR–Filters der Rechteck–Impuls $b(k) = r_{[0,3]}(k)$.

1. Das erste Teilsystem ist das FIR–Filter (s. Abb. 3.9)

Das Ausgangssignal des FIR–Filters bei Anregung mit dem Dirac–Impuls ist der Rechteck–Impuls $y_1(k) = r_{[0,3]}(k)$. Folglich stimmt das Ausgangssignal $y(k)$ der Rückkopplung für $k \leq 3$ mit seiner Sprungantwort $y_\varepsilon(k)$ überein, wie Abb. 3.11 zeigt (vgl. Abb. 3.7, S. 95). Insbesondere ist $y(3) = y_\varepsilon(3) = 1 + \lambda + \lambda^2 + \lambda^3$. Für $k > 3$ sind die Ausgangswerte $y_1(k)$ des FIR–Filters gleich 0. Aus der Rückkopplungsgleichung

$$y(k) = y_1(k) + \lambda y(k-1)$$

folgt

$$y(4) = y_1(4) + \lambda y(3) = \lambda y(3)\,,$$
$$y(5) = y_1(5) + \lambda y(4) = \lambda y(4) = \lambda^2 y(3) \ldots .$$

Die Impulsantwort ist demnach für $k \geq 3$ durch

$$y(k) = y(3)\lambda^{k-3} = C \cdot \lambda^k\,,\ k \geq 3 \tag{3.102}$$

gegeben. Sie stimmt folglich für $k \geq 3$ mit der Eigenbewegung $y_0(k) = C \cdot \lambda^k$ für $C = y(3)\lambda^{-3}$ überein. Es ergibt sich ein Verlauf ähnlich der Ausgangsspannung eines RC–Glieds, das mit einem Rechteck–Impuls angeregt wird (vgl. Abb. 2.5, S. 31). Bis zum Zeitpunkt $k = 3$ findet ein Aufladevorgang statt, ab diesem Zeitpunkt ein Entladevorgang. Die Eigenbewegung entspricht also einem Entladevorgang.

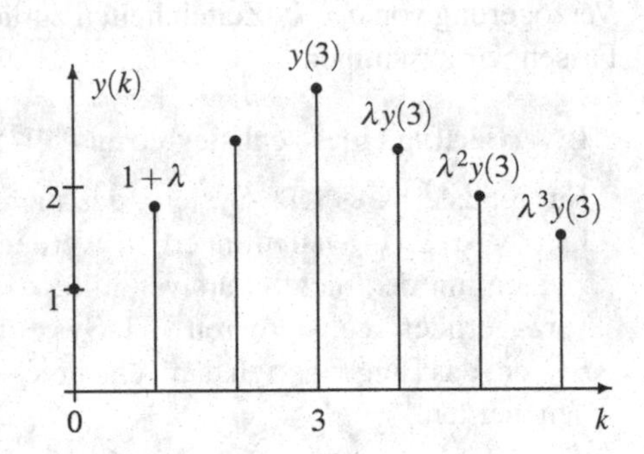

Abb. 3.11 Impulsantwort der Hintereinanderschaltung einer Rückkopplung 1. Ordnung mit einem FIR–Filter mit $b(k) = r_{[0,3]}(k)$. Die Impulsantwort stimmt ab dem Zeitpunkt $k = 3$ mit einer Eigenbewegung der Rückkopplung überein.

2. Das zweite Teilsystem ist das FIR–Filter (s. Abb. 3.10)

Die Anregung der Rückkopplung mit dem Dirac–Impuls ist durch seine Impulsantwort $y_1 = a_1^{-1}$ gegeben. Für die Rückkopplung 1. Ordnung folgt das Ausgangssignal $y_1(k) = \varepsilon(k)\lambda^k$. Für $k \geq 0$ stimmt dieses Signal mit der Eigenbewegung $y_0(k) = \lambda^k$ der Rückkopplung überein. Das FIR–Filter bildet aus dem Signal y_1 das Ausgangssignal

$$y(k) = y_1(k) + y_1(k-1) + y_1(k-2) + y_1(k-3)\,.$$

Für $k \geq 3$ werden nur Signalwerte einer Eigenbewegung miteinander verknüpft:

$$y(k) = \lambda^k + \lambda^{k-1} + \lambda^{k-2} + \lambda^{k-3}.$$

Nach Abschn. 2.6.4 bilden Eigenbewegungen einen Signalraum. Dies bedeutet, dass mit einer Eigenbewegung $y_0(k) = \lambda^k$ auch die rechte Seite der vorstehenden Gleichung eine Eigenbewegung sein muss. Tatsächlich ist für $k \geq 3$

$$y(k) = [\lambda^3 + \lambda^2 + \lambda + 1]\lambda^{k-3} = y(3)\lambda^{k-3}$$

in Übereinstimmung mit Gl. (3.102).

3.11 Übungsaufgaben zu Kap. 3

Übung 3.1 (Impulsantwort zeitvarianter Systeme)

Wie lauten die Impulsantworten des zeitvarianten Proportionalglieds und des zeitvarianten Verzögerungsglieds (Systembeispiele 7 und 8 aus Tab. 2.1, S. 24)?

Übung 3.2 (Zeitdiskrete Faltung)

Ein Faltungssystem mit der Impulsantwort $h(k) = \delta(k) - 0.5\delta(k-1)$ wird mit den folgenden Eingangssignalen angeregt:

1. $x(k) = \delta(k) + 0.5\delta(k-1)$,
2. $x(k) = \delta(k) + \delta(k+1)$,
3. $x(k) = \varepsilon(k)$,
4. $x(k) = k$.

Man bestimme mit jeweils einer anderen Faltungsmethode das Ausgangssignal.

Übung 3.3 (Kausales 121–Filter)

Betrachtet wird das kausale 121–Filter mit der Impulsantwort $h(k) = h_{121}(k-1)$ (s. Übung 2.1).

1. Man gebe die Filterkoeffizienten ungleich 0 an.
2. Durch Summierung der Impulsantwort bestimme man die Sprungantwort. Mit Hilfe der Sprungantwort bestätige man die Impulsantwort des kausalen 121–Filters.
3. Man gebe $\|h\|_1$ an.
4. Man gebe das Ausgangssignal des kausalen 121–Filters bei Anregung mit dem konstanten Signal $x_1(k) = 1$ und dem alternierenden Signal $x_2(k) = (-1)^k$ an.

Übung 3.4 (Faltungsdarstellung)

Man gebe für das System Nr. 13 in Tab. 2.4, S. 47 die Impulsantwort an. Ist das System ein Faltungssystem?

Übung 3.5 (Faltbarkeit)

Für die folgenden Signale gebe man an, ob sie miteinander faltbar sind und im Falle der Faltbarkeit den Signaltyp des Faltungsprodukts:

1. $\varepsilon(k)$ und $\varepsilon(k) + \varepsilon(k-2)$,
2. $\varepsilon(k)$ und $\varepsilon(-k)$,
3. $\varepsilon(k) - \varepsilon(k-2)$ und 1,
4. $1/(1+k^2)$ und $1/(1+k^2)$,
5. $1/(1+k^2)$ und $1/(1+|k|)$,
6. $1/(1+|k|)$ und $1/(1+|k|)$,
7. $1/(1+|k|)$ und 1.

Übung 3.6 (Ein- und Ausschaltzeitpunkte)

Es wird ein Faltungssystem (Impulsantwort h) mit dem Rechteck–Impuls $x(k) = r_{[0,k_2]}(k)$ (Ausschaltzeitpunkt k_2) angeregt. Man gebe den Ein– und Ausschaltzeitpunkt des Ausgangssignals für die folgenden Impulsantworten an:

1. $h = \delta'$ (Differenzierer),
2. $h = h_{121}$ (121–Filter),
3. $h = (\delta')^{*p}$, $p > 0$ (p–facher Differenzierer).

Was ändert sich an den Ergebnissen, wenn anstelle des Rechteck–Impulses die Sprungfunktion $x = \varepsilon$ verwendet wird ($k_2 \to \infty$)?

Übung 3.7 (Impulsantwort und Eigenbewegungen einer Rückkopplung)

Gegeben ist die Rückkopplung mit der Impulsantwort $h_{RP}(k) = -\delta(k-1)$ im Rückkopplungspfad.

1. Man bestimme die Impulsantwort der Rückkopplung rekursiv.
2. Man bestimme die Impulsantwort der Rückkopplung mit Hilfe der Summenformel.
3. Man gebe die Eigenbewegungen der Rückkopplung an und zeige die Übereinstimmung der Impulsantwort mit einer Eigenbewegung für $k \geq 0$.

Übung 3.8 (Rückkopplung ohne Eigenbewegungen)

Gegeben ist die Rückkopplung mit der Impulsantwort $h_{RP}(k) = \delta(k) - \varepsilon(k)$ im Rückkopplungspfad.

1. Man bestimme die Impulsantwort der Rückkopplung rekursiv.
2. Warum kann die Rückkopplung keine echten Eigenbewegungen ausführen?

Übung 3.9 (Invertierung eines FIR–Filters)

Betrachtet wird das FIR–Filter, dass den *gleitenden Mittelwert* bildet, gegeben durch die Impulsantwort $h(k) = [\delta(k) + \cdots + \delta(k-n)]/(n+1)$, $n > 0$. Das FIR–Filter soll mit Hilfe der Hintereinanderschaltung eines Proportionalglieds (Proportionalitätsfaktor λ) und einer Rückkopplung (Impulsantwort h_{RP} für den Rückkopplungspfad) invertiert werden.

1. Man gebe h_{RP} und λ an.
2. Man gebe die DGL des inversen Systems an.

Übung 3.10 (Differenzengleichung)

Gegeben ist die DGL $y(k) - 1/4 \cdot y(k-2) = x(k) + 1/2 \cdot x(k-1)$.

1. Wie groß ist die Verzögerungszeit (Latenzzeit) des Systems?
2. Man gebe eine Implementierung der DGL an.
3. Man bestimme rekursiv die Sprungantwort des Systems.
4. Mit Hilfe der Sprungantwort bestimme man die Impulsantwort des Systems.
5. Die Impulsantwort stimmt mit der Impulsantwort einer Rückkopplung 1. Ordnung überein. Wie lautet die DGL dieser Rückkopplung? Warum besteht Übereinstimmung mit einer Rückkopplung 1. Ordnung?

Übung 3.11 (Differenzengleichungen für Schaltungen)

Gegeben sind zwei Systeme mit den Differenzengleichungen $y(k) + 1/2 \cdot y(k-1) = x(k-1)$ für System 1 und $y(k) - 1/2 \cdot y(k-1) = x(k-1)$ für System 2. Man gebe eine DGL für die folgenden Schaltungen an:

1. Summenschaltung der Systeme 1 und 2.
2. Hintereinanderschaltung der Systeme 1 und 2.
3. Rückkopplung mit System 1 im Rückkopplungspfad.
4. Regelkreis mit System 1 als Regler und System 2 als Regelstrecke.

Kapitel 4
Frequenzdarstellung realisierbarer LTI–Systeme

Zusammenfassung Wie reagiert ein FIR–Filter auf eine sinusförmige Anregung? Diese Fragestellung führt auf die sog. *Frequenzfunktion* des Systems. Erweitert man die sinusförmige Anregung um einen exponentiell auf– oder abklingenden Faktor, erhält man die *Übertragungsfunktion* des FIR–Filters. Beide Funktionen ergeben sich formal durch die *Fourier– bzw. z–Transformation* der Impulsantwort des Systems. Auf die Frequenzfunktion von FIR–Filtern mit einer symmetrischen Impulsantwort wird besonders eingegangen. Sie sind durch eine frequenzunabhängige Gruppenlaufzeit charakterisiert. Es wird sich zeigen, dass die z–Transformation auch eine direkte Methode zur Durchführung der Faltung darstellt. Sie ist aber auch ein geeignetes Hilfsmittel für theoretische Untersuchungen, wie beispielsweise die Aufspaltung eines FIR–Filters in mehrere „einfachere" Teilsysteme. Hierbei wird die z–Transformation nur für Signale endlicher Dauer benötigt, was mathematisch unkompliziert ist. Mit diesem Hilfsmittel erhält man die sog. *charakteristische Gleichung* eines realisierbaren LTI–Systems. Damit können beispielsweise Eigenbewegungen und Impulsantworten einer Rückkopplung 2. Ordnung analytisch beschrieben werden, obwohl diese Signale nicht von endlicher Dauer sind.
Die Ausdehnung der z–Transformation auf Signale unendlicher Dauer erlaubt die Beschreibung eines realisierbaren LTI–Systems durch seine Übertragungsfunktion. Sie ermöglicht die übersichtliche Darstellung der Zusammenschaltung und Umkehrung realisierbarer LTI–Systeme sowie weiterführende Stabilitätsuntersuchungen. Die Frequenzfunktion beschreibt ein stabiles System im „eingeschwungenen Zustand", welches mit einem Einschaltvorgang angeregt wird, der ab dem Einschaltzeitpunkt sinusförmig ist. Dies wird am Beispiel einer Rückkopplung 1. Ordnung gezeigt. Auf die Frequenzfunktion eines sog. *Allpasses 1. Ordnung* sowie der Rückkopplung 2. Ordnung wird ebenfalls eingegangen.

4.1 Faltung von Signalen endlicher Dauer mit der z–Transformation

Die z–Transformation ist ein geeignetes Hilfsmittel zur Durchführung der Faltung. Dies wird i. F. für zwei Signale endlicher Dauer demonstriert. Die z–Transformation ist für Signale endlicher Dauer wie folgt definiert:

Was ist die z–Transformation für Signale endlicher Dauer?

Die **z–Transformierte** eines Signals endlicher Dauer ist die für komplexe Zahlen z erklärte komplexwertige Funktion

$$X(z) := \sum_i x(i) z^{-i} . \tag{4.1}$$

Die Vorschrift, welche einem Signal x seine z–Transformierte zuordnet, heißt **z–Transformation**. Die z–Transformierte der Impulsantwort h eines FIR–Filters ist seine **Übertragungsfunktion**.

Da das Signal x von endlicher Dauer ist, erstreckt sich die Summe zur Berechnung von $X(z)$ nur über die endlich vielen Signalwerte $x(i) \neq 0$. Aus der Definition ergeben sich unmittelbar die in Tab. 4.1 dargestellten Zusammenhänge, auch *Korrespondenzen* genannt. Wegen $h(k) = \delta(k)$ ist die Übertragungsfunktion des identischen Systems $H(z) = 1$. Der „Steckbrief" des Verzögerers im z–Bereich ist $H(z) = z^{-1}$. Diese Funktion ist für alle komplexen Zahlen außer für $z = 0$ erklärt. Dies ist die einzige mögliche Einschränkung für die z–Transformierte eines Signals endlicher Dauer.

Tabelle 4.1 Beispiele für die z–Transformation

Signal	z–Transformierte
Nullsignal 0	0
$\delta(k)$	1
$\delta(k-1)$	z^{-1}
$\delta(k+1)$	$z^1 = z$
$\delta(k) - \delta(k-1)$	$1 - z^{-1}$
$\delta(k-c)$	z^{-c}

Linearität der z–Transformation

Das Signal $\delta(k) - \delta(k-1)$ ist die Impulsantwort des Differenzierers. Daher lautet die *Übertragungsfunktion des Differenzierers* $H(z) = 1 - z^{-1}$. Sie verdeutlicht die Linearität der z–Transformation. Demnach erhält man die z–Transformierte einer Linearkombination $x = \lambda_1 x_1 + \lambda_2 x_2$ zweier Signale x_1 und x_2 gemäß

$$X(z) = \lambda_1 X_1(z) + \lambda_2 X_2(z) . \tag{4.2}$$

z–Transformation eines Faltungsprodukts

Der „Trick" bei der z–Transformation besteht darin, die z–Transformation des Faltungsprodukts zweier Signale durch Multiplikation ihrer z–Transformierten berechnen zu können. Dies wird unmittelbar klar, wenn zwei Impulse miteinander gefaltet werden. Nach Gl. (3.7) ist

$$\delta(k-c_1) * \delta(k-c_2) = \delta(k-c_1-c_2)\,. \tag{4.3}$$

Die Multiplikation ihrer z–Transformierten ergibt

$$z^{-c_1} \cdot z^{-c_2} = z^{-(c_1+c_2)}\,, \tag{4.4}$$

also die z–Transformierte des Faltungsprodukts. Die Eigenschaft des Dirac–Impulses als neutrales Element der Faltung kommt durch eine Multiplikation mit 1 (im z–Bereich) zum Ausdruck. Die Multiplikation der z–Transformierten gemäß Gl. (4.4) lässt sich unmittelbar auf zwei Signale x und h endlicher Dauer verallgemeinern: Für ihr Faltungsprodukt $y = x * h$ gilt zunächst

$$\begin{aligned} y(k) &= \sum_i x(i)\delta(k-i) * \sum_m h(m)\delta(k-m) \\ &= \sum_i \sum_m x(i)h(m)\delta(k-i) * \delta(k-m) \\ &= \sum_i \sum_m x(i)h(m)\delta(k-i-m)\,. \end{aligned}$$

Hierbei wurden beide Signale als Überlagerung ihrer Impulse dargestellt, die beiden Summen „ausmultipliziert" (Bilinearität der Faltung), und schließlich die Faltung zweier Impulse ausgeführt. Aus der Linearität der z–Transformation ergibt sich

$$Y(z) = \sum_i \sum_m x(i)h(m)z^{-(i+m)}\,.$$

Die Gleichheit mit dem Produkt

$$X(z)H(z) = \sum_i x(i)z^{-i} \cdot \sum_m h(m)z^{-m}$$

ist offensichtlich.

Damit haben wir herausgefunden:

Faltungssatz für Signale endlicher Dauer

Die z–Transformierte des Faltungsprodukts zweier Signale endlicher Dauer ist gleich dem Produkt ihrer z–Transformierten,

$$Y(z) = X(z) \cdot H(z)\,. \tag{4.5}$$

Beispiel: Faltung mit der z–Transformation
Eine Faltung von zwei Signalen endlicher Dauer wird in Tab. 4.2 sowohl direkt im Zeitbereich als auch im z–Bereich ausführlich dargestellt. Die Berechnungen im z–Bereich sind kürzer und übersichtlicher, wie der Tabelle zu entnehmen ist.

Tabelle 4.2 Faltung mit Hilfe der z–Transformation

Zeitbereich	z–Bereich
$(\delta(k)-\delta(k-1))*(\delta(k)+\delta(k-1))$	$(1-z^{-1})(1+z^{-1})$
$=\delta(k)*\delta(k)+\delta(k)*\delta(k-1)$ $-\delta(k-1)*\delta(k)-\delta(k-1)*\delta(k-1)$	$=1\cdot 1+1\cdot z^{-1}$ $-z^{-1}\cdot 1-z^{-1}z^{-1}$
$=\delta(k)+\delta(k-1)-\delta(k-1)-\delta(k-2)$	$=1+z^{-1}-z^{-1}-z^{-2}$
$=\delta(k)-\delta(k-2)$	$=1-z^{-2}$

4.2 Die Übertragungsfunktion eines FIR–Filters

Interpretation der Übertragungsfunktion
Die Übertragungsfunktion eines FIR–Filters, gegeben durch

$$H(z)=\sum_i h(i)z^{-i}=|H(z)|\cdot \mathrm{e}^{\mathrm{j}\,\arg H(z)}\,, \tag{4.6}$$

kann komplexe Zahlenwerte annehmen, da z ebenfalls komplexwertig ist. Welche Bedeutung haben die Zahlenwerte $H(z)$?
Zur Klärung dieser Frage wird das FIR–Filter mit einem *sinusförmig auf– oder abklingenden* Signal

$$x(k)=r^k\cdot\cos[2\pi fk+\Phi_0] \tag{4.7}$$

angeregt (vgl. Übung 1.4). Hierbei ist f die Frequenz, Φ_0 der Nullphasenwinkel und $r\geq 0$ der *Abklingfaktor* . Für $r>1$ ist das Signal exponentiell aufklingend, für $r<1$ exponentiell abklingend, für $r=1$ sinusförmig mit der Amplitude 1.
Zur Bestimmung der Systemreaktion y des FIR–Filters wird das Pseudosignal

$$x_{\mathrm{c}}(k)=r^k\cdot \mathrm{e}^{\mathrm{j}\,[2\pi fk+\Phi_0]} \tag{4.8}$$

definiert. Der Vorteil des Pseudosignals besteht in der einfachen Bestimmung des Ausgangssignals:

$$y_{\mathrm{c}}(k)=\sum_i h(i)x_{\mathrm{c}}(k-i)=\sum_i h(i)r^{k-i}\,\mathrm{e}^{\mathrm{j}\,\Phi_0}\,\mathrm{e}^{\mathrm{j}\,2\pi f(k-i)}$$

$$= r^k e^{j\,2\pi fk} e^{j\,\Phi_0} \cdot \sum_i h(i) r^{-i} e^{-j\,2\pi fi} \,.$$

Der Ausdruck vor der Summe ist $x_c(k)$. Die Summe entspricht dem Wert $H(z)$ für $z = r \cdot e^{j\,2\pi f}$. Also gilt

$$y_c(k) = x_c(k) \cdot H(z)\,,\ z = r \cdot e^{j\,2\pi f}\,. \tag{4.9}$$

Das Eingangssignal x ergibt sich aus $x_c(k)$ durch Realteilbildung. Da die Realteilbildung eine lineare Operation ist, folgt für eine reellwertige Impulsantwort

$$y(k) = \sum_i x(i)h(k-i) = \sum_i \mathrm{Re}\,[x_c(i)]h(k-i) = \mathrm{Re} \sum_i x_c(i)h(k-i)\,.$$

Es ist daher der Realteil von y_c zu bilden. Nach Gl. (4.8) und Gl. (4.9) ist

$$y_c(k) = r^k e^{j\,[2\pi fk + \Phi_0]} \cdot |H(z)| \cdot e^{j\,\arg H(z)} = |H(z)| r^k \cdot e^{j\,[2\pi fk + \Phi_0 + \arg H(z)]}\,.$$

Daher gilt

$$y(k) = |H(z)| r^k \cdot \cos[2\pi fk + \Phi_0 + \arg H(z)]\,. \tag{4.10}$$

Das Ausgangssignal ist demnach wie das Eingangssignal sinusförmig auf– oder abklingend, mit dem gleichen Abklingfaktor und der gleichen Frequenz. Der Betrag $|H(z)|$ tritt als Verstärkungsfaktor auf. Für $|H(z)| > 1$ findet eine Signalverstärkung statt. Das Argument $\arg H(z)$ legt die Phasenverschiebung des sinusförmigen Signalanteils fest.

Summenschaltung und Hintereinanderschaltung von FIR–Filtern

Bei der Summenschaltung zweier FIR–Filter werden die Impulsantworten der Teilsysteme addiert. Aus der Linearität der z–Transformation folgt unmittelbar, dass die Übertragungsfunktionen der Teilsysteme zu addieren sind:

$$H(z) = H_1(z) + H_2(z)\,. \tag{4.11}$$

Bei der Hintereinanderschaltung zweier FIR–Filter werden die Impulsantworten der Teilsysteme miteinander gefaltet. Aus dem Faltungssatz folgt, dass die Übertragungsfunktionen der Teilsysteme miteinander zu multiplizieren sind:

$$H(z) = H_1(z) \cdot H_2(z) = |H_1(z)| \cdot |H_2(z)| \cdot e^{j\,[\arg H_1(z) + \arg H_2(z)]}\,. \tag{4.12}$$

Die Verstärkungsfaktoren der beiden Teilsysteme werden somit multipliziert und die Phasenverschiebungen addiert.

Beispiel: Mehrfache Differenziation

Die p–fache Differenziation kann durch Hintereinanderschaltung von p Differenzierern gebildet werden. Ihre Impulsantwort ist die Faltungspotenz

$$h(k) = [\delta(k) - \delta(k-1)]^{*p}\,.$$

Gibt es eine Formel für die Filterkoeffizienten für beliebige Werte p?
Die Übertragungsfunktion ist $H(z) = [1 - z^{-1}]^p$. Die Anwendung der Binomischen Formel

$$[a+b]^p = \sum_{i=0}^{p} \binom{p}{i} a^i b^{p-i}$$

für $a := -z^{-1}$ und $b = 1$ ergibt

$$H(z) = \sum_{i=0}^{p} \binom{p}{i} (-z^{-1})^i = \sum_{i=0}^{p} \binom{p}{i} (-1)^i z^{-i} . \tag{4.13}$$

Die Übertragungsfunktion des FIR–Filters stimmt somit mit Gl. (4.6) für

$$h(i) = \binom{p}{i} (-1)^i \tag{4.14}$$

überein. Beispielsweise erhält man für $p = 2$ die Filterkoeffizienten $h(0) = 1$, $h(1) = -2$ und $h(2) = 1$. Dies sind tatsächlich die Filterkoeffizienten des zweifachen Differenzierers.

Wie erhält man aus der Übertragungsfunktion die Filterkoeffizienten?
Im Beispiel der mehrfachen Differenziation wurde von der Übertragungsfunktion des FIR–Filters auf seine Filterkoeffizienten geschlossen. Dies beinhaltet die Eindeutigkeit der z–Transformation.

Um die Frage nach der Eindeutigkeit zu klären, wird die Übertragungsfunktion eines FIR–Filters mit Hilfe eines Polynoms dargestellt. Mit dem Einschaltzeitpunkt $k_1 = k_1(h)$ und Ausschaltzeitpunkt $k_2 = k_2(h)$ der Impulsantwort des FIR–Filters sowie seinem Filtergrad $n = k_2 - k_1$ gilt

$$H(z) = \sum_{i=k_1}^{k_2} h(i) z^{-i} = z^{-k_2} \sum_{i=k_1}^{k_2} h(i) z^{k_2 - i} = z^{-k_2} \cdot P_n(z) \tag{4.15}$$

mit dem Polynom

$$P_n(z) := \sum_{i=k_1}^{k_2} h(i) z^{k_2 - i} = h(k_1) z^n + \cdots + h(k_2) . \tag{4.16}$$

Die höchste Potenz ist $z^{k_2 - k_1} = z^n$ mit dem Polynomkoeffizient $h(k_1) \neq 0$. Der Filtergrad des FIR–Filters entspricht daher dem Grad des Polynoms. Ein Polynom n–ten Grades ist bereits durch seine Werte an $n+1$ Stellen $z_1, z_2 \ldots, z_{n+1}$ eindeutig festgelegt. Die Koeffizienten des Polynoms und damit die Filterkoeffizienten sind dann ebenfalls eindeutig festgelegt. Insbesondere können aus der Übertragungsfunktion eines FIR–Filters, den Werten $H(z)$ für alle komplexen Zahlen $z \neq 0$, die Filterkoeffizienten zurückgewonnen werden. Eine einfache Methode ist ein sog. *Koeffizientenvergleich*. Hierbei werden die Koeffizienten $h(i)$ als Faktoren für die Potenzen z^{-i} identifiziert wie im Beispiel des mehrfachen Differenzierers.

Beispiel für die Faktorisierung eines FIR–Filters
Mit Hilfe des Faltungssatzes erhalten wir als weitere Anwendung die Darstellung eines FIR–Filters als Hintereinanderschaltung von FIR–Filtern maximal 2. Filtergrades. Dabei wird die Impulsantwort des FIR–Filters als Faltungsprodukt der Impulsantworten der Teilsysteme dargestellt (faktorisiert). Dies wird zunächst anhand des kausalen 121–Filters verdeutlicht. Aus seiner Impulsantwort
$h(k) = 0.25\delta(k) + 0.5\delta(k-1) + 0.25\delta(k-2)$ folgt die Übertragungsfunktion

$$\begin{aligned}H(z) &= 0.25 + 0.5z^{-1} + 0.25z^{-2}\\ &= 0.25z^{-2}[z^2 + 2z + 1]\\ &= 0.25z^{-2}[z+1]^2 = 0.25[1+z^{-1}]^2\\ &= [0.5 + 0.5\,z^{-1}]^2\,.\end{aligned}$$

Aus dem Faltungssatz folgt $h = h_1 * h_1$ mit $h_1 = 0.5\delta(k) + 0.5\delta(k-1)$. Das kausale 121–Filter kann daher als Hintereinanderschaltung zweier FIR–Filter mit der Impulsantwort h_1 gebildet werden. Dieses Ergebnis haben wir bereits in Gl. (3.88) dazu benutzt, um das kausale 121–Filter zu invertieren. Gl. (3.88) hatten wir „geraten". Jetzt haben wir ein systematisches Verfahren zur Zerlegung eines FIR–Filters in „einfachere" Teilsysteme angewandt. Es beruht auf der Faktorisierung eines Polynoms.

Faktorisierung eines FIR–Filters
Nach Gl. (4.15) kann die Übertragungsfunktion eines FIR–Filters des Filtergrades n gemäß

$$H(z) = z^{-k_2} \cdot P_n(z)$$

dargestellt werden. Hierbei ist $P_n(z)$ nach Gl. (4.16) ein Polynom n–ten Grades. Es kann mit Hilfe seiner n *Nullstellen* $z_1, \ldots, z_n$ gemäß

$$P_n(z) = h(k_1) \cdot (z - z_1) \cdots (z - z_n) \tag{4.17}$$

dargestellt werden. Der Faktor $z - z_i$ ist ein sog. *Linearfaktor*, welcher für $P_n(z) = 0$ für $z = z_i$ verantwortlich ist. Der Faktor $h(k_1)$ ist wie in Gl. (4.16) der Polynomkoeffizient für die Potenz z^n. Über die Nullstellen weiß man:

- Die Nullstellen sind ungleich 0:
  Aus Gl. (4.16) folgt $P_n(0) = h(k_2) \neq 0$.
- Komplexe Nullstellen sind möglich. Da die Impulsantwort reellwertig ist, treten komplexe Nullstellen als *konjugiert komplexe Paare* auf. Dies bedeutet, dass mit z_i auch der konjugiert komplexe Wert $z_i^* = \operatorname{Re} z_i - \mathrm{j}\,\operatorname{Im} z_i$ eine Nullstelle ist.

  Die Koeffizienten des Polynoms $P_n(z)$ sind reell. Daraus folgt $P_n(z_i^*) = [P_n(z_i)]^* = 0$.
- Nullstellen können gleich sein, d. h. es sind mehrfache (reelle oder komplexe) Nullstellen möglich.

Aus Gl. (4.15) folgt

$$H(z) = z^{-k_2} h(k_1)(z - z_1) \cdots (z - z_n) .$$

Da die Latenzzeit des FIR–Filters k_1 ist, wird der Faktor z^{-k_1} eingeführt. Dies führt mit $n := k_2 - k_1$ auf

$$\begin{aligned} H(z) &= z^{-k_1} h(k_1) z^{-[k_2 - k_1]} (z - z_1) \cdots (z - z_n) \\ &= z^{-k_1} h(k_1) \frac{z - z_1}{z} \cdots \frac{z - z_n}{z} . \end{aligned} \tag{4.18}$$

Aus dem Faltungssatz folgt, dass das FIR–Filter als Hintereinanderschaltung wie folgt dargestellt werden kann (s. Abb. 4.1):

1. Das 1. Teilsystem ist ein Verzögerungsglied mit der Verzögerungszeit k_1, das für die Latenzzeit des Gesamtsystems verantwortlich ist.
2. Das 2. Teilsystem ist ein Proportionalglied mit dem Faktor $h(k_1)$. Das 1. und 2. Teilsystem besitzen beide den Filtergrad 0.
3. Zu jeder Nullstelle z_0 gehört ein weiteres Teilsystem mit der Übertragungsfunktion
$$H_1(z) := \frac{z - z_0}{z} = 1 - z_0 \cdot z^{-1} \tag{4.19}$$
und der Impulsantwort
$$h_1(k) := \delta(k) - z_0 \delta(k-1) . \tag{4.20}$$

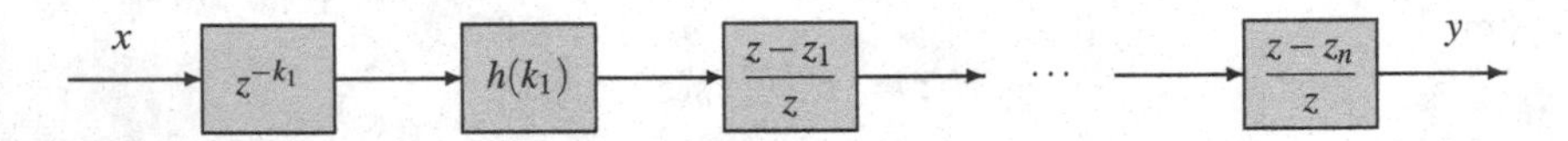

Abb. 4.1 Darstellung eines FIR–Filters als Hintereinanderschaltung.
z_1 , ... , z_n sind die Nullstellen der Übertragungsfunktion $H(z)$ des FIR–Filters. Für die Teilsysteme sind die Übertragungsfunktionen angegeben.

Teilsysteme bei reellen und nichtreellen Nullstellen

Für eine reelle Nullstelle z_0 ist die Impulsantwort h_1 reellwertig und das zugehörige Teilsystem ein FIR–Filter mit dem Filtergrad 1. Für eine nichtreelle Nullstelle z_0 ist die Impulsantwort h_1 nicht reellwertig. Dieses „Teil–“System kann aber zu einem FIR–Filter (mit reellwertiger Impulsantwort) „vervollständigt“ werden. Dies erfolgt mit Hilfe des Teilsystems, das zu der konjugiert komplexen Nullstelle z_0^* gehört. Fasst man beide Nullstellen bzw. Teilsysteme zusammen, erhält man

$$H_2(z) := \frac{z - z_0}{z} \cdot \frac{z - z_0^*}{z} = z^{-2} [z^2 - z \cdot z_0^* - z_0 \cdot z + z_0 \cdot z_0^*] .$$

Aus den beiden Beziehungen $z_0 + z_0^* = 2 \operatorname{Re} z_0$ und $z_0 \cdot z_0^* = |z_0|^2$ folgt

$$H_2(z) = 1 - 2[\operatorname{Re} z_0] z^{-1} + |z_0|^2 z^{-2} . \tag{4.21}$$

Dazu gehört die *reellwertige* Impulsantwort

$$h_2(k) := \delta(k) - 2[\mathrm{Re}\, z_0]\delta(k-1) + |z_0|^2\delta(k-2) \tag{4.22}$$

eines FIR–Filters mit dem Filtergrad 2. Folglich kann ein Paar konjugiert komplexer Nullstellen durch ein FIR–Filter mit dem Filtergrad 2 berücksichtigt werden. Fassen wir zusammen:

Faktorisierung eines FIR–Filters

Jedes FIR–Filter lässt sich als Hintereinanderschaltung von FIR–Filtern mit Filtergraden ≤ 2 darstellen. Das erste Teilsystem ist ein Verzögerungsglied mit der Verzögerungszeit k_1, der Latenzzeit des FIR–Filters. Das zweite Teilsystem ist ein Proportionalglied mit dem Faktor $h(k_1)$, dem ersten Filterkoeffizienten des FIR–Filters. Die übrigen Teilsysteme hängen von den Nullstellen der Übertragungsfunktion $H(z)$ des FIR–Filters ab. Zu jeder reellen Nullstelle gehört ein FIR–Filter mit Filtergrad 1. Zu jedem konjugiert komplexen Nullstellenpaar gehört ein FIR–Filter mit Filtergrad 2.

Beispiel: Faktorisierung eines FIR–Filters
Das FIR–Filter habe die Impulsantwort

$$h(k) = \delta(k) - \delta(k-1) + \delta(k-2) - \delta(k-3)\,.$$

Seine Übertragungsfunktion ist

$$H(z) = 1 - z^{-1} + z^{-2} - z^{-3} = z^{-3}[z^3 - z^2 + z - 1]\,.$$

Eine erste Nullstelle kann man raten: $z_1 = 1$. Die Polynomdivision

$$[z^3 - z^2 + z - 1] : [z-1] = z^2 + 1$$

verrät uns die übrigen Nullstellen: $z_2 = \mathrm{j}$, $z_3 = -\mathrm{j}$. Somit gilt

$$H(z) = z^{-3}[z-1][z-\mathrm{j}\,][z+\mathrm{j}\,] = z^{-3}[z-1][z^2+1] = \frac{z-1}{z}\frac{z^2+1}{z^2}\,.$$

Daraus folgt die gesuchte Faktorisierung

$$h(k) = [\delta(k) - \delta(k-1)] * [\delta(k) + \delta(k-2)]\,.$$

Wir haben herausgefunden: Das erste Teilsystem ist der Differenzierer (Filtergrad 1). Das zweite Teilsystem ist ein FIR–Filter mit dem Filtergrad 2. Dieses System lässt sich nicht in zwei Teilsysteme mit reellen Impulsantworten weiter zerlegen, denn seine Übertragungsfunktion hat die nicht reellen Nullstellen $\pm\mathrm{j}$.

4.3 Die Frequenzfunktion eines FIR–Filters

In Abschn. 4.2 wurde die Übertragungsfunktion eines FIR–Filters mit Hilfe eines Eingangssignals interpretiert, das sinusförmig auf– oder abklingend ist. Ein wichtiger Fall liegt vor, wenn das Eingangssignal sinusförmig ist, d. h. für

$$x_1(k) = \cos[2\pi f k + \Phi_0] .$$

In diesem Fall gelten Gl. (4.9) und Gl. (4.10) für den Abklingfaktor $r = 1$. Das Ausgangssignal ist demnach

$$y_1(k) = |H(z)| \cdot \cos[2\pi f k + \Phi_0 + \arg H(z)] \tag{4.23}$$

mit

$$z = \mathrm{e}^{\mathrm{j}\,2\pi f} . \tag{4.24}$$

Das Ausgangssignal ist also ebenfalls sinusförmig mit der gleichen Frequenz f wie das Eingangssignal. Amplitude und Phasenlage des Ausgangssignals werden durch die Werte der Übertragungsfunktion für $z = \mathrm{e}^{\mathrm{j}\,2\pi f}$ festgelegt. Diese Werte liegen auf dem sog. *Einheitskreis* (s. Abb. 4.2). Folglich bestimmen die Werte $H(z)$ der Übertragungsfunktion auf dem Einheitskreis — die sog. *Frequenzfunktion* — das Verhalten des Systems bei einer sinusförmigen Anregung. Für sie führen wir die Schreibweise $h^F(f)$ ein. Damit soll ihre Abhängigkeit von der Impulsantwort sowie von der Frequenz dargestellt werden:

Was ist die Frequenzfunktion eines FIR–Filters?

Die Frequenzfunktion eines FIR–Filters ist die für alle reellen Zahlen f erklärte komplexwertige Funktion

$$h^F(f) := H(z = \mathrm{e}^{\mathrm{j}\,2\pi f}) = \sum_i h(i)\,\mathrm{e}^{-\mathrm{j}\,2\pi f i} . \tag{4.25}$$

Die Summe erstreckt sich über alle Eingangswerte $h(i) \neq 0$. Bei der Aufspaltung der Frequenzfunktion in Realteil und Imaginärteil bzw. in Betrag und Argument (*Phase*) gemäß

$$h^F(f) = \mathrm{Re}\, h^F(f) + \mathrm{j}\ \mathrm{Im}\, h^F(f) = |h^F(f)| \cdot \mathrm{e}^{\mathrm{j}\arg h^F(f)} \tag{4.26}$$

entstehen die folgenden Funktionen:

$\mathrm{Re}\, h^F(f)$:	Realteilfunktion,
$\mathrm{Im}\, h^F(f)$:	Imaginärteilfunktion,
$\lvert h^F(f)\rvert$:	Amplitudenfunktion,
$\arg h^F(f)$:	Phasenfunktion ($\Phi(f)$).

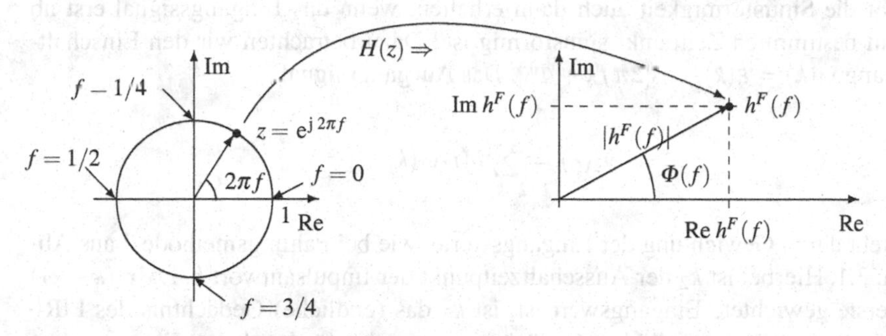

Abb. 4.2 Die Frequenzfunktion als Übertragungsfunktion $H(z)$ für Werte z auf dem Einheitskreis

Mit den neuen Bezeichnungen folgt aus Gl. (4.23)

$$y_1(k) = |h^F(f)| \cdot \cos[2\pi fk + \Phi_0 + \Phi(f)] \,. \tag{4.27}$$

Die Amplitudenfunktion kann demnach als Verstärkungsfaktor gedeutet werden. Die Phasenfunktion stellt die Phasenverschiebung gegenüber dem Eingangssignal dar. Nach Gl. (4.9) ergibt das Eingangssignal $x_c(k) = e^{j\,2\pi fk+\Phi_0}$ das Ausgangssignal

$$y_c(k) = x_c(k) \cdot h^F(f) \,. \tag{4.28}$$

Erklärung für die Erhaltung der Sinusförmigkeit
Das Ausgangssignal des FIR–Filters bei einer sinusförmigen Anregung x_1,

$$y_1(k) = \sum_i h(i)x_1(k-i) \,,$$

entsteht aus dem sinusförmigen Signal x_1 durch zeitliche Verschiebungen und einer Gewichtung dieser Signale mit $h(i)$. Diese Vorstellung entspricht der Faltungsmethode 3 aus Abschn. 3.1, Eingangssignale zu überlagern. Nach Abschn. 1.3.1 bilden die sinusförmigen Signale einer bestimmten Frequenz einen Signalraum. Das Ausgangssignal muss daher auch sinusförmig mit der gleichen Frequenz sein.

Gegenbeispiel zur Erhaltung der Sinusförmigkeit
Ein einfaches Gegenbeispiel ist der Quadrierer. Sein Ausgangssignal für das Eingangssignal $x(k) = \cos[2\pi fk]$ lautet

$$y(k) = \cos^2[2\pi fk] = 0.5(1 + \cos[4\pi fk]) \,.$$

Es entsteht somit die Überlagerung eines konstanten Signals mit einem sinusförmigen Signal der doppelten Frequenz. Das Ausgangssignal ist also kein sinusförmiges Signal der gleichen Frequenz.

Sinusförmigkeit ab einem Zeitpunkt

Bleibt die Sinusförmigkeit auch dann erhalten, wenn das Eingangssignal erst ab einem bestimmten Zeitpunkt sinusförmig ist? Dazu betrachten wir den Einschaltvorgang $x_2(k) = \varepsilon(k) \cdot \cos[2\pi fk + \Phi_0]$. Das Ausgangssignal

$$y_2(k) = \sum_{i=k_1}^{k_2} h(i)x_2(k-i)$$

entsteht durch Gewichtung der Eingangswerte, wie bei Faltungsmethode 2 aus Abschn. 3.1. Hierbei ist k_2 der Ausschaltzeitpunkt der Impulsantwort h. Da $x_2(k-k_2)$ der erste gewichtete Eingangswert ist, ist k_2 das (endliche) Gedächtnis des FIR–Filters. Aufgrund des endlichen Gedächtnisses werden für $k \geq k_2$ nur Eingangswerte $x_2(0), x_2(1), \ldots$ gewichtet. Das FIR–Filter verhält sich ab dem Zeitpunkt k_2 daher so, als ob das Eingangssignal schon immer sinusförmig gewesen wäre. Folglich stimmt für $k \geq k_2$ das Ausgangssignal mit $y_1(k)$, der Antwort auf die sinusförmige Anregung x_1, überein, d. h. es gilt

$$y_2(k) = y_1(k)\ , \ k \geq k_2\ . \tag{4.29}$$

Der Ausschaltzeitpunkt k_2 tritt als *Einschwingdauer* auf: Vor diesem Zeitpunkt findet ein *Einschwingvorgang* statt. Ab diesem Zeitpunkt ist das Ausgangssignal sinusförmig wie das Eingangssignal.

Anmerkung zur Phasenfunktion

Die Phasenfunktion ist das Argument der komplexen Zahl $h^F(f)$ (s. Abb. 4.2). Sie ist daher nur für $h^F(f) \neq 0$ definiert. Das Argument einer komplexen Zahl ist nur bis auf ein ganzzahlig Vielfaches von 2π definiert, d. h. mit Φ ist beispielsweise auch $\Phi + 2\pi$ ein korrekter Wert des Arguments. Zur eindeutigen Festlegung der Phasenfunktion wird der Wertebereich der Phasenfunktion gemäß

$$-\pi < \Phi(f) \leq \pi \tag{4.30}$$

begrenzt, d. h. es wird der sog. *Hauptwert* des Arguments verwendet. Für den in Abb. 4.2 gezeigten Fall $\mathrm{Re}\, h^F(f) > 0$ ergibt sich die Phasenfunktion aus

$$\Phi(f) = \arctan \frac{\mathrm{Im}\, h^F(f)}{\mathrm{Re}\, h^F(f)}\ , \ \mathrm{Re}\, h^F(f) > 0\ . \tag{4.31}$$

Man beachte, dass für $\mathrm{Re}\, h^F(f) < 0$ dieser Wert um den Winkel $\pm\pi$ korrigiert werden muss. Reelle Werte der Frequenzfunktion haben den Phasenwert $\Phi = 0$ (positiver Wert) oder $\Phi = \pi$ (negativer Wert). Beispielsweise ergeben sich für $h^F(f) = 1\ , \ \mathrm{j}\ , -1\ , \ -\mathrm{j}$ die Phasenwerte $\Phi = 0\ , \ \pi/2\ , \ \pi$ und $\Phi = -\pi/2$.

Beispiele für Frequenzfunktionen

Tab. 4.3 zeigt vier Beispiele für die Amplitudenfunktion und Phasenfunktion von FIR–Filtern, auf die i. F. näher eingegangen wird.

Tabelle 4.3 Vier Beispiele für die Frequenzfunktion von FIR–Filtern.
Gezeigt sind die Amplitudenfunktion $|h^F(f)|$ und die Phasenfunktion $\Phi(f)$ für den Frequenzbereich $0 \leq f \leq 1$. Der gleitende Mittelwertbilder und das 121–Filter sind nichtkausal, um eine möglichst einfache Phasenfunktion zu erhalten.

FIR–Filter	Amplitudenfunktion	Phasenfunktion
1. Verzögerungsglied: $h(k) = \delta(k-3)$	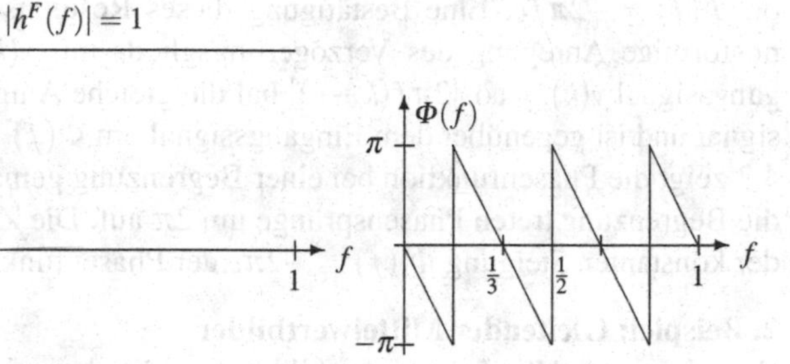	
2. Gleitender Mittelwertbilder: $h(k) = 1/3 \cdot [\delta(k+1) + \delta(k) + \delta(k-1)]$	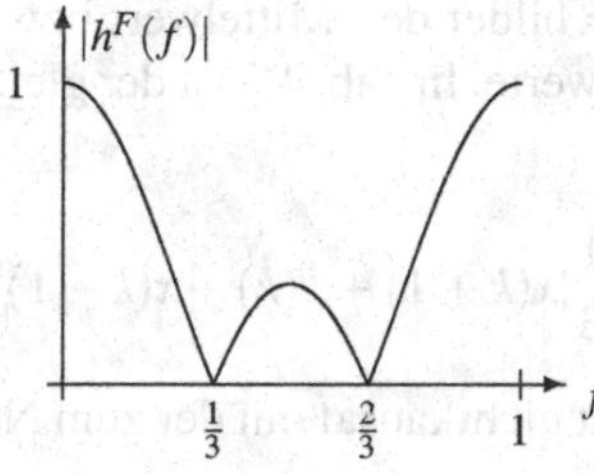	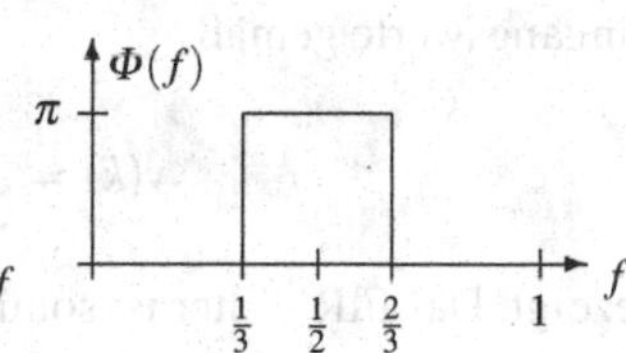
3. 121–Filter: $h(k) = 0.25\delta(k+1) + 0.5\delta(k) + 0.25\delta(k-1)$	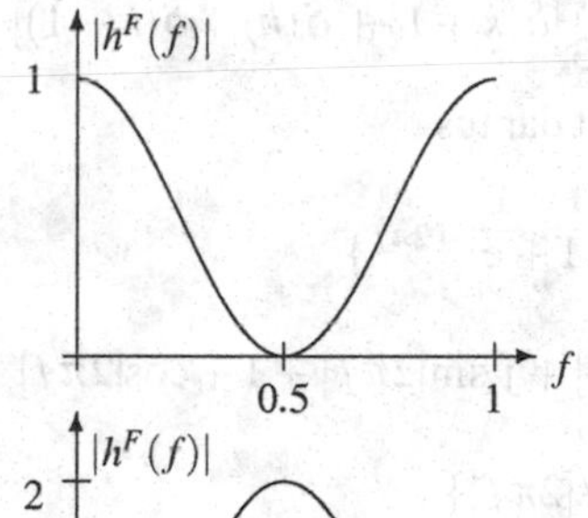	$\Phi(f) = 0$
4. Differenzierer: $h(k) = \delta(k) - \delta(k-1)$	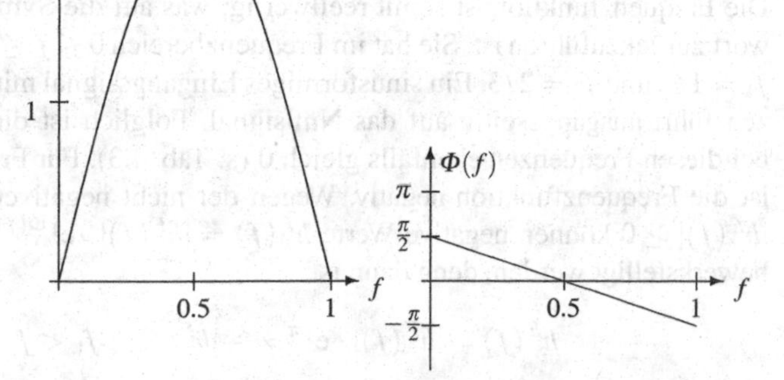	

1. Beispiel: Verzögerungsglied

Für das Verzögerungsglied folgt aus seiner Impulsantwort $h(k) = \delta(k-c)$ die Frequenzfunktion

$$h^F(f) = \mathrm{e}^{-\mathrm{j}\,2\pi fc} . \tag{4.32}$$

Daraus erhält man die Amplitudenfunktion $|h^F(f)| = 1$ und die Phasenfunktion $\Phi(f) = -2\pi fc$. Eine Bestätigung dieses Resultats findet man durch eine sinusförmige Anregung des Verzögerungsglieds mit $x(k) = \cos[2\pi fk]$: Das Ausgangssignal $y(k) = \cos[2\pi f(k-c)]$ hat die gleiche Amplitude 1 wie das Eingangssignal und ist gegenüber dem Eingangssignal um $\Phi(f) = -2\pi fc$ verschoben. Tab. 4.3 zeigt die Phasenfunktion bei einer Begrenzung gemäß $-\pi < \Phi(f) \leq \pi$. Durch die Begrenzung treten Phasensprünge um 2π auf. Die Zeitverzögerung c kommt in der konstanten Steigung $\Phi'(f) = -2\pi c$ der Phasenfunktion zum Ausdruck.

2. Beispiel: Gleitender Mittelwertbilder

Der *gleitender Mittelwertbilder* bildet den Mittelwert bzw. Durchschnitt mehrerer aufeinanderfolgender Eingangswerte. In Tab. 4.3 ist der gleitende Mittelwert für drei Eingangswerte gemäß

$$y(k) = \frac{1}{3}[x(k+1) + x(k) + x(k-1)]$$

gezeigt. Das FIR–Filter ist somit nichtkausal mit der zum Nullpunkt symmetrischen Impulsantwort

$$h(k) = \frac{1}{3}[\delta(k+1) + \delta(k) + \delta(k-1)] . \tag{4.33}$$

Für die Frequenzfunktion folgt daraus

$$\begin{aligned} h^F(f) &= \frac{1}{3}\{\mathrm{e}^{\mathrm{j}\,2\pi f} + 1 + \mathrm{e}^{-\mathrm{j}\,2\pi f}\} \\ &= \frac{1}{3}\{\cos[2\pi f] + \mathrm{j}\,\sin[2\pi f] + 1 + \cos[2\pi f] - \mathrm{j}\,\sin[2\pi f]\} \\ &= \frac{1}{3}\{1 + 2\cos[2\pi f]\} . \end{aligned} \tag{4.34}$$

Die Frequenzfunktion ist somit reellwertig, was auf die Symmetrie der Impulsantwort zurückzuführen ist. Sie hat im Frequenzbereich $0 \leq f \leq 1$ die zwei Nullstellen $f_1 = 1/3$ und $f_2 = 2/3$. Ein sinusförmiges Eingangssignal mit einer dieser Frequenzen führt ausgangsseitig auf das Nullsignal. Folglich ist die Amplitudenfunktion bei diesen Frequenzen ebenfalls gleich 0 (s. Tab. 4.3). Für Frequenzen $f_1 < f < f_2$ ist die Frequenzfunktion negativ. Wegen der nicht negativen Amplitudenfunktion $|h^F(f)| \geq 0$ können negative Werte $h^F(f) = |h^F(f)| \cdot \mathrm{e}^{\mathrm{j}\,\Phi(f)}$ nur durch $\Phi(f) = \pi$ bewerkstelligt werden, denn dann ist

$$h^F(f) = |h^F(f)| \cdot \mathrm{e}^{\mathrm{j}\,\pi} = -|h^F(f)| \, , \; f_1 < f < f_2 .$$

Bei den Frequenzen f_1 und f_2 springt folglich die Phasenfunktion um π, um den Vorzeichenwechsel der Frequenzfunktion darzustellen. An den Stellen f_1 und f_2 selbst ist die Phasenfunktion nicht definiert.

3. Beispiel: 121 Filter

Aus der Impulsantwort $h(k) = 0.25\delta(k-1) + 0.5\delta(k) + 0.25\delta(k+1)$ des 121–Filters folgt seine Frequenzfunktion

$$\begin{aligned} h^F(f) &= 0.25\,\mathrm{e}^{-\mathrm{j}\,2\pi f} + 0.5 + 0.25\,\mathrm{e}^{\mathrm{j}\,2\pi f} \\ &= 0.5(1+\cos[2\pi f]) = \cos^2[\pi f]\,. \end{aligned} \tag{4.35}$$

Die Frequenzfunktion ist somit reellwertig und nicht negativ. Daher stimmt sie mit ihrer Amplitudenfunktion überein und die Phasenfunktion ist gleich 0. Die Amplitudenfunktion kann man im Zeitbereich anhand des Ausgangssignals

$$y(k) = 0.25x(k-1) + 0.5x(k) + 0.25x(k+1)$$

nachvollziehen: Für die Frequenz $f = 0$ ist $|h^F(f)| = 1$. Das sinusförmige Eingangssignal $x(k) = \cos[2\pi fk] = 1$ ist dann konstant und ergibt das Ausgangssignal $y(k) = 1$. Das Ausgangssignal ist also ebenfalls konstant mit der gleichen Amplitude 1 wie das Eingangssignal. Für die Frequenz $f = 1/2$ ist $|h^F(f)| = 0$. Das sinusförmige Eingangssignal $x(k) = \cos[2\pi fk] = (-1)^k$ ist alternierend und wird vollständig unterdrückt:

$$\begin{aligned} y(k) &= 0.25(-1)^{k-1} + 0.5(-1)^k + 0.25(-1)^{k+1} \\ &= 0.25(-1)^{k-1}\cdot[1-2+1] = 0\,. \end{aligned}$$

Es liegt daher ein sog. *Tiefpass* vor, welcher niedrige Frequenzen „durchlässt“ und hohe Frequenzen „unterdrückt“.

4. Beispiel: Differenzierer

Die Impulsantwort des Differenzierers ist $h(k) = \delta(k) - \delta(k-1)$. Für seine Frequenzfunktion folgt

$$h^F(f) = 1 - \mathrm{e}^{-\mathrm{j}\,2\pi f} = 1 - \cos[2\pi f] + \mathrm{j}\,\sin[2\pi f] \tag{4.36}$$

mit der Realteilfunktion $\mathrm{Re}\,h^F(f) = 1 - \cos[2\pi f]$ und der Imaginärteilfunktion $\mathrm{Im}\,h^F(f) = \sin[2\pi f]$.

Ortskurve des Differenzierers

Aufschlussreich ist der Abstand d zwischen dem Punkt $h^F(f)$ in der komplexen Zahlenebene (Ortspunkt) und dem Punkt $(1,0)$ (s. Abb. 4.3). Es ist

$$d^2 = [1 - \mathrm{Re}\,h^F(f)\,]^2 + [\mathrm{Im}\,h^F(f)\,]^2 = \cos^2[2\pi f] + \sin^2[2\pi f] = 1\,.$$

Die Ortspunkte der Frequenzfunktion, welche die sog. *Ortskurve* bilden, liegen für den Differenzierer folglich auf einem Kreis um den Punkt $(1,0)$ mit dem Radius $r = d = 1$ (s. Abb. 4.3).

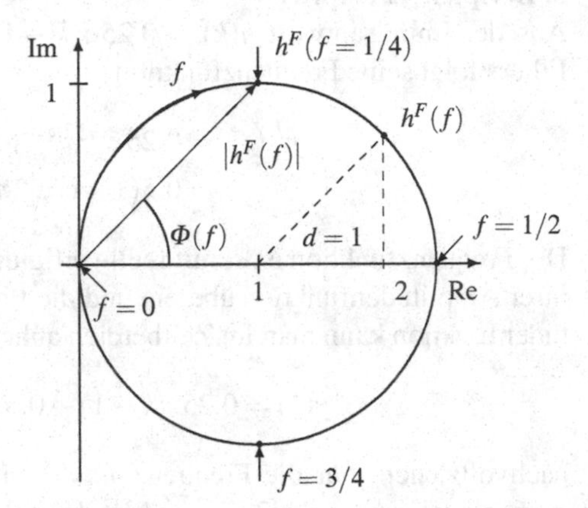

Abb. 4.3 Darstellung der Frequenzfunktion des Differenzierers als Ortskurve

Wird die Frequenz kontinuierlich von $f = 0$ auf $f = 1$ erhöht, wird der Kreis genau einmal im Uhrzeigersinn durchlaufen. Die Amplitudenfunktion erreicht für $f = 0$ ihren kleinsten Wert $|h^F(0)| = 0$, während sie für $f = 1/2$ ihren größten Wert $|h^F(1/2)| = 2$ annimmt. Die Phasenverschiebung schwankt zwischen $\pi/2$ und $-\pi/2$.

Amplitudenfunktion und Phasenfunktion des Differenzierers
Die Amplitudenfunktion erhält man aus

$$|h^F(f)| = \sqrt{[\operatorname{Re} h^F(f)\,]^2 + [\operatorname{Im} h^F(f)\,]^2} \tag{4.37}$$

und die Phasenfunktion wegen des nicht negativen Realteils aus der in Gl. (4.31) angegebenen Beziehung. Daraus erhält man beispielsweise für $f = 1/4$

$$|h^F(f)| = \sqrt{1+1} = \sqrt{2}\,,\ \Phi(f) = \arctan 1/1 = \pi/4\,.$$

Für den Differenzierer können einfache Formeln für die Amplitudenfunktion und Phasenfunktion angegeben werden:

$$|h^F(f)| = 2\sin[\pi f]\,,\ 0 \le f \le 1\,, \tag{4.38}$$
$$\Phi(f) = \pi/2 - \pi f\,,\ 0 < f < 1\,. \tag{4.39}$$

Man kann sie mit Hilfe trigonometrischer Beziehungen aus Gl. (4.37) und Gl. (4.31) gewinnen oder einfacher wie folgt:

$$\begin{aligned} h^F(f) &= 1 - \mathrm{e}^{-\mathrm{j}\,2\pi f} = \mathrm{e}^{-\mathrm{j}\,\pi f} \cdot (\mathrm{e}^{\mathrm{j}\,\pi f} - \mathrm{e}^{-\mathrm{j}\,\pi f}) \\ &= \mathrm{e}^{-\mathrm{j}\,\pi f} \cdot (\{\cos[\pi f] + \mathrm{j}\ \sin[\pi f]\} - \{\cos[\pi f] - \mathrm{j}\ \sin[\pi f]\}) \end{aligned}$$

$$= e^{-j\pi f} \cdot 2j \sin[\pi f] = 2\sin[\pi f] e^{-j\pi f} \cdot e^{j\pi/2}$$
$$= 2\sin[\pi f] \cdot e^{j[\pi/2 - \pi f]} . \quad (4.40)$$

Die Amplitudenfunktion kann man wie beim 121–Filter im Zeitbereich nachvollziehen: Für die Frequenz $f = 0$ ist $|h^F(f)| = 0$. Das konstante Eingangssignal $x(k) = \cos[2\pi f k] = 1$ ergibt das Ausgangssignal $y(k) = x(k) - x(k-1) = 0$, d. h. es wird vollständig unterdrückt. Für die Frequenz $f = 1/2$ ist $|h^F(f)| = 2$. Das alternierende Eingangssignal $x(k) = \cos[2\pi f k] = (-1)^k$ ergibt das Ausgangssignal

$$y(k) = (-1)^k - (-1)^{k-1} = (-1)^k[1 - (-1)] = 2(-1)^k .$$

Es ist ebenfalls alternierend. Seine Amplitude ist gegenüber der Amplitude des Eingangssignals verdoppelt. Es liegt somit ein sog. *Hochpass* vor, welcher niedrige Frequenzen unterdrückt und hohe Frequenzen durchlässt.

Kausale Mittelwertbildung und 121–Filterung

Die Frequenzfunktion des kausalen gleitenden Mittelwertbilders und des kausalen 121–Filters erhält man aus den Frequenzfunktionen der nichtkausalen Systeme wie folgt: Aus der Impulsantwort des gleitenden Mittelwertbilders,

$$h(k) = \frac{1}{3}[\delta(k+1) + \delta(k) + \delta(k-1)] ,$$

folgt durch Verzögerung die Impulsantwort des kausalen Mittelwertbilders gemäß

$$h_1(k) := h(k-1) = \frac{1}{3}[\delta(k) + \delta(k-1) + \delta(k-2)] .$$

Für die Frequenzfunktion folgt

$$h_1^F(f) = \frac{1}{3}[1 + e^{-j2\pi f} + e^{-j4\pi f}]$$
$$= \frac{1}{3} e^{-j2\pi f} \cdot [e^{j2\pi f} + 1 + e^{-j2\pi f}] = e^{-j2\pi f} \cdot h^F(f) .$$

Daraus ergibt sich

$$|h_1^F(f)| = |e^{-j2\pi f}| \cdot |h^F(f)| = |h^F(f)| , \quad (4.41)$$
$$\arg h_1^F(f) = \arg[e^{-j2\pi f} \cdot |h^F(f)| e^{j\arg\Phi(f)}]$$
$$= \arg[|h^F(f)| \cdot e^{j[\Phi(f) - 2\pi f]}]$$
$$= \Phi(f) - 2\pi f . \quad (4.42)$$

Auf die Amplitudenfunktion des FIR–Filters hat die zeitliche Verzögerung demnach keinen Einfluss. Sie verursacht lediglich eine Phasenverschiebung um $-2\pi f$. Dies trifft ebenso für das kausale 121–Filter zu.

Filterung eines Grauwertbildes

Die gefundenen Amplitudenfunktionen für FIR–Filter sollen anhand eines *Grauwertbildes* veranschaulicht werden (s. Abb. 4.4). Die Bildspalten enthalten sinusförmige Signale, beginnend mit der Frequenz $f = 0$ in der ersten Bildspalte ($S = 0$) und der maximalen Frequenz $f = 1/2$ in der letzten Bildspalte ($S = 120$). Die Grauwerte liegen im Bereich 0–255 (0 entspricht Schwarz, 255 Weiß). Die Umrechnung zwischen einem Signalwert x und einem Grauton G lautet $G = x + 128$, so dass der Signalwert 0 dem mittleren Grauton 128 entspricht. Das Testbild wird vertikal gefiltert, wobei für den Mittelwertbilder und das 121–Filter die kausalen Varianten verwendet werden.

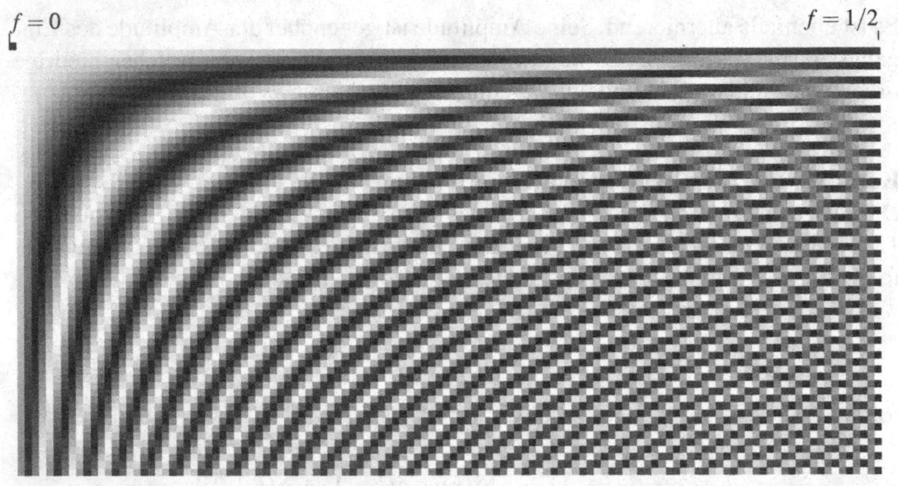

Abb. 4.4 Testbild für sinusförmige Anregung: Der Grauwert in der Bildzeile Z und Bildspalte S ist durch $G := 128 + 127\cos[2\pi \cdot 0.5 \cdot Z \cdot S/120]$ gegeben. Für $S = 0$ ist das Signal konstant mit $G = 255$, für $S = 120$ ist $G = 128 + 127(-1)^Z$. Der schwarze Punkt in der linken oberen Ecke markiert die Position $S = Z = 0$.

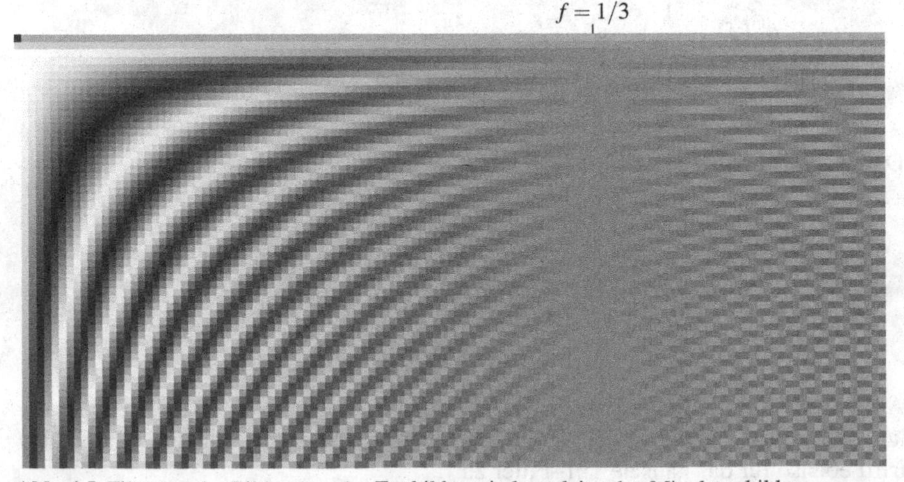

Abb. 4.5 Filterung der Bildspalten des Testbildes mit dem gleitenden Mittelwertbilder

Die grauen Streifen mit dem Grauton 128 zeigen die Frequenzen f_0 an, bei denen vollständige Auslöschung gemäß $h^F(f_0) = 0$ erfolgt:
Mittelwertbilder (Abb. 4.5): $f_0 = 1/3$ (Bildspalte $S = 80$),
121–Filter (Abb. 4.6) : $f_0 = 1/2$ (letzte Bildspalte),
Differenzierer (Abb. 4.7): $f_0 = 0$ (erste Bildspalte).
Einen Einschwingvorgang beobachtet man in Form eines *Randeffektes* in den ersten beiden Bildzeilen. Fehlende Signalwerte bei der Filterung für $S < 0$ sind hierbei 0 gesetzt. Für die erste Bildzeile des gleitenden Mittelwertbilders beispielsweise folgt daraus der Signalwert $y = 1/3 \cdot 127 \approx 42.3$.

Abb. 4.6 Filterung der Bildspalten des Testbildes mit dem 121–Filter

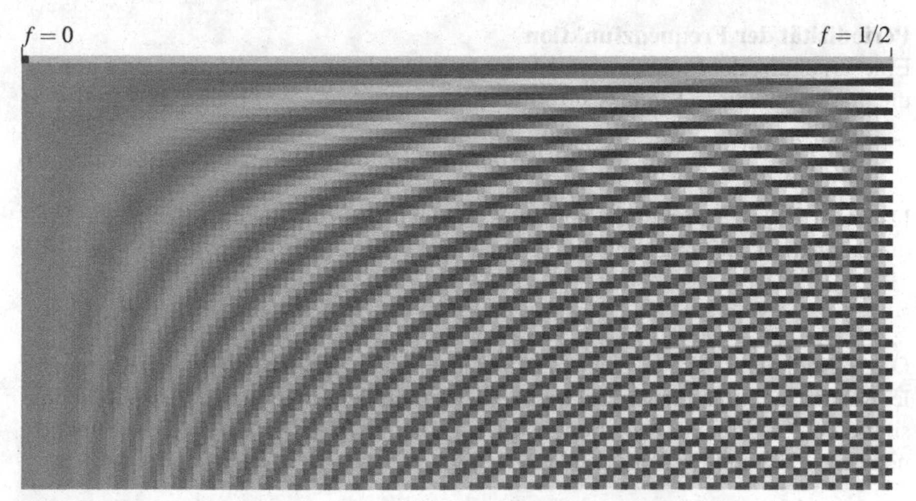

Abb. 4.7 Filterung der Bildspalten des Testbildes mit dem Differenzierer. Wegen der Verstärkung $|h^F(1/2)| = 2$ bei der maximalen Frequenz $f = 1/2$ (letzte Bildspalte) ist die Filterung mit der Impulsantwort $h(k) = 0.5[\delta(k) - \delta(k-1)]$ vorgenommen.

4.4 Fourier–Transformation für Signale endlicher Dauer

Die Frequenzfunktion als Fourier–Transformierte
Die Frequenzfunktion eines FIR–Filters gemäß

$$h^F(f) = \sum_i h(i)\,\mathrm{e}^{-\mathrm{j}\,2\pi f i} = H(z = \mathrm{e}^{\mathrm{j}\,2\pi f})$$

kann wie die Übertragungsfunktion als Ergebnis einer Transformation gedeutet werden, der sog. *Fourier–Transformation* . Hierbei wird der Impulsantwort des FIR–Filters ihre *Fourier–Transformierte* $h^F(f)$, auch *Fourierspektrum* genannt, zugeordnet. Die Fourier–Transformation ist nicht auf die Impulsantworten von FIR–Filtern beschränkt. Sie kann für ein beliebiges Signal endlicher Dauer gemäß

$$x^F(f) := \sum_i x(i)\,\mathrm{e}^{-\mathrm{j}\,2\pi f i} = X(z = \mathrm{e}^{\mathrm{j}\,2\pi f}) \tag{4.43}$$

gebildet werden. Demnach besitzen auch Signale eine Frequenzfunktion, Amplitudenfunktion $|x^F(f)|$ und Phasenfunktion $\arg x^F(f)$ (vgl. Abschn. 4.3). Die Frequenzfunktion kann gemäß $x^F(f) = \mathrm{Re}\,[x^F(f)] + \mathrm{j}\ \mathrm{Im}\,[x^F(f)]$ in Real– und Imaginärteil zerlegt werden. Für ein reellwertiges Signal x ergibt sich der Realteil und Imaginärteil aus

$$\mathrm{Re}\,[x^F(f)] = \sum_i x(i)\cos[2\pi f i]\,, \tag{4.44}$$

$$\mathrm{Im}\,[x^F(f)] = -\sum_i x(i)\sin[2\pi f i]\,. \tag{4.45}$$

Periodizität der Frequenzfunktion
Eine Erhöhung der Frequenz um 1 bewirkt eine Erhöhung des Winkels $2\pi f$ um 2π und hat somit keinen Einfluss auf

$$\mathrm{e}^{-\mathrm{j}\,2\pi f i} = \cos[2\pi f i] - \mathrm{j}\ \sin[2\pi f i]\,.$$

Daher ist $\mathrm{e}^{-\mathrm{j}\,2\pi f i}$ periodisch mit der Periodendauer 1. Folglich ist auch die Frequenzfunktion periodisch mit der Periodendauer 1,

$$x^F(f+1) = x^F(f)\,. \tag{4.46}$$

Die Periodizität ist kennzeichnend für die Frequenzfunktion zeitdiskreter Signale. Realteilfunktion, Imaginärteilfunktion, Amplitudenfunktion und Phasenfunktion sind durch die Frequenzfunktion festgelegt. Daraus folgt, dass auch diese Funktionen periodisch mit der Periodendauer 1 sind.

Eine plausible Erklärung für die Periodizität
Eine plausible Erklärung der Periodizität erhält man aus dem Sachverhalt, dass das Eingangssignal $x_1(k) = \cos[2\pi f k]$ für f und $f+1$ übereinstimmt. Folglich müssen

sich gleiche Ausgangssignale für f und $f+1$ ergeben:

$$\begin{aligned} y_1(k) &= |h^F(f)| \cdot \cos[2\pi fk + \Phi(f)] = |h^F(f+1)| \cdot \cos[2\pi(f+1)k + \Phi(f+1)] \\ &= |h^F(f+1)| \cdot \cos[2\pi fk + \Phi(f+1)] \end{aligned}$$

Dies ist dadurch gewährleistet, dass die Amplituden– und Phasenfunktion beide periodisch mit der Periodendauer 1 sind.

Symmetrie der Frequenzfunktion

Die Symmetrie der Frequenzfunktion ergibt sich aus der Tatsache, dass die cos–Funktion gerade und die sin–Funktion ungerade ist, d. h. es gilt $\cos[-\alpha] = \cos\alpha$ und $\sin[-\alpha] = -\sin\alpha$. Daraus folgt, dass sich beim Übergang von f nach $-f$ der Realteil gemäß Gl. (4.44) nicht ändert und der Imaginärteil gemäß Gl. (4.45) sein Vorzeichen wechselt:

$$\mathrm{Re}\,[x^F(-f)] = \mathrm{Re}\,[x^F(f)]\,,\ \mathrm{Im}\,[x^F(-f)] = -\,\mathrm{Im}\,[x^F(f)]\,. \tag{4.47}$$

Daher ist der Realteil eine gerade Funktion und der Imaginärteil eine ungerade Funktion. Dies kommt auch in der Beziehung

$$x^F(-f) = \mathrm{Re}\,[x^F(f)] - \mathrm{j}\,\mathrm{Im}\,[x^F(f)] = [x^F(f)]^* \tag{4.48}$$

zum Ausdruck. Eine Funktion mit dieser Eigenschaft nennt man *konjugiert gerade* (s. Tab. 4.4). Aufgrund dieser Symmetrieeigenschaft sowie der Periodendauer 1 ist eine Frequenzfunktion durch ihre Werte für $0 \le f \le 1/2$ bereits vollständig beschrieben. Neben $f = 0$ ist auch $f = 1/2$ ein Symmetriezentrum, denn es ist

$$x^F(1-f) = x^F(-f) = [x^F(f)]^*\,. \tag{4.49}$$

Tabelle 4.4 Symmetrieeigenschaften der Frequenzfunktion

Funktion	Symmetrieeigenschaft
Frequenzfunktion	konjugiert gerade
Amplitudenfunktion	gerade
Phasenfunktion	pseudo–ungerade
Realteilfunktion	gerade
Imaginärteilfunktion	ungerade

Symmetrie der Amplitudenfunktion und Phasenfunktion

Aus der Symmetrie der Frequenzfunktion folgt zunächst

$$|x^F(-f)| \cdot \mathrm{e}^{\mathrm{j}\,\Phi(-f)} = [|x^F(f)| \cdot \mathrm{e}^{\mathrm{j}\,\Phi(f)}]^* = |x^F(f)| \cdot \mathrm{e}^{-\mathrm{j}\,\Phi(f)}\,.$$

Daraus ergeben sich die Symmetrieeigenschaften

$$|x^F(-f)| = |x^F(f)|\,, \tag{4.50}$$

$$|x^F(f)| > 0\,:\ \Phi(-f) = -\Phi(f) + m \cdot 2\pi\,, \tag{4.51}$$

wobei m eine ganze Zahl bezeichnet. Folglich ist die Amplitudenfunktion eine gerade Funktion. Bei der Phasenfunktion sind die Verhältnisse komplizierter. Die Möglichkeiten für m sind begrenzt, da die Phasenfunktion den Wertebereich $-\pi < \Phi(f) \leq \pi$ besitzt.

1. Fall: $-\pi < \Phi(f) < \pi$.
   Dann ist auch $-\pi < -\Phi(f) < \pi$. Folglich würde $\Phi(-f) = -\Phi(f) + m \cdot 2\pi$ für $m \neq 0$ den Wertebereich $-\pi < \Phi(-f) \leq \pi$ verlassen. Daraus folgt $m = 0$ und damit
   $$\Phi(f) < \pi \Rightarrow \Phi(-f) = -\Phi(f) \,. \tag{4.52}$$
2. Fall: $\Phi(f) = \pi$.
   Aus Gl. (4.51) folgt $m = 1$ und $\Phi(-f) = -\pi + 2\pi = \pi$. Es gilt also
   $$\Phi(f) = \pi \Rightarrow \Phi(-f) = \pi \,. \tag{4.53}$$

Ist die Phasenfunktion ungerade?
Für Frequenzen f mit $\Phi(f) < \pi$ gilt wie bei einer ungeraden Funktion nach Gl. (4.52) $\Phi(-f) = -\Phi(f)$. Dennoch muss die Phasenfunktion nicht ungerade sein, denn für eine ungerade Funktion ist, sofern $\Phi(0)$ definiert ist, $\Phi(-0) = -\Phi(0)$, also $\Phi(0) = 0$. Dies ist jedoch nicht für jedes Signal erfüllt, weswegen wir die Phasenfunktion in Tab. 4.4 *pseudo–ungerade* nennen. Ein Gegenbeispiel ist die Impulsantwort $h(k) = -\delta(k)$ des Invertierers, der eine Umkehrung des Vorzeichens bewirkt. Seine Frequenzfunktion ist

$$h^F(f) = -1 = \mathrm{e}^{\mathrm{j}\,\pi} \,.$$

Demnach gilt $\Phi(f) = \pi$. Insbesondere ist $\Phi(0)$ definiert, aber ungleich 0.

Eine plausible Erklärung für die Symmetrie
Eine plausible Erklärung für die Symmetrie erhält man aus dem Zusammenhang zwischen einem sinusförmigen Signal der Frequenzen f und $-f$. Für das Eingangssignal $x_1(k) = \cos[2\pi fk]$ beispielsweise stimmt das Signal für $-f$ mit dem Signal für f überein. Folglich müssen sich gleiche Signale am Ausgang eines FIR–Filters für f und $-f$ ergeben:

$$\begin{aligned} y_1(k) &= |h^F(f)| \cdot \cos[2\pi fk + \Phi(f)] = |h^F(-f)| \cdot \cos[2\pi(-f)k + \Phi(-f)] \\ &= |h^F(-f)| \cdot \cos[2\pi fk - \Phi(-f)] \,. \end{aligned}$$

Dies ist dadurch gewährleistet, dass die Amplitudenfunktion des FIR–Filters gerade und die Phasenfunktion pseudo–ungerade ist.

Die Frequenzfunktion an den Frequenzgrenzen
Nach Gl. (4.48) und Gl. (4.49) stellen die Frequenzgrenzen $f = 0$ und $f = 1/2$ Symmetriezentren der Frequenzfunktion dar. Aus Gl. (4.48) folgt $x^F(0) = [x^F(0)]^*$, aus Gl. (4.49) folgt $x^F(1/2) = [x^F(1/2)]^*$. Die Frequenzfunktion ist bei den Frequenzen $f = 0$ und $f = 1/2$ somit reellwertig. Dies ergibt sich auch aus Gl. (4.45),

wonach der Imaginärteil bei diesen Frequenzen gleich 0 ist. Nach Gl. (4.43) lautet die Frequenzfunktion an den Frequenzgrenzen

$$x^F(0) = \sum_i x(i)\,,$$
$$x^F(1/2) = \sum_i x(i)(-1)^i\,. \tag{4.54}$$

Für $x^F(f) = 0$ ist der Phasenwert $\Phi(f)$ nicht definiert. Für $x^F(f) > 0$ ist der zugehörige Phasenwert $\Phi(f) = 0$, für $x^F(f) < 0$ ist $\Phi(f) = \pi$ wegen $\mathrm{e}^{\mathrm{j}\,\pi} = -1$. Ist der Phasenwert definiert, gilt demnach

$$f = 0 \text{ oder } f = 1/2 \Rightarrow \Phi(f) = 0 \text{ oder } \Phi(f) = \pi\,. \tag{4.55}$$

Gibt es einen Zusammenhang zwischen der Fourier–Transformation und der DFT?

Die Fourier–Transformation erinnert an die DFT–Koeffizienten eines periodischen Signals gemäß Gl. (1.34),

$$\mathrm{DFT}_i = \frac{1}{T_0}\sum_{k=0}^{T_0-1} x_\mathrm{p}(k)\,\mathrm{e}^{-\mathrm{j}\,2\pi f_i k}\,,\ f_i = i/T_0\,,\ 0 \le i \le T_0 - 1\,.$$

Das periodische Signal wird mit x_p bezeichnet, um es vom Signal x endlicher Dauer zu unterscheiden. Seine Periodendauer ist T_0. Die DFT–Koeffizienten können mit der Fourier–Transformation in Verbindung gebracht werden, indem man für $x(k)$ die Signalwerte $x_\mathrm{p}(k)$ innerhalb der Periode $i = 0\,,\,1\,,\ldots T_0 - 1$ übernimmt. Das Signal x hat demnach den Einschaltzeitpunkt $k_1 = 0$ und den Ausschaltzeitpunkt $k_2 = T_0 - 1$. Für das Signal x folgt

$$\mathrm{DFT}_i = \frac{1}{T_0}x^F(f_i)\,. \tag{4.56}$$

Die DFT–Koeffizienten des periodischen Signals x_p erhält man demnach durch „Abtastung" der Frequenzfunktion $x^F(f)$ bei den Frequenzen $f_i = i/T_0\,,\ 0 \le i \le T_0 - 1$.

Rücktransformation mit Hilfe der DFT

Aus der Darstellung eines periodischen Signals als Fourierreihe gemäß Gl. (1.35),

$$x_\mathrm{p}(k) = \sum_{i=0}^{T_0-1} \mathrm{DFT}_i\,\mathrm{e}^{\mathrm{j}\,2\pi f_i k}\,, \tag{4.57}$$

ergibt sich die Möglichkeit, die Signalwerte $x(k)$ aus der Frequenzfunktion wie folgt zurückzugewinnen:

$$x(k) = \frac{1}{T_0}\sum_{i=0}^{T_0-1} x^F(f_i)\,\mathrm{e}^{\mathrm{j}\,2\pi f_i k}\,,\ 0 \le k \le T_0 - 1\,. \tag{4.58}$$

Diese Beziehung stellt eine Möglichkeit dar, die Rücktransformation durchzuführen. Bei dieser Methode werden T_0 Werte der Frequenzfunktion benötigt, um die T_0 Signalwerte $x(0), x(1), \ldots x(T_0-1)$ zu berechnen. Die Beziehung gilt zunächst für ein Signal x mit dem Einschaltzeitpunkt $k_1 = 0$ und dem Ausschaltzeitpunkt $k_2 = T_0 - 1$. Die Beziehung gilt allgemeiner für ein Signal x mit beliebigem Einschaltzeitpunkt k_1 und Ausschaltzeitpunkt k_2 für $T_0 = k_2 - k_1 + 1$:

$$x(k) = \frac{1}{T_0} \sum_{i=0}^{T_0-1} x^F(f_i)\, e^{j\,2\pi f_i k}\,,\; k_1 \le k \le k_2\,. \tag{4.59}$$

Nachweis von Gl. (4.59)

Es sei x ein Signal endlicher Dauer mit dem Einschaltzeitpunkt k_1 und dem Ausschaltzeitpunkt k_2. Das Signal x wird periodisch mit der Periodendauer $T_0 = k_2 - k_1 + 1$ fortgesetzt. Seine Fourier–Koeffizienten werden gemäß

$$\mathrm{DFT}_i = \frac{1}{T_0} \sum_{k=0}^{T_0-1} x_p(k)\, e^{-j\,2\pi f_i k}\,,\; f_i = i/T_0\,,\; 0 \le i \le T_0 - 1$$

berechnet. Da x_p periodisch mit der Periodendauer T_0 ist, trifft dies auch für $x_p(k)\,e^{-j\,2\pi f_i k}$ zu. Daher kann die Summation über eine beliebige Periode von x_p, beispielsweise über $k_1 \le k \le k_2$, gebildet werden. Daraus folgt

$$\mathrm{DFT}_i = \frac{1}{T_0} \sum_{k=k_1}^{k_2} x_p(k)\, e^{-j\,2\pi f_i k} = \frac{1}{T_0} x^F(f_i)\,,\; f_i = i/T_0\,,\; 0 \le i \le T_0 - 1\,.$$

Setzt man dieses Ergebnis in Gl. (4.57) ein, erhält man für das Signal $x_p(k)$ Gl. (4.59). Aus $x_p(k) = x(k)$ für $k_1 \le k \le k_2$ folgt auch für das Signal $x(k)$ Gl. (4.59).

Beispiel: 121–Filter

Als Beispiel wird das 121–Filter betrachtet. Seine Frequenzfunktion ist nach Gl. (4.35)

$$h^F(f) = \cos^2[\pi f]\,.$$

Nach Gl. (4.58) werden die Werte der Frequenzfunktion bei den Frequenzen $f_0 = 0\,,\; f_1 = 1/3\,,\; f_2 = 2/3$ benötigt. Es ist

$$\begin{aligned} h^F(0) &= 1\,,\\ h^F(1/3) &= \cos^2[\pi/3] = 1/4\,,\\ h^F(2/3) &= \cos^2[2\pi/3] = 1/4\,. \end{aligned}$$

Die Auswertung von Gl. (4.59) liefert

$$\begin{aligned} h(k) &= \frac{1}{3}\{h^F(0) + h^F(1/3)\, e^{j\,2\pi k/3} + h^F(2/3)\, e^{j\,4\pi k/3}\}\,,\\ h(-1) &= \frac{1}{3}\{1 + 1/4 \cdot e^{-j\,2\pi/3} + 1/4 \cdot e^{-j\,4\pi/3}\} = 1/4\,,\\ h(0) &= \frac{1}{3}\{1 + 1/4 + 1/4\} = 1/2\,, \end{aligned}$$

$$h(1) = \frac{1}{3}\{1 + 1/4 \cdot e^{j\,2\pi/3} + 1/4 \cdot e^{j\,4\pi/3}\} = 1/4\,.$$

Man erhält somit aus den Abtastwerten der Frequenzfunktion bei den Frequenzen f_0, f_1 und f_2 die korrekten Filterkoeffizienten für $k = -1$, $k = 0$ und $k = 1$ zurück.

Rücktransformation durch Integration

Eine zweite Methode der Rücktransformation, die auch für Signale unendlicher Dauer angewandt werden kann, beruht auf einer Integration der Frequenzfunktion. Im Gegensatz zu Abschn. 1.3.4 gehen wir bei der Herleitung dieser Methode nicht von einem periodischen Signal aus, sondern von der Tatsache, dass die Frequenzfunktion eines Signals periodisch mit der Periodendauer 1 ist. Der Ausdruck für die Frequenzfunktion eines Signals endlicher Dauer x gemäß

$$x^F(f) = \sum_i x(i)\,e^{-j\,2\pi f i} = \sum_i x(-i)\,e^{j\,2\pi f i}$$

offenbart bereits die *Fourier–Koeffizienten* der Fourierreihe: Sie stimmen mit den Signalwerten $x(-i)$ überein. Man erhält $x(-i)$ folglich durch eine Integration über eine Periode, beispielsweise gemäß

$$x(-i) = \int_{-1/2}^{1/2} x^F(f)\,e^{-j\,2\pi f i}\,df$$

zurück. Daher gilt

$$x(k) = \int_{-1/2}^{1/2} x^F(f)\,e^{j\,2\pi f k}\,df\,. \tag{4.60}$$

Für ein reellwertiges Signal erhält man daraus die weitere Darstellung

$$x(k) = \int_{-1/2}^{1/2} |x^F(f)| \cdot \cos[2\pi f k + \arg x^F(f)]\,df\,. \tag{4.61}$$

Nachweis von Gl. (4.60)

Der Nachweis gestaltet sich einfach, da das Signal x von endlicher Dauer ist und damit $x^F(f)$ nur endlich viele Summanden besitzt. Multiplikation von $x^F(f)$ mit $e^{j\,2\pi f k}$ ergibt

$$x^F(f)\,e^{j\,2\pi f k} = \sum_i x(i)\,e^{j\,2\pi f(k-i)}\,.$$

Eine Integration beider Seiten über eine Periode, beispielsweise über das Intervall $-1/2 \le f \le 1/2$, liefert

$$\int_{-1/2}^{1/2} x^F(f)\,e^{j\,2\pi f k}\,df = \sum_i x(i) \int_{-1/2}^{1/2} e^{j\,2\pi f(k-i)}\,df\,.$$

Es ist

$$\int_{-1/2}^{1/2} e^{j\,2\pi f(k-i)}\,df = \int_{-1/2}^{1/2} \{\cos[2\pi f(k-i)] + j\,\sin[2\pi f(k-i)]\}\,df\,.$$

Für $i \neq k$ besitzen $\cos[2\pi f(k-i)]$ bzw. $\sin[2\pi f(k-i)]$ die Periodendauer $1/|k-i|$. Dies bedeutet, dass beide Funktionen über das $|k-i|$–fache ihrer Periodendauer integriert werden, so dass für

$i \neq k$ die Integration 0 ergibt. Für $i = k$ dagegen liefert die Integration den Wert 1. Es gilt also die sog. *Orthogonalitätsbeziehung*

$$\int_{-1/2}^{1/2} \mathrm{e}^{\mathrm{j}\,2\pi f(k-i)} df = \begin{cases} 1 : i = k \\ 0 : i \neq k \end{cases}. \tag{4.62}$$

Aus ihr folgt

$$\int_{-1/2}^{1/2} x^F(f)\,\mathrm{e}^{\mathrm{j}\,2\pi fk} df = x(k)\,.$$

Nachweis von Gl. (4.61)
Aus Gl. (4.60) folgt

$$\begin{aligned} x(k) &= \int_{-1/2}^{1/2} |x^F(f)| \cdot \mathrm{e}^{\mathrm{j}\,\arg x^F(f)} \cdot \mathrm{e}^{\mathrm{j}\,2\pi fk} df = \int_{-1/2}^{1/2} |x^F(f)|\, \mathrm{e}^{\mathrm{j}\,[2\pi fk + \arg x^F(f)]} df \\ &= \int_{-1/2}^{1/2} |x^F(f)| \cdot \cos[2\pi fk + \arg x^F(f)] df + \mathrm{j} \int_{-1/2}^{1/2} |x^F(f)| \cdot \sin[2\pi fk + \arg x^F(f)]\,. \end{aligned}$$

Da x reellwertig ist, entfällt der zweite Summand.

Beispiel: 121–Filter
Es wird wieder das 121–Filter betrachtet. Die Rücktransformation soll durch Integration erfolgen. Seine Frequenzfunktion ist

$$h^F(f) = 0.25\,\mathrm{e}^{\mathrm{j}\,2\pi f} + 0.5 + 0.25\,\mathrm{e}^{-\mathrm{j}\,2\pi f}\,.$$

Nach Gl. (4.60) ergeben sich die Filterkoeffizienten für alle Zeitpunkte k aus

$$\begin{aligned} h(k) &= \int_{-1/2}^{1/2} \{0.25\,\mathrm{e}^{\mathrm{j}\,2\pi f} + 0.5 + 0.25\,\mathrm{e}^{-\mathrm{j}\,2\pi f}\}\,\mathrm{e}^{\,2\pi fk} df \\ &= 0.25 \int_{-1/2}^{1/2} \mathrm{e}^{\mathrm{j}\,2\pi f(k+1)} df + 0.5 \int_{-1/2}^{1/2} \mathrm{e}^{\mathrm{j}\,2\pi fk} df + 0.25 \int_{-1/2}^{1/2} \mathrm{e}^{\mathrm{j}\,2\pi f(k-1)} df\,. \end{aligned}$$

Aus der Orthogonalitätsbeziehung Gl. (4.62) folgt:
1. Integral: Es liefert nur für $k = -1$ einen Wert ungleich 0 $(1/4)$.
2. Integral: Es liefert nur für $k = 0$ einen Wert ungleich 0 $(1/2)$.
3. Integral: Es liefert nur für $k = 1$ einen Wert ungleich 0 $(1/4)$.
Somit erhält man die korrekten Filterkoeffizienten für alle k.

Die Frequenzfunktion als Frequenzgehalt
Nach Gl. (4.60) kann die Frequenzfunktion $x^F(f)$ als „Frequenzgehalt“ interpretiert werden, denn das sinusförmige Signal $\mathrm{e}^{\mathrm{j}\,2\pi fk}$ wird mit $x^F(f)$ multipliziert. Gl. (4.61) verdeutlicht die Amplitudenfunktion als Frequenzgehalt. Interessant ist diese Deutung für den Dirac–Impuls: Seine Frequenzfunktion ist $x^F(f) = 1$. Daher sind zur Bildung des Dirac–Impulses alle Frequenzen $-1/2 \leq f \leq 1/2$ in gleicher Weise beteiligt. Die Rücktransformation mit Hilfe der DFT nach Gl. (4.58) zeigt, dass zur Beschreibung des Frequenzgehalts bereits die endlich vielen Frequenzen f_i, $i = 0, 1, \ldots T_0 - 1$ ausreichen.

Beschreibung von Signalen im Zeit– und Frequenzbereich
Die Rücktransformation mit Hilfe der DFT stellt eine erste Methode dar. Sie ist auf Signale endlicher Dauer beschränkt. Die Möglichkeit der Rücktransformation zeigt, dass es sich bei der Fourier Transformation tatsächlich um eine Transformation handelt. Dies bedeutet, dass sich zwei unterschiedliche Signale auch hinsichtlich ihrer Frequenzfunktionen voneinander unterscheiden. Neben der Darstellung von Signalen im Zeitbereich steht damit auch eine Darstellung von Signalen im Frequenzbereich zur Verfügung. Beide Darstellungen sind äquivalent, da zwischen ihnen „gewechselt" werden kann. Für FIR–Filter bedeutet dies, dass sie durch ihre Frequenzfunktionen — d. h. im Frequenzbereich — beschrieben werden können. Durch die Frequenzfunktion wird das Verhalten eines FIR–Filters bei einer sinusförmigen Anregung gemäß Gl. (4.27) bzw. Gl. (4.28) festgelegt.

Bei einer Anregung mit einem Signal x endlicher Dauer erhält man aus dem Faltungssatz der z–Transformation, Gl. (4.5), für das Ausgangssignal $y = x * h$

$$y^F(f) = x^F(f) \cdot h^F(f). \tag{4.63}$$

Demnach ist anstelle der Faltung $y = x * h$ eine Multiplikation der Frequenzfunktionen des Eingangssignals und des FIR–Filters vorzunehmen. Diese Regel wird als *Faltungssatz der Fourier–Transformation* bezeichnet. Sie ist ein Beispiel für den Zusammenhang zwischen dem Zeit– und Frequenzbereich und damit eine *Korrespondenz* der Fourier–Transformation.
Fassen wir zusammen:

Frequenzfunktion für Signale endlicher Dauer

- Die Frequenzfunktion eines Signals erhält man durch die Fourier–Transformation. Ihre Werte stimmen mit der z–Transformierten $X(z)$ auf dem Einheitskreis gemäß $x^F(f) = X(z = e^{j\,2\pi f})$ überein.
- Eine Rück–Transformation ist mit Hilfe der DFT oder durch eine Integration im Frequenzbereich möglich.
- Die Frequenzfunktion eines FIR–Filters beschreibt sein Verhalten bei einer sinusförmigen Anregung. Insbesondere stellt die Amplitudenfunktion den Verstärkungsfaktor für das sinusförmige Signal dar.
- Die frequenzabhängige Amplitudenfunktion des gleitenden Mittelwertbilders, 121–Filters und Differenzierers zeigt die Filterwirkung dieser FIR–Filter, welche auch durch Filterung von Grauwertbildern dargestellt werden kann. Der Mittelwertbilder und das 121–Filter sind Tiefpässe. Der Differenzierer ist ein Hochpass.
- Die Frequenzfunktion ist periodisch mit der Periodendauer 1 und für ein (reellwertiges) Signal konjugiert gerade. Die Amplitudenfunktion ist gerade, die Phasenfunktion pseudo–ungerade. Die Phasenfunktion ist nur für Frequenzen definiert, für die die Frequenzfunktion ungleich 0 ist.

4.5 Eigenschaften der Fourier–Transformation für Signale endlicher Dauer

Da die Fourier–Transformierte eines Signals mit ihrer z–Transformierten auf dem Einheitskreis übereinstimmt, folgen aus den Regeln der z–Transformation analoge Regeln für die Fourier–Transformation. Einen Überblick gibt Tab. 4.5.

Tabelle 4.5 Regeln für die Fourier–Transformation

	Zeitbereich	Frequenzbereich	
1.	$x = \lambda_1 x_1 + \lambda_2 x_2$	$x^F(f) = \lambda_1 x_1^F(f) + \lambda_2 x_2^F(f)$	(4.64)
2.	$y = x * h$	$y^F(f) = x^F(f) \cdot h^F(f)$	(4.65)
3.	$y(k) = x(k-c)$	$y^F(f) = x^F(f) \cdot \mathrm{e}^{-\mathrm{j}\,2\pi f c}$	(4.66)
4.	$y(k) = x(-k)$	$y^F(f) = [x^F(f)]^*$	(4.67)
5.	$x_\mathrm{g}(k)$ gemäß Gl. (4.77)	$x_\mathrm{g}^F(f) = \mathrm{Re}\,[x^F(f)]$	(4.68)
6.	$x_\mathrm{u}(k)$ gemäß Gl. (4.78)	$x_\mathrm{u}^F(f) = \mathrm{j}\ \mathrm{Im}\,[x^F(f)]$	(4.69)
7.	$x = x_\mathrm{g} + x_\mathrm{u}$	$x^F(f) = \mathrm{Re}\,[x^F(f)] + \mathrm{j}\ \mathrm{Im}\,[x^F(f)]$	(4.70)
8.	$x(k) = x(-k)$	$x^F(f) = \mathrm{Re}\,[x^F(f)]$	(4.71)
9.	$x(k) = -x(-k)$	$x^F(f) = \mathrm{j}\ \mathrm{Im}\,[x^F(f)]$	(4.72)
10.	$y(k) = x(k) * x(-k)$	$y^F(f) = \lvert x^F(f)\rvert^2$	(4.73)

1. Linearität

Aus der Linearität der z–Transformation gemäß Gl. (4.2) folgt die Linearität der Fourier–Transformation. Für die Linearkombination zweier Signale x_1 und x_2 gilt demnach Gl. (4.64). Da bei der Summenschaltung zweier FIR–Filter mit den Impulsantworten h_1 und h_2 die Impulsantworten addiert werden, folgt für die Summenschaltung die Frequenzfunktion

$$h^F(f) = h_1^F(f) + h_2^F(f)\,. \tag{4.74}$$

2. Faltungssatz

Der Faltungssatz besagt, dass bei der Faltung zweier Signale endlicher Dauer ihre Frequenzfunktionen miteinander zu multiplizieren sind. Eine erste Anwendung des Faltungssatzes ist die Anregung eines FIR–Filters mit einem Signal endlicher Dauer wie in Gl. (4.63) bzw. Gl. (4.65). Eine zweite Anwendung ist die Hintereinanderschaltung zweier FIR–Filter. Da ihre Impulsantworten h_1 und h_2 miteinander zu falten sind, folgt für die Frequenzfunktion der Hintereinanderschaltung

$$h^F(f) = h_1^F(f) \cdot h_2^F(f) \tag{4.75}$$

und daraus

$$\begin{aligned} h^F(f) &= |h_1^F(f)| \cdot \mathrm{e}^{\mathrm{j}\,\Phi_1(f)} \cdot |h_2^F(f)| \cdot \mathrm{e}^{\mathrm{j}\,\Phi_2(f)} \\ &= |h_1^F(f)| \cdot |h_2^F(f)| \cdot \mathrm{e}^{\mathrm{j}\,[\Phi_1(f)+\Phi_2(f)]} \,. \end{aligned} \tag{4.76}$$

Die Amplitudenfunktionen werden somit ebenfalls multipliziert, die Phasenfunktionen addiert. Dies bedeutet, dass die Verstärkungen der beiden Systeme multipliziert und die Phasenverschiebungen addiert werden.

3. Verschiebungs–Regel

Als Beispiel für den Faltungssatz wird die Hintereinanderschaltung eines FIR–Filters mit dem Verzögerungsglied betrachtet. Nach Gl. (4.32) besitzt das Verzögerungsglied die Frequenzfunktion $h^F(f) = \mathrm{e}^{-2\pi fc}$. Mit Hilfe des Faltungssatzes erhält man

$$y^F(f) = x^F(f) \cdot \mathrm{e}^{-\mathrm{j}\,2\pi fc} \,.$$

Es gilt daher die sog. *Verschiebungs–Regel* gemäß Gl. (4.66).

4. Spiegelungs–Regel

Für die Frequenzfunktion des am Nullpunkt gespiegelten Signals $y(k) = x(-k)$ folgt

$$\begin{aligned} y^F(f) &= \sum_i y(i)\,\mathrm{e}^{-\mathrm{j}\,2\pi fi} \\ &= \sum_i x(-i)\,\mathrm{e}^{-\mathrm{j}\,2\pi fi} = \sum_i x(i)\,\mathrm{e}^{\mathrm{j}\,2\pi fi} \\ &= x^F(-f) = [x^F(f)]^* \,. \end{aligned}$$

Demnach entspricht einer Spiegelung im Zeitbereich eine Konjugation im Frequenzbereich.

5. – 7. Gerader und ungerader Signalanteil

Realteil und Imaginärteil einer Frequenzfunktion können gemäß

$$\mathrm{Re}\,[x^F(f)] = \frac{x^F(f) + [x^F(f)]^*}{2} \,,$$

$$\mathrm{j}\ \mathrm{Im}\,[x^F(f)] = \frac{x^F(f) - [x^F(f)]^*}{2}$$

dargestellt werden. Aus der Spiegelungs–Regel folgen für die Signale

$$x_{\mathrm{g}}(k) := \frac{x(k) + x(-k)}{2} \,, \tag{4.77}$$

$$x_{\mathrm{u}}(k) := \frac{x(k) - x(-k)}{2} \tag{4.78}$$

die Beziehungen gemäß Gl. (4.68) und Gl. (4.69),

$$x_{\mathrm{g}}^F(f) = \mathrm{Re}\,[x^F(f)] \,, \ x_{\mathrm{u}}^F(f) = \mathrm{j}\ \mathrm{Im}\,[x^F(f)] \,.$$

Damit sind $\mathrm{Re}[x^F(f)]$ und $\mathrm{j}\ \mathrm{Im}[x^F(f)]$ ebenfalls Frequenzfunktionen:

1. $\mathrm{Re}[x^F(f)]$ ist die Frequenzfunktion des sog. *geraden Anteils* x_g des Signals x. Wegen $x_g(-k) = x_g(k)$ ist dieses Signal gerade. Abb. 4.8 zeigt ein Beispiel.
2. $\mathrm{j}\ \mathrm{Im}[x^F(f)]$ ist die Frequenzfunktion des sog. *ungeraden Anteils* x_u des Signals x. Wegen $x_u(-k) = -x_u(k)$ ist dieses Signal ungerade.

Zerlegung eines Signals in den geraden und ungeraden Anteil
Die Summe des geraden und ungeraden Signalanteils ergibt

$$x = x_g + x_u\,. \tag{4.79}$$

Diese Beziehung drückt die Zerlegung des Signals x in seinen geraden und ungeraden Anteil aus. Sie entspricht im Frequenzbereich der Beziehung

$$x^F(f) = \mathrm{Re}[x^F(f)] + \mathrm{j}\ \mathrm{Im}[x^F(f)]\,.$$

Abb. 4.8 zeigt ein Beispiel für die Zerlegung einer kausalen Impulsantwort. Der gerade und ungerade Anteil selbst sind nicht kausal.

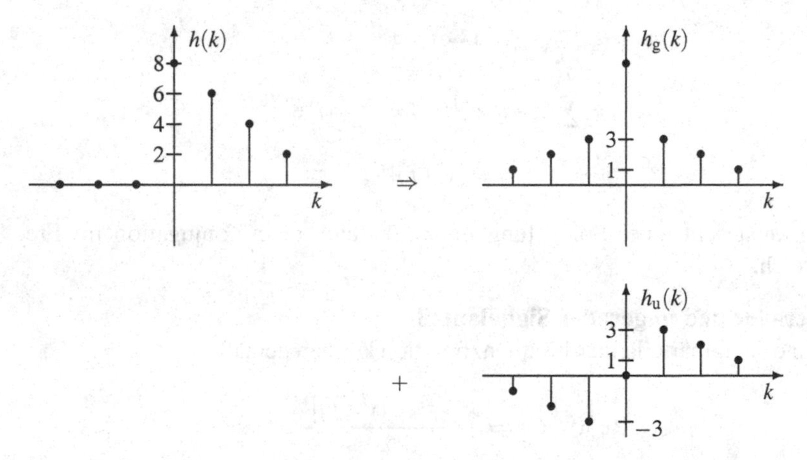

Abb. 4.8 Zerlegung der Impulsantwort h eines kausalen FIR–Filters in den geraden Anteil h_g und den ungeraden Anteil h_u. Die Überlagerung von h_g und h_u ergibt h.

8. und 9. Die Frequenzfunktion eines geraden und ungeraden Signals
Die Impulsantwort des 121–Filters ist gerade. Folglich besitzt sie nur einen geraden Anteil, während der ungerade Anteil 0 ist. In diesem Fall stimmt die Realteilfunktion mit der Frequenzfunktion überein und die Imaginärteilfunktion ist 0. Die Frequenzfunktion ist somit reellwertig. Bei einem ungeraden Signal ergibt sich eine rein imaginäre Frequenzfunktion, da in diesem Fall der gerade Anteil gleich 0 ist.

10. Quadrierte Amplitudenfunktion als Frequenzfunktion
Kann man die Amplitudenfunktion eines FIR–Filters als Frequenzfunktion interpretieren? Dazu betrachten wir die Beziehung

$$|x^F(f)|^2 = x^F(f) \cdot [x^F(f)]^* \,.$$

Hierbei ist $[x^F(f)]^*$ die Frequenzfunktion des gespiegelten Signals $x(-k)$. Aus dem Faltungssatz, angewandt auf $y(k) = x(k) * x(-k)$, folgt

$$y(k) = x(k) * x(-k) \Rightarrow y^F(f) = |x^F(f)|^2 \,.$$

Demnach kann man die quadrierte Amplitudenfunktion als Frequenzfunktion interpretieren.

Beispiel: Amplitudenfunktion des Differenzierers
Aus Gl. (4.38) folgt für den Differenzierer

$$|h^F(f)|^2 = 4\sin^2[\pi f] \,.$$

Ist dieser Ausdruck die Frequenzfunktion des Signals $y(k) = h(k) * h(-k)$? Mit der Impulsantwort $h(k) = \delta(k) - \delta(k-1)$ des Differenzierers erhält man

$$\begin{aligned} y(k) = h(k) * h(-k) &= h(k) * [\delta(k) - \delta(k-1)] * [\delta(k) - \delta(k+1)] \\ &= \delta(k) - \delta(k+1) - \delta(k-1) + \delta(k) \\ &= 2\delta(k) - \delta(k+1) - \delta(k-1) \end{aligned}$$

und daraus für die Frequenzfunktion

$$y^F(f) = 2 - [\mathrm{e}^{\mathrm{j}\,2\pi f} + \mathrm{e}^{-\mathrm{j}\,2\pi f}] = 2(1 - \cos[2\pi f]) \,.$$

Aus der trigonometrischen Umformung $1 - \cos\alpha = 2\sin^2[\alpha/2]$ folgt tatsächlich

$$y^F(f) = 2 \cdot 2\sin^2[\pi f] = |h^F(f)|^2 \,.$$

Zusammenhang zwischen Realteil– und Imaginärteilfunktion
Abb. 4.8 offenbart einen Zusammenhang zwischen dem geraden und ungeraden Signalanteil. Aus dem geraden Signalanteil h_g können die Impulsantworten h und h_u wie folgt zurückgewonnen werden:

$$h_\mathrm{u}(k) = \mathrm{sgn}(k) \cdot h_\mathrm{g}(k) \,, \tag{4.80}$$

$$h(k) = h_\mathrm{g}(k) + h_\mathrm{u}(k) = [1 + \mathrm{sgn}(k)] \cdot h_\mathrm{g}(k) \,. \tag{4.81}$$

Dies bedeutet, dass mit der Realteilfunktion des kausalen FIR–Filters auch die Imaginärteilfunktion bzw. die Frequenzfunktion eindeutig bestimmt ist. Nähere Einzelheiten darüber findet man beispielsweise in [1].

4.6 Die Ortskurve eines FIR–Filters

Die Frequenzfunktion

$$h^F(f) = \sum_i h(i)\,\mathrm{e}^{-\mathrm{j}\,2\pi f i}$$

eines FIR–Filters ist beliebig oft differenzierbar und damit insbesondere *stetig*. Daher sind auch die Realteil– und Imaginärteilfunktion $\mathrm{Re}\,h^F(f)$ bzw. $\mathrm{Im}\,h^F(f)$ sowie die Amplitudenfunktion

$$|h^F(f)| = \sqrt{[\mathrm{Re}\,h^F(f)\,]^2 + [\mathrm{Im}\,h^F(f)\,]^2}$$

stetige Funktionen. Die Phasenfunktion kann allerdings eine Unstetigkeitsstelle bzw. Sprungstelle aufweisen. Dies ist nur dann möglich, wenn die Ortskurve durch den Nullpunkt geht (s. Abb. 4.9).

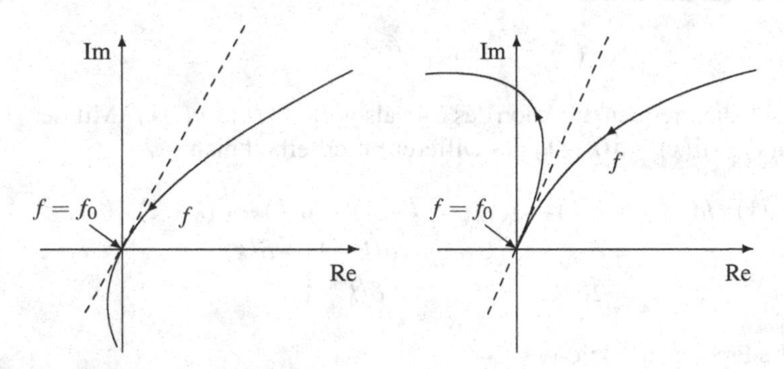

Abb. 4.9 Zwei Typen für Ortskurven, die bei $f = f_0$ durch den Nullpunkt gehen.
Fall 1 (*links*): Kein Richtungswechsel bei $f = f_0$ und damit ein Phasensprung um π.
Fall 2 (*rechts*): Umkehrpunkt bei $f = f_0$ und damit kein Phasensprung.

1. Fall: Kein Richtungswechsel
Für $f < f_0$ nähert sich die Ortskurve dem Nullpunkt in einer bestimmten Richtung und entfernt sich für $f > f_0$ vom Nullpunkt in der gleichen Richtung. Folglich tritt bei $f = f_0$ ein Phasensprung um π auf.

Ein Beispiel ist die Ortskurve des Differenzierers (s. Abb. 4.3, S. 124). Die Ortskurve ist ein Kreis, der von $f = 0$ bis $f = 1$ genau einmal im Uhrzeigersinn durchlaufen wird. Wegen der Periodizität der Frequenzfunktion nähert sich die Ortskurve für $f < f_0 = 0$ dem Nullpunkt von unten mit dem Phasenwinkel $\Phi(0-) = -\pi/2$. Für $f > 0$ verlässt sie den Nullpunkt nach oben mit dem Phasenwinkel $\Phi(0+) = \pi/2$. Folglich springt die Phasenfunktion bei $f = 0$ von $-\pi/2$ nach $\pi/2$ um den Wert π.

2. Fall: Umkehrpunkt
Es kann der Fall auftreten, dass sich die Ortskurve für $f < f_0$ dem Nullpunkt in einer bestimmten Richtung nähert und sich für $f > f_0$ vom Nullpunkt in der

entgegengesetzten Richtung entfernt. Der Nullpunkt ist dann ein sog. *Rückkehrpunkt* oder *Umkehrpunkt*. Ein Phasensprung bei $f = f_0$ findet nicht statt.

Ein Beispiel ist die Ortskurve des 121–Filters. Da die Frequenzfunktion nach Gl. (4.35) reellwertig ist mit

$$h^F(f) = \text{Re}\, h^F(f) = \cos^2[\pi f] \,,$$

verläuft die Ortskurve auf der Realteil–Achse. Sie verläuft von Re $h^F(0) = 1$ nach links zum Nullpunkt, den sie bei $f = 1/2$ erreicht und läuft zurück zu Re $h^F(f) = 1$ bei $f = 1$. Die Ortskurve hat somit einen Umkehrpunkt bei $f_0 = 1/2$. Der Umkehrpunkt resultiert daraus, dass die Frequenzfunktion des 121–Filters die Frequenzachse bei $f = 1/2$ nur berührt.

Wieviele Nullstellen können auftreten?
Die Frequenzfunktion eines FIR–Filters ergibt sich aus den Werten der Übertragungsfunktion auf dem Einheitskreis. Nach Gl. (4.15) kann die Übertragungsfunktion mit Hilfe eines Polynoms n–ter Ordnung dargestellt werden. Hierbei ist $n = k_2 - k_1$ der Filtergrad des FIR–Filters. Für die Frequenzfunktion folgt die Darstellung

$$h^F(f) = \mathrm{e}^{-\mathrm{j}\,2\pi k_2 f} \cdot P_n(z = \mathrm{e}^{\mathrm{j}\,2\pi f}) \,. \tag{4.82}$$

Da das Polynom $P_n(z)$ genau n Nullstellen z_1 , $\ldots z_n$ besitzt, besitzt die Frequenzfunktion höchstens n Nullstellen. Dabei liefern nur solche Nullstellen z_i, die auf dem Einheitskreis liegen, Nullstellen der Frequenzfunktion. Beispielsweise liefert die Nullstelle $z_1 = 1$ die Nullstelle $f_1 = 0$, $z_2 = -1$ liefert $f_2 = 1/2$. Eine komplexe Nullstelle $z_3 = \mathrm{e}^{\mathrm{j}\,2\pi f_3}$ liefert die Nullstelle f_3, die dazu konjugiert komplexe Nullstelle $z_4 = z_3^* = \mathrm{e}^{-\mathrm{j}\,2\pi f_3}$ die Nullstelle $f_4 = -f_3$. Bei komplexen Nullstellen liefert daher nur einer der beiden Werte z_3, z_4 eine Nullstelle der Frequenzfunktion im Frequenzbereich $0 \leq f \leq 1/2$.

Kann die Ortskurve Knickpunkte aufweisen?
Bei einem *Knickpunkt* liegen für $f < f_0$ und $f > f_0$ unterschiedliche, aber nicht entgegengesetzte Richtungen vor. Dies würde bedeuten, dass die Phasenfunktion um ein nichtganzzahlig Vielfaches von π springen könnte. Um die Frage zu klären, ob die Ortskurve eines FIR–Filters Knickpunkte aufweisen kann, untersuchen wir die Phasenfunktion in der Nähe einer Nullstelle f_0 der Frequenzfunktion.

Da f_0 eine Nullstelle von $h^F(f)$ ist, besitzt die Übertragungsfunktion $H(z)$ die Nullstelle $z_0 := \mathrm{e}^{\mathrm{j}\,2\pi f_0}$ auf dem Einheitskreis. Ihre Vielfachheit bezeichnen wir mit q. Die Übertragungsfunktion $H(z)$ lässt sich demnach gemäß

$$H(z) = \left[\frac{z - z_0}{z}\right]^q \cdot H_1(z) \tag{4.83}$$

faktorisieren. Hierbei ist $H_1(z)$ eine Übertragungsfunktion mit $H_1(z_0) \neq 0$. Für die Phasenfunktion erhält man

$$\Phi(f) = \arg h^F(f) = \arg H(z) \,,\; z = \mathrm{e}^{\mathrm{j}\,2\pi f}$$

$$= \arg\left[\frac{z-z_0}{z}\right]^q + \arg H_1(z)$$
$$= q\cdot\arg\left[\frac{z-z_0}{z}\right] + \arg H_1(z)$$
$$= q\cdot\arg\left[1-\mathrm{e}^{\mathrm{j}\,2\pi(f_0-f)}\right] + \arg h_1^F(f)\,.$$

Die Auswertung des ersten Summanden ähnelt der Bestimmung der Frequenzfunktion des Differenzierers gemäß Gl. (4.40). Als Ergebnis erhält man (Nachweis folgt)

$$\Phi(f) = -q\pi(f-f_0) + q\pi/2\cdot\mathrm{sgn}[f-f_0] + \arg h_1^F(f)\,,\ |f-f_0|<1\,. \tag{4.84}$$

Man erkennt, dass der mittlere Ausdruck bei f_0 einen Phasensprung um $q\pi$ verursacht. Die beiden anderen Ausdrücke dagegen können bei f_0 keinen Phasensprung verursachen.

Nachweis von Gl. (4.84)
Wie in Gl. (4.40) erhalten wir zunächst für $\alpha := 2\pi(f-f_0)$

$$1-\mathrm{e}^{\mathrm{j}\,2\pi(f_0-f)} = 1-\mathrm{e}^{-\mathrm{j}\,\alpha} = \mathrm{e}^{-\mathrm{j}\,\alpha/2}\cdot 2\mathrm{j}\,\sin[\alpha/2]$$

und daher

$$\arg\left[1-\mathrm{e}^{\mathrm{j}\,2\pi(f_0-f)}\right] = -\alpha/2 + \arg(2\mathrm{j}\,\sin[\alpha/2])\,.$$

Für $|\alpha/2|<\pi$ wechselt $\sin[\alpha/2]>0$ das Vorzeichen nur bei $\alpha=0$. Folglich ist

$$\arg\left[1-\mathrm{e}^{\mathrm{j}\,2\pi(f_0-f)}\right] = -\alpha/2+\frac{\pi}{2}\mathrm{sgn}(\alpha)$$
$$= -\pi(f-f_0)+\frac{\pi}{2}\mathrm{sgn}(f-f_0)\,,\ |f-f_0|<1\,,$$

woraus Gl. (4.84) folgt.

Verhalten der Phasenfunktion in der Nähe eines Nulldurchgangs
Die drei Anteile in Gl. (4.84) verhalten sich in der Nähe der Frequenz f_0 wie folgt:

- $-q\pi(f-f_0)$ ist stetig von f abhängig.
- $q\pi/2\cdot\mathrm{sgn}(f-f_0)$:
  Diese Funktion beinhaltet einen Phasensprung bei f_0 von $-q\pi/2$ nach $q\pi/2$. Für $q=2\,,\,4,\ldots$ beträgt der Phasensprung folglich ein ganzzahlig Vielfaches von 2π und wirkt sich somit nicht auf die Phasenfunktion aus. Für $q=1\,,\,3\,,\ldots$ beträgt der Phasensprung π.
- $\arg h_1^F(f)$:
  Wegen $H_1(z_0)\neq 0$ ist auch $h_1(f_0)\neq 0$. Aus der Stetigkeit der Frequenzfunktion $h_1^F(f)$ folgt, dass $h_1^F(f)$ in einer gewissen Umgebung von f_0 keine Nullstellen besitzt. Folglich ist in dieser Umgebung $\arg h_1^F(f)$ stetig von f abhängig.

Daher kann nur der mittlere Ausdruck einen Phasensprung verursachen. Ein Phasensprung ist nur für $q=1\,,\,3\,,\ldots$ möglich und beträgt π.

Aus dem Verhalten der Phasenfunktion in der Nähe der Frequenz f_0 folgt, dass nur Phasensprünge um ganzzahlig Vielfache von π auftreten können. Dies bedeutet, dass die Ortskurve eines FIR–Filters keine Knickpunkte aufweisen kann. Es können somit nur die zwei in Abb. 4.9 dargestellten Fälle auftreten.
Fassen wir zusammen:

Ortskurve eines FIR–Filters

Die Real– und Imaginärteilfunktion sowie die Amplitudenfunktion eines FIR–Filters hängen stetig von der Frequenz ab. Ein Sprung der Phasenfunktion um π bei einer bestimmten Frequenz f_0 bedeutet, dass die Ortskurve bei der Frequenz f_0 durch den Nullpunkt geht. Die Anzahl der Nulldurchgänge ist durch die Nullstellen der Übertragungsfunktion des FIR–Filters begrenzt. Ein Phasensprung tritt nicht auf, wenn der Nullpunkt ein Umkehrpunkt ist. Die Ortskurve nähert sich in diesem Fall für $f < f_0$ dem Nullpunkt in einer bestimmten Richtung und entfernt sich vom Nullpunkt in entgegengesetzter Richtung. Andere Richtungsänderungen der Ortskurve als eine Richtungsumkehrung sind nicht möglich, da die Ortskurve keine Knickpunkte aufweist. Phasensprünge um ein nichtganzzahlig Vielfaches von π sind daher nicht möglich.

Beispiel: Differenzierer
Für den Differenzierer ist

$$H(z) = 1 - z^{-1} = \frac{z-1}{z}.$$

Folglich ist $z_0 = 1$ eine 1–fache Nullstelle ($q = 1$) auf dem Einheitskreis und $f_0 = 0$ eine Nullstelle der Frequenzfunktion. Da q ungerade ist, liegt bei $f_0 = 0$ ein Phasensprung um π vor. Nach Gl. (4.84) ist

$$\Phi(f) = -\pi f + \pi/2 \cdot \operatorname{sgn}(f)\,, \; |f| < 1\,.$$

Dieses Ergebnis stimmt für $0 < f < 1$ mit Gl. (4.39) überein. In der vorstehenden Formel wird der Phasensprung bei $f = 0$ verdeutlicht, da auch negative Frequenzen betrachtet werden.

4.7 Symmetrische FIR–Filter

Was sind symmetrische FIR–Filter?
Die vier Beispiele aus Abschn. 4.3, das Verzögerungsglied, der gleitende Mittelwertbilder, das 121–Filter und der Differenzierer, sind Beispiele für sog. *symmetrische FIR–Filter*. Symmetrische FIR–Filter sind dadurch gekennzeichnet, dass ihre Impulsantwort symmetrisch ist. Folglich gibt es ein Symmetriezentrum k_0, das genau in der Mitte zwischen dem Ein– und Ausschaltzeitpunkt der Impulsantwort liegt, d. h. es ist

$$k_0 := \frac{k_1 + k_2}{2}\,. \tag{4.85}$$

Die Bedingung für ein symmetrisches FIR–Filter lautet

$$h(k_0+k) = V \cdot h(k_0-k)\,. \tag{4.86}$$

Je nachdem, ob die Vorzeichenvariable $V = 1$ oder -1 ist, wollen wir FIR–Filter mit einer solchen Impulsantwort *achsensymmetrisch* oder *punktsymmetrisch* nennen. Indem man k durch $k - k_0$ ersetzt, erhält man die Bedingung

$$h(k) = V \cdot h(2k_0-k)\,. \tag{4.87}$$

Symmetrietypen

Der gleitende Mittelwertbilder und das 121–Filter sind beide achsensymmetrisch. Da das Symmetriezentrum $k_0 = 0$ beträgt, handelt es sich um zwei gerade Impulsantworten, ein Sonderfall der Achsensymmetrie. Das Verzögerungsglied mit der Verzögerungszeit c besitzt den einzigen Filterkoeffizienten $h(c) = 1$ und ist daher ebenfalls achsensymmetrisch mit dem Symmetriezentrum $k_0 = c$. Wie lautet das Symmetriezentrum für den Differenzierer? Seine Filterkoeffizienten $h(0) = 1$ und $h(1) = -1$ liegen punktsymmetrisch zu $k_0 = 1/2$. Das Symmetriezentrum ist in diesem Fall nichtganzzahlig. Je nachdem, ob Achsensymmetrie oder Punktsymmetrie vorliegt, und ob das Symmetriezentrum ganzzahlig ist oder in der Mitte zwischen zwei ganzen Zahlen liegt, entstehen vier *Symmetrietypen* (s. Tab. 4.6).

Tabelle 4.6 Impulsantworten symmetrischer FIR–Filter:
Bei den Symmetrietypen 1 und 3 ist das Symmetriezentrum k_0 ganzzahlig. In den gezeigten Beispielen ist $k_0 = 1$. Bei den Symmetrietypen 2 und 4 ist das Symmetriezentrum nichtganzzahlig. In den gezeigten Beispielen ist $k_0 = 1/2$.

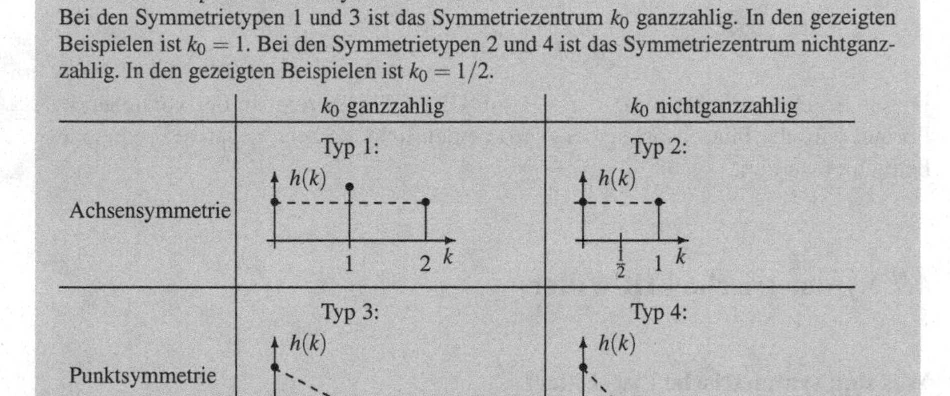

Zeitliche Verzögerung der Impulsantwort

Durch eine zeitliche Verzögerung der Impulsantworten des gleitenden Mittelwertbilders und des 121–Filters um mindestens $c = 1$ Zeiteinheiten erhält man kausale FIR–Filter. Der Symmetrietyp bleibt hierbei erhalten. Nur das Symmetriezentrum wird um die Verzögerungszeit nach rechts geschoben.

Linearphasigkeit symmetrischer FIR–Filter
Der gleitende Mittelwertbilder und das 121–Filter besitzen die Phasenfunktion $\Phi(f) = 0$. Eine Verzögerung der Impulsantwort um c Zeiteinheiten bewirkt die Phasenfunktion $\Phi(f) = 0 - 2\pi fc = -2\pi fc$, also eine lineare Phasenfunktion. Die Phasenfunktion des Differenzierers nach Gl. (4.39) besitzt ebenfalls eine konstante Steigung. Der Phasensprung um π bei $f = 0$ ändert daran nichts. FIR–Filter mit einer konstanten Steigung für die Phasenfunktion nennt man *linearphasig*. Um die Frage zu beantworten, ob alle symmetrischen FIR–Filter linearphasig sind, wollen wir die Phasenfunktion eines symmetrischen FIR–Filters bestimmen.

Bestimmung der Phasenfunktion eines symmetrischen FIR–Filters
Wir gehen i. F. von einer symmetrischen Impulsantwort h aus. Die Bedingung für Symmetrie lautet

$$h(k) = V \cdot h(2k_0 - k)$$

bzw. für $c := 2k_0$

$$h(k) = V \cdot h_1(k - c)\,,\ h_1(k) := h(-k)\,.$$

Die Art der Symmetrie geben wir durch einen *Parameter P* an: Bei Achsensymmetrie setzen wir $P = 0$, bei Punktsymmetrie $P = 1$. Das Vorzeichen V kann dann wie folgt dargestellt werden:

$$V = \mathrm{e}^{\mathrm{j}\,P\pi} = \begin{cases} 1 : P = 0 \\ -1 : P = 1 \end{cases}. \tag{4.88}$$

Mit Hilfe der Regeln der Fourier–Transformation für eine Verschiebung und Spiegelung erhält man

$$h^F(f) = V \cdot \mathrm{e}^{-\mathrm{j}\,2\pi fc} h_1^F(f) = \mathrm{e}^{\mathrm{j}\,P\pi} \cdot \mathrm{e}^{-\mathrm{j}\,2\pi fc} [h^F(f)]^*\,.$$

Mit $h^F(f) = |h^F(f)| \cdot \mathrm{e}^{\mathrm{j}\,\Phi(f)}$ und $[h^F(f)]^* = |h^F(f)| \cdot \mathrm{e}^{-\mathrm{j}\,\Phi(f)}$ erhält man die äquivalente Symmetrie–Bedingung

$$|h^F(f)| \cdot \mathrm{e}^{\mathrm{j}\,2\Phi(f)} = |h^F(f)| \cdot \mathrm{e}^{\mathrm{j}\,[P\pi - 2\pi fc]}\,.$$

Für eine Frequenz f mit $|h^F(f)| \neq 0$ ist $\Phi(f)$ definiert und muss für eine ganze Zahl $m(f)$, die von der Frequenz abhängen darf, die folgende Bedingung erfüllen:

$$2 \cdot \Phi(f) = P\pi - 2\pi fc + m(f) \cdot 2\pi\,.$$

Die Phasenfunktion eines symmetrischen FIR–Filters hat daher die Form

$$\Phi(f) = P\pi/2 - 2\pi fk_0 + m(f) \cdot \pi\,. \tag{4.89}$$

Die durchgeführten Umformungen sind alle umkehrbar. Dies bedeutet, dass wir die allgemeine Form für die Phasenfunktion eines symmetrischen Filters bestimmt haben.

Die Phasenfunktion bei Symmetrie

Welche Bedeutung hat die ganzzahlige Funktion $m(f)$? Durch Veränderung dieses Wertes um 1 wird ein Phasensprung um π erzeugt. Damit können Nulldurchgänge der Ortskurve korrekt wiedergegeben werden. Jeder Sprung um π offenbart eine Nullstelle der Frequenzfunktion. An einer Sprungstelle ist die Phasenfunktion daher nicht definiert. Nach Abschn. 4.6 ist die Anzahl der Nullstellen bei einem FIR–Filter durch den Filtergrad begrenzt. Daher ist die Anzahl der Sprünge um π endlich. Phasensprünge um ein nichtganzzahlig Vielfaches von π sind nach Gl. (4.89) nicht möglich. Dies stimmt mit unseren Ergebnissen aus Abschn. 4.6 überein, wonach die Ortskurve eines FIR–Filters keine Knickpunkte aufweisen kann.

Aus Gl. (4.89) folgt für die Phasenfunktion die konstante Ableitung

$$\Phi'(f) = -2\pi k_0 , \tag{4.90}$$

welche durch das Symmetriezentrum k_0 festgelegt ist. Symmetrische FIR–Filter sind somit **linearphasig**. Anhand einer negativen Steigung der Phasenfunktion erkennt man ein positives Symmetriezentrum $k_0 > 0$. Dieser Fall liegt insbesondere dann vor, wenn das FIR–Filter kausal ist, sofern es sich nicht um ein Proportionalglied handelt.

Die Phasenfunktion bei Achsensymmetrie

Aus Gl. (4.89) folgt für $P = 0$

$$\Phi(f) = -2\pi f k_0 + m(f)\cdot\pi . \tag{4.91}$$

Für die Frequenz $f = 0$ folgt $\Phi(0) = 0$ oder $\Phi(0) = \pi$. Es ist jedoch möglich, dass die Frequenzfunktion an der Stelle $f = 0$ eine Nullstelle besitzt. Nach Gl. (4.54),

$$h^F(0) = \sum_i h(i) ,$$

ist dies der Fall, wenn die Summe der Filterkoeffizienten gleich 0 ist. Der Wert $\Phi(0)$ ist dann nicht definiert. Mit Hilfe von Gl. (4.91) kann wenigstens die Aussage gemacht werden, dass die Grenzwerte $\Phi(0-)$ und $\Phi(0+)$ nur einen der Werte 0 , $-\pi$ und π annehmen können.

Die Phasenfunktion bei Punktsymmetrie

Aus Gl. (4.89) folgt für $P = 1$

$$\Phi(f) = \pi/2 - 2\pi f k_0 + m(f)\cdot\pi . \tag{4.92}$$

Für $f = 0$ erhält man aus dieser Bedingung $\Phi(0) = \pi/2 + m(0)\cdot\pi$. Dies widerspricht Gl. (4.55), wonach $\Phi(0) = 0$ oder $\Phi(0) = \pi$ gilt. Woran liegt das? Die Phasenfunktion ist nur für Frequenzen mit $h^F(f) \neq 0$ definiert. Folglich gilt Gl. (4.92) nur für solche Frequenzen. Daraus folgt für Punktsymmetrie

$$h^F(0) = 0 . \tag{4.93}$$

Dies wird anhand der Beziehung

$$h^F(0) = \sum_i h(i)$$

deutlich: Bei Punktsymmetrie muss die Summe der Filterkoeffizienten gleich 0 sein (vgl. Tab. 4.6, S. 144). Ein punktsymmetrisches FIR–Filter kommt daher als Tiefpass nicht in Frage.

Die Phasenfunktion ist wegen $h^F(0) = 0$ bei $f = 0$ nicht definiert. Wie verhält sich die Phasenfunktion in der Nähe von $f = 0$? Da die Phasenfunktion gemäß Gl. (4.52) pseudo–ungerade ist, ergeben sich zwei Möglichkeiten:

1. Fall: $m(0-) = 0\,,\ m(0+) = -1\,.$
   Es findet ein Phasensprung von $\pi/2$ auf $-\pi/2$ statt.
2. Fall: $m(0-) = -1\,,\ m(0+) = 0\,.$
   Es findet ein Phasensprung von $-\pi/2$ auf $\pi/2$ statt. Ein Beispiel ist der Differenzierer.

Es erfolgt somit bei $f = 0$ ein Phasensprung um π.
Fassen wir zusammen:

Phasenfunktion symmetrischer FIR–Filter

Symmetrische FIR–Filter sind linearphasig. Die Phasenfunktion wird bei Achsensymmetrie äquivalent durch

$$\Phi(f) = -2\pi f k_0 + m(f)\cdot\pi\,,$$

bei Punktsymmetrie durch

$$\Phi(f) = \pi/2 - 2\pi f k_0 + m(f)\cdot\pi$$

dargestellt. Beide Beziehungen gelten nur für Frequenzen f, bei denen die Frequenzfunktion ungleich 0 ist. Die Phasenfunktion nähert sich bei Achsensymmetrie für $f \to 0$ dem Wert 0 oder $\pm\pi$ und bei Punktsymmetrie dem Wert $\pi/2$ oder $-\pi/2$. Bei Punktsymmetrie springt die Phasenfunktion bei $f = 0$ um π. Für $f = 0$ ist sie nicht definiert, da bei Punktsymmetrie $h^F(0) = 0$ gilt.

Der Phasensprung bei Punktsymmetrie und Gl. (4.84)

Der Phasensprung bei Punktsymmetrie wird bereits durch Gl. (4.84) vorhergesagt, die das Verhalten der Phasenfunktion für $f_0 = 0$ wie folgt beschreibt:

$$\Phi(f) = -q\pi f + q\pi/2\cdot\mathrm{sgn}(f) + \arg h_1^F(f)\,,\ |f| < 1\,.$$

Demnach kommt ein Phasensprung um π nur dann zustande, wenn die Nullstelle $z_0 = \mathrm{e}^{\mathrm{j}\,2\pi f_0} = 1$ der Übertragungsfunktion eine ungerade Vielfachheit q besitzt (vgl. Fall 1 in Abb. 4.9, S. 140). Ist dagegen q gerade, liegt bei $f_0 = 0$ kein Phasensprung um π vor (vgl. Fall 2 in Abb. 4.9).

Zwei Beispiele
Als Beispiele werden die FIR–Filter mit den Impulsantworten

$$h_1(k) := \frac{1}{3}[\delta(k) + \delta(k-1) + \delta(k-2)]\,, \tag{4.94}$$

$$h_2(k) := \delta(k) - \delta(k-3) \tag{4.95}$$

betrachtet. Das erste FIR–Filter entspricht einer kausalen gleitenden Mittelwertbildung nach Abschn. 4.3. Es ist achsensymmetrisch mit dem Symmetriezentrum $k_0 = 1$. Das zweite FIR–Filter ist punktsymmetrisch mit dem Symmetriezentrum $k_0 = 3/2$. Beide FIR–Filter sind daher linearphasig (s. Abb. 4.10).

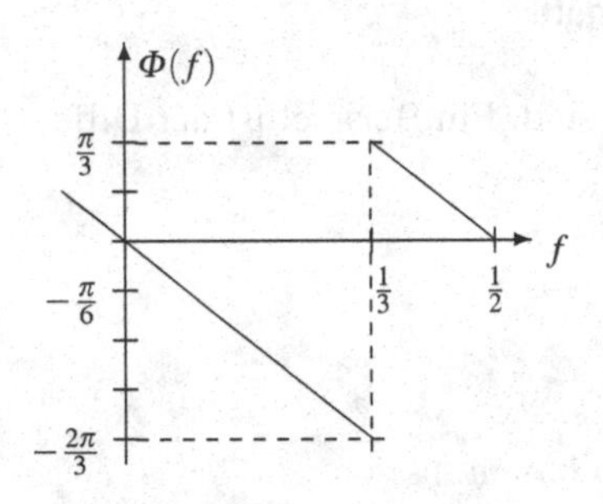

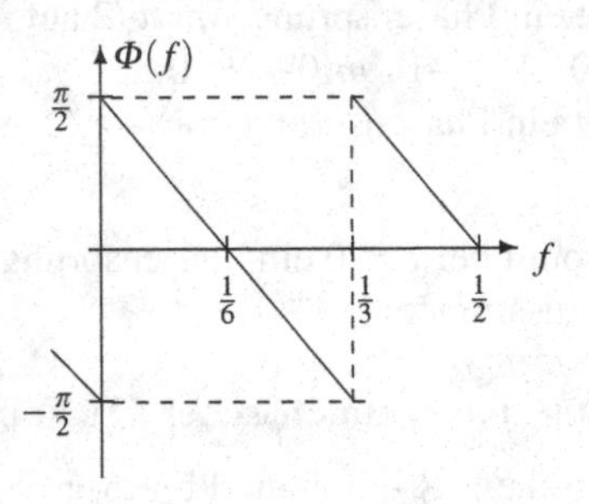

Abb. 4.10 Phasenfunktionen zweier symmetrischer FIR–Filter:
Das erste FIR–Filter (*links*) ist achsensymmetrisch mit dem Symmetriezentrum $k_0 = 1$ und der Ableitung $\Phi'(f) = -2\pi$. Das zweite FIR–Filter (*rechts*) ist punktsymmetrisch mit dem Symmetriezentrum $k_0 = 3/2$ und der Ableitung $\Phi'(f) = -3\pi$.

Erstes FIR–Filter
Die Ableitung ist $\Phi'(f) = -2\pi k_0 = -2\pi$. Die Phasenfunktion hat daher die Form $\Phi(f) = -2\pi f + m(f)\cdot\pi$. Die Impulsantwort entsteht aus der Impulsantwort des gleitenden Mittelwertbilders in Tab. 4.3, S. 121 durch Verzögerung um 1 Zeiteinheit. Folglich besitzt die Frequenzfunktion im Frequenzbereich $0 \le f \le 1/2$ die einzige Nullstelle $f_0 = 1/3$. Diese bewirkt einen Phasensprung bei $f_0 = 1/3$ um π. Da die Summe der Filterkoeffizienten gleich $1 > 0$ ist, ist $\Phi(0)$ definiert mit $\Phi(0) = 0$. Aus $\sum_i h_1(i)(-1)^i = 1/3 > 0$ folgt, dass $\Phi(1/2)$ ebenfalls definiert ist mit $\Phi(1/2) = 0$.

Zweites FIR–Filter
Die Ableitung ist $\Phi'(f) = -2\pi k_0 = -3\pi$. Die Phasenfunktion hat daher die Form $\Phi(f) = \pi/2 - 3\pi f + m(f)\cdot\pi$. Wegen der Punktsymmetrie liegt bei $f_0 = 0$ ein Phasensprung um π vor. Der zweite Phasensprung um π bei $f_0 = 1/3$ offenbart die zweite Nullstelle $f_0 = 1/3$ der Frequenzfunktion

$$h_2^F(f) = 1 - \mathrm{e}^{-\mathrm{j}\,6\pi f} = \mathrm{e}^{-\mathrm{j}\,3\pi f}\cdot[\mathrm{e}^{\mathrm{j}\,3\pi f} - \mathrm{e}^{-3\mathrm{j}\,\pi f}] = \mathrm{e}^{-\mathrm{j}\,3\pi f}\cdot 2\mathrm{j}\,\sin[3\pi f]$$

im Frequenzbereich $0 \leq f \leq 1/2$ (vgl. Übung 4.3). Die Phasenfunktion ist bei den Frequenzen $f_0 = 0$ und $f_0 = 1/3$ nicht definiert. Aus $\sum_i h(i)(-1)^i = 2 > 0$ folgt, dass $\Phi(1/2)$ definiert ist mit $\Phi(1/2) = 0$.

Einfluss des Symmetrietyps auf die Frequenzfunktion

Nach Gl. (4.93) gilt für ein punktsymmetrisches FIR–Filter $|h^F(0)| = 0$. Ein punktsymmetrisches FIR–Filter kommt daher als Tiefpass nicht in Frage. Diese und andere Einschränkungen der Frequenzfunktion eines symmetrischen FIR–Filters zeigt Tab. 4.7. Sie ergeben sich wie bei der Begründung von Gl. (4.93) oder mit Hilfe von Gl. (4.54).

Tabelle 4.7 Vier Symmetrietypen und Einschränkungen für die Frequenzfunktion. Mit k_0 wird das Symmetriezentrum bezeichnet.

	k_0 ganzzahlig	k_0 nichtganzzahlig
Achsensymmetrie	Typ 1 keine Einschränkung	Typ 2 $h^F(1/2) = 0$
Punktsymmetrie	Typ 3 $h^F(0) = h^F(1/2) = 0$	Typ 4 $h^F(0) = 0$

Nachweis der Einschränkungen der Frequenzfunktion mit Hilfe von Gl. (4.54)

Aus

$$h^F(0) = \sum_i h(i) \, , \; h^F(1/2) = \sum_i h(i)(-1)^i$$

ergeben sich die folgende Einschränkungen:

1. Typ 1:
   Es ergeben sich keine Einschränkungen für $h^F(0)$ und $h^F(1/2)$. Beispiele sind in Übung 4.6 gegeben.
2. Typ 2:
   Beispielsweise ist für $k_0 = 3/2$
   $$h^F(1/2) = h(0) - h(1) + h(2) - h(3) = 0$$
   wegen $h(1) = h(2)$, $h(0) = h(3)$.
3. Typ 3:
   Beispielsweise ist für $k_0 = 2$
   $$h^F(0) = h(0) + h(1) + h(2) + h(3) + h(4) = 0 \, ,$$
   sowie
   $$h^F(1/2) = h(0) - h(1) + h(2) - h(3) + h(4) = 0$$
   wegen $h(2) = 0$, $h(1) = -h(3)$, $h(0) = -h(4)$.
4. Typ 4:
   Beispielsweise ist für $k_0 = 3/2$ wegen $h(1) = -h(2)$, $h(0) = -h(3)$
   $$h^F(0) = h(0) + h(1) + h(2) + h(3) = 0 \, .$$

Hintereinanderschaltung symmetrischer FIR–Filter

Ergibt die Hintereinanderschaltung zweier symmetrischer FIR–Filter wieder ein symmetrisches FIR–Filter? Bei der Hintereinanderschaltung zweier FIR–Filter werden die Phasenfunktionen addiert, d. h. es gilt

$$\Phi(f) = \Phi_1(f) + \Phi_2(f)\,.$$

Nach Gl. (4.89) gelten für die Phasenfunktionen

$$\begin{aligned}\Phi_1(f) &= P_1\pi/2 - 2\pi f k_0(h_1) + m_1(f)\cdot\pi\,,\\ \Phi_2(f) &= P_2\pi/2 - 2\pi f k_0(h_2) + m_2(f)\cdot\pi\,.\end{aligned}$$

Hierbei kennzeichnet P_1, ob das erste FIR–Filter punktsymmetrisch ist ($P_1 = 1$) oder nicht ($P_1 = 0$) und P_2 die Punktsymmetrie für das zweite FIR–Filter. Mit $k_0(h_1)$ bzw. $k_0(h_2)$ wird das Symmetriezentrum des ersten bzw. zweiten FIR–Filters bezeichnet. Die Summe von $\Phi_1(f)$ und $\Phi_2(f)$ kann man in die Form

$$\Phi(f) = P\pi/2 - 2\pi f k_0 + m(f)\cdot\pi$$

bringen, indem man

$$k_0 := k_0(h_1) + k_0(h_2) \tag{4.96}$$

setzt, und P und $m(f)$ wie folgt definiert:

1. Fall: $P_1 = P_2 = 0$ oder $P_1 = 0\,,\ P_2 = 1$ oder $P_1 = 1\,,\ P_2 = 0\,.$

$$P := P_1 + P_2\,,\ m(f) := m_1(f) + m_2(f)\,. \tag{4.97}$$

2. Fall: $P_1 = P_2 = 1\,.$

$$P := 0\,,\ m(f) := m_1(f) + m_2(f) - 1\,. \tag{4.98}$$

Das Gesamtsystem besitzt somit ebenfalls eine Phasenfunktion gemäß Gl. (4.89). Da Gl. (4.89) gleichwertig zur Symmetrie des FIR–Filters ist, ist das Gesamtsystem ebenfalls symmetrisch. Hierbei werden die Symmetriezentren addiert. Dabei tritt Fall 2 auf, wonach zwei punktsymmetrische FIR–Filter ein achsensymmetrisches FIR–Filter ergeben. Ein Beispiel dafür ist die Hintereinanderschaltung zweier Differenzierer. Der Differenzierer ist punktsymmetrisch mit dem Symmetriezentrum $k_0 = 1/2$. Die Impulsantwort des Gesamtsystems ist achsensymmetrisch mit dem Symmetriezentrum $k_0 = 1/2 + 1/2 = 1$:

$$\begin{aligned}h(k) &= [\delta(k) - \delta(k-1)] * [\delta(k) - \delta(k-1)]\,,\\ &= \delta(k) - 2\delta(k-1) + \delta(k-2)\,.\end{aligned}$$

Ist nur eines der beiden Teilsysteme punktsymmetrisch, ist das Gesamtsystem ebenfalls punktsymmetrisch. Sind beide Teilsysteme achsensymmetrisch, ist das Gesamtsystem ebenfalls achsensymmetrisch.

Die Gruppenlaufzeit eines FIR–Filters
Nach Gl. (4.90) legt das Symmetriezentrum k_0 die Steigung der Phasenfunktion fest. Umgekehrt kann aus der Steigung der Phasenfunktion eines symmetrischen FIR–Filters sein Symmetriezentrum gemäß

$$k_0 = -\frac{\Phi'(f)}{2\pi} \tag{4.99}$$

abgelesen werden. Der vorliegende Ausdruck hat auch für nicht symmetrische FIR–Filter eine besondere Bedeutung. Man nennt ihn *Gruppenlaufzeit*:

Was ist die Gruppenlaufzeit?

Unter der Gruppenlaufzeit versteht man die aus der Phasenfunktion des FIR–Filters abgeleitete Größe

$$\tau_g(f) := -\frac{\Phi'(f)}{2\pi}. \tag{4.100}$$

Die Gruppenlaufzeit ist nur für Frequenzen definiert, für die die Ableitung der Phasenfunktion gebildet werden kann.

Bedeutung der Gruppenlaufzeit
Wir wollen die Gruppenlaufzeit als eine Verzögerungszeit interpretieren. Dies wird i. F. durch eine Anregung des FIR–Filters mit dem sinusförmigen Signal

$$x(k) = \cos[2\pi f k]$$

gezeigt. Dabei kann das FIR–Filter auch unsymmetrisch sein.

Es wird angenommen, dass die Frequenz f nahe bei einer Frequenz f_0 liegt, so dass die Phasenfunktion näherungsweise durch Linearisierung gemäß

$$\Phi(f) = \Phi(f_0) + \Phi'(f_0)\cdot(f - f_0)$$

dargestellt werden kann. Dadurch kann der Einfluss der Gruppenlaufzeit auf das Ausgangssignal

$$y(k) = |h^F(f)|\cdot\cos[2\pi f k + \Phi(f)]$$

wie folgt ausgedrückt werden: Aus $\Phi'(f_0) = -2\pi\tau_g(f_0)$ folgt zunächst

$$\Phi(f) = \Phi(f_0) - 2\pi\tau_g(f_0)\cdot(f - f_0).$$

Man erhält

$$y(k) = |h^F(f)|\cdot\cos[2\pi f(k - \tau_g(f_0)) + \Phi_0] \tag{4.101}$$

mit

$$\Phi_0 := \Phi(f_0) + 2\pi\tau_g(f_0)\cdot f_0. \tag{4.102}$$

Die Gruppenlaufzeit $\tau_g(f_0)$ tritt demnach als eine Verzögerungszeit bzw. Laufzeit in Erscheinung: Das sinusförmige Eingangssignal der Frequenz f wird um

$\tau_g(f_0)$ Zeiteinheiten verzögert. Die Verzögerungszeit ist für alle Frequenzen der „Frequenzgruppe“ $f \approx f_0$ näherungsweise $\tau_g(f_0)$. Die Eigenschaft der Gruppenlaufzeit als Verzögerungszeit kommt auch bei der Hintereinanderschaltung zweier FIR–Filter zum Ausdruck: Da die Phasenfunktionen addiert werden, werden die Gruppenlaufzeiten ebenfalls addiert.

Die Gruppenlaufzeit ist im Allgemeinen von der Frequenz abhängig. Bei einem symmetrischen FIR–Filter ist die Gruppenlaufzeit unabhängig von der Frequenz. Ihr konstanter Wert entspricht gerade dem Symmetriezentrum k_0 der Impulsantwort.

FIR–Filter mit konstanter Gruppenlaufzeit sind symmetrisch

Die Gruppenlaufzeit symmetrischer FIR–Filter ist konstant. Es gilt aber auch der Umkehrschluss: FIR–Filter mit konstanter Gruppenlaufzeit sind symmetrisch. Dies bedeutet, dass symmetrische FIR–Filter durch eine lineare Phasenfunktion charakterisiert sind. Eine andere Charakterisierung symmetrischer FIR–Filter mit Hilfe der Nullstellen der Übertragungsfunktion wird in Anhang A.2 beschrieben.

Nachweis der Umkehrung

Bei konstanter Gruppenlaufzeit

$$\tau_g = -\frac{\Phi'(f)}{2\pi}$$

besitzt die Phasenfunktion die Form

$$\Phi(f) = \Phi_0 - 2\pi\tau_g \cdot f + m(f) \cdot \pi\,. \tag{4.103}$$

Die ganze Zahl $m(f)$ ermöglicht Phasensprünge um π. Andere Phasensprünge sind nach den Ergebnissen von Abschn. 4.6 nicht möglich. Durch Auswertung von Gl. (4.103) für $f_0 \approx 0$ und $f_0 \approx 1/2$ wird i. F. gezeigt, dass $\Phi(f)$ mit Gl. (4.89) übereinstimmt.

1. Phasenwinkel Φ_0:
   Damit der Phasenwinkel Φ_0 eindeutig festgelegt ist, wird sein Wertebereich durch $0 \leq \Phi_0 < \pi$ definiert. Aus Gl. (4.103) folgt für Frequenzen in der Nähe von $f = 0$

   $$\Phi(0-) = \Phi_0 + m(0-) \cdot \pi\,,\ \Phi(0+) = \Phi_0 + m(0+) \cdot \pi\,.$$

   a. $\Phi(0+) = \pi$: Aus der zweiten Beziehung folgt $\Phi_0 = \pi - m(0+) \cdot \pi$. Aus $0 \leq \Phi_0 < \pi$ ergibt sich $\Phi_0 = 0$.
   b. $\Phi(0+) < \pi$: Nach Gl. (4.52) ist $\Phi(0-) = -\Phi(0+)$. Daher ist

   $$0 = \Phi(0-) + \Phi(0+) = 2\Phi_0 + [m(0-) + m(0+)] \cdot \pi\,,$$

   woraus $\phi_0 = 0$ oder $\Phi_0 = \pi/2$ folgt.

2. Gruppenlaufzeit τ_g:
   Für $f = 1/2$ ist $h^F(f)$ nach Gl. (4.54) reellwertig und daher $\Phi(f-)$ gleich 0 oder π. Aus Gl. (4.103) folgt

   $$\Phi(f-) = \Phi_0 - \pi\tau_g + m(f-) \cdot \pi\,.$$

   Nach Teil 1 gibt es zwei Fälle für Φ_0:

   a. $\Phi_0 = 0$: τ_g muss ganzzahlig sein.
   b. $\Phi_0 = \pi/2$: τ_g liegt genau zwischen zwei ganzen Zahlen.

   Folglich kann τ_g mit dem Symmetriezentrum k_0 eines symmetrischen FIR–Filters gleichgesetzt werden.

4.8 Die charakteristische Gleichung eines realisierbaren LTI–Systems

In Abschn. 3.10 haben wir die allgemeine Form eines realisierbaren LTI–Systems nachgewiesen, eine Differenzengleichung (DGL) $a * y = b * x$. Die rekursiven Filterkoeffizienten $a(i)$ ermöglichen Impulsantworten unendlicher Dauer. Sie sind für Eigenbewegungen verantwortlich, die ohne äußere Anregung zustande kommen. Dies ist für die Systembeschreibung insofern von Bedeutung, als die Impulsantwort $h(k)$ des Systems ab einem bestimmten Zeitpunkt mit einer Eigenbewegung übereinstimmt. In Abschn. 3.8.3 haben wir dies insbesondere anhand einer Rückkopplung 1. Ordnung nachvollzogen. Die Impulsantwort und die Eigenbewegungen einer Rückkopplung höherer Ordnung können rekursiv berechnet werden. Eine analytische Beschreibung wie bei der Rückkopplung 1. Ordnung gelingt damit nicht. Die sog. *charakteristische Gleichung* führt bei dieser Aufgabenstellung weiter. Sie ist sowohl für Differenzengleichungen als auch für Differentialgleichungen von Bedeutung. Mit Hilfe der Wurzeln der charakteristischen Gleichung wird die Impulsantwort der Rückkopplung 2. Ordnung im Detail untersucht.

4.8.1 Die Eigenbewegungen eines realisierbaren LTI–Systems

Eigenbewegungen als Eingangssignal
Ein realisierbares LTI–System wird nach Gl. (3.90) durch die DGL

$$a * y = b * x$$

beschrieben. Hierbei ist a eine Impulsantwort endlicher Dauer. Sie ist normiert gemäß $a(0) = 1$ und besitzt den Einschaltzeitpunkt $k_1 = 0$ sowie den Ausschaltzeitpunkt bzw. die Signalbreite N, die Ordnung der DGL. Die Eigenbewegungen ergeben sich aus $x = 0$ zu

$$a * y_0 = 0 .$$

Dieser Sachverhalt kann wie folgt interpretiert werden: Die Anregung des FIR–Filters (Impulsantwort a) mit y_0 liefert das Ausgangssignal 0. Bei dieser Interpretation wird die Eigenbewegung y_0 als ein Eingangssignal gedeutet.

Exponentielle Anregung eines FIR–Filters
Nullsignale am Ausgang eines FIR–Filters sind bei einer sinusförmig auf– oder abklingenden Anregung gemäß Gl. (4.8) möglich. Das Eingangssignal lautet für $\Phi_0 = 0$

$$x(k) = x_{\mathrm{c}}(k) = r^k \cdot \mathrm{e}^{\mathrm{j}\,2\pi f k} .$$

Dieses Eingangssignal kann auch gemäß

$$x(k) = z^k \, , \; z := r \cdot \mathrm{e}^{\mathrm{j}\,2\pi f} \tag{4.104}$$

dargestellt werden und wird daher als *exponentielle Anregung* bezeichnet. Nach Gl. (4.9) gilt der einfache Zusammenhang (s. Abb. 4.11):

$$y(k) = x(k) \cdot A(z)\,. \tag{4.105}$$

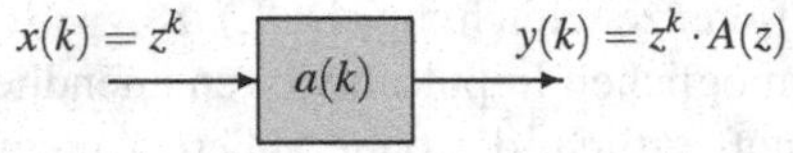

$x(k) = z^k$ → $a(k)$ → $y(k) = z^k \cdot A(z)$

Abb. 4.11 Ausgangssignal eines FIR–Filters mit der Impulsantwort a bei einer exponentiellen Anregung mit dem Pseudosignal $x(k) = z^k$

Die charakteristische Gleichung und ihre Wurzeln

Ist z eine (reelle oder komplexe) Nullstelle der Übertragungsfunktion $A(z)$, d. h. gilt $A(z) = 0$, dann ist nach Gl. (4.105) $y(k) = a(k) * z^k = 0$ und somit $y_0(k) = z^k$ eine Eigenbewegung. Die Gleichung $A(z) = 0$ ist die sog. *charakteristische Gleichung* des Systems. Mit der Abkürzung $a_i := a(i)$ lautet sie

$$A(z) = 1 + a_1 z^{-1} + \cdots + a_N z^{-N} = 0$$

oder

$$z^N + a_1 z^{N-1} + \cdots + a_N = 0\,. \tag{4.106}$$

Die Nullstellen von $A(z)$ sind die sog. *Wurzeln* der charakteristischen Gleichung. Wir bezeichnen sie mit p_1 , p_2 , ... , p_N oder allgemein mit p_0. Wegen $a_N \neq 0$ sind sie alle ungleich 0. Aus Gl. (4.18) folgt mit $a(0) = 1$ und $k_1(a) = 0$ für die Übertragungsfunktion $A(z)$ die Darstellung

$$A(z) = \frac{z - p_1}{z} \cdots \frac{z - p_N}{z}\,. \tag{4.107}$$

Nichtreelle Wurzeln treten als konjugiert komplexe Paare auf (vgl. Abschn. 4.2). Abb. 4.12 zeigt die Wurzel p_0 sowie die dazu konjugiert komplexe Wurzel p_0^*. Das Argument von p_0 definiert die sog. *Eigenfrequenz* f_0. Für den in Abb. 4.12 gezeigten Fall $\operatorname{Re} p_0 < 0$ gilt

$$2\pi f_0 = \pi - \arctan \frac{\operatorname{Im} p_0}{-\operatorname{Re} p_0}\,. \tag{4.108}$$

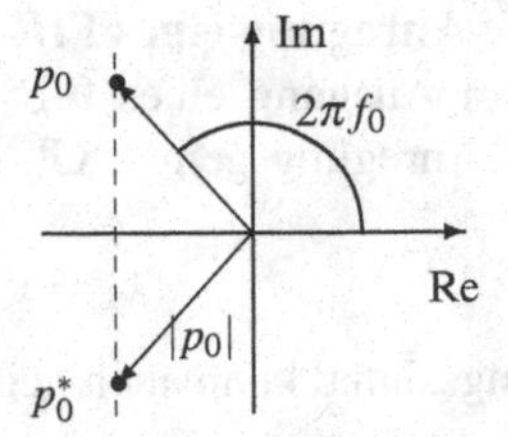

Abb. 4.12 Konjugiert komplexes Wurzelpaar. Das Argument von p_0 definiert die Eigenfrequenz f_0 gemäß $\arg p_0 = 2\pi f_0$.

Halten wir fest:

Eigenbewegungen

Ist z eine (reelle oder komplexe) Nullstelle der Übertragungsfunktion $A(z)$ und damit eine Wurzel der charakteristischen Gleichung $A(z) = 0$, dann ist $y_0(k) = z^k$ eine Eigenbewegung.

Die Eigenbewegungen bei reellen und komplexen Wurzeln

Aus den Wurzeln der charakteristischen Gleichung ergeben sich die Eigenbewegungen

$$y_0(k) = p_i^k \; , \; i = 1 \; , \ldots , N \; . \tag{4.109}$$

Bei einer reellen Wurzel p_0 ist $y_0(k) = p_0^k$ reellwertig, bei einer nichtreellen Nullstelle dagegen nicht. Wie erhält man in diesem Fall eine reellwertige Eigenbewegung? Für eine nichtreelle Wurzel p_0 erhält man weitere reellwertige Eigenbewegungen

$$y_1(k) = |p_0|^k \cdot \cos[2\pi f_0 k] \; , \; y_2(k) = |p_0|^k \cdot \sin[2\pi f_0 k] \; , \tag{4.110}$$

wie in Anhang A.1 ausgeführt wird. Die Eigenfrequenzen treten demnach als Frequenzen auf. In Anhang A.1 werden N spezielle Eigenbewegungen $y_{0,i}$ angegeben. Sie können nach Abschn. 2.6.4 beliebig miteinander gemäß

$$y_0(k) = \lambda_1 y_{0,1}(k) + \cdots + \lambda_N y_{0,N}(k) \tag{4.111}$$

kombiniert werden, d. h. y_0 ist für beliebige reelle Zahlen λ_i ebenfalls eine Eigenbewegung. Der Filtergrad N stellt somit die Anzahl der „Freiheitsgrade" für die Eigenbewegungen dar. Freiheitsgrade sind uns in einer anderen Form bereits begegnet: Als N gespeicherte Ausgangswerte im Rückkopplungspfad (vgl. Abb. 3.6, S. 91).

Die Bestimmung der Impulsantwort als eine Eigenbewegung

Nach Abschn. 3.10 stimmt die Impulsantwort eines realisierbaren Systems ab einem bestimmten Zeitpunkt mit einer Eigenbewegung des Systems überein. Bei einer Rückkopplung besteht Übereinstimmung ab dem Zeitpunkt 0, wobei die Eigenbewegung durch den Zustand der Rückkopplung gemäß Gl. (3.76),

$$y_0(-N+1) = \cdots = y_0(-1) = 0 \; , \; y_0(0) = 1 \; ,$$

festgelegt ist. Dies sind N Bedingungen, mit denen die N Faktoren $\lambda_1 \; , \ldots \lambda_N$ in Gl. (4.111) berechnet werden können.

Beispiel: Rückkopplung 1. Ordnung

Die Rückkopplungsgleichung lautet nach Gl. (3.79)

$$y(k) = x(k) + \lambda y(k-1) \; .$$

Sie stimmt mit der DGL $y(k)+a_1y(k-1)=x(k)$ für $a_1=-\lambda$ überein. Die charakteristische Gleichung lautet nach Gl. (4.106)

$$z+a_1=z-\lambda=0\,.$$

Ihre einzige Wurzel $p_1=\lambda$ ist reell. Folglich ist $y_0(k)=\lambda^k$ eine Eigenbewegung in Übereinstimmung mit Gl. (3.83). Wegen $y_0(0)=1$ stimmt sie ab dem Zeitpunkt 0 mit der Impulsantwort der Rückkopplung überein. Folglich ist

$$h_1(k)=\varepsilon(k)p_1^k=\varepsilon(k)\lambda^k \tag{4.112}$$

die Impulsantwort der Rückkopplung 1. Ordnung wie in Gl. (3.80). Daher ist die Rückkopplungsgleichung $y(k)=x(k)+\lambda y(k-1)$ für $x=\delta$, $y=h_1$ erfüllt:

$$h_1(k)-\lambda h_1(k-1)=[\delta(k)-\lambda\delta(k-1)]*h_1(k)=\delta(k)\,.$$

Anstelle eines reellen Rückkopplungsfaktors λ kann eine beliebige komplexe Zahl p_0 eingesetzt werden, d. h. es gilt

$$[\delta(k)-p_0\delta(k-1)]*[\varepsilon(k)p_0^k]=\delta(k)\,. \tag{4.113}$$

Dies prüfen wir nach:

$$\varepsilon(k)p_0^k-p_0\cdot\varepsilon(k-1)p_0^{k-1}=[\varepsilon(k)-\varepsilon(k-1)]p_0^k=\delta(k)p_0^k=\delta(k)\,.$$

4.8.2 Die Rückkopplung als Hintereinanderschaltung

Die Faktorisierung der Übertragungsfunktion $A(z)$ gemäß Gl. (4.107) eröffnet die Möglichkeit, die Rückkopplung als Hintereinanderschaltung von Rückkopplungen 1. und 2. Ordnung darzustellen, deren Impulsantworten explizit angegeben werden können. Zunächst folgt aus Gl. (4.107) und dem Faltungssatz

$$a(k)=a_1(k)*a_2(k)*\cdots*a_N(k) \tag{4.114}$$

mit

$$a_i(k):=\delta(k)-p_i\delta(k-1)\,. \tag{4.115}$$

Die Impulsantwort der Rückkopplung ist der zu a inverse Einschaltvorgang a^{-1}. Man erhält ihn durch Invertierung aller Faltungsfaktoren gemäß

$$a^{-1}(k)=a_1^{-1}(k)*a_2^{-1}(k)*\cdots*a_N^{-1}(k)\,.$$

Nach Gl. (4.113) ist

$$a_i^{-1}(k)=\varepsilon(k)p_i^k\,.$$

Daraus folgt

$$a^{-1}(k) = [\varepsilon(k)p_1^k] * [\varepsilon(k)p_2^k] * \cdots * [\varepsilon(k)p_N^k] . \quad (4.116)$$

Demnach kann die Rückkopplung als Hintereinanderschaltung gemäß Abb. 4.13 dargestellt werden. Hierbei besitzen die Teilsysteme Impulsantworten der Form

$$h_1(k) := \varepsilon(k)p_0^k , \quad (4.117)$$

wobei p_0 eine Wurzel der charakteristischen Gleichung bezeichnet.

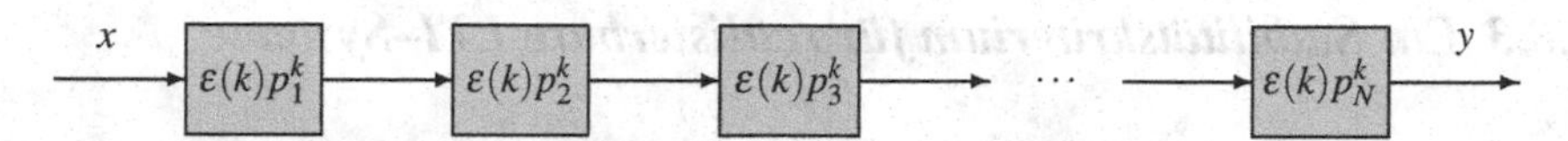

Abb. 4.13 Darstellung einer Rückkopplung als Hintereinanderschaltung. p_1 , ... , p_N sind die Wurzeln der charakteristischen Gleichung der Rückkopplung.

Teilsysteme bei reellen und nichtreellen Wurzeln

Bei einer reellen Wurzel p_0 ist die Impulsantwort $h_1 = \varepsilon(k)p_0^k$ reellwertig. Gl. (4.113) lautet

$$a_0(k) * h_1(k) = [\delta(k) - p_0\delta(k-1)] * [\varepsilon(k)p_0^k] = \delta(k) .$$

Dies bedeutet, dass h_1 die Impulsantwort der Rückkopplung 1. Ordnung mit der DGL $a_0 * y = x$ ist.

Für eine nichtreelle Wurzel p_0 ist h_1 nicht reellwertig. Ein Teilsystem mit einer reellwertigen Impulsantwort findet man wie bei der Faktorisierung von FIR–Filtern, indem die Impulsantworten zu den Wurzeln p_0 und p_0^* zusammengefasst werden: Zunächst ist für beliebige komplexe Zahlen p_1 und p_2

$$\begin{aligned}
[\varepsilon(k)p_1^k] * [\varepsilon(k)p_2^k] &= \sum_i \varepsilon(i)p_1^i \varepsilon(k-i)p_2^{k-i} = \varepsilon(k)\sum_{i=0}^{k} p_1^i p_2^{k-i} \\
&= \varepsilon(k)p_2^k \sum_{i=0}^{k} [p_1/p_2]^i . \quad (4.118)
\end{aligned}$$

Für $p_1 = p_0$ und $p_2 = p_0^* \neq p_1$ folgt aus der geometrischen Summenformel

$$\begin{aligned}
h_2(k) := [\varepsilon(k)p_0^k] * [\varepsilon(k)p_0^{*k}] &= \varepsilon(k)p_0^{*k} \sum_{i=0}^{k} [p_0/p_0^*]^i \\
&= \varepsilon(k)p_0^{*k} \frac{1 - [p_0/p_0^*]^{k+1}}{1 - p_0/p_0^*} = \varepsilon(k)\frac{p_0^{*k+1} - p_0^{k+1}}{p_0^* - p_0} \\
&= \varepsilon(k)\frac{|p_0|^{k+1} \cdot \left[e^{-j\,2\pi f_0(k+1)} - e^{j\,2\pi f_0(k+1)} \right]}{|p_0| \cdot [e^{-j\,2\pi f_0} - e^{j\,2\pi f_0}]} \\
&= \varepsilon(k)|p_0|^k \cdot \frac{\sin[2\pi f_0(k+1)]}{\sin[2\pi f_0]} . \quad (4.119)
\end{aligned}$$

Aus Gl. (4.113) folgt $a_0(k) * a_0^*(k) * h_2(k) =$

$$[\delta(k) - p_0\delta(k-1)] * [\delta(k) - p_0^*\delta(k-1)] * [\varepsilon(k)p_0^k] * [\varepsilon(k)p_0^*k] = \delta(k)\,.$$

Dies bedeutet, dass h_2 die Impulsantwort der Rückkopplung 2. Ordnung mit der DGL $[a_0 * a_0^*] * y = x$ ist.

4.8.3 Ein Stabilitätskriterium für realisierbare LTI–Systeme

Stabilitätskriterium
Aus der Darstellung der Rückkopplung als Hintereinanderschaltung folgt, dass die Rückkopplung stabil sein muss, wenn alle Teilsysteme stabil sind. Nach Gl. (4.117) ist dies der Fall, wenn alle Wurzeln p_1 , p_2 , ... , p_N einen Betrag < 1 haben, denn dann ist die Impulsantwort h_1 exponentiell abklingend gemäß

$$|h_1(k)| = \varepsilon(k)|p_0|^k\,.$$

Für die Impulsantwort h_2 gemäß Gl. (4.119) gilt wegen $|\sin\alpha| \le 1$

$$|h_2(k)| \le \varepsilon(k)|p_0|^k \cdot \frac{1}{|\sin[2\pi f_0]|}\,.$$

In beiden Fällen gilt somit

$$|h(k)| \le \varepsilon(k)C \cdot |p_0|^k \tag{4.120}$$

mit einer Konstanten $C > 0$, d. h. der Abklingfaktor ist $|p_0| < 1$. Die Impulsantworten sind daher auch absolut summierbar:

$$\sum_i |h(i)| \le C \cdot \sum_{i=0}^{\infty} |p_0|^i = C \cdot \frac{1}{1-|p_0|} < \infty\,.$$

Die Rückkopplung ist somit stabil. Die Rückkopplung und damit auch ein realisierbares LTI–System ist daher stabil, wenn alle Wurzeln der charakteristischen Gleichung im Innern des Einheitskreises liegen:

$$|p_1|\,, \ldots\,, |p_N| < 1\,. \tag{4.121}$$

Dies ist ein wichtiges *Stabilitätskriterium* für realisierbare LTI–Systeme.

Gilt auch der Umkehrschluss?
Es stellt sich die Frage, ob das gefundene Stabilitätskriterium nicht nur hinreichend ist, sondern auch notwendigerweise bei Stabilität erfüllt sein muss. Gehen wir i. F. von einer stabilen Rückkopplung aus. Liegen dann alle Wurzeln der charakteristischen Gleichung im Innern des Einheitskreises? Müssen demnach die

Impulsantworten h_1 und h_2 aller Teilsysteme exponentiell abklingend sein oder ist es möglich, dass es instabile Teilsysteme geben kann, deren instabiles Verhalten durch andere stabile Teilsysteme „kompensiert" wird?

Gehen wir zur Beantwortung dieser Frage von der Darstellbarkeit der Rückkopplung als Hintereinanderschaltung gemäß Abb. 4.13 aus. Wir nehmen an, dass die Rückkopplung stabil ist, aber eine der Wurzeln nicht im Innern des Einheitskreises liegt. Nehmen wir an, dass p_1 eine Wurzel mit

$$|p_1| \geq 1$$

ist. Wir „präparieren" das 1. Teilsystem der Rückkopplung, welches zu der Wurzel p_1 gehört, aus der Rückkopplung heraus, indem wir alle anderen Teilsysteme der Rückkopplung invertieren. Nach Gl. (4.113) ist dies durch die Impulsantworten $a_i(k) = \delta(k) - p_i\delta(k-1)$ möglich (s. Abb. 4.14). Es wird somit eine „partielle Invertierung" durchgeführt. Das Gesamtsystem besitzt daher die Impulsantwort des 1. Teilsystems. Das Gesamtsystem ist die Hintereinanderschaltung aus den zwei folgenden Teilsystemen:

1. Die Rückkopplung, welche nach Voraussetzung stabil ist.
2. Das FIR–Filter mit der Impulsantwort $a_2 * \cdots * a_N$.

Da FIR–Filter stabil sind, sind beide Teilsysteme stabil. Daher muss auch das Gesamtsystem stabil sein. Da das Gesamtsystem die Impulsantwort des 1. Teilsystems besitzt, ist das 1. Teilsystem ebenfalls stabil. Für seine Impulsantwort ist nach Gl. (4.117)

$$|h_1(k)| = |p_1|^k \geq 1\,,\; k \geq 0\,.$$

Die Impulsantwort h_1 ist somit nicht abklingend und kann daher auch nicht absolut summierbar sein (vgl. Abschn. 1.3.2). Dies widerspricht der Stabilität des 1. Teilsystems, womit die Annahme $|p_1| \geq 1$ widerlegt ist. Daher müssen bei einer stabilen Rückkopplung alle Teilsysteme stabil sein.

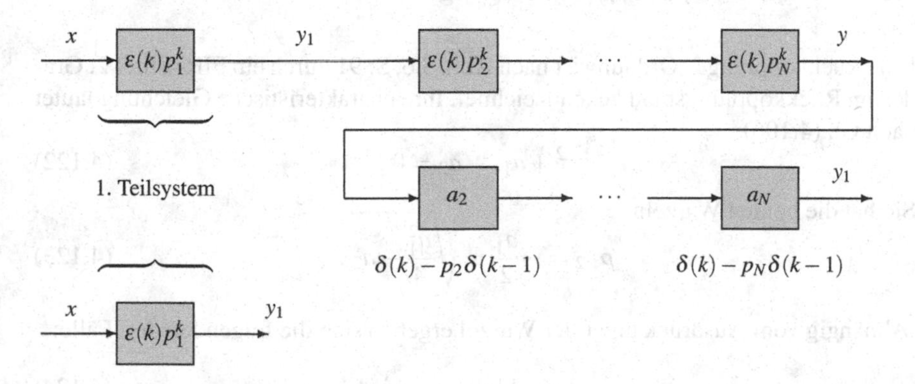

Abb. 4.14 Partielle Invertierung einer Rückkopplung (Ausgangssignal y): Das Gesamtsystem besitzt die gleiche Impulsantwort wie das 1. Teilsystem.

Stabilität für realisierbare LTI–Systeme
Ein realisierbares LTI–System lässt sich als Hintereinanderschaltung einer Rückkopplung und eines FIR–Filters darstellen. Da FIR–Filter stabil sind, ist das System stabil, wenn die Rückkopplung stabil ist. Das System ist daher stabil, wenn alle Wurzeln der charakteristischen Gleichung im Innern des Einheitskreises liegen. Ist diese Bedingung verletzt, ist die Rückkopplung instabil. Das System kann in diesem Fall trotzdem stabil sein, beispielsweise dann, wenn das FIR–Filter die Rückkopplung invertiert, also die Impulsantwort $b = a$ besitzt.
Fassen wir zusammen:

Faktorisierung der Rückkopplung und Stabilitätskriterium

Eine Rückkopplung ist als Hintereinanderschaltung von Rückkopplungen 1. und 2. Ordnung darstellbar. Die Impulsantwort für eine Rückkopplung 1. Ordnung hat die Form

$$h_1(k) = \varepsilon(k) p_0^k ,$$

die Impulsantwort für eine Rückkopplung 2. Ordnung die Form

$$h_2(k) = \varepsilon(k)|p_0|^k \cdot \frac{\sin[2\pi f_0(k+1)]}{\sin[2\pi f_0]} ,$$

wobei p_0 im ersten Fall eine reelle, im zweiten Fall eine nichtreelle Wurzel der charakteristischen Gleichung ist. Die Rückkopplung ist genau dann stabil, wenn alle Wurzeln p_i im Innern des Einheitskreises liegen, d. h. für $|p_i| < 1$. Ein realisierbares LTI–System ist ebenfalls stabil, wenn diese Bedingung erfüllt ist.

4.8.4 Die Rückkopplung 2. Ordnung

Eine Rückkopplung 2. Ordnung ist nach Abb. 3.6, S. 91 durch ein FIR–Filter 2. Grades im Rückkopplungspfad gekennzeichnet. Ihre charakteristische Gleichung lautet nach Gl. (4.106)

$$z^2 + a_1 z + a_2 = 0 . \tag{4.122}$$

Sie hat die beiden Wurzeln

$$p_{1,2} = -\frac{a_1}{2} \pm \sqrt{\frac{a_1^2}{4} - a_2} . \tag{4.123}$$

Abhängig vom Ausdruck unter der Wurzel ergeben sich die folgenden drei Fälle:

$$\text{Kriechfall:} \quad a_1^2/4 - a_2 > 0 , \tag{4.124}$$

$$\text{Aperiodischer Grenzfall:} \quad a_1^2/4 - a_2 = 0 , \tag{4.125}$$

$$\text{Schwingfall:} \quad a_1^2/4 - a_2 < 0 . \tag{4.126}$$

Wurzeln der charakteristischen Gleichung

1. Kriechfall: Beide Wurzeln p_1 und p_2 sind reell und verschieden.
2. Aperiodischer Grenzfall:
   Beide Wurzeln sind reell und gleich, d. h. $p_1 = -a_1/2$ ist eine zweifache Wurzel.
3. Schwingfall: Beide Wurzeln sind zueinander konjugiert komplex, d. h.

$$p_{1,2} = -\frac{a_1}{2} \pm \mathrm{j}\sqrt{a_2 - \frac{a_1^2}{4}} = \sqrt{a_2}\cdot \mathrm{e}^{\pm \mathrm{j}\,2\pi f_0}\,. \tag{4.127}$$

Der Betrag von $p_{1,2}$ folgt aus

$$|p_{1,2}| = \sqrt{\frac{a_1^2}{4} + a_2 - \frac{a_1^2}{4}} = \sqrt{a_2}\,.$$

Der Wert a_2 ist aufgrund der Bedingung für den Schwingfall positiv. f_0 ist die Eigenfrequenz des Systems, festgelegt durch $2\pi f_0 := \arg p_1$.

Impulsantworten der Rückkopplung 2. Ordnung

Für den Kriechfall und aperiodischen Grenzfall sind die Wurzeln $p_{1,2}$ reell und daher die Impulsantworten gemäß Gl. (4.117) reellwertig. Die Rückkopplung 2. Ordnung lässt sich somit für diese beiden Fälle als Hintereinanderschaltung zweier Rückkopplungen 1. Ordnung darstellen.

1. Kriechfall: Für die Impulsantwort folgt aus Gl. (4.118)

$$\begin{aligned} h(k) &= [\varepsilon(k)p_1^k] * [\varepsilon(k)p_2^k] = \varepsilon(k)p_2^k \frac{1-[p_1/p_2]^{k+1}}{1-p_1/p_2} \\ &= \varepsilon(k)\frac{p_2^{k+1}-p_1^{k+1}}{p_2-p_1}\,. \end{aligned} \tag{4.128}$$

2. Aperiodischer Grenzfall: Für die Impulsantwort folgt aus Gl. (4.118)

$$h(k) = [\varepsilon(k)p_1^k] * [\varepsilon(k)p_1^k] = \varepsilon(k)p_1^k\cdot(k+1)\,. \tag{4.129}$$

3. Schwingfall: Die Impulsantwort lautet gemäß Gl. (4.119)

$$\begin{aligned} h(k) &= [\varepsilon(k)p_0^k] * [\varepsilon(k)p_0^{*k}] \\ &= \varepsilon(k)|p_1|^k \cdot \frac{\sin[2\pi f_0(k+1)]}{\sin[2\pi f_0]}\,. \end{aligned} \tag{4.130}$$

Für $a_2 = 1$ ist $|p_1| = 1$ und es liegt der Fall einer *ungedämpften Schwingung* vor.

Impulsantwort als Eigenbewegung

Für eine Rückkopplung 2. Ordnung stimmt die Impulsantwort ab dem Zeitpunkt 0 mit der Eigenbewegung überein, welche durch den Zustand

$$y_0(-1) = 0 \,, \; y_0(0) = 1 \tag{4.131}$$

festgelegt ist. Dies prüfen wir für den Kriechfall nach. Für den Kriechfall haben nach Gl. (4.111) Eigenbewegungen die Form

$$y_0(k) = \lambda_1 p_1^k + \lambda_2 p_2^k \,. \tag{4.132}$$

Aus Gl. (4.131) folgt das Gleichungssystem

$$\begin{aligned} k = 0 \; &: \; \lambda_1 + \lambda_2 = 1 \,, \\ k = -1 \; &: \; \frac{\lambda_1}{p_1} + \frac{\lambda_2}{p_2} = 0 \end{aligned}$$

mit der Lösung

$$\lambda_1 = \frac{p_1}{p_1 - p_2} \,, \; \lambda_2 = -\frac{p_2}{p_1 - p_2} \,,$$

woraus die Impulsantwort

$$h(k) = \varepsilon(k) \frac{p_1^{k+1} - p_2^{k+1}}{p_1 - p_2} = \varepsilon(k) \frac{p_2^{k+1} - p_1^{k+1}}{p_2 - p_1}$$

folgt. Sie stimmt tatsächlich mit Gl. (4.128) überein.

Beispiele für die Rückkopplung 2. Ordnung

Abb. 4.15–4.17 zeigen Impulsantworten für alle drei Fälle. Einen Überblick gibt Tab. 4.8. Die gezeigten Impulsantworten sind auf– oder abklingend. Nur bei einer abklingenden Impulsantwort ist die Rückkopplung stabil. Für den Schwingfall sind die Impulsantworten *sinusförmig oszillierend*. Dies wird durch einen sinusförmigen Faktor der Impulsantwort mit der Eigenfrequenz $f_0 = 3/8$ oder $f_0 = 1/8$ als Frequenz verursacht. Die Impulsantworten für den aperiodischen Grenzfall gemäß Gl. (4.129) können wegen des Faktors $k+1$ zunächst ansteigen, bevor sie abklingen.

Tabelle 4.8 Beispiele für die Rückkopplung 2. Ordnung

Beispiel	a_1	a_2	Bemerkung
1	1	0.5	Stabiler Schwingfall mit $f_0 = 3/8$
2	-1	0.5	Stabiler Schwingfall mit $f_0 = 1/8$
3	2	2	Instabiler Schwingfall mit $f_0 = 3/8$
4	-2	2	Instabiler Schwingfall mit $f_0 = 1/8$
5	0.5	-0.25	Stabiler Kriechfall mit alternierendem Vorzeichen
6	-0,5	-0.25	Stabiler Kriechfall mit konstantem Vorzeichen
7	0.5	-1	Instabiler Kriechfall mit alternierendem Vorzeichen
8	-0.5	-1	Instabiler Kriechfall mit konstantem Vorzeichen
9	1.25	0.3906	Aperiodischer Grenzfall (stabil) mit alternierendem Vorzeichen
10	-1.25	0.3906	Aperiodischer Grenzfall (stabil) mit konstantem Vorzeichen

Beispiel 1: Stabil, $f_0 = 3/8$

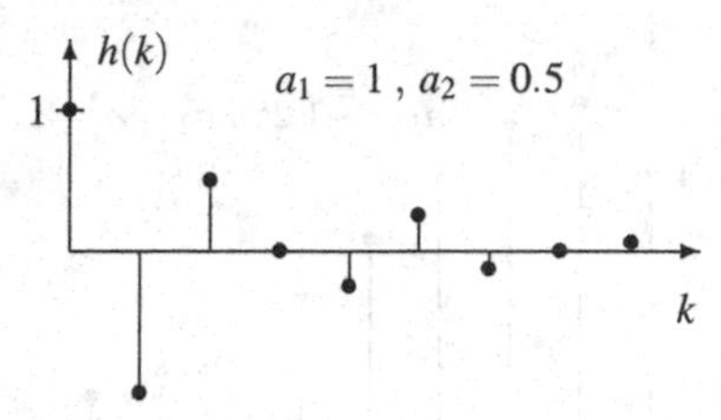

Beispiel 2: Stabil, $f_0 = 1/8$

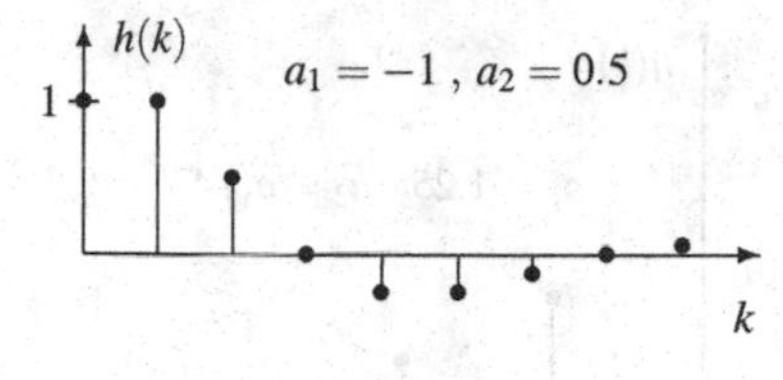

Beispiel 3: Instabil, $f_0 = 3/8$

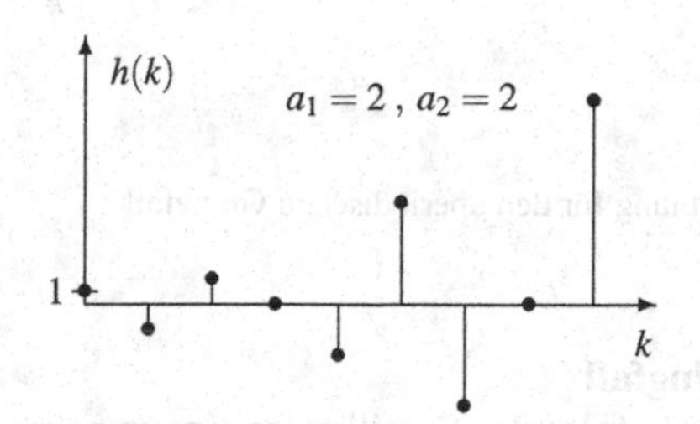

Beispiel 4: Instabil, $f_0 = 1/8$

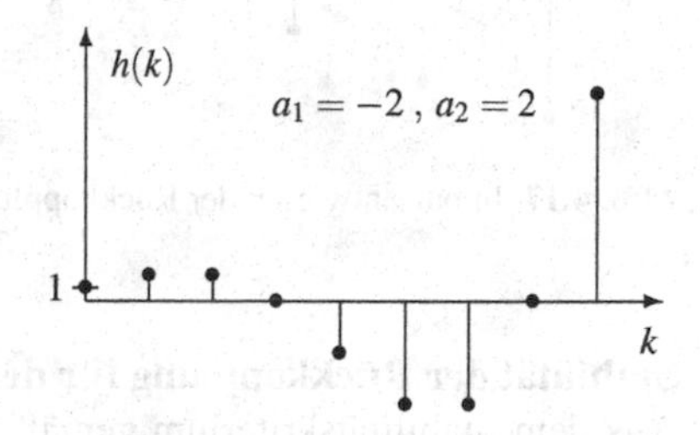

Abb. 4.15 Impulsantworten der Rückkopplung 2. Ordnung für den Schwingfall

Beispiel 5: Stabil, $a_1 > 0$

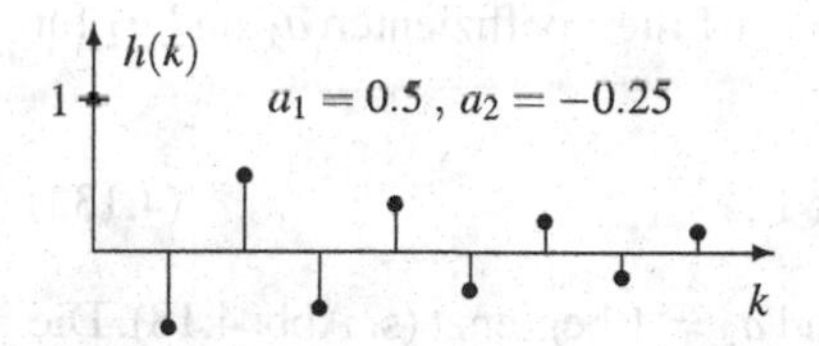

Beispiel 6: Stabil, $a_1 < 0$

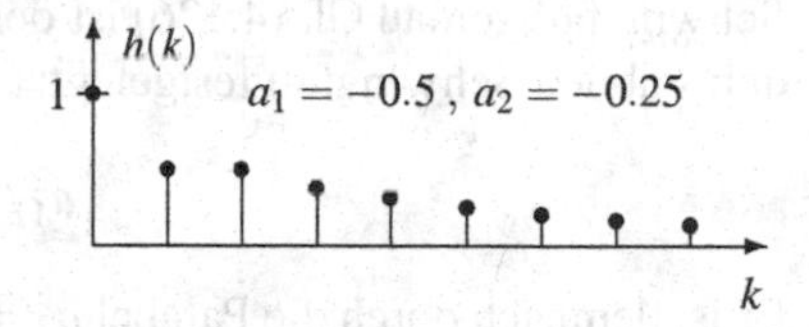

Beispiel 7: Instabil, $a_1 > 0$

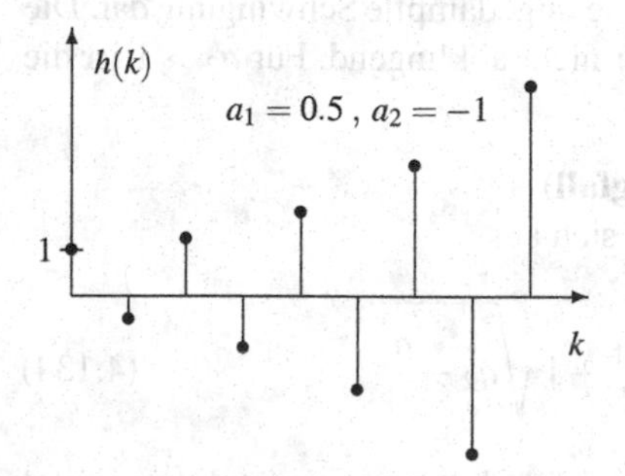

Beispiel 8: Instabil, $a_1 < 0$

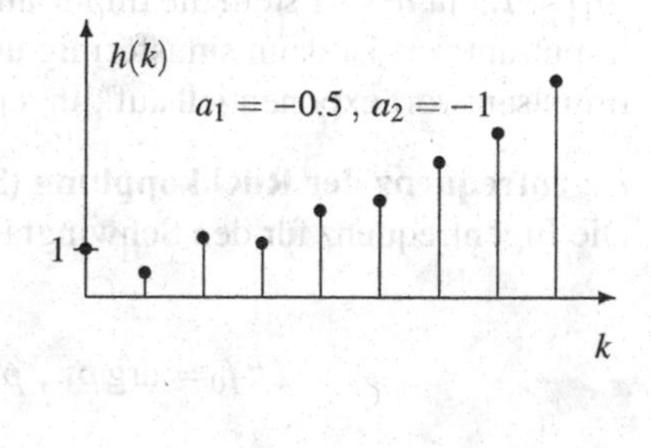

Abb. 4.16 Impulsantworten der Rückkopplung 2. Ordnung für den Kriechfall: In den Beispielen 5 und 7 wechseln die Signalwerte ständig das Vorzeichen, in den Beispielen 6 und 8 wechselt das Vorzeichen nicht.

Beispiel 9: Stabil, $a_1 > 0$

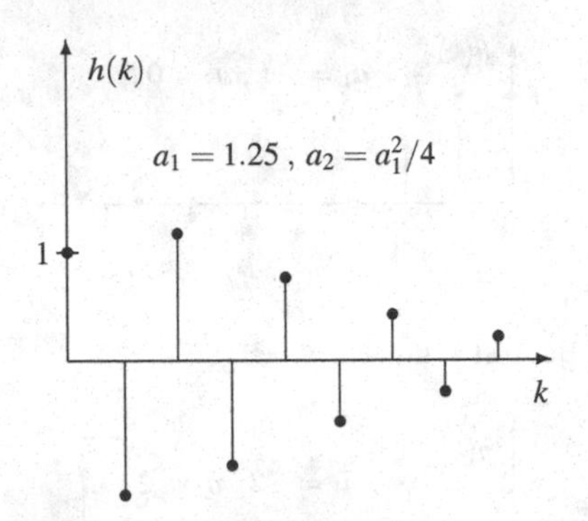

Beispiel 10: Stabil, $a_1 < 0$

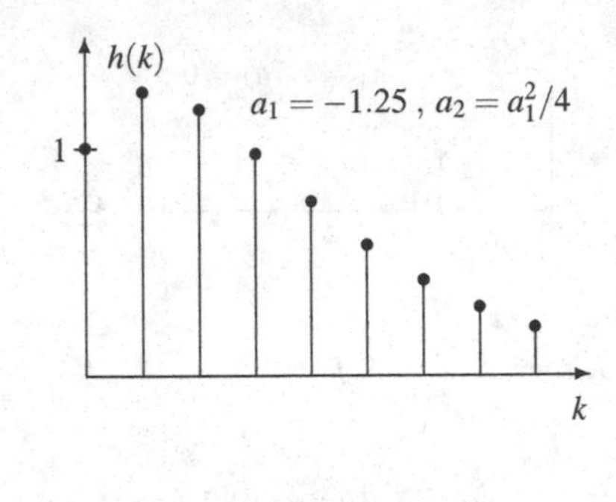

Abb. 4.17 Impulsantworten der Rückkopplung 2. Ordnung für den aperiodischen Grenzfall

Stabilität der Rückkopplung für den Schwingfall
Aus dem Stabilitätskriterium gemäß Gl. (4.121) folgt die Stabilitätsbedingung für den Schwingfall:

$$|p_1| = \sqrt{a_2} < 1\,.$$

Da für $a_2 < 1$ die Rückkopplung stabil, hingegen für $a_2 > 1$ instabil ist, stellt $a_2 = 1$ eine *Stabilitätsgrenze* dar. Auf der Stabilitätsgrenze selbst ist die Rückkopplung instabil. Mit der vorstehenden Stabilitätsbedingung und der Bedingung für den Schwingfall gemäß Gl. (4.126) ist der Bereich der Filterkoeffizienten a_1 und a_2 für den stabilen Schwingfall festgelegt:

$$a_1^2/4 < a_2 < 1\,. \tag{4.133}$$

Er ist demnach durch die Parabel $a_2 = a_1^2/4$ und $a_2 = 1$ begrenzt (s. Abb. 4.18). Die Impulsantwort ist in diesem Bereich exponentiell abklingend mit dem Abklingfaktor $|p_1| < 1$. Für $a_2 = 1$ stellt die Impulsantwort eine ungedämpfte Schwingung dar. Die Impulsantwort ist dann sinusförmig und daher nicht abklingend. Für $a_2 > 1$ ist die Impulsantwort exponentiell aufklingend.

Eigenfrequenz der Rückkopplung (Schwingfall)
Die Eigenfrequenz für den Schwingfall ergibt sich aus

$$2\pi f_0 = \arg p_1\,,\; p_1 = -\frac{a_1}{2} + \mathrm{j}\sqrt{a_2 - \frac{a_1^2}{4}}\,. \tag{4.134}$$

Für $a_1 < 0$ ist $\mathrm{Re}\,[p_1]$ positiv, während der Imaginärteil stets positiv ist. Daraus folgt $0 < 2\pi f_0 < \pi/2$ oder $0 < f_0 < 1/4$. Der Filterkoeffizient $\tilde{a}_1 := -a_1$ bewirkt einen Vorzeichenwechsel des Realteils, hat aber keinen Einfluss auf den Imaginärteil. Daraus folgt, dass die Eigenfrequenz f_1 für $\tilde{a}_1$ mit der Eigenfrequenz f_0 für a_1 gemäß $2\pi f_1 = \pi - 2\pi f_0$ bzw.

$$f_1 = 1/2 - f_0 \tag{4.135}$$

verknüpft ist. Für Beispiel 2 ist $a_1 = -1 < 0$ mit der Eigenfrequenz $f_0 = 1/8$. Der Vorzeichenwechsel von a_1 führt in Beispiel 1 auf die Eigenfrequenz $f_1 = 1/2 - 1/8 = 3/8$.

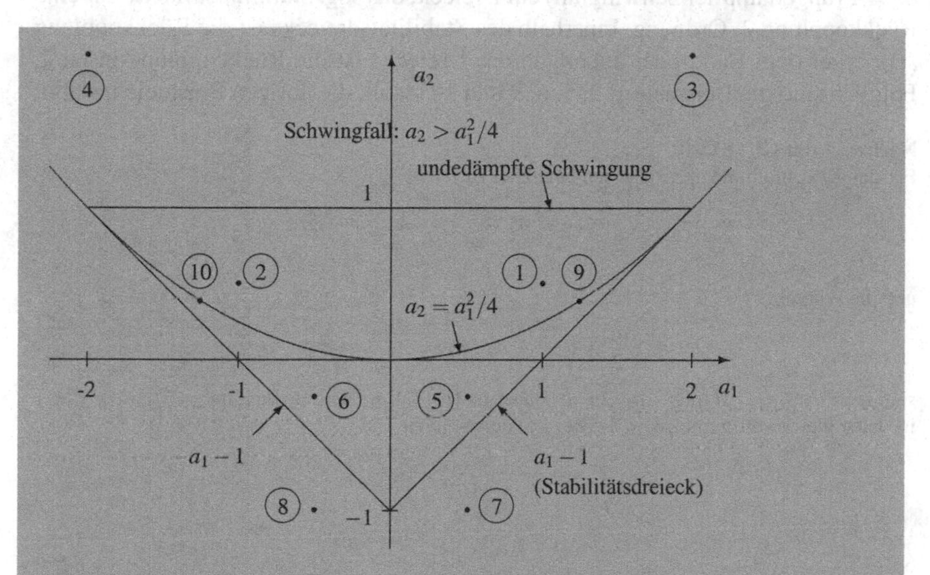

Abb. 4.18 Koeffizientenbereich für die Rückkopplung 2. Ordnung: Die Parabel $a_2 = a_1^2/4$ ist der aperiodische Grenzfall. Der Bereich unterhalb der Parabel ist der Kriechfall, der Bereich oberhalb der Parabel der Schwingfall. Der Bereich zwischen der Parabel und der horizontalen Gerade $a_2 = 1$ ist der stabile Schwingfall. Für Koeffizienten innerhalb des dargestellten Dreiecks ist die Rückkopplung stabil. Die Beispiele 1 bis 10 aus Tab. 4.8, S. 162 sind ebenfalls dargestellt.

Stabilitätsdreieck

Nach Gl. (4.121) ist Stabilität gleichwertig mit der Bedingung $|p_1| < 1$, $|p_2| < 1$. Es muss demnach das Maximum der Beträge $|p_1|$ und $|p_2|$,

$$r_1 := \max\{|p_1|, |p_2|\}, \tag{4.136}$$

kleiner als 1 sein:

$$r_1 < 1. \tag{4.137}$$

Die Bezeichnung r_1 rührt daher, dass r_1 als *Radius* aufgefasst werden kann. Der Kreis um den Nullpunkt mit diesem Radius schließt die beiden Wurzeln p_1 und p_2 ein. Für den Kriechfall sind beide Wurzeln reell. Die Stabilität ist gleichwertig mit (Nachweis folgt):

$$a_1 \geq 0 : a_2 > a_1 - 1, \; a_1 < 2, \tag{4.138}$$

$$a_1 \leq 0 : a_2 > -a_1 - 1, \; a_1 > -2. \tag{4.139}$$

Demnach liegt Stabilität vor, wenn der Filterkoeffizient a_2 oberhalb der beiden in Abb. 4.18 dargestellten Geraden $a_2 = -a_1 - 1$ und $a_2 = a_1 - 1$ liegt. Der Stabilitätsbereich für den Kriechfall ist folglich durch diese beiden Geraden und der Parabel $a_2 = a_1^2/4$ begrenzt. Die beiden Geraden bilden zusammen mit der Stabilitätsgrenze $a_2 = 1$ (ungedämpfter Schwingfall) ein Dreieck, das sog. *Stabilitätsdreieck* für eine Rückkopplung 2. Ordnung. Innerhalb des Stabilitätsdreiecks ist die Rückkopplung stabil, auf dem Rand oder außerhalb des Dreiecks ist die Rückkopplung instabil. Folglich sind die Beispiele 1, 2, 5, 6, 9 und 10 stabil, die übrigen Beispiele instabil.

Nachweis von Gl. (4.138)
Für den Kriechfall und aperiodischen Grenzfall ist

$$\frac{a_1^2}{4} - a_2 \geq 0$$

und die Wurzeln

$$p_1 = -\frac{a_1}{2} + \sqrt{\frac{a_1^2}{4} - a_2}\,, \; p_2 = -\frac{a_1}{2} - \sqrt{\frac{a_1^2}{4} - a_2}$$

sind reell. Aus $a_1 \geq 0$ folgt $-a_1/2 \leq 0$. Daher ist $|p_2| \geq |p_1|$. Die Bedingung $|p_1| < 1$, $|p_2| < 1$ ist daher gleichwertig mit $|p_2| < 1$. Dies ist äquivalent zu

$$p_2 = -\frac{a_1}{2} - \sqrt{\frac{a_1^2}{4} - a_2} > -1$$

oder

$$\sqrt{\frac{a_1^2}{4} - a_2} < 1 - \frac{a_1}{2}\,.$$

Dies ist gleichbedeutend mit den beiden Bedingungen

$$\frac{a_1^2}{4} - a_2 < 1 - a_1 + \frac{a_1^2}{4}\,, \; 1 - \frac{a_1}{2} > 0\,.$$

Die vorstehenden Bedingungen vereinfachen sich zu $a_2 > a_1 - 1$, $a_1 < 2$.
Der Nachweis von Gl. (4.139) verläuft analog.

Vorzeichenwechsel für den Kriechfall und aperiodischen Grenzfall

Die Beispiele 5–10 der Abb. 4.16 und 4.17 zeigen: Für $a_1 > 0$ wechseln die Signalwerte der Impulsantwort ab dem Zeitpunkt 0 ständig das Vorzeichen (alternierende Vorzeichen). Dies kann nicht auf eine Eigenfrequenz zurückgeführt werden, da eine Eigenfrequenz nur für den Schwingfall definiert ist. Dieses Merkmal ist vielmehr auf eine negative Wurzel der charakteristischen Gleichung zurückzuführen. Für $a_1 < 0$ dagegen ist das Vorzeichen konstant.

Nachweis für den Kriechfall
Die beiden reellen Wurzeln sind

$$p_1 = -\frac{a_1}{2} + \sqrt{\frac{a_1^2}{4} - a_2}\,, \; p_2 = -\frac{a_1}{2} - \sqrt{\frac{a_1^2}{4} - a_2}\,.$$

Sie legen den zeitabhängigen Faktor $p_2^{k+1} - p_1^{k+1}$ der Impulsantwort nach Gl. (4.128) fest.

1. $a_1 > 0$: Alternierendes Vorzeichen.
   In diesem Fall ist
   $$p_2 < 0\,,\ |p_2| > |p_1|\,.$$
   Daraus folgt
   $$p_2^{k+1} - p_1^{k+1} = p_2^{k+1} \cdot \left[1 - \left(\frac{p_1}{p_2}\right)^{k+1}\right].$$
   Der erste Faktor wechselt wegen $p_2 < 0$ ständig das Vorzeichen. Der zweite Faktor dagegen ist wegen $|p_2| > |p_1|$ positiv. Das Vorzeichen der Impulsantwort ist somit alternierend.
2. $a_1 < 0$: Konstantes Vorzeichen.
   In diesem Fall ist
   $$p_1 > 0\,,\ |p_1| > |p_2|\,.$$
   Daraus folgt
   $$p_2^{k+1} - p_1^{k+1} = p_1^{k+1} \cdot \left[\left(\frac{p_2}{p_1}\right)^{k+1} - 1\right].$$
   Der erste Faktor ist positiv, der zweite Faktor negativ. Das Vorzeichen der Impulsantwort ist somit (ab dem Zeitpunkt 0) konstant.

Nachweis für den aperiodischen Grenzfall

Die zweifache reelle Wurzel ist $p_1 = -a_1/2$ und die Impulsantwort nach Gl. (4.129) durch $h(k) = \varepsilon(k)p_1^k \cdot (k+1)$ gegeben. Daraus folgt für $a_1 > 0$ ein alternierendes Vorzeichen und für $a_1 < 0$ ein konstantes Vorzeichen ab $k = 0$.

Wachstum der Impulsantwort

Der Radius r_1 gemäß Gl. (4.136) bestimmt das Verhalten der Impulsantwort für $k \to \infty$, d. h. ihr Wachstum. Für eine stabile Rückkopplung ist $r_1 < 1$ und wir erhalten abklingende Impulsantworten. Wir untersuchen das Wachstum für alle drei Fälle im Detail.

1. Kriechfall:
   Die Impulsantwort kann für $k \geq 0$ gemäß Gl. (4.128) wie folgt abgeschätzt werden:
   $$|h(k)| = \frac{|p_2^{k+1} - p_1^{k+1}|}{|p_2 - p_1|} \leq \frac{|p_2|^{k+1} + |p_1|^{k+1}}{|p_2 - p_1|}$$
   Es ist demnach
   $$|h(k)| \leq C \cdot r_1^k\,,\ C := \frac{2r_1}{|p_2 - p_1|}\,. \tag{4.140}$$
   Der Radius r_1 tritt somit als *Abklingfaktor* der Impulsantwort in Erscheinung.
2. Aperiodischer Grenzfall:
   Aus Gl. (4.129) folgt zunächst für $k \geq 0$
   $$|h(k)| = |p_1|^k \cdot (k+1)\,.$$
   Der Faktor $k+1$ ist dafür verantwortlich, dass die Betragswerte der Impulsantwort zunächst ansteigen können. Das Abklingverhalten wird jedoch durch den exponentiellen Faktor $|p_1|^k$ festgelegt, denn es gilt

$$|h(k)| \leq C(r) \cdot r^k \, , \; r > r_1 \, . \tag{4.141}$$

Hierbei ist r eine beliebige Zahl mit $r > r_1$ und $C(r)$ eine von r abhängige Konstante (Nachweis folgt). Dies bedeutet, dass jede Zahl $r > r_1$ ein Abklingfaktor ist. Der Wert $r_1 = |p_1|$ selbst ist kein Abklingfaktor, was auf den Faktor $k+1$ der Impulsantwort zurückzuführen ist.

3. Schwingfall: Aus Gl. (4.130) folgt

$$|h(k)| \leq C \cdot |p_1|^k = C \cdot r_1^k \, , \; C := 1/\sin[2\pi f_0] \, . \tag{4.142}$$

In allen drei Fällen legt der Radius r_1 den Abklingfaktor der Impulsantwort fest: Für den Kriechfall und Schwingfall ist der Abklingfaktor gleich r_1 wählbar, für den aperiodischen Grenzfall ist jede Zahl $r > r_1$ ein Abklingfaktor. Für $r_1 < 1$ folgt, dass die Impulsantwort exponentiell abklingt. Dabei klingt die Impulsantwort umso schneller ab, je kleiner r_1 ist. Dies gilt auch für den aperiodischen Grenzfall, denn dann kann der Abklingfaktor gemäß $r_1 < r < 1$ gewählt werden.

Nachweis von Gl. (4.141)
Es ist für $k \geq 0$

$$|h(k)| = |p_1|^k \cdot (k+1) = \left[\frac{|p_1|}{r}\right]^k \cdot r^k \cdot (k+1) = f(k) \cdot r^k$$

mit dem Signal

$$f(k) := (k+1) \cdot \lambda^k \, , \; \lambda := |p_1|/r \, .$$

Aus $r > r_1$ folgt $\lambda = |p_1|/r = r_1/r < 1$. Das Signal $f(k)$ ist daher beschränkt, so dass $C(r)$ als eine obere Schranke von $f(k)$ gewählt werden kann. Zur Bestimmung von $C(r)$ wird die Funktion

$$f(v) := (v+1) \cdot \lambda^v \, , \; v > 0 \, , \; 0 < \lambda < 1$$

betrachtet. Hinsichtlich ihrer Ableitung

$$f'(v) = \lambda^v \cdot [1 + (v+1) \cdot \ln \lambda]$$

an der Stelle $v = 0$ sind die folgenden zwei Fälle zu unterscheiden:

1. $f'(0) = 1 + \ln \lambda \leq 0$: Aus $\lambda < 1$ folgt $\ln \lambda < 0$. Daher ist $f'(v) < 0$, d. h. $f(v)$ ist monoton fallend und daher maximal für $v = 0$ mit $f(0) = 1$. Folglich kann $C(r) := 1$ gewählt werden.
2. $f'(0) = 1 + \ln \lambda > 0$: $f(v)$ besitzt ein Maximum bei $v_0 > 0$ mit $f'(v_0) = 0$, also bei $v_0 = -1 - 1/\ln \lambda > 0$. Es ist

$$f(v_0) = (v_0 + 1) \cdot \lambda^{v_0} < v_0 + 1 = -1/\ln \lambda \, .$$

Folglich kann $C(r) := -1/\ln \lambda$ gewählt werden.

Die Rückkopplung 1. Ordnung als Sonderfall

Für die Rückkopplung 2. Ordnung ist $a_2 \neq 0$. Abb. 4.18 enthält auch den Fall $a_2 = 0$. In diesem Fall liegt eine Rückkopplung 1. Ordnung vor. Für $a_2 = 0$ ist nur der Kriechfall gemäß Gl. (4.124) erfüllbar. Die Wurzeln der charakteristischen Gleichung sind nach Gl. (4.123) durch

$$p_{1,2} = -\frac{a_1}{2} \pm \sqrt{\frac{a_1^2}{4}} \,,$$

also durch $p_1 = 0$ und $p_2 = -a_1$ gegeben. Aus Gl. (4.128) folgt die Impulsantwort

$$h(k) = \varepsilon(k) p_2^k$$

einer Rückkopplung 1. Ordnung. Nach Abb. 4.18 ist die Rückkopplung 1. Ordnung für $|a_1| < 1$ stabil und für $|a_1| \geq 1$ instabil in Übereinstimmung mit dem Abklingfaktor $p_2 = -a_1$ der Impulsantwort. An der Stabilitätsgrenze liegen die folgenden Fälle vor:

1. $a_1 = 1$, $a_2 = 0$:
   Die Rückkopplungsgleichung lautet

   $$y(k) + y(k-1) = x(k) \,.$$

   Die Impulsantwort ist in diesem Fall $h(k) = \varepsilon(k)(-1)^k$ (vgl. Übung 3.7).
2. $a_1 = -1$, $a_2 = 0$:
   Die Rückkopplungsgleichung lautet

   $$y(k) - y(k-1) = x(k) \,.$$

   Es liegt die Summierer–Rückkopplung vor. Die Impulsantwort ist in diesem Fall $h(k) = \varepsilon(k)$

4.9 z–Transformation für Signale unendlicher Dauer

Die z–Transformation stellt auch ein geeignetes Hilfsmittel zur Faltung von Signalen unendlicher Dauer dar. Die Erweiterung der z–Transformation auf Signale unendlicher Dauer ermöglicht die Beschreibung beliebiger realisierbarer LTI–Systeme mit Hilfe ihrer Übertragungsfunktion. Damit können beispielsweise Zusammenschaltungen oder die Umkehrung realisierbarer LTI–Systeme übersichtlich dargestellt werden. Die Wurzeln der charakteristischen Gleichung eines realisierbaren LTI–Systems erscheinen im Kontext der Übertragungsfunktion als ihre Polstellen.

4.9.1 Definitionen und einführende Beispiele

Bei der z–Transformation eines Signals x unendlicher Dauer geht man von der Definition der z–Transformation für ein Signal endlicher Dauer gemäß Gl. (4.1) aus und betrachtet folglich den Ausdruck

$$X(z) := \sum_i x(i) z^{-i} .$$

Der Ausdruck kann wie folgt aufgespaltet werden:

$$\begin{aligned} X(z) &= \sum_{i=0}^{\infty} x(i) z^{-i} + \sum_{i=-\infty}^{-1} x(i) z^{-i} \\ &= \sum_{i=0}^{\infty} x(i)(1/z)^i + \sum_{i=1}^{\infty} x(-i) z^i . \end{aligned} \tag{4.143}$$

Damit kann $X(z)$ als Summe zweier *Potenzreihen* dargestellt werden:

1. Die erste Reihe stellt eine Potenzreihe mit der Variablen $1/z$ dar. Sie „verarbeitet" die Signalwerte für Zeitpunkte $i \geq 0$.
2. Die zweite Reihe stellt eine Potenzreihe mit der Variablen z dar. Sie wird durch die Signalwerte für Zeitpunkte $i < 0$ festgelegt. Für eine kausale Impulsantwort h entfällt diese Reihe.

Damit der Ausdruck $X(z)$ sinnvoll ist, wird gefordert, dass beide Potenzreihen konvergieren. Diese Forderung ist neu gegenüber der z–Transformation für Signale endlicher Dauer, bei der anstelle von Potenzreihen eine endliche Summe gebildet wird. Konvergenz muss nicht für alle komplexen Zahlen z zutreffen. Ein nicht leerer Bereich, der sog. *Konvergenzbereich*, ist ausreichend.

Was ist die z–Transformation für Signale unendlicher Dauer?

Die **z–Transformierte** eines Signals unendlicher Dauer ist die für komplexe Zahlen z erklärte komplexwertige Funktion gemäß Gl. (4.143). Der Bereich der Werte z, für die beide Potenzreihen in Gl. (4.143) konvergieren, heißt **Konvergenzbereich** von $X(z)$. Wenn der Konvergenzbereich nicht leer ist, heißt das Signal z–transformierbar. Die Zuordnung, welche einem Signal x seine z–Transformierte zuordnet, heißt **z–Transformation**. Die z–Transformierte $H(z)$ der Impulsantwort h eines Faltungssystems wird **Übertragungsfunktion** genannt.

Konvergenzbereich

Bei einer Potenzreihe ist der Konvergenzbereich durch den sog. *Konvergenzradius* festgelegt. Der Konvergenzradius r einer Potenzreihe hat folgende Bedeutung: Für $|z| < r$ konvergiert die Reihe (sogar absolut), für $|z| > r$ divergiert die Reihe. Für $|z| = r$ muss die Konvergenz gesondert untersucht werden. Der Konvergenzbereich einer Potenzreihe enthält also das Innere des Kreises mit dem Radius r. Außerhalb dieses Kreises besteht Divergenz. Für $r = \infty$ konvergiert die Potenzreihe für alle $z \neq 0$, für $r = 0$ ist sie für kein z konvergent. Wir bezeichnen i. F. mit

- $1/r_1$ den Konvergenzradius der 1. Potenzreihe in Gl. (4.143),
- r_2 den Konvergenzradius der 2. Potenzreihe in Gl. (4.143).

Die 1. Potenzreihe konvergiert folglich für $|1/z| < 1/r_1$, die 2. Potenzreihe konvergiert für $|z| < r_2$. Daher konvergieren beide Potenzreihen (sogar absolut) für

$$r_1 < |z| < r_2 \,. \tag{4.144}$$

Die „Radien" r_1 und r_2 sind die sog. *Konvergenzgrenzen*. Sie definieren für $r_1 < r_2$ einen *ringförmigen* Bereich. Für Werte z dieses Bereichs konvergieren beide Potenzreihen absolut und die z–Transformierte ist definiert. Für Werte z außerhalb des ringförmigen Bereichs, d. h. für $|z| < r_1$ oder $|z| > r_2$, divergiert eine der beiden Potenzreihen und die z–Transformierte ist nicht definiert. Welche Konsequenzen ergeben sich daraus, wenn $r_1 < r_2$ nicht erfüllt ist? Für $r_1 > r_2$ ist der Konvergenzbereich leer. Das Signal ist daher nicht z–transformierbar. Für den Sonderfall $r_1 = r_2$ ist die Konvergenz der Potenzreihen auf dem Kreis $|z| = r_1 = r_2$ gesondert zu untersuchen.

Abhängigkeit des Konvergenzbereichs vom Signaltyp

Abhängig vom Signaltyp ergeben sich die folgenden Konvergenzbereiche:

1. Einschaltvorgänge:
   Die 2. Potenzreihe enthält nur endlich viele Summanden. Daraus folgt $r_2 = \infty$ und der Konvergenzbereich umfasst den Bereich $|z| > r_1$. Ein Beispiel ist eine kausale Impulsantwort, z. B. die des Summierers (s. Tab. 4.9).
2. Ausschaltvorgänge:
   Die 1. Potenzreihe enthält nur endlich viele Summanden. Daraus folgt $r_1 = 0$ und der Konvergenzbereich umfasst den Bereich $|z| < r_2$. Ein Beispiel ist die Impulsantwort des rechtsseitigen Summierers (s. Tab. 4.9).
3. Signale endlicher Dauer:
   Dann ist $r_1 = 0$ und $r_2 = \infty$. Der Konvergenzbereich umfasst alle Werte $z \neq 0$. Wegen der Kehrwertbildung $1/z$ in der 1. Potenzreihe ist die z–Transformierte für $z = 0$ nicht definiert, wenn Signalwerte $x(i) \neq 0$ für $i \geq 0$ vorkommen. Ein Beispiel ist die Impulsantwort eines kausalen FIR–Filters, z. B. des Differenzierers (s. Tab. 4.9).

Tabelle 4.9 Beispiele für die z–Transformation

Signal	z–Transformierte
$h(k) = \delta(k) - \delta(k-1)$ (Differenzierer)	$H(z) = 1 - z^{-1} = \frac{z-1}{z}$, $\|z\| > 0$
$h(k) = \varepsilon(k)$ (Summierer)	$H(z) = \frac{z}{z-1}$, $\|z\| > 1$
$h(k) = \varepsilon(k) - 1$ (Rechtsseitiger Summierer)	$H(z) = \frac{z}{z-1}$, $\|z\| < 1$
$h(k) = \varepsilon(k)\lambda^k$ (Rückkopplung 1. Ordnung)	$H(z) = \frac{z}{z-\lambda}$, $\|z\| > \|\lambda\|$
$x(k) = 1$	nicht z–transformierbar!

Beispiel: Summierer
Die Impulsantwort des Summierers ist die Sprungfunktion. Für die Übertragungsfunktion des Summierers folgt

$$H(z) = \sum_i \varepsilon(i) z^{-i} = \sum_{i=0}^{\infty} (1/z)^i \, .$$

Es liegt somit eine geometrische Reihe mit $\lambda := 1/z$ vor (vgl. Abschn. 1.3.3). Damit die geometrische Reihe konvergiert, müssen ihre Reihenglieder λ^i eine Nullfolge bilden (gegen 0 konvergieren). Daraus folgt die Konvergenzbedingung $|\lambda| < 1$. Der Grenzwert ergibt sich nach Gl. (1.27) aus

$$\sum_{i=0}^{n} \lambda^i = \frac{1-\lambda^{n+1}}{1-\lambda} \to \frac{1}{1-\lambda} \quad \text{für} \quad n \to \infty \, .$$

Der Konvergenzbereich ist daher $|z| > 1$ und die Übertragungsfunktion lautet

$$H(z) = \frac{1}{1-z^{-1}} = \frac{z}{z-1} \, , \; |z| > 1 \, . \tag{4.145}$$

(s. Abb. 4.19). Sie ist demnach der Quotient aus dem Polynom z im Zähler und dem Polynom $z-1$ im Nenner und somit *gebrochen rational.*
Die Nullstelle $z_1 = 0$ des Zählerpolynoms ist gleichzeitig die Nullstelle der Übertragungsfunktion. Die Nullstelle $p_1 = 1$ des Nennerpolynoms ist eine *Polstelle* der Übertragungsfunktion. An der Polstelle $z = p_1$ ist die Übertragungsfunktion nicht definiert. Diese Stelle gehört auch nicht zum Konvergenzbereich der Übertragungsfunktion. Nullstellen und Polstellen können wie in Abb. 4.19 in einem sog. *Pol–Nullstellen–Diagramm (PN–Diagramm)* bildlich dargestellt werden.

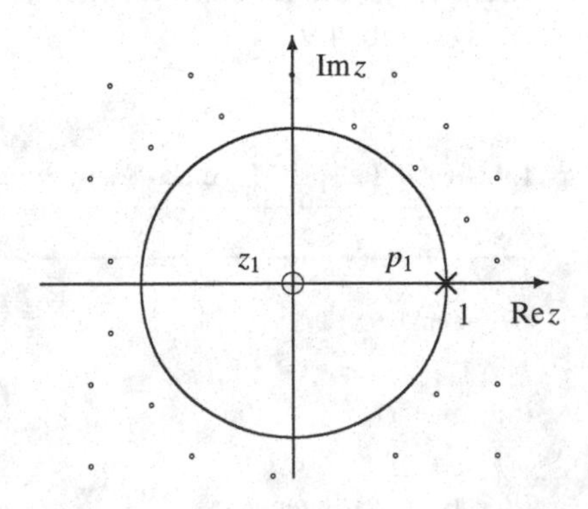

Abb. 4.19 Übertragungsfunktion des Summierers: Der Konvergenzbereich ist der Bereich *außerhalb* des Kreises mit dem Radius 1. Die Nullstelle $z_1 = 0$ der Übertragungsfunktion ist durch einen Kreis, die Polstelle $p_1 = 1$ durch ein Kreuz dargestellt.

Beispiel: Rechtsseitiger Summierer
Der rechtsseitige Summierer ist nach Gl. (2.36) das nichtkausale System mit

$$y(k) = -\sum_{i=k+1}^{\infty} x(i)\,.$$

Seine Gewichtswerte sind folglich $h(k) = -1$ für $k < 0$ und $h(k) = 0$ für $k \geq 0$. Für die Impulsantwort folgt der Ausschaltvorgang

$$h(k) = \varepsilon(k) - 1\,.$$

Aus Gl. (4.143) ergibt sich für die Übertragungsfunktion

$$H(z) = \sum_{i=1}^{\infty} h(-i)z^i = -\sum_{i=1}^{\infty} z^i = 1 - \sum_{i=0}^{\infty} z^i\,.$$

Die Bestimmung der z–Transformierten lässt sich damit ebenfalls auf eine geometrische Reihe zurückführen. Man erhält als Konvergenzbereich $|z| < 1$ mit

$$H(z) = 1 - \frac{1}{1-z} = \frac{z}{z-1}\,,\ |z| < 1. \tag{4.146}$$

Die Übertragungsfunktion des rechtsseitigen Summierers wird somit durch den gleichen Ausdruck beschrieben wie die Übertragungsfunktion des Summierers. Insbesondere sind die Nullstellen und Polstellen mit denen des Summierers identisch. Nur im Konvergenzbereich unterscheiden sie sich. Während der Konvergenzbereich für den Summierer durch das Äußere des Einheitskreises $|z| = 1$ beschrieben wird, ist der Konvergenzbereich für den rechtsseitigen Summierer das Innere des Einheitskreises.

Beispiel: Rückkopplung 1. Ordnung
Die Rückkopplung 1. Ordnung hat nach Gl. (3.80) die Impulsantwort

$$h(k) = \varepsilon(k)\lambda^k\,.$$

Für die Übertragungsfunktion folgt

$$H(z) = \sum_{i=0}^{\infty} \lambda^i z^{-i} = \sum_{i=0}^{\infty} (\lambda \cdot z^{-1})^i = \frac{1}{1-\lambda z^{-1}}$$

mit dem Konvergenzbereich $|\lambda z^{-1}| < 1$. Also ist

$$H(z) = \frac{z}{z-\lambda}\,,\ |z| > |\lambda|\,. \tag{4.147}$$

Abb. 4.20 zeigt das PN–Diagramm für den Fall $0 < \lambda < 1$.

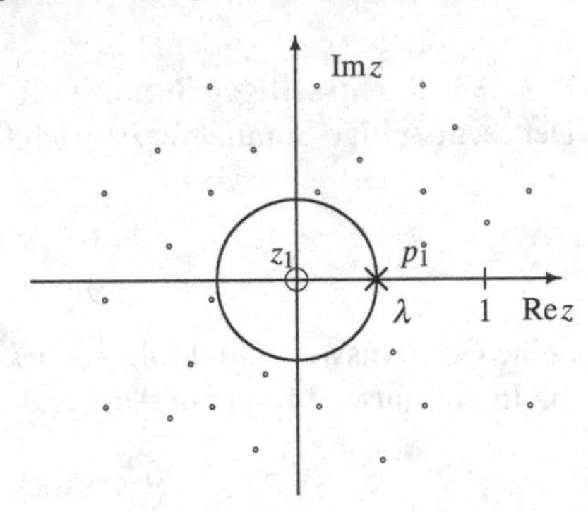

Abb. 4.20 Übertragungsfunktion der Rückkopplung 1. Ordnung mit der Impulsantwort $h(k) = \varepsilon(k)\lambda^k$ für einen Wert $0 < \lambda < 1$: Der Konvergenzbereich ist der Bereich *außerhalb* des Kreises mit dem Radius $|\lambda|$. Die Nullstelle $z_1 = 0$ der Übertragungsfunktion ist durch einen Kreis, die Polstelle $p_1 = \lambda$ durch ein Kreuz dargestellt.

Beispiel: Konstante Signale
Für das konstante Signal $x(k) = 1$ ist nach Gl. (4.143)

$$X(z) = \sum_{i=1}^{\infty} z^i + \sum_{i=0}^{\infty} (1/z)^i . \tag{4.148}$$

Die erste Reihe konvergiert nur für $|z| < 1$, die zweite Reihe nur für $|1/z| < 1$, d. h. für $|z| > 1$. Folglich gibt es keine Werte z, für die beide Reihen konvergieren. Der Konvergenzbereich ist daher leer. Dies bedeutet, dass das konstante Signal $x(k) = 1$ nicht z–transformierbar ist.

Frequenzfunktion
Unter der Bedingung

$$r_1 < 1 < r_2 \tag{4.149}$$

ist die z–Transformierte $X(z)$ auf dem Einheitskreis $|z| = 1$ definiert. In diesem Fall kann Gl. (4.43) zur Definition der Frequenzfunktion eines Signals unendlicher Dauer benutzt werden:

$$x^F(f) = X(z = \mathrm{e}^{\mathrm{j}\,2\pi f}) = \sum_i x(i)\,\mathrm{e}^{-\mathrm{j}\,2\pi f i} . \tag{4.150}$$

Wie bei FIR–Filtern bezeichnen wir die Frequenzfunktion der Impulsantwort eines Faltungssystems als seine *Frequenzfunktion*. Ein Beispiel ist die Rückkopplung 1. Ordnung für $|\lambda| < 1$. In diesem Fall ist $r_1 = |\lambda| < 1$ und $r_2 = \infty$. Der Einheitskreis $|z| = 1$ gehört zum Konvergenzbereich $|z| > |\lambda|$. Aus der Übertragungsfunktion

$$H(z) = \frac{1}{1 - \lambda z^{-1}}$$

folgt die Frequenzfunktion

$$h^F(f) = H(z = \mathrm{e}^{\mathrm{j}\,2\pi f}) = \frac{1}{1 - \lambda\,\mathrm{e}^{-\mathrm{j}\,2\pi f}} , \ |\lambda| < 1 . \tag{4.151}$$

Die Rückkopplung 1. Ordnung besitzt nur für $|\lambda| < 1$ eine Frequenzfunktion. Für $|\lambda| \geq 1$ ist die Reihe

$$\sum_i h(i)\,\mathrm{e}^{-2\pi fi} = \sum_{i=0}^{\infty} \lambda^i\,\mathrm{e}^{-\mathrm{j}\,2\pi fi}$$

nicht konvergent, da ihre Reihenglieder keine Nullfolge bilden.

4.9.2 Welche Signale sind z–transformierbar?

Das Beispiel $x(k) = 1$ zeigt, dass nicht alle Signale z–transformierbar sind. Daher stellt sich die Frage, für welche Signale die z–Transformation durchgeführt werden kann. Bei Darstellung von z gemäß $z = r \cdot \mathrm{e}^{\mathrm{j}\,2\pi f}$ lautet der Ausdruck für die z–Transformierte

$$X(z) = \sum_i x(i)z^{-i} = \sum_i x(i)r^{-i}\mathrm{e}^{-\mathrm{j}\,2\pi fi}\,.$$

Für $r_1 < r_2$ konvergieren die Potenzreihen für $i \geq 0$ und $i < 0$ absolut innerhalb des ringförmigen Bereichs $r_1 < |z| = r < r_2$, d. h. es gilt

$$\sum_i |x(i)z^{-i}| = \sum_i |x(i)| \cdot r^{-i} < \infty\,.$$

Dies bedeutet, dass das Signal

$$y(i) := r^{-i} \cdot x(i)\,,\; r_1 < r < r_2 \tag{4.152}$$

absolut summierbar ist. Das Signal y muss daher beschränkt sein (vgl. Abb. 1.9, S. 15). Es gibt daher eine Konstante $C(r)$, die von r abhängig sein darf, mit $|y(k)| \leq C(r)$. Daraus erhält man das folgende Kriterium für z–Transformierbarkeit:

$$|x(k)| \leq C(r) \cdot r^k\,,\; r_1 < r < r_2\,. \tag{4.153}$$

Hierbei ist $r_1 < r_2$ vorausgesetzt. Das Kriterium ist nicht nur notwendig, sondern auch hinreichend, d. h. ist die vorstehende Bedingung erfüllt, dann umfasst der Konvergenzbereich den ringförmigen Bereich $r_1 < |z| < r_2$.

Das Kriterium gemäß Gl. (4.153) ist hinreichend

Wir zeigen: Aus Gl. (4.153) folgt, dass die beiden Potenzreihen gemäß Gl. (4.143) für $r_1 < |z| = r < r_2$ absolut konvergieren:

Wir wählen $\bar{r}_1$, $\bar{r}_2$ gemäß $r_1 < \bar{r}_1 < r < \bar{r}_2 < r_2$.

Für die 1. Potenzreihe folgt wegen $\bar{r}_1/r < 1$

$$\begin{aligned} \left|\sum_{i=0}^{\infty} x(i)(1/z)^i\right| &\leq \sum_{i=0}^{\infty} |x(i)| \cdot (1/r)^i \leq C(\bar{r}_1) \sum_{i=0}^{\infty} \bar{r}_1^i (1/r)^i \\ &= C(\bar{r}_1) \sum_{i=0}^{\infty} (\bar{r}_1/r)^i < \infty\,. \end{aligned}$$

Für die 2. Potenzreihe folgt wegen $r/\overline{r}_2 < 1$

$$\left|\sum_{i=1}^{\infty} x(-i)z^i\right| \leq \sum_{i=1}^{\infty} |x(-i)| \cdot r^i \leq C(\overline{r}_2) \sum_{i=1}^{\infty} \overline{r}_2^{-i} r^i$$
$$= C(\overline{r}_2) \sum_{i=1}^{\infty} (r/\overline{r}_2)^i < \infty .$$

Konsequenzen aus dem Kriterium für z–Transformierbarkeit

Das Wachstum des Signals x ist nach Gl. (4.153) *exponentiell begrenzt*, wobei jeder Wert r mit $r_1 < r < r_2$ ein Abklingfaktor ist. Was genau bedeutet diese Bedingung? Zur Beantwortung dieser Frage betrachten wir die folgenden zwei Fälle:

1. Fall: $r_2 > 1$: Dann ist $r > 1$ wählbar.
   Für $k < 0$ folgt $|x(k)| \leq C(r) \cdot (1/r)^{-k}$. Wegen $1/r < 1$ klingt das Signal x linksseitig exponentiell ab.
2. Fall: $r_2 \leq 1$: Dann ist $r < 1$ wählbar.
   Für $k > 0$ folgt $|x(k)| \leq C(r) \cdot r^k$. Wegen $r < 1$ klingt das Signal x rechtsseitig exponentiell ab.

Abklingbedingung

Da einer der beiden Fälle $r_2 > 1$ oder $r_2 \leq 1$ erfüllt ist, folgt:

> Ein z–transformierbares Signal mit $r_1 < r_2$ ist exponentiell begrenzt und daher linksseitig oder rechtsseitig exponentiell abklingend.

Ein konstantes Signal verletzt die Abklingbedingung, denn es ist weder linksseitig noch rechtsseitig exponentiell abklingend. Es ist auch nicht z–transformierbar, wie wir gesehen haben. Einschaltvorgänge sind vor dem Einschaltzeitpunkt gleich 0 und damit linksseitig exponentiell abklingend. Sie sind nach Gl. (4.153) z–transformierbar, wenn sie für $k \to \infty$ nicht stärker als exponentiell wachsen. Nach Gl. (4.140)–Gl. (4.142) können daher die Impulsantworten einer Rückkopplung 2. Ordnung mit der z–Transformation „verarbeitet“ werden. Einschaltvorgänge bilden somit einen Anwendungsschwerpunkt für die z–Transformation.

Bedingung für eine Frequenzfunktion

Unter der Bedingung $r_1 < 1 < r_2$ gemäß Gl. (4.149) ist sowohl der Fall $r > 1$ (Fall 1) als auch der Fall $r < 1$ (Fall 2) möglich. Das Signal ist daher sowohl linksseitig als auch rechtsseitig exponentiell abklingend und damit auch exponentiell abklingend:

$$r_1 < 1 < r_2 \Rightarrow \text{Signal exponentiell abklingend} . \tag{4.154}$$

Das Signal ist daher auch absolut summierbar. Ein Faltungssystem mit einer solchen Impulsantwort ist folglich stabil.

Der „Trick" der z–Transformation
Der Konvergenzbereich $|z| > 1$ für den Summierer enthält nicht den Einheitskreis $z = \mathrm{e}^{\mathrm{j}\,2\pi f}$. Daher ist die Definition der Frequenzfunktion gemäß

$$h^F(f) = H(z = \mathrm{e}^{\mathrm{j}\,2\pi f})$$

nicht möglich. Tatsächlich divergiert die geometrische Reihe

$$\sum_i h(i)\,\mathrm{e}^{-\mathrm{j}\,2\pi fi} = \sum_{i=0}^{\infty} \mathrm{e}^{-\mathrm{j}\,2\pi fi}$$

für alle Frequenzen f, denn die Reihenglieder bilden keine Nullfolge. Für $z = r \cdot \mathrm{e}^{\mathrm{j}\,2\pi f}$ mit $|r| > 1$ dagegen konvergiert die geometrische Reihe

$$\sum_i h(i) z^{-i} = \sum_{i=0}^{\infty} r^{-i} \cdot \mathrm{e}^{-\mathrm{j}\,2\pi fi}.$$

Sie stimmt mit der Frequenzfunktion des gedämpften Signals gemäß Gl. (4.152),

$$y(i) = r^{-i} \cdot h(i) = r^{-i} \cdot \varepsilon(i)\,,$$

überein. Der „Trick" bei der z–Transformation besteht also darin, das Signal $h = \varepsilon$ mit dem Faktor $r^{-i} = (1/r)^i$ zu multiplizieren. Wegen $|r| > 1$ wird dadurch das Signal h exponentiell gedämpft. Für das auf diese Weise gedämpfte Signal y kann die Frequenzfunktion gebildet werden. Sie stimmt mit der Übertragungsfunktion $H(z)$ für $z = r \cdot \mathrm{e}^{\mathrm{j}\,2\pi f}$ überein, d. h. hinter der Übertragungsfunktion des Summierers „verbirgt sich" die Frequenzfunktion des gedämpften Signals y.

Ist die z–Transformation eine Transformation?
Wenn es sich bei der z–Transformation um eine Transformation handelt, muss es möglich sein, durch Rücktransformation aus $X(z)$ das Signal x zurückzugewinnen. Daher stellt sich die Frage, wie die Rücktransformation vorgenommen werden kann. Eine Möglichkeit besteht darin, die z–Transformation auf die Fourier-Transformation zurückzuführen, wie soeben für den Summierer demonstriert wurde. Für einen Einschaltvorgang mit der unteren Konvergenzgrenze r_1 wird daher das Signal $y(i) = r^{-i} \cdot x(i)$ gemäß Gl. (4.152) für $r_1 < r < r_2$ betrachtet. Seine Frequenzfunktion

$$y^F(f) = \sum_i r^{-i} \cdot x(i)\,\mathrm{e}^{-\mathrm{j}\,2\pi fi} = \sum_i x(i) z^{-i}$$

stimmt mit $X(z)$ für $z = r \cdot \mathrm{e}^{\mathrm{j}\,2\pi f}$ überein:

$$y^F(f) = X(z = r \cdot \mathrm{e}^{\mathrm{j}\,2\pi f})\,. \tag{4.155}$$

Folglich gelingt eine Rücktransformation, indem aus der Frequenzfunktion $y^F(f)$ das Signal y zurückgewonnen wird.

Rücktransformation für die Fourier–Transformation

Ein Signal endlicher Dauer gewinnt man aus seiner Frequenzfunktion nach Gl. (4.60) gemäß

$$x(k) = \int_{-1/2}^{1/2} x^F(f)\,\mathrm{e}^{\mathrm{j}\,2\pi fk} df$$

zurück. Diese Methode funktioniert auch für Signale unendlicher Dauer.

Nachweis von Gl. (4.60) für ein absolut summierbares Signal

Nach Gl. (4.154) ist das Signal exponentiell abklingend und damit auch absolut summierbar. Für solche Signale kann der Nachweis analog dem Nachweis von Gl. (4.60) erfolgen. Hierbei wird ebenfalls der Umformungsschritt

$$\int_{-1/2}^{1/2} x^F(f)\,\mathrm{e}^{\mathrm{j}\,2\pi fk} df = \int_{-1/2}^{1/2} \sum_i x(i)\,\mathrm{e}^{\mathrm{j}\,2\pi f(k-i)} df = \sum_i x(i) \int_{-1/2}^{1/2} \mathrm{e}^{\mathrm{j}\,2\pi f(k-i)} df$$

vorgenommen. Im Gegensatz zu einem Signal x endlicher Dauer muss eine Funktionsreihe gliedweise integriert werden. Dies ist wegen der *gleichmäßigen Konvergenz* der Reihe erlaubt [14, III, S. 166]. Die Abweichung einer Partialsumme vom Reihengrenzwert ist nämlich

$$\left| \sum_{|i|>n} x(i)\,\mathrm{e}^{-\mathrm{j}\,2\pi fi} \right| \leq \sum_{|i|>n} |x(i)\,\mathrm{e}^{-\mathrm{j}\,2\pi fi}| = \sum_{|i|>n} |x(i)|\,. \tag{4.156}$$

Da x absolut summierbar ist, strebt die rechte Summe für $n \to \infty$ gegen 0. Da die vorstehende Abschätzung für alle Frequenzen $-1/2 \leq f \leq 1/2$ gilt, konvergiert die Funktionsreihe gleichmäßig.

Rücktransformation bei der z–Transformation

Mit Hilfe der Rücktransformation für die Fourier–Transformation folgt aus Gl. (4.155)

$$y(k) = \int_{-1/2}^{1/2} y^F(f)\,\mathrm{e}^{\mathrm{j}\,2\pi fk} df = \int_{-1/2}^{1/2} X(z = r\cdot \mathrm{e}^{\mathrm{j}\,2\pi f})\,\mathrm{e}^{\mathrm{j}\,2\pi fk} df$$

und daraus

$$x(k) = r^k y(k)\,.$$

Die Signalwerte $x(k)$ sind demnach durch die Werte von $X(z)$ auf dem im Konvergenzbereich verlaufenden Kreis $|z| = r$ festgelegt.

Rücktransformation durch Integration in der komplexen Ebene

Man kann die Rücktransformation auch durch eine Integration in der komplexen Ebene darstellen. Bei der Integration über das Frequenzintervall $-1/2 \leq f \leq 1/2$ durchläuft $z = r\cdot \mathrm{e}^{\mathrm{j}\,2\pi f}$ den Kreis mit dem Radius r um den Nullpunkt genau einmal. Folglich ergibt eine Integration in der komplexen Ebene längs dieses Weges

$$x(k) = r^k y(k) = r^k \oint_{|z|=r} X(z)(z/r)^k \frac{df}{dz} dz$$

mit

$$\frac{df}{dz} = \frac{1}{\frac{dz}{df}} = \frac{1}{r \cdot \mathrm{j}\, 2\pi \mathrm{e}^{\mathrm{j}\, 2\pi f}} = \frac{1}{\mathrm{j}\, 2\pi z} .$$

Daraus folgt als Ergebnis

$$x(k) = \frac{1}{2\pi \mathrm{j}} \oint_{|z|=r} X(z) z^{k-1} dz . \tag{4.157}$$

4.9.3 Regeln der z–Transformation

Es stellt sich die Frage, ob die Regeln der z–Transformation aus Abschn. 4.1 auch für Signale unendlicher Dauer gelten. Bei den folgenden Untersuchungen werden Einschaltvorgänge vorausgesetzt, da diese den Anwendungsschwerpunkt der z–Transformation darstellen. Zunächst gelten die Linearität und der Faltungssatz auch für Einschaltvorgänge unendlicher Dauer. Die *Linearität der z–Transformation* ergibt sich unmittelbar daraus, dass die Grenzwertbildung selbst eine lineare Operation ist. Die für die Auswertung der beiden Potenzreihen in Gl. (4.143) erforderlichen Grenzwertbildungen können daher für ein Signal

$$x(k) = \lambda_1 x_1(k) + \lambda_2 x_2(k)$$

gliedweise gemäß

$$X(z) = \lambda_1 X_1(z) + \lambda_2 X_2(z)$$

vorgenommen werden. Der Faltungssatz für Signale unendlicher Dauer ist uns bereits in den Beispielen in Tab. 4.9, S. 171 begegnet: Das Produkt der Übertragungsfunktionen des Differenzierers und Summierers ergibt

$$\frac{z}{z-1} \cdot \frac{z-1}{z} = 1 . \tag{4.158}$$

Diese Beziehung entspricht im Zeitbereich

$$\varepsilon * \delta' = \delta .$$

Beim Faltungssatz stellt sich die folgende Frage: Unter welcher Bedingung ist das Faltungsprodukt zweier Einschaltvorgänge z–transformierbar — vorausgesetzt, beide Einschaltvorgänge sind z–transformierbar? Die Einbeziehung von Einschaltvorgängen unendlicher Dauer ermöglicht die Behandlung der Invertierung eines Einschaltvorgangs mit Hilfe der z–Transformation. Damit ist es möglich, die Übertragungsfunktion eines realisierbaren Systems anzugeben, denn seine Impulsantwort $h = a^{-1} * b$ erfordert die Invertierung des Signals a. Hierbei stellt sich die folgende Frage: Unter welcher Voraussetzung ist der zu einem z–transformierbaren Einschaltvorgang inverse Einschaltvorgang z–transformierbar?

Das Faltungsprodukt zweier z–transformierbarer Einschaltvorgänge
Wir betrachten zwei Einschaltvorgänge x und h. Die Einschaltzeitpunkte werden der Einfachheit wegen gleich $k_1 = 0$ gesetzt. Das Signal h kann demnach als Impulsantwort eines kausalen Faltungssystems interpretiert werden und das Faltungsprodukt

$$y = x * h$$

als Ausgangssignal des Systems. Nach Abschn. 3.3 ist y ein Einschaltvorgang, der ebenfalls den Einschaltzeitpunkt 0 besitzt. Da die Signale x und h beide z–transformierbar sein sollen, besitzen sie beide eine untere Konvergenzgrenze $r_1(x)$ bzw. $r_1(h)$. Den größeren dieser beiden Werte bezeichnen wir mit

$$r_1 := \max\{r_1(x), r_1(h)\} . \tag{4.159}$$

Folglich sind $X(z)$ und $H(z)$ für $|z| > r_1$ definiert. Nach dem Kriterium Gl. (4.153) für z–Transformierbarkeit sind beide Signale exponentiell begrenzt gemäß

$$|x(k)| \leq C_1 \cdot r_1^k , \; |h(k)| \leq C_2 \cdot r_1^k , \; k \geq 0 .$$

Damit kann das Signal y für $k \geq 0$ wie folgt abgeschätzt werden:

$$\begin{aligned} |y(k)| &= \left| \sum_{i=0}^{k} x(i)h(k-i) \right| \leq \sum_{i=0}^{k} |x(i)| \cdot |h(k-i)| \\ &\leq C_1 C_2 \sum_{i=0}^{k} r_1^i r_1^{k-i} = C_1 C_2 \sum_{i=0}^{k} r_1^k \\ &= C_1 C_2 \cdot r_1^k \cdot (k+1) . \end{aligned}$$

Der Ausdruck $r_1^k \cdot (k+1)$ ist uns bereits bei der Rückkopplung 2. Ordnung begegnet. Er entspricht nach Gl. (4.129) für $k \geq 0$ der Impulsantwort einer Rückkopplung 2. Ordnung für den aperiodischen Grenzfall. Nach Gl. (4.141) ist diese Impulsantwort und damit auch das Signal y exponentiell begrenzt gemäß

$$|y(k)| \leq C \cdot r^k , \; r > r_1 .$$

Der Abklingfaktor ist hierbei jede Zahl $r > r_1$. Aus dem Kriterium Gl. (4.153) folgt, dass das Signal y z–transformierbar ist und dass Werte z mit $|z| = r > r_1$ zum Konvergenzbereich für $Y(z)$ gehören. Insbesondere ist das Faltungsprodukt ebenfalls z–transformierbar. Die untere Konvergenzgrenze ist gleich r_1 oder ein kleinerer Wert:

$$r_1(y) \leq r_1 = \max\{r_1(x) \, , \, r_1(h)\} . \tag{4.160}$$

Ein kleinerer Wert ist möglich, beispielsweise für $x = \delta'$ und $h = \varepsilon$. In diesem Fall ist $y = \delta$ und daher $r_1(y) = 0$. Andererseits ist $r_1 = \max\{r_1(x) \, , \, r_1(h)\} = \max\{0 \, , \, 1\} = 1$.

Faltungssatz für Einschaltvorgänge

Wir betrachten wieder zwei Einschaltvorgänge x und h mit dem Einschaltzeitpunkt $k_1 = 0$. Mit r_1 wird wieder die größere der beiden unteren Konvergenzgrenzen der Signale x und h bezeichnet. Für $|z| > r_1$ gilt zunächst

$$Y(z) = \sum_{k\geq 0} y(k)z^{-k} = \sum_{k\geq 0}\sum_{i\geq 0} x(i)h(k-i)z^{-k}.$$

Eine Vertauschung der Summationsreihenfolge ist erlaubt (Nachweis folgt) und ergibt

$$\begin{aligned} Y(z) &= \sum_{i\geq 0} x(i)\sum_{k\geq 0} h(k-i)z^{-k} = \sum_{i\geq 0} x(i)\sum_{k\geq 0} h(k-i)z^{-i}z^{-(k-i)} \\ &= \sum_{i\geq 0} x(i)z^{-i}\cdot\sum_{k\geq 0} h(k-i)z^{-(k-i)} \\ &= X(z)\cdot H(z)\,,\ |z| > r_1\,. \end{aligned} \tag{4.161}$$

Nachweis der Vertauschbarkeit der Summationsreihenfolge

Es wird der *Umordnungssatz für Doppelreihen* benötigt[14, II]. Er erlaubt die Vertauschbarkeit der Summationsreihenfolge unter der Voraussetzung

$$S(z) := \sum_{k\geq 0}\sum_{i\geq 0} |x(i)h(k-i)z^{-k}| < \infty\,.$$

Es ist

$$\begin{aligned} S(z) &= \sum_{k\geq 0}\sum_{i\geq 0} |x(i)|\cdot|h(k-i)|\cdot|z^{-k}| \\ &\leq C_1C_2\sum_{k\geq 0}\sum_{i=0}^{k} r_1^i\cdot r_1^{k-i}\cdot|z|^{-k} = C_1C_2\sum_{k\geq 0}\left(\frac{r_1}{|z|}\right)^k\cdot\underbrace{\sum_{i=0}^{k} r_1^i\cdot r_1^{-i}}_{1} \\ &= C_1C_2\sum_{k\geq 0}\left(\frac{r_1}{|z|}\right)^k\cdot(k+1)\,. \end{aligned}$$

Aus $|z| > r_1$ folgt $r_1/|z| < 1$. Nach Gl. (4.141) sind die Summanden daher exponentiell abklingend. Die Summe ist daher endlich.

Beispiel: Faltungssatz für die Rückkopplung 1. Ordnung

Als Beispiel wird die Rückkopplung 1. Ordnung betrachtet. Nach Gl. (4.113) gilt für ihre Impulsantwort $h(k) = \varepsilon(k)\lambda^k$

$$[\delta(k) - \lambda\,\delta(k-1)] * h(k) = \delta(k)\,.$$

Die Übertragungsfunktion ist nach Tab. 4.9, S. 171

$$H(z) = \frac{z}{z-\lambda}\,,\ |z| > |\lambda|\,.$$

Daraus folgt

$$[1-\lambda z^{-1}]\cdot H(z) = \frac{z-\lambda}{z}\cdot\frac{z}{z-\lambda} = 1\,,\ |z|>|\lambda| \tag{4.162}$$

im Einklang mit dem Faltungssatz.

Verschiebungs–Regel

Der Faltungssatz beinhaltet die sog. *Verschiebungs–Regel.* Dazu wird das Verzögerungsglied mit der Verzögerungszeit c betrachtet. Es besitzt die Impulsantwort $h(k) = \delta(k-c)$ und die Übertragungsfunktion $H(z) = z^{-k}$. Aus dem Faltungssatz folgt für das verschobene Eingangssignal $y(k) := h(k) * x(k) = x(k-c)$ die z–Transformierte

$$Y(z) = z^{-c}\cdot X(z)\,. \tag{4.163}$$

Der Konvergenzbereich von y ist gegenüber dem Signal x nicht verändert, da es sich beim Verzögerungsglied um ein FIR–Filter handelt.

Umkehrsatz der z–Transformation

Das vorherige Beispiel der Rückkopplung 1. Ordnung zeigt, wie die Umkehrung bzw. Invertierung eines Faltungssystems im z–Bereich „funktioniert“: Die Umkehrung erfolgt durch Kehrwertbildung. Dieses Prinzip kann auf beliebige kausale Faltungssysteme angewandt werden — vorausgesetzt, ihre Impulsantworten a sind z–transformierbar. Für den dazu inversen Einschaltvorgang $y = a^{-1}$ gilt zunächst

$$a * y = \delta\,.$$

Aus dem Faltungssatz folgt $A(z)\cdot Y(z) = 1$ und damit

$$Y(z) = \frac{1}{A(z)}\,. \tag{4.164}$$

Die Invertierung erfolgt demnach durch Kehrwertbildung. Bei unserer Argumentation haben wir der inversen Impulsantwort $y = a^{-1}$ „unterstellt“, dass sie z–transformierbar ist. Diese Annahme ist tatsächlich bereits unter der Voraussetzung richtig, dass die Impulsantwort des zu invertierenden Systems z–transformierbar ist. Diese Tatsache kann nicht mit dem Faltungssatz begründet werden. Eine Möglichkeit besteht darin, sie mit Hilfe des Kriteriums Gl. (4.153) zu begründen. Ein exponentiell begrenztes Wachstum des Einschaltvorgangs a muss demnach ein exponentiell begrenztes Wachstum der inversen Impulsantwort y zur Folge haben. Für einen normierten Einschaltvorgang mit Einschaltzeitpunkt $k_1 = 0$, $a(0) = 1$ folgt aus

$$|a(i)| \le C\cdot r^i\,,\ i>0 \tag{4.165}$$

ein exponentiell begrenztes Wachstum des inversen Einschaltvorgangs a^{-1} gemäß

$$|a^{-1}(i)| \le [(C+1)r]^i\,,\ i>0\,. \tag{4.166}$$

Demnach ist die Übertragungsfunktion $Y(z)$ für $|z| > (C+1)r$ definiert.

Nachweis von Gl. (4.166)
Es sei a ein normierter Einschaltvorgang mit dem Einschaltzeitpunkt $k_1 = 0$, $a(0) = 1$ und mit exponentiell begrenztem Wachstum gemäß $|a(i)| \leq C \cdot r^i$, $i > 0$. Der zu a inverse Einschaltvorgang $y := a^{-1}$ ist nach Gl. (3.55) durch

$$y(0) = 1 \, , \, y(k) = -a(1)y(k-1) - \cdots - a(k)y(0) \, , \, k > 0$$

gegeben. Der Nachweis von Gl. (4.166) wird durch vollständige Induktion geführt.

1. $i = 1$: Es ist
$$|y(1)| = |-a(1)y(0)| = |a(1)| \leq C \cdot r < (C+1)r \, ,$$
d. h. die Behauptung ist für $i = 1$ richtig.
2. Nehmen wir an, dass Gl. (4.166) für $0 < i < k$ richtig ist (Induktionsvoraussetzung). Dann folgt für den Zeitpunkt k aus $|a(i)| \leq C \cdot r^i$ und der Induktionsvoraussetzung
$$\begin{aligned} |y(k)| &\leq |a(1)| \cdot |y(k-1)| + |a(2)| \cdot |y(k-2)| + \cdots + |a(k)| \cdot |y(0)| \\ &\leq C \cdot r \cdot [(C+1)r]^{k-1} + C \cdot r^2 \cdot [(C+1)r]^{k-2} + \cdots + C \cdot r^k \cdot [(C+1)r]^0 \\ &= C \cdot r^k \cdot \left[(C+1)^{k-1} + (C+1)^{k-2} + \cdots + (C+1)^0\right] \\ &= C \cdot r^k \cdot \frac{1-(C+1)^k}{1-(C+1)} = C \cdot r^k \cdot \frac{(C+1)^k - 1}{C} = r^k \cdot [(C+1)^k - 1] \\ &< r^k \cdot (C+1)^k \, , \end{aligned}$$
d. h. die Behauptung ist auch für $i = k$ richtig.

Fassen wir zusammen:

z–Transformation für Signale unendlicher Dauer

Konvergenzbereich: Signale mit exponentiell begrenztem Wachstum sind z–transformierbar. Die z–Transformierte $X(z)$ ist nur für Werte z eines Konvergenzbereichs definiert, der einen ringförmigen Bereich $r_1 < r < r_2$ enthält. Hierbei ist r_1 die untere und r_2 die obere Konvergenzgrenze.
Einschaltvorgänge: Für Einschaltvorgänge ist $r_2 = \infty$ und damit $X(z)$ für $|z| > r_1$ definiert, also für Werte z außerhalb des Kreises mit dem Radius r_1. Jeder Wert $r > r_1$ ist ein Abklingfaktor des Signals gemäß $|x(k)| \leq C \cdot r^k$.
Für $r_1 < 1$ ist die **Frequenzfunktion** des Signals durch die Werte der Übertragungsfunktion auf dem Einheitskreis gemäß $x^F(f) = X(z = \mathrm{e}^{\mathrm{j}\,2\pi f})$ festgelegt.
Regeln: Die z–Transformation ist linear und es gilt wie für Signale endlicher Dauer der Faltungssatz. Demnach ergibt sich die z–Transformierte des Faltungsprodukts $y = x * h$ aus $Y(z) = X(z) \cdot H(z)$. Dieser Zusammenhang gilt für $|z| > r_1 = \max\{r_1(x)\,,\, r_1(h)\}$, wobei $r_1(x)\,,\, r_1(h)$ die unteren Konvergenzgrenzen von x und h bezeichnen. Nach dem Umkehrsatz besitzt der zu einem Einschaltvorgangs a mit der z–Transformierten $A(z)$ inverse Einschaltvorgang a^{-1} die z–Transformierte $1/A(z)$.

4.10 Die Übertragungsfunktion realisierbarer LTI–Systeme

Beispiele

Beispiele für die Übertragungsfunktion eines realisierbaren Systems sind uns bereits in Tab. 4.9, S. 171 in Form des Summierers und der Rückkopplung 1. Ordnung begegnet (s. Tab. 4.10). Der rechtsseitige Summierer besitzt auch eine gebrochen rationale Übertragungsfunktion, ist aber wegen seiner nichtkausalen Impulsantwort nichtrealisierbar.

Tabelle 4.10 Beispiele für die Übertragungsfunktion realisierbarer LTI–Systeme

Impulsantwort	Übertragungsfunktion $H(z)$
$\delta(k)-\delta(k-1)$ (Differenzierer)	$1-z^{-1}=\frac{z-1}{z}$, $\lvert z\rvert>0$
$\varepsilon(k)$ (Summierer)	$\frac{z}{z-1}$, $\lvert z\rvert>1$
$\varepsilon(k)\lambda^k$ (Rückkopplung 1. Ordnung)	$\frac{z}{z-\lambda}$, $\lvert z\rvert>\lvert\lambda\rvert$
$\varepsilon(k)p_0^k$, $p_0\in\mathbb{C}$	$\frac{z}{z-p_0}$, $\lvert z\rvert>\lvert p_0\rvert$
Rückkopplungen 2. Ordnung:	
$\varepsilon(k)\frac{p_2^{k+1}-p_1^{k+1}}{p_2-p_1}$	$\frac{z}{z-p_1}\cdot\frac{z}{z-p_2}$, $\lvert z\rvert>\lvert p_1\rvert, \lvert p_2\rvert$
$\varepsilon(k)p_1^k\cdot(k+1)$	$\left(\frac{z}{z-p_1}\right)^2$, $\lvert z\rvert>\lvert p_1\rvert$
$\varepsilon(k)\lvert p_1\rvert^k\cdot\frac{\sin[2\pi f_0(k+1)]}{\sin[2\pi f_0]}$, $2\pi f_0=\arg p_1$	$\frac{z}{z-p_1}\cdot\frac{z}{z-p_1^*}$, $\lvert z\rvert>\lvert p_1\rvert$

Anstelle einer reellen Zahl λ bei der Rückkopplung 1. Ordnung kann das Pseudosignal $h_1(k):=\varepsilon(k)p_0^k$ z–transformiert werden. Das Ergebnis entspricht der Übertragungsfunktion der Rückkopplung 1. Ordnung. Mit Hilfe der Übertragungsfunktion des Pseudosignals h_1 können auch die restlichen drei Korrespondenzen aufgestellt werden. Die Übertragungsfunktionen ergeben sich in diesen Fällen aus dem Produkt zweier Übertragungsfunktionen $H_1(z)$ zu den Polstellen p_1 und p_2, die im ersten Fall verschieden, im zweiten Fall gleich und im dritten Fall zueinander konjugiert komplex sind. Aus dem Faltungssatz folgt die Impulsantwort $h(k)=[\varepsilon(k)p_1^k]*[\varepsilon(k)p_2^k]$. Im ersten Fall erhält man für h die Impulsantwort der Rückkopplung 2. Ordnung für den Kriechfall gemäß Gl. (4.128), im zweiten Fall die Impulsantwort für den aperiodischen Grenzfall gemäß Gl. (4.129) und im dritten Fall die Impulsantwort für den Schwingfall gemäß Gl. (4.130).

4.10.1 Form der Übertragungsfunktion

Die Impulsantwort eines realisierbaren LTI–Systems ist nach Gl. (3.92) durch $h = a^{-1} * b$ gegeben. Hierbei sind a und b Signale endlicher Dauer. Folglich sind beide Signale z–transformierbar. Aus dem Umkehrsatz folgt zunächst, dass a^{-1} die Übertragungsfunktion $1/A(z)$ besitzt, die für $|z| > r_1$ definiert ist. Hierbei soll mit r_1 die untere Konvergenzgrenze von a^{-1} bezeichnet werden. Aus dem Faltungssatz erhält man die Übertragungsfunktion des realisierbaren LTI–Systems gemäß

$$H(z) = \frac{B(z)}{A(z)}, \ |z| > r_1 . \tag{4.167}$$

Die rekursiven Filterkoeffizienten werden i. F. mit $a_i := a(i)$ abgekürzt, die nichtrekursiven Filterkoeffizienten mit $b_i := b(i)$. Als Beispiel wird ein System 2. Ordnung ($N = 2$) mit dem Filtergrad $n = 4$ für das FIR–Filter und der Latenzzeit $k_1 = 3$ angenommen. Dann ist

$$\begin{aligned} H(z) &= \frac{b_3 z^{-3} + b_4 z^{-4} + b_5 z^{-5} + b_6 z^{-6}}{1 + a_1 z^{-1} + a_2 z^{-2}} \\ &= \frac{b_3 z^3 + b_4 z^2 + b_5 z + b_6}{z^6 + a_1 z^5 + a_2 z^4} . \end{aligned}$$

Die Übertragungsfunktion ist somit der Quotient eines Zählerpolynoms und eines Nennerpolynoms. Eine solche Funktion nennt man *gebrochen rational*. Sie ist für das Beispiel *echt gebrochen rational*, da der Grad des Zählerpolynoms (3) kleiner als der Grad des Nennerpolynoms (6) ist. Die Differenz 3 entspricht der Latenzzeit $k_1 = 3$ des Systems. Kausalität drückt sich somit darin aus, dass der Grad des Zählerpolynoms höchstens gleich dem Grad des Nennerpolynoms ist. Eine rationale Übertragungsfunktion mit dieser Eigenschaft nennen wir *realisierbar*.

Ist eine gebrochen rationale Funktion die allgemeine Form?
Nehmen wir eine realisierbare Übertragungsfunktion an. Besitzt die Impulsantwort die Form $h = a^{-1} * b$ eines realisierbaren LTI–Systems? Dazu betrachten wir wieder das Beispiel und formen die Übertragungsfunktion wie folgt um:

$$\begin{aligned} H(z) &= \frac{b_3 z^3 + b_4 z^2 + b_5 z + b_6}{z^6 + a_1 z^5 + a_2 z^4} \\ &= \frac{b_3 z^{-3} + b_4 z^{-4} + b_5 z^{-5} + b_6 z^{-6}}{1 + a_1 z^{-1} + a_2 z^{-2}} . \end{aligned}$$

Der Zähler ist die Übertragungsfunktion des FIR–Filters mit der Impulsantwort $b(k) = b_3 \delta(k-3) + b_4 \delta(k-4) + b_5 \delta(k-5) + b_6 \delta(k-6)$. Der Faktor

$$H_2(z) = \frac{1}{1 + a_1 z^{-1} + a_2 z^{-2}}$$

ist nach dem Umkehrsatz die Übertragungsfunktion der Rückkopplung mit der Impulsantwort $a(k) = \delta(k) + a_1\delta(k-1) + a_2\delta(k-2)$. Aus dem Faltungssatz folgt $h = a^{-1} * b$. Demnach folgt aus einer realisierbaren Übertragungsfunktion ein realisierbares LTI–System.

Nichtrealisierbare Faltungs–Systeme

Tab. 4.11 zeigt drei Beispiele für die Übertragungsfunktion eines nichtrealisierbaren Faltungs–Systems. In allen drei Fällen ist die Impulsantwort kausal. Trotzdem sind die Faltungssysteme nicht realisierbar, denn ihre Übertragungsfunktionen sind nicht gebrochen rational. Man findet sie mit Hilfe von Potenzreihenentwicklungen. Beispielsweise besitzt die Funktion e^z die Potenzreihenentwicklung

$$e^z = 1 + \frac{z}{2} + \frac{z^2}{2!} + \frac{z^3}{3!} + \cdots ,$$

welche für alle Werte z (absolut) konvergiert. Daraus folgt

$$e^{1/z} = 1 + \frac{z^{-1}}{2} + \frac{z^{-2}}{2!} + \frac{z^{-3}}{3!} + \cdots .$$

Dies bedeutet, dass das Faltungssystem mit der Impulsantwort $h(k) = \varepsilon(k)/k!$ die Übertragungsfunktion $H(z) = e^{1/z}$ besitzt, die für alle Werte $z \neq 0$ definiert ist. Die untere Konvergenzgrenze ist also $r_1 = 0$. Bei den beiden anderen Beispielen ist die Übertragungsfunktion für $|z| > r_1 = 1$ definiert.

Tabelle 4.11 Drei Beispiele für nichtrealisierbare Übertragungsfunktionen

Impulsantwort	Übertragungsfunktion
$h(k) = \frac{\varepsilon(k)}{k!}$	$H(z) = e^{1/z}$, $\lvert z\rvert > 0$
$h(k) = \frac{\varepsilon(k-1)}{k}$	$H(z) = -\ln[1 - z^{-1}]$, $\lvert z\rvert > 1$
$h(k) = \varepsilon(k-1)\frac{(-1)^k}{k}$	$H(z) = -\ln[1 + z^{-1}]$, $\lvert z\rvert > 1$

Grundschaltungen für realisierbare LTI–Systeme

In Abschn. 3.10 wurde gezeigt, dass realisierbare LTI–Systeme durch eine Differenzengleichung (DGL) beschrieben werden. Tab. 3.4, S. 102 gibt die DGLs für die Summenschaltung, Hintereinanderschaltung und Rückkopplung an. Die Ergebnisse können übersichtlich anhand der Übertragungsfunktionen nachvollzogen werden. Dazu betrachten wir zwei realisierbare LTI–Systeme mit den Übertragungsfunktionen $H_1(z) = B_1(z)/A_1(z)$ und $H_2(z) = B_2(z)/A_2(z)$. Es ergeben sich die folgende Übertragungsfunktionen:

1. Summenschaltung:
   Da die z–Transformation linear ist, folgt aus $h = h_1 + h_2$

$$H(z) = H_1(z) + H_2(z) = \frac{B_1(z)}{A_1(z)} + \frac{B_2(z)}{A_2(z)} = \frac{A_2(z)B_1(z) + A_1(z)B_2(z)}{A_1(z)A_2(z)} \,. \tag{4.168}$$

2. Hintereinanderschaltung:
   Der Faltungssatz liefert für $h = h_1 * h_2$

$$H(z) = H_1(z) \cdot H_2(z) = \frac{B_1(z)}{A_1(z)} \cdot \frac{B_2(z)}{A_2(z)} = \frac{B_1(z)B_2(z)}{A_1(z)A_2(z)} \,. \tag{4.169}$$

3. Rückkopplung:
   Der Faltungssatz und Umkehrsatz liefert für $h = (\delta - h_{\mathrm{RP}})^{-1}$

$$H(z) = \frac{1}{1 - H_{\mathrm{RP}}(z)} = \frac{1}{1 - \frac{B_1(z)}{A_1(z)}} = \frac{A_1(z)}{A_1(z) - B_1(z)} \,. \tag{4.170}$$

In allen drei Fällen ergibt sich eine Übertragungsfunktion der Form $H(z) = B(z)/A(z)$ mit b und a gemäß Tab. 3.4, S. 102. Die Impulsantwort des Gesamtsystems ergibt sich daraus gemäß $h = a^{-1} * b$.

Faktorisierung der Übertragungsfunktion
Die Übertragungsfunktion

$$H(z) = \frac{B(z)}{A(z)} \,, \; |z| > r_1$$

lässt sich mit Hilfe der Nullstellen und Polstellen der Übertragungsfunktion wie folgt faktorisieren.

1. Faktorisierung des FIR–Filters:
   Die Faktorisierung eines FIR–Filters haben wir bereits in Abschn. 4.2 kennengelernt. Nach Gl. (4.18) ist

$$B(z) = z^{-k_1} b(k_1) \frac{z - z_1}{z} \cdots \frac{z - z_n}{z} \,.$$

   Hierbei bezeichnet k_1 die Latenzzeit des Systems und $z_i \neq 0$ sind die Nullstellen der Übertragungsfunktion $B(z)$.
2. Faktorisierung der Rückkopplung:
   Die Faktorisierung der Rückkopplung kann durch eine Faktorisierung von

$$A(z) = 1 + a(1)z^{-1} + \cdots + a(N)z^{-N}$$

   gemäß Gl. (4.107) erfolgen. Mit den Nullstellen $p_1 \,, \, \ldots \,, \, p_N \neq 0$ von $A(z)$ gilt

$$A(z) = \frac{z - p_1}{z} \cdots \frac{z - p_N}{z} \,.$$

Die Nullstellen $p_1, \ldots, p_N$ sind uns bereits als Wurzeln der charakteristischen Gleichung $A(z) = 0$ eines realisierbaren Systems begegnet. Im Zusammenhang mit der Übertragungsfunktion des Systems treten sie als *Polstellen* der Übertragungsfunktion auf — daher die Bezeichnung p_i.

Als Ergebnis erhält man

$$H(z) = z^{-k_1} b(k_1) \frac{z - z_1}{z} \cdots \frac{z - z_n}{z} \cdot \frac{z}{z - p_1} \cdots \frac{z}{z - p_N} . \tag{4.171}$$

Darstellung als Hintereinanderschaltung

Dank des Faltungssatzes kann ein realisierbares LTI–System als Hintereinanderschaltung gemäß Abb. 4.21 dargestellt werden. Der obere Teil zeigt das FIR–Filter und entspricht Abb. 4.1, S. 116. Der untere Teil zeigt die Rückkopplung und entspricht Abb. 4.13, S. 157.

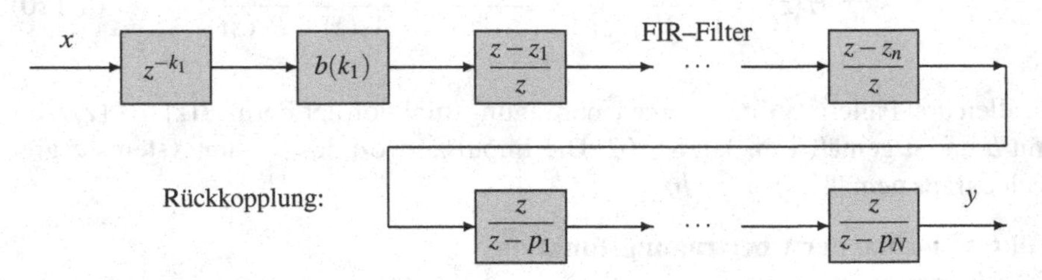

Abb. 4.21 Darstellung eines realisierbaren LTI–Systems als Hintereinanderschaltung. z_1 , , z_n sind die Nullstellen der Übertragungsfunktion des Systems und $p_1, \ldots, p_N$ die Polstellen der Übertragungsfunktion ungleich 0.

Der Konvergenzbereich der Rückkopplung

Die Übertragungsfunktion des FIR–Filters ist für alle Werte $z \neq 0$ definiert. Verantwortlich für den Konvergenzbereich $|z| > r_1$ ist daher die Rückkopplung. Die Rückkopplung kann als Hintereinanderschaltung von Teilsystemen mit den Übertragungsfunktionen

$$\frac{z}{z - p_i}, \; |z| > |p_i|$$

dargestellt werden. Die untere Konvergenzgrenze für das Teilsystem zur Polstelle p_i ist durch den Betrag der Polstelle gegeben (vgl. Tab. 4.10, S. 184). Die Faltung der Impulsantworten aller N Teilsysteme ergibt die Impulsantwort der Rückkopplung. Daher kann die untere Konvergenzgrenze r_1 für die Rückkopplung mit Hilfe von Gl. (4.160) abgeschätzt werden und man erhält

$$r_1 \leq \max\{|p_1|, \ldots, |p_N|\} .$$

Die rechte Seite wird durch die Polstelle mit dem größten Betrag festgelegt und als *Polradius* bezeichnet. Ein Wert r_1 kleiner als der Polradius ist nicht möglich, sonst würde eine Polstelle im Bereich $|z| > r_1$ liegen, der zum Konvergenzbereich gehört. Daraus folgt, dass die untere Konvergenzgrenze der Rückkopplung durch den Polradius gegeben ist:

$$r_1 = r_1(a^{-1}) = \max\{|p_1|, \ldots, |p_N|\}. \tag{4.172}$$

Reduktion der Ordnung
Mit dem Polradius ist auch die untere Konvergenzgrenze für das realisierbare LTI–System bestimmt — vorausgesetzt, es handelt sich bei $p_1, \ldots, p_N$ wirklich um Polstellen der Übertragungsfunktion. Stimmt dagegen eine Nullstelle von $A(z)$ mit einer Nullstelle von $B(z)$ überein, kann man durch Kürzung die Übertragungsfunktion „reduzieren". Beispielsweise erhält man für $p_N = z_n$

$$H(z) = z^{-k_1} b(k_1) \frac{z-z_1}{z} \cdots \frac{z-z_{n-1}}{z} \cdot \frac{z}{z-p_1} \cdots \frac{z}{z-p_{N-1}}.$$

Die Polstelle, welche mit einer Nullstelle übereinstimmt, tritt dann nicht mehr in Erscheinung. Sofern keine weiteren Kürzungen möglich sind, stellt $H(z)$ die Übertragungsfunktion eines Systems der Ordnung $N-1$ dar. Wir haben eine Reduktion der Ordnung bereits in Abschn. 3.10 kennengelernt: Die DGL enthält einen gemeinsamen Faltungsfaktor g, d. h. sie lautet nach Gl. (3.99)

$$(a*g)*y = (b*g)*x.$$

Der Faltungsfaktor g tritt bei der Impulsantwort des Systems wegen

$$h = (a*g)^{-1} * (b*g) = a^{-1} * g^{-1} * b * g = a^{-1} * b$$

nicht auf. Dieser Effekt wird durch die Übertragungsfunktion des Systems verdeutlicht:

$$H(z) = \frac{B(z) \cdot G(z)}{A(z) \cdot G(z)} = \frac{B(z)}{A(z)}. \tag{4.173}$$

Der gemeinsame Faktor $G(z)$ im Zähler und Nenner wird gekürzt. Im Fall einer gemeinsamen Nullstelle $p_N = z_n$ ist der gemeinsame Faktor durch
$G(z) = z - z_n = z - p_N$ gegeben.

Beispiel: Realisierbares LTI–System
Als Beispiel wird die folgende DGL betrachtet:

$$y(k) - 2y(k-1) + 0.25y(k-2) - 0.5y(k-3) = 2x(k-1) - 4x(k-2). \tag{4.174}$$

Der DGL entnimmt man die rekursiven Filterkoeffizienten

$$a(k) = \delta(k) - 2\delta(k-1) + 0.25\delta(k-2) - 0.5\delta(k-3)$$

und die nichtrekursiven Filterkoeffizienten

$$b(k) = 2\delta(k-1) - 4\delta(k-2).$$

1. Übertragungsfunktion:

   Daraus folgt

$$
\begin{aligned}
A(z) &= 1 - 2z^{-1} + 0.25z^{-2} - 0.5z^{-3} , \\
B(z) &= 2z^{-1} - 4z^{-2} , \\
H(z) &= \frac{B(z)}{A(z)} = \frac{2z^{-1} - 4z^{-2}}{1 - 2z^{-1} + 0.25z^{-2} - 0.5z^{-3}} .
\end{aligned} \tag{4.175}
$$

   Man kommt auch auf dieses Ergebnis, indem man beide Seiten der DGL z–transformiert: Aus der Linearität der z–Transformation und der Verschiebungs–Regel folgt

$$
Y(z) - 2z^{-1}Y(z) + 0.25z^{-2}Y(z) - 0.5z^{-3}Y(z) = 2z^{-1}X(z) - 4z^{-2}X(z) ,
$$

   woraus man für $H(z) = Y(z)/X(z)$ die angegebene Übertragungsfunktion erhält. Anhand von

$$
H(z) = \frac{2z^2 - 4z}{z^3 - 2z^2 + 0.25z - 0.5}
$$

   erkennt man, dass die Übertragungsfunktion eine gebrochen rationale Funktion ist. Der Grad des Zählerpolynoms ist um 1 kleiner als der Grad des Nennerpolynoms, wobei $k_1 = 1$ die Latenzzeit des Systems ist.
2. Faktorisierung:

   Das Zählerpolynom besitzt die Nullstelle $z_1 = 2 \neq 0$. Das Nennerpolynom besitzt ebenfalls die Nullstelle $p_1 = 2$. Durch Polynomdivision findet man für das Nennerpolynom

$$
[z^3 - 2z^2 + 0.25z - 0.5] : (z-2) = z^2 + 0.25 .
$$

   Zwei weitere Nullstellen des Nennerpolynoms sind folglich $p_2 = \mathrm{j}/2$ und $p_3 = -\mathrm{j}/2$. Für die Übertragungsfunktion folgt

$$
H(z) = \frac{2z(z-2)}{(z-2)\cdot(z^2+0.25)} = \frac{2z}{z^2+0.25} = \frac{2z}{(z-\mathrm{j}/2)\cdot(z+\mathrm{j}/2)} . \tag{4.176}
$$

   Daraus folgt der Polradius $r_1 = \max\{|\mathrm{j}/2|, |-\mathrm{j}/2|\} = 1/2$ — trotz der Nullstelle $p_1 = 2$.
3. Reduzierte DGL:

   Durch Kürzen des gemeinsamen Faktors $z-2$ wurde die Ordnung der DGL um 1 reduziert. Die reduzierte DGL erhält man aus der Gleichung

$$
H(z) = \frac{2z}{z^2+0.25} = \frac{2z^{-1}}{1+0.25z^{-2}} = \frac{Y(z)}{X(z)} ,
$$

   die man wie folgt umstellen kann:

$$
Y(z)\cdot[1+0.25z^{-2}] = X(z)\cdot 2z^{-1} .
$$

Dies ist gleichwertig mit

$$y(k) + 0.25y(k-2) = 2x(k-1) \ . \tag{4.177}$$

Demnach sind $a_1(k) := \delta(k) + 0.25\delta(k-2)$ und $b_1(k) := 2\delta(k-1)$ die Koeffizienten der reduzierten DGL. Die Reduktion beruht darauf, dass das Zähler– und Nennerpolynom den gemeinsamen Faktor $z-2$ bzw. $G(z) = (z-2)/z$ besitzen. Folglich haben a und b den gemeinsamen Faltungsfaktor

$$g(k) := \delta(k) - 2\delta(k-1) \ .$$

Aus den Faltungen von a_1 und b_1 mit g erhält man die urspüngliche DGL zurück:

$$a_1(k) * g(k) = \delta(k) - 2\delta(k-1) + 0.25\delta(k-2) - 0.5\delta(k-3) = a(k) \ ,$$
$$b_1(k) * g(k) = 2\delta(k-1) - 4\delta(k-2) = b(k) \ .$$

4. Impulsantwort:
Aus der Übertragungsfunktion

$$H(z) = \frac{2z}{(z - \mathrm{j}\,/2)\cdot(z + \mathrm{j}\,/2)} = 2z^{-1} \cdot \frac{z}{z - \mathrm{j}\,/2} \cdot \frac{z}{z + \mathrm{j}\,/2}$$

folgt

$$h(k) = 2\delta(k-1) * h_2(k) \ .$$

Für $h_2(k)$ entnimmt man der letzten Korrespondenz in Tab. 4.10, S. 184

$$h_2(k) = \varepsilon(k)|\mathrm{j}\,/2|^k \cdot \frac{\sin[2\pi f_0(k+1)]}{\sin[2\pi f_0]} \ , \ 2\pi f_0 = \arg[\mathrm{j}\,/2] \ .$$

Es ist $|\mathrm{j}\,/2| = 1/2$ und $\arg[\mathrm{j}\,/2] = \pi/2$, woraus $f_0 = 1/4$ und damit

$$h_2(k) = \varepsilon(k)(1/2)^k \cdot \sin[\pi(k+1)/2]$$

folgt. Für die Impulsantwort erhält man

$$h(k) = 2\varepsilon(k-1)(1/2)^{k-1} \cdot \sin[\pi k/2] \ . \tag{4.178}$$

Ihre Signalwerte $h(0) = 0$, $h(1) = 2$, $h(2) = 0$, $h(3) = -1/2$, $h(4) = 0$, $h(5) = 1/8$, ... kann man durch rekursive Auswertung der DGL gemäß

$$y(-1) = 0 \ , \ y(k) = -0.25y(k-2) + 2\delta(k-1) \ , \ k \geq 0$$

bestätigen.

4.10.2 Stabilitätskriterium

Hinreichendes Stabilitätskriterium

Wir gehen von einem realisierbaren LTI–System N–ter Ordnung aus, dessen Übertragungsfunktion $H(z) = B(z)/A(z)$ die Polstellen $p_1, \ldots p_N \neq 0$ besitzt. Sie stimmen folglich mit den Wurzeln der charakteristischen Gleichung $A(z) = 0$ überein. Nach dem Stabilitätskrierium gemäß Gl. (4.121) liegt Stabilität vor, wenn alle Wurzeln der charakteristischen Gleichung, also alle Polstellen, im Innern des Einheitskreises liegen. Dies bedeutet, dass der Polradius, der Betrag der Polstelle mit dem größten Betrag, kleiner als 1 sein muss, wie in Abb. 4.20, S. 174. Nach Gl. (4.172) stimmt der Polradius mit der unteren Konvergenzgrenze r_1 des Systems überein. Daher lautet das **Stabilitätskriterium**:

$$r_1 = \max\{|p_1|, \ldots |p_N|\} < 1 . \tag{4.179}$$

Der Polradius r_1 wirkt sich nach Gl. (4.153) auf die Impulsantwort gemäß

$$|h(k)| \leq C(r) \cdot r^k , \; r > r_1 \tag{4.180}$$

aus. Demnach ist jeder Wert $r > r_1$ ein Abklingfaktor der Impulsantwort. Für $r_1 < 1$ ist die Impulsantwort folglich exponentiell abklingend und gewährleistet Stabilität. Ein Beispiel ist die Impulsantwort einer Rückkopplung 2. Ordnung gemäß Gl. (4.128)–Gl. (4.130). Je kleiner der Polradius r_1 ist, desto stärker klingen die Impulsantworten exponentiell ab. Hierbei stellt $1 - r_1$ den „Sicherheitsabstand" zur Instabilität dar, den sog. *Polabstand vom Einheitskreis* .

Notwendigkeit des Stabilitätskriteriums für eine Rückkopplung

In Abschn. 4.8.3 haben wir uns davon überzeugt, dass das Stabilitätskriterium bei einer Rückkopplung auch notwendig ist. Hierbei wurde eine „partielle Invertierung" gemäß Abb. 4.14, S. 159 durchgeführt: Durch eine FIR–Filterung wurde aus der Rückkopplung das 1. Teilsystem „herauspräpariert". Diese Vorgehensweise lässt sich im Zeitbereich wie folgt darstellen:

$$\begin{aligned} &[\varepsilon(k)p_1^k] * [\varepsilon(k)p_2^k] * \cdots * [\varepsilon(k)p_N^k] \\ &* [\delta(k) - p_2\delta(k-1)] * \cdots * [\delta(k) - p_N\delta(k-N)] = \varepsilon(k)p_1^k . \end{aligned}$$

Sie kann anhand von Übertragungsfunktionen übersichtlich nachvollzogen werden. Mit der Übertragungsfunktion der Rückkopplung,

$$\frac{1}{A(z)} = \frac{z}{z-p_1} \cdot \frac{z}{z-p_2} \cdots \frac{z}{z-p_N} ,$$

und der Übertragungsfunktion des FIR–Filters,

$$G(z) = \frac{z-p_2}{z} \cdots \frac{z-p_N}{z} ,$$

lässt sich die partielle Invertierung gemäß

$$\frac{1}{A(z)} \cdot G(z) = \frac{z}{z - p_1}$$

darstellen. Durch das FIR–Filter wird die Rückkopplung bis auf den Faktor $H_1(z) := z/(z - p_1)$ invertiert und damit das 1. Teilsystem aus der Rückkopplung „herauspräpariert".

Notwendigkeit des Stabilitätskriteriums für ein realisierbares LTI–System

Wir wollen die partielle Invertierung auf ein beliebiges realisierbares LTI–System anwenden, um von der Stabilität auf einen Polradius $r_1 < 1$ schließen zu können. Eine partielle Invertierung führt zunächst auf die Übertragungsfunktion

$$H_2(z) := B(z) \cdot \frac{1}{A(z)} \cdot G(z) = B(z) \cdot \frac{z}{z - p_1} \,. \tag{4.181}$$

Es stellt sich die Frage: Kann ein instabiles Verhalten des Teilsystems mit der Übertragungsfunktion $H_1(z) = z/(z - p_1)$ durch das FIR–Filter mit der Übertragungsfunktion $B(z)$ kompensiert werden? Dann könnte eine Polstelle $|p_1| > 1$ auftreten und das LTI–System wäre trotzdem stabil. Dies wäre der Fall, wenn p_1 mit einer der Nullstellen z_i von $B(z)$ übereinstimmt. In diesem Fall könnte aber der gemeinsame Faktor $z - p_1$ gekürzt werden. Daher wäre p_1 keine Polstelle der Übertragungsfunktion. Dieser Fall muss daher ausgeschlossen werden, d. h. die Übertragungsfunktion $B(z)$ des FIR–Filters darf p_1 nicht als Nullstelle besitzen. Unter dieser Voraussetzung stellt sich heraus, dass ein instabiles Verhalten des Teilsystems mit der Übertragungsfunktion $H_1(z) = z/(z - p_1)$ nicht durch ein FIR–Filter mit der Übertragungsfunktion $B(z)$ kompensiert werden kann (Nachweis folgt). Das Stabilitätskriterium ist daher auch notwendig.

Notwendigkeit des Stabilitätskriteriums

Wir nehmen an, dass das System stabil ist und zeigen $|p_1| < 1$.
Nach Voraussetzung ist p_1 keine Nullstelle von $B(z)$, d. h. es gilt $B(p_1) \neq 0$. Die Impulsantwort h_2 ergibt sich nach dem Faltungssatz aus

$$h_2(k) = b(k) * [\varepsilon(k) p_1^k] \,.$$

Das FIR–Filter mit der Impulsantwort b wird demnach ab dem Zeitpunkt 0 mit $x(k) := p_1^k$ exponentiell angeregt. Für $k \geq k_2 = k_2(b)$, dem Gedächtnis des FIR–Filters, reagiert das FIR–Filter folglich wie bei einer Anregung mit $x(k)$, d. h. es gilt

$$h_2(k) = b(k) * p_1^k \,, \; k \geq k_2 \,.$$

Nach Gl. (4.105) gilt für eine exponentielle Anregung des FIR–Filters mit $x(k) = p_1^k$

$$h_2(k) = x(k) \cdot B(p_1) = p_1^k \cdot B(p_1) \,, \; k \geq k_2 \,.$$

Aus $B(p_1) \neq 0$ folgt, dass das System mit der Impulsantwort h_2 nur dann stabil ist, wenn $|p_1| < 1$ ist.

Fassen wir zusammen:

Übertragungsfunktion eines realisierbaren LTI–Systems

Übertragungsfunktion: Sie ist durch eine gebrochen rationale Funktion der Form $H(z) = B(z)/A(z)$ gekennzeichnet. Aus der Differenz zwischen den Polynomgraden des Zähler– und Nennerpolynoms kann die Latenzzeit des Systems „abgelesen" werden.
Nullstellen und Polstellen: In der *nichtreduzierbaren* Form besitzen $A(z)$ und $B(z)$ keine gemeinsamen Nullstellen. Die Polstellen p_i der Übertragungsfunktion sind die Wurzeln der charakteristischen Gleichung $A(z) = 0$. Die Übertragungsfunktion kann mit Hilfe ihrer Nullstellen z_i und Polstellen p_i faktorisiert werden.
Polradius: Die untere Konvergenzgrenze r_1 stimmt mit dem Polradius überein: $r_1 = \max\{|p_1|, \ldots, |p_N|\}$. Stabilität liegt genau dann vor, wenn der Polradius $r_1 < 1$ ist. Bei Stabilität klingt die Impulsantwort exponentiell ab. Jeder Wert $r > r_1$ ist ein Abklingfaktor.

4.10.3 Invertierung und Partialbruchzerlegung

Invertierung
Nach dem Umkehrsatz der z–Transformation, Gl. (4.164), erhält man die Übertragungsfunktion des inversen Systems durch Kehrwertbildung. Für ein realisierbares LTI–System mit der Übertragungsfunktion $H(z) = B(z)/A(z)$ ergibt sich folglich die Übertragungsfunktion des inversen Systems gemäß

$$H^{-1}(z) = \frac{A(z)}{B(z)} . \tag{4.182}$$

Durch die Kehrwertbildung wird verdeutlicht: Die rekursiven Filterkoeffizienten werden mit den nichtrekursiven Filterkoeffizienten vertauscht. Die vorstehende Beziehung entspricht im Zeitbereich $h^{-1} = a * b^{-1}$ gemäß Gl. (3.101). Aus der Kehrwertbildung ergibt sich die Konsequenz, dass der Polradius für das inverse System durch die Nullstellen von $B(z)$ festgelegt wird:

$$r_1(h^{-1}) = \max\{|z_1|, \ldots |z_n|\} . \tag{4.183}$$

Insbesondere führt eine Nullstelle der Übertragungsfunktion $H(z)$ mit einem Betrag größer 1 auf einen Polradius größer als 1 und damit auf ein instabiles Verhalten.

Invertierung eines FIR–Filters mit Hilfe einer Rückkopplung
In Abschn. 3.8.4 haben wir die Rückkopplung als „Invertierungsmaschine" kennengelernt. Diese Eigenschaft kommt im z–Bereich dadurch zum Ausdruck, dass ihre

Übertragungsfunktion eine Kehrwertbildung gemäß

$$H_{\mathrm{R}}(z) = \frac{1}{1 - H_{\mathrm{RP}}(z)} \tag{4.184}$$

beinhaltet. Ein FIR–Filter mit der Übertragungsfunktion $H(z) = 1 - H_{\mathrm{RP}}(z)$ wird folglich durch eine Rückkopplung mit $H_{\mathrm{RP}}(z)$ für den Rückkopplungspfad invertiert. Da das System im Rückkopplungspfad verzögernd ist, ist $h_{\mathrm{RP}}(0) = 0$ und daher h normiert mit dem Einschaltzeitpunkt $k_1 = 0$ und $h(0) = 1$. Andere FIR–Filter können ebenfalls mit Hilfe einer Rückkopplung invertiert werden, wie in Abschn. 3.8.4 im Zeitbereich ausgeführt wurde. Dies kann auch im z–Bereich übersichtlich nachvollzogen werden.

1. Invertierung der Impulsantwort gemäß Gl. (3.86),

$$h_1(k) = \frac{1}{2}[\delta(k) + \delta(k-1)] \ :$$

Es ist

$$H_1^{-1}(z) = 2 \cdot \frac{1}{1 + z^{-1}} = \frac{2z}{z+1} \ . \tag{4.185}$$

Daher kann die Invertierung durch ein Proportionalglied mit dem Faktor 2 und nach Gl. (4.184) durch eine Rückkopplung mit $H_{\mathrm{RP}}(z) = -z^{-1}$ vorgenommen werden. Folglich ist $h_{\mathrm{RP}}(k) = -\delta(k-1)$.

2. Invertierung der Impulsantwort gemäß Gl. (3.87),

$$h_2(k) = h_1(k-1) \ :$$

Aus der Verschiebungs–Regel folgt $H_2(z) = z^{-1} \cdot H_1(z)$ und daraus

$$H_2^{-1}(z) = z \cdot H_1^{-1}(z) = z \cdot \frac{2z}{z+1} = \frac{2z^2}{z+1} \ .$$

Der Grad des Zählerpolynoms ist größer als der Grad des Nennerpolynoms, das inverse System ist somit nichtkausal. Dies ist darauf zurückzuführen, dass das FIR–Filter mit der Impulsantwort h_2 verzögernd mit der Latenzzeit $k_1 = 1$ ist. Mit dem System gemäß Gl. (4.185) gelingt eine Umkehrung des FIR–Filters bis auf eine Verzögerung um $k_1 = 1$, denn es ist

$$H_2(z) \cdot H_1^{-1}(z) = z^{-1} \cdot H_1(z) \cdot H_1^{-1}(z) = z^{-1} \ .$$

3. Invertierung des 121–Filters:
Für das kausale 121–Filter mit der Impulsantwort gemäß Gl. (3.88)

$$h_3(k) = \frac{1}{4}\delta(k) + \frac{1}{2}\delta(k-1) + \frac{1}{4}\delta(k-2) = h_1(k) * h_1(k) \ ,$$

folgt aus Gl. (4.185)

$$H_3^{-1}(z) = \frac{1}{H_1^2(z)} = \left(H_1^{-1}(z)\right)^2 = \left(\frac{2z}{z+1}\right)^2 = 4 \cdot \left(\frac{z}{z+1}\right)^2 .$$

Die Umkehrung kann demnach durch die Hintereinanderschaltung zweier Systeme nach Gl. (4.185) oder zweier Rückkopplungen und einem Proportionalglied mit dem Faktor 4 erfolgen. Die zwei Rückkopplungen können auch zu einer einzigen Rückkopplung zusammengefasst werden, wenn das System im Rückkopplungspfad gemäß

$$\left(\frac{z}{z+1}\right)^2 = \frac{1}{1 - H_{\mathrm{RP}}(z)}$$

gewählt wird. Mit der z–Transformation erhält man

$$H_{\mathrm{RP}}(z) = 1 - \left(\frac{z+1}{z}\right)^2 = \frac{z^2 - (z^2 + 2z + 1)}{z^2} = -[2z^{-1} + z^{-2}] .$$

Partialbruchzerlegung
Neben der Darstellung eines realisierbaren LTI–Systems als Hintereinanderschaltung gemäß Abb. 4.21, S. 188 ist eine Darstellung als Summenschaltung möglich. Hierbei wird eine *Partialbruchzerlegung* der Übertragungsfunktion vorgenommen. Dies wird i. F. für eine Rückkopplung 3. Ordnung dargestellt. Die Übertragungsfunktion lautet

$$H(z) = \frac{1}{A(z)} = \frac{z}{z - p_1} \cdot \frac{z}{z - p_2} \cdot \frac{z}{z - p_3} .$$

1. Fall: Die Polstellen sind paarweise verschieden.
   In diesem Fall ist eine Partialbruchzerlegung gemäß

   $$H(z) = C_1 \cdot \frac{z}{z - p_1} + C_2 \cdot \frac{z}{z - p_2} + C_3 \cdot \frac{z}{z - p_3}$$

   möglich. Hierbei sind C_i Konstanten, die so bestimmt werden können, dass die vorstehende Gleichung für alle Werte z besteht. Aus der Linearität der z–Transformation und der Korrespondenz

   $$h_1(k) = \varepsilon(k) p_0^k \Rightarrow H_1(z) = \frac{z}{z - p_0}$$

   (vgl. Tab. 4.10, S. 184) folgt die Impulsantwort

   $$h(k) = \varepsilon(k)[C_1 p_1^k + C_2 p_2^k + C_3 p_3^k] . \qquad (4.186)$$

2. Fall: Mehrfache Polstellen.
   Bei mehrfachen Polstellen muss der Ansatz modifiziert werden. Für eine zweifache Polstelle p_2 beispielsweise führt

   $$H(z) = C_1 \cdot \frac{z}{z - p_1} + C_2 \cdot \frac{z}{z - p_2} + C_3 \cdot \left(\frac{z}{z - p_2}\right)^2$$

zum Ziel. Aus der Korrespondenz

$$h_1(k) = \varepsilon(k) p_0^k \cdot (k+1) \Rightarrow H_1(z) = \left(\frac{z}{z-p_0}\right)^2$$

gemäß Tab. 4.10, S. 184 folgt die Impulsantwort

$$h(k) = \varepsilon(k)[C_1 p_1^k + C_2 p_2^k + C_3 p_2^k \cdot (k+1)]\,. \tag{4.187}$$

Beispiel: Partialbruchzerlegung
Für die Rückkopplung mit

$$h_{\mathrm{RP}}(k) = -\delta(k-1) - \delta(k-2) - \delta(k-3)$$

im Rückkopplungspfad lautet die Übertragungsfunktion

$$H_{\mathrm{R}}(z) = \frac{1}{1 - H_{\mathrm{RP}}(z)} = \frac{1}{1 + z^{-1} + z^{-2} + z^{-3}} = \frac{z^3}{z^3 + z^2 + z + 1}$$
$$= \frac{z^3}{(z+1)(z-\mathrm{j})(z+\mathrm{j})}$$

Die Polstellen $p_1 = -1$, $p_2 = \mathrm{j}$ und $p_3 = -\mathrm{j}$ liegen alle auf dem Einheitskreis. Da sie nicht im Innern des Einheitskreises liegen, ist die Rückkopplung instabil. Die Partialbruchzerlegung lautet

$$H_{\mathrm{R}}(z) = C_1 \cdot \frac{z}{z+1} + C_2 \cdot \frac{z}{z-\mathrm{j}} + C_3 \cdot \frac{z}{z+\mathrm{j}}\,.$$

Multiplikation mit $(z+1)(z-\mathrm{j})(z+\mathrm{j})/z$ ergibt

$$z^2 = C_1(z-\mathrm{j})(z+\mathrm{j}) + C_2(z+1)(z+\mathrm{j}) + C_3(z+1)(z-\mathrm{j})\,.$$

Auf der rechten Seite steht ein Polynom 2. Grades. Es kann nur dann gleich der linken Seite z^2 sein, wenn seine Polynomkoeffizienten für z^0 und z^1 gleich 0 und für z^2 gleich 1 sind. Dies führt auf die folgenden drei Gleichungen zur Bestimmung der Konstanten C_1, C_2, C_3:

$$z^2 : C_1 + C_2 + C_3 = 1\,,\; z^1 : C_2(1+\mathrm{j}) + C_3(1-\mathrm{j}) = 0\,,\; z^0 : C_1 + C_2\mathrm{j} - C_3\mathrm{j} = 0\,.$$

Die Auflösung des Gleichungssystems führt auf

$$C_1 = \frac{1}{2}\,,\; C_2 = \frac{1+\mathrm{j}}{4}\,,\; C_3 = \frac{1-\mathrm{j}}{4}\,.$$

Die Impulsantwort lautet folglich

$$h_{\mathrm{R}}(k) = C_1 \varepsilon(k)(-1)^k + C_2 \varepsilon(k)\mathrm{j}^k + C_3 \varepsilon(k)(-\mathrm{j})^k\,.$$

Der zweite und dritte Summand können zu einer reellen Impulsantwort zusammengefasst werden, denn es ist $C_3 = C_2^*$, d. h. der zweite und dritte Summand sind zueinander konjugiert komplex. Folglich ist

$$C_2 \mathrm{j}^k + C_3(-\mathrm{j})^k = 2\mathrm{Re}\left[C_2 \cdot \mathrm{j}^k\right] .$$

Aus $\mathrm{j} = \mathrm{e}^{\mathrm{j}\pi/2}$ folgt

$$C_2 \mathrm{j}^k + C_3(-\mathrm{j})^k = 2\mathrm{Re}\left(\frac{1+\mathrm{j}}{4} \cdot \mathrm{e}^{\mathrm{j}\pi k/2}\right) = \frac{1}{2} \cdot (\cos[\pi k/2] - \sin[\pi k/2]) .$$

Die Impulsantwort ist daher

$$h_{\mathrm{R}}(k) = \frac{1}{2}\varepsilon(k)\left\{(-1)^k + \cos[\pi k/2] - \sin[\pi k/2]\right\} . \tag{4.188}$$

Sie ist ab dem Zeitpunkt 0 periodisch mit der Periodendauer 4 und den Werten $h(0) = 1$, $h(1) = -1$, $h(2) = h(3) = 0$.

Rücktransformation durch eine Partialbruchzerlegung

Im letzten Beispiel konnte die Impulsantwort für eine Rückkopplung 3. Ordnung mit Hilfe einer Partialbruchzerlegung bestimmt werden. Man kann daher die Partialbruchzerlegung als eine Methode der Rücktransformation bei gebrochen rationalen Übertragungsfunktionen auffassen. Bei einer Partialbruchzerlegung treten Übertragungsfunktionen der Form

$$H_m(z) = \left(\frac{z}{z - p_0}\right)^m , \; 0 < m \leq q .$$

auf. Hierbei ist p_0 eine q–fache Polstelle der Übertragungsfunktion $H(z)$. Wie sehen die zugehörigen Impulsantworten h_m aus? Für $m = 1$ und $m = 2$ kennen wir sie bereits. Tab. 4.10, S. 184 entnimmt man

$$h_1(k) = \varepsilon(k) p_0^k \, , \; h_2(k) = \varepsilon(k) p_0^k \cdot (k+1) .$$

Die allgemeine Form für beliebige Werte $m > 0$ lautet (Nachweis folgt)

$$\begin{aligned} h_m(k) &= \varepsilon(k) p_0^k \cdot \binom{k+m-1}{m-1} \\ &= \varepsilon(k) p_0^k \cdot \frac{(k+1)\cdots(k+m-1)}{(m-1)!} . \end{aligned} \tag{4.189}$$

„Eleganter“ Nachweis von Gl. (4.189)

Es wird die Rückkopplung m–ter Ordnung mit der Übertragungsfunktion

$$H(z) = \frac{1}{A(z)} \, , \; A(z) = \left(\frac{z - p_0}{z}\right)^m$$

betrachtet. Es ist also p_0 eine m–fache Polstelle der Übertragungsfunktion. Nach Anhang A.1 besitzt diese Rückkopplung Eigenbewegungen der Form $k^i \cdot p_0^k$ für $0 \le i < m$. Da Eigenbewegungen einen Signalraum bilden, stellt auch $P_{m-1}(k) \cdot p_0^k$ für jedes Polynom P_{m-1} $m-1$–ten Grades eine Eigenbewegung dar. Folglich ist

$$y_0(k) := p_0^k \cdot \frac{(k+1)\cdots(k+m-1)}{(m-1)!}$$

eine Eigenbewegung der Rückkopplung. Sie besitzt die Eigenschaft

$$y_0(-m+1) = \cdots = y_0(-1) = 0\,,\; y_0(0) = 1\,.$$

Nach Gl. (3.76) stimmt diese Eigenbewegung ab dem Zeitpunkt 0 mit der Impulsantwort der Rückkopplung überein. Es ist also $h_m(k) = \varepsilon(k) y_0(k)$.

4.11 Die Frequenzfunktion realisierbarer LTI–Systeme

Mit Gl. (4.150) wurde die Frequenzfunktion auf Signale unendlicher Dauer ausgedehnt. Für ein kausales Faltungssystem ist demnach

$$h^F(f) = H(z = e^{j\,2\pi f})\,. \tag{4.190}$$

Diese Definition setzt voraus, dass die untere Konvergenzgrenze $r_1 = r_1(h) < 1$ ist. In diesem Fall verläuft der Einheitskreis im Innern $|z| > r_1$ des Konvergenzbereichs von $H(z)$. Nach Gl. (4.180) ist die Impulsantwort exponentiell abklingend mit einer Konstanten $C(r)$ und Abklingfaktoren r gemäß

$$|h(k)| \le C(r) \cdot r^k\,,\; r_1 < r\,,\; r_1 < 1\,. \tag{4.191}$$

Es stellt sich die Frage, ob die Frequenzfunktion wie bei FIR–Filtern mit Hilfe einer sinusförmigen Anregung interpretiert werden kann.

4.11.1 Die Frequenzfunktion der Rückkopplung 1. Ordnung

Anstelle einer sinusförmigen Anregung wird wie in Abschn. 4.2 eine Anregung gemäß Gl. (4.8),

$$x_c(k) = r^k \cdot e^{j\,[2\pi f k + \Phi_0]}\,,$$

betrachtet. In diesem Fall ergibt sich das Ausgangssignal wie bei der Herleitung von Gl. (4.9) zu

$$y_c(k) = x_c(k) \cdot H(z)\,,\; z = r \cdot e^{j\,2\pi f}\,.$$

Nach Gl. (4.191) muss $r > r_1$ vorausgesetzt werden, damit $H(z)$ definiert ist. Wegen $r_1 < 1$ kann $r = 1$ gesetzt werden und man erhält das Ausgangssignal bei einer sinusförmigen Anregung des Systems wie für FIR–Filter gemäß Gl. (4.28):

$$y_c(k) = x_c(k) \cdot h^F(f) \,. \tag{4.192}$$

Beispiel: Frequenzfunktion der Rückkopplung 1. Ordnung

Als Beispiel wird die Frequenzfunktion für die Rückkopplung 1. Ordnung mit dem Rückkopplungsfaktor λ betrachtet. Ihre Impulsantwort $h(k) = \varepsilon(k)\lambda^k$ führt nach Gl. (4.151) auf

$$h^F(f) = H(z = \mathrm{e}^{\mathrm{j}\,2\pi f}) = \frac{1}{1 - \lambda\,\mathrm{e}^{-\mathrm{j}\,2\pi f}} \,, \; |\lambda| < 1 \,. \tag{4.193}$$

Aus der Frequenzfunktion erhält man wie bei FIR–Filtern durch Bildung des Betrags und Arguments der komplexen Werte $h^F(f)$ die Amplitudenfunktion und Phasenfunktion. Sie sind für zwei verschiedene Werte λ in Tab. 4.12 dargestellt.

Tabelle 4.12 Frequenzfunktion der Rückkopplung 1. Ordnung mit der Impulsantwort $h(k) = \varepsilon(k)\lambda^k$ für $\lambda = -0.9$ und $\lambda = 0.9$. Gezeigt sind die Amplitudenfunktion $|h^F(f)|$ und die Phasenfunktion $\Phi(f) = \arg h^F(f)$ für den Frequenzbereich $0 \le f \le 1/2$.

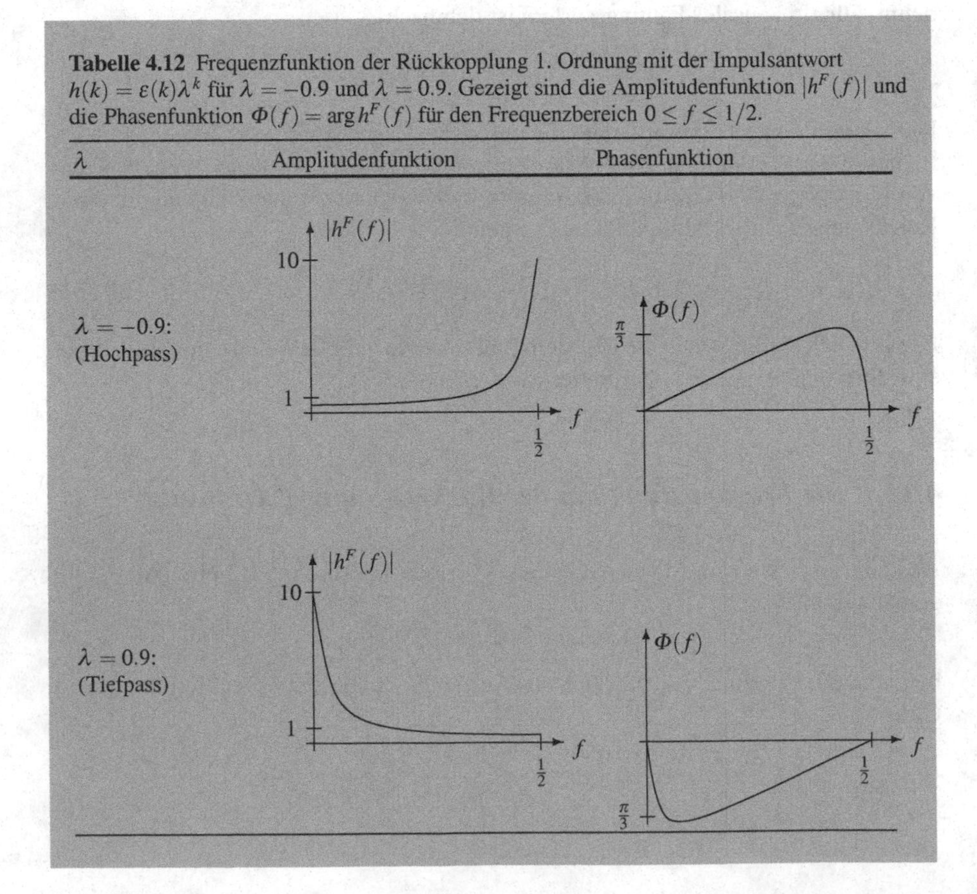

Anhand der Amplitudenfunktion erkennt man, dass für $\lambda = -0.9$ ein Hochpass und für $\lambda = 0.9$ ein Tiefpass vorliegt. Dies ergibt sich aus den Werten der Frequenzfunktion für die Frequenzen $f = 0$ und $f = 1/2$:

$$h^F(0) = \frac{1}{1-\lambda}\,,\ h^F(1/2) = \frac{1}{1+\lambda}\,. \tag{4.194}$$

Für $\lambda = -0.9$ folgen $h^F(0) \approx 0.53$, $h^F(1/2) = 10$. Für $\lambda = 0.9$ folgen $h^F(0) = 10$, $h^F(1/2) \approx 0.53$.

Normierung der Frequenzfunktion

Die Frequenzfunktionen der Rückkopplungen in Tab. 4.12 können so normiert werden, dass der maximale Wert der Amplitudenfunktion nicht 10, sondern 1 beträgt, indem die Amplitudenfunktion durch 10 dividiert wird. Anstelle der DGL $y(k) - \lambda y(k-1) = x(k)$ einer Rückkopplung lautet die DGL

$$y(k) - \lambda y(k-1) = b_0 x(k)\,. \tag{4.195}$$

Daraus ergibt sich eine Multiplikation der Impulsantwort und Frequenzfunktion mit dem Faktor b_0. Für $b_0 = 0.1$ erhält man somit eine Normierung für die zwei in Tab. 4.12 gezeigten Fälle.

Frequenzfunktion als Kehrwert

Die Frequenzfunktion der Rückkopplung 1. Ordnung ist der Kehrwert von

$$h_1^F(f) := 1 - \lambda\,\mathrm{e}^{-\mathrm{j}\,2\pi f}\,. \tag{4.196}$$

Hierbei ist $h_1^F(f)$ die Frequenzfunktion des FIR–Filters mit der Impulsantwort $h_1(k) = \delta(k) - \lambda\,\delta(k-1)$. Die Frequenzfunktion der Rückkopplung lässt sich daher auf die Frequenzfunktion eines FIR–Filters zurückführen. Für die Amplitudenfunktion und Phasenfunktion der Rückkopplung folgt

$$|h^F(f)| = |h_1^F(f)|^{-1}\,,\ \arg h^F(f) = -\arg h_1^F(f)\,.$$

Veranschaulichung der Frequenzfunktion

Wie kommt es zu den unterschiedlichen Werten der Amplitudenfunktion? Wegen $|\mathrm{e}^{-\mathrm{j}\,2\pi f}| = 1$ erhält man für die Amplitudenfunktion des FIR–Filters

$$\begin{aligned} |h_1^F(f)| &= |1 - \lambda\,\mathrm{e}^{-\mathrm{j}\,2\pi f}| = |\mathrm{e}^{-\mathrm{j}\,2\pi f}| \cdot |\mathrm{e}^{\mathrm{j}\,2\pi f} - \lambda| \\ &= |z - \lambda|\,,\ z := \mathrm{e}^{\mathrm{j}\,2\pi f}\,. \end{aligned} \tag{4.197}$$

Die komplexe Zahl $z - \lambda$ kann als Zeiger in der komplexen Zahlenebene dargestellt werden. Abb. 4.22 zeigt den Zeiger für $\lambda = 0.9$. Die Zeigerlänge ist für $f = 0$ gleich dem *Polabstand vom Einheitskreis*, $|z - \lambda| = 1 - \lambda = 0.1$. Dann ist $|h^F(0)| = 1/0.1 = 10$. Für $f = 1/2$ beträgt die Zeigerlänge $|z - \lambda| = |-1 - \lambda| = 1.9$. Dann ist $|h^F(1/2)| = 1/1.9 \approx 0.53$. Für Frequenzen $0 < f < 1/2$ nimmt die Zeigerlänge monoton zu bzw. die Amplitudenfunktion $|h^F(f)|$ monoton ab.

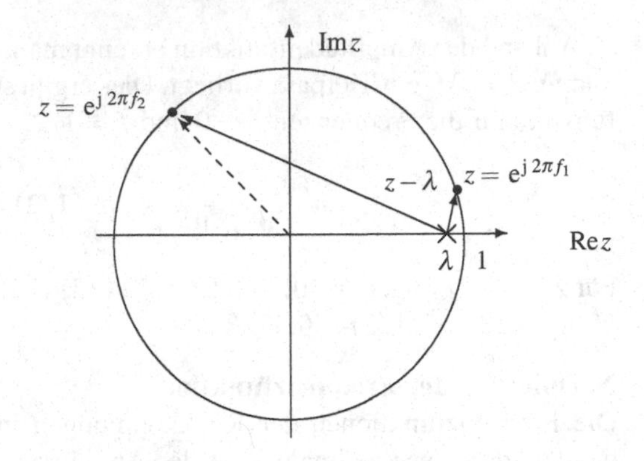

Abb. 4.22 Veranschaulichung der Frequenzfunktion für die Rückkopplung 1. Ordnung für $\lambda = 0.9$: Die Polstelle $p_1 = \lambda = 0.9$ der Übertragungsfunktion ist durch ein Kreuz markiert. Die Länge des Zeigers $z - \lambda$ gibt den Kehrwert der Amplitudenfunktion an. Für f_1 ist die Zeigerlänge kleiner als für f_2.

Sinusförmige Anregung der Rückkopplung als „Rätsel"

Gemäß unserer Grundannahme über die Rückkopplung zur Beschreibung ihres Systemverhaltens befindet sich die Rückkopplung vor dem Einschaltzeitpunkt in Ruhe (vgl. Abschn. 2.6). Darauf basiert die Beschreibung der Rückkopplung als Faltungssystem und darauf das Systemverhalten bei einer sinusförmigen Anregung. Eine sinusförmige Anregung stellt jedoch keinen Einschaltvorgang dar. Daher stellt sich die Frage: Auf welche Weise kann unsere Grundannahme über die Rückkopplung mit einer sinusförmigen Anregung in Einklang gebracht werden?

Der Zusammenhang zwischen Ein– und Ausgangssignal bei sinusförmiger Anregung gemäß $y_c(k) = x_c(k) \cdot h^F(f)$ bezieht sich auf ein Faltungssystem, dessen Impulsantwort mit der Impulsantwort der Rückkopplung übereinstimmt. Andererseits soll wie bisher die Grundannahme gelten, dass die Rückkopplung mit einem Einschaltvorgang angeregt wird und sich vor dem Einschaltzeitpunkt in Ruhe befindet. Die einzige Möglichkeit, dieses Konzept mit einer sinusförmigen Anregung in Einklang zu bringen, besteht darin, einen Einschaltvorgang zu betrachten, der ab dem Einschaltzeitpunkt sinusförmig ist. Solche Eingangssignale haben wir bereits in Abschn. 4.3 betrachtet. Für FIR–Filter gilt nach Gl. (4.29), dass das Ausgangssignal nach einer endlichen Einschwingdauer ebenfalls sinusförmig ist. Die endliche Einschwingdauer ist darauf zurückzuführen, dass die Impulsantwort eines FIR–Filters von endlicher Dauer ist. Wie sieht das Ausgangssignal bei einer Impulsantwort unendlicher Dauer aus, z. B. für eine Rückkopplung?

Sinusförmige Anregung ab einem Zeitpunkt

Es wird ein kausales Faltungssystem betrachtet, das mit einem Einschaltvorgang angeregt wird, der ab dem Einschaltzeitpunkt $k_1 = 0$ sinusförmig gemäß

$$x(k) = \varepsilon(k)\,\mathrm{e}^{\mathrm{j}\,2\pi f k} \tag{4.198}$$

ist. Da das Faltungssystem kausal ist, ist seine kausale Impulsantwort mit dem Eingangssignal faltbar und führt auf das Ausgangssignal

$$\begin{aligned} y(k) &= \sum_i h(i)x(k-i) = \sum_{i\geq 0} h(i)\varepsilon(k-i)\,\mathrm{e}^{\mathrm{j}\,2\pi f(k-i)} \\ &= \varepsilon(k)\,\mathrm{e}^{\mathrm{j}\,2\pi fk} \cdot \sum_{i=0}^{k} h(i)\,\mathrm{e}^{-\mathrm{j}\,2\pi fi} \\ &= x(k) \cdot \sum_{i=0}^{k} h(i)\,\mathrm{e}^{-\mathrm{j}\,2\pi fi} \,. \end{aligned} \tag{4.199}$$

Die vorstehende Summe berücksichtigt die ersten $k+1$ Filterkoeffizienten zur Berechnung der Frequenzfunktion

$$h^F(f) = \sum_{i\geq 0} h(i)\,\mathrm{e}^{-\mathrm{j}\,2\pi fi} \,.$$

Nach Gl. (4.191) ist die Impulsantwort exponentiell abklingend und damit absolut summierbar. Daher ist die vorstehende Reihe (absolut) konvergent. Für das Ausgangssignal folgt

$$y(k) \overset{k\to\infty}{\to} y_\infty(k) := x(k) \cdot h^F(f) \,. \tag{4.200}$$

Das Ausgangssignal nähert sich somit den Signalwerten $y_\infty(k)$ für $k \to \infty$, welche bei einer sinusförmigen Anregung entstehen. Die Frequenzfunktion offenbart sich bei einer stabilen Rückkopplung somit durch ihr *Grenzverhalten*.

Beispiel: Sinusförmige Anregung der Rückkopplung 1. Ordnung
Die Rückkopplung 1. Ordnung besitzt die Impulsantwort $h(k) = \varepsilon(k)\lambda^k$. Ihre Anregung mit dem Einschaltvorgang nach Gl. (4.198) führt auf das Ausgangssignal gemäß Gl. (4.199) mit

$$\sum_{i=0}^{k} h(i)\,\mathrm{e}^{-\mathrm{j}\,2\pi fi} = \sum_{i=0}^{k} \lambda^i\,\mathrm{e}^{-\mathrm{j}\,2\pi fi} \,.$$

Die Anwendung der geometrischen Summenformel führt auf die folgenden zwei Fälle:

1. $\lambda\,\mathrm{e}^{-\mathrm{j}\,2\pi f} \neq 1$: Dann ist

$$y(k) = x(k) \cdot \frac{1 - \left[\lambda\,\mathrm{e}^{-\mathrm{j}\,2\pi f}\right]^{k+1}}{1 - \lambda\,\mathrm{e}^{-\mathrm{j}\,2\pi f}} \,. \tag{4.201}$$

   Nur für $|\lambda| < 1$ nähert sich das Ausgangssignal für $k \to \infty$ einem **sinusförmigen Signal**:

$$y(k) \overset{k\to\infty}{=} y_\infty(k) = x(k) \cdot \frac{1}{1 - \lambda\,\mathrm{e}^{-\mathrm{j}\,2\pi f}} \,.$$

2. $\lambda\,\mathrm{e}^{-\mathrm{j}\,2\pi f} = 1$: Dieser Sonderfall ist für den Frequenzbereich $0 \leq f \leq 1/2$ nur dann möglich, wenn entweder $\lambda = 1$ und $f = 0$ oder $\lambda = -1$ und $f = 1/2$ gilt. In diesem Fall ist

$$y(k) = x(k) \cdot (k+1) . \tag{4.202}$$

Für $f = 0$ findet eine Anregung mit der Sprungfunktion $x(k) = \varepsilon(k)$ statt. Das Ausgangssignal ist folglich die Sprungantwort (vgl. Abb. 3.7, S. 95). Sie lautet für $\lambda \neq 1$

$$y(k) = y_\varepsilon(k) = \varepsilon(k)\frac{1-\lambda^{k+1}}{1-\lambda} .$$

Für $\lambda \neq 1$ ist sie durch Gl. (4.202) gegeben.

Der obere Teil von Abb. 4.23 zeigt das Ausgangssignal für den Hochpass mit $\lambda = -0.9$, der untere Teil für den Tiefpass mit $\lambda = 0.9$. In beiden Fällen ist $f = 1/2$ und damit das Eingangssignal ab dem Zeitpunkt 0 alternierend gemäß $x(k) = \varepsilon(k)\,\mathrm{e}^{\mathrm{j}\,2\pi fk} = \varepsilon(k)(-1)^k$. Das Ausgangssignal nähert sich dem sinusförmigen Signal $y_\infty(k) = h^F(1/2)(-1)^k$ mit wachsenden Werten k. Beim Hochpass beträgt die Amplitude $h^F(1/2) = 10$, beim Tiefpass $h^F(1/2) \approx 0.53$.

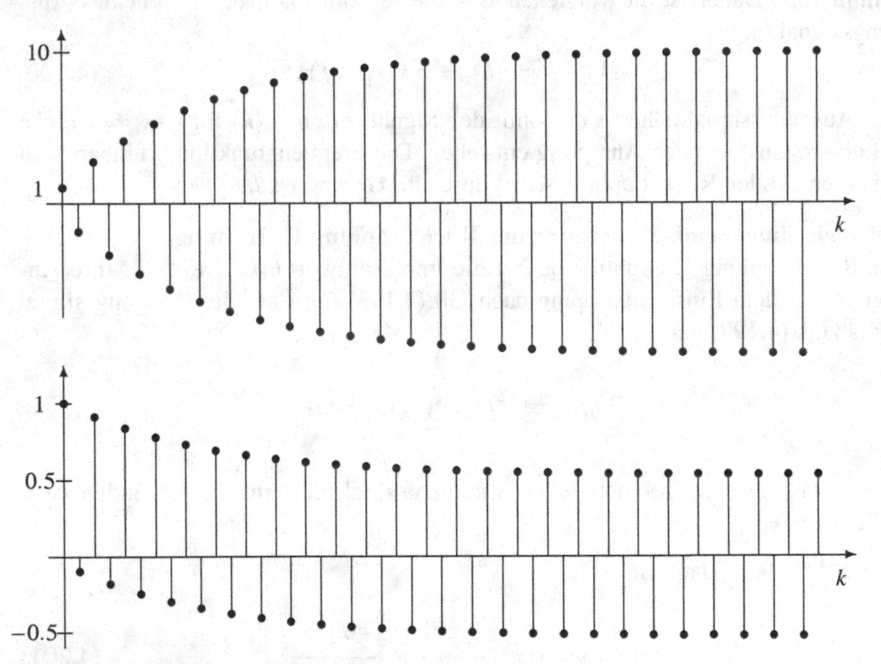

Abb. 4.23 Ausgangssignal der Rückkopplung 1. Ordnung bei Anregung mit $x(k) = \varepsilon(k)(-1)^k$. *Oben:* $\lambda = -0.9$ (Hochpass), *unten:* $\lambda = 0.9$ (Tiefpass).

Wie schnell erfolgt der Einschwingvorgang?

Die Annäherung an ein sinusförmiges Ausgangssignal stellt einen *Einschwingvorgang* dar. Für eine Rückkopplung 1. Ordnung dauert dieser Vorgang unendlich lange. In dieser Beziehung unterscheiden sich IIR–Filter von FIR–Filtern, deren Einschwingvorgang nach einer endlichen Zeit abgeschlossen ist. Wie schnell die Annäherung an ein sinusförmiges Ausgangssignal erfolgt, hängt bei der

Rückkopplung 1. Ordnung von $|\lambda|$ ab. Für $f = 0$ wurde die Annäherung des Ausgangssignals (der Sprung-antwort) mit der Zeitkonstanten gemäß Gl. (3.81) beurteilt. Je näher $|\lambda| < 1$ bei 1 liegt, desto größer ist die Zeitkonstante und desto langsamer erfolgt die Annäherung. Wie schnell ist der Einschwingvorgang für ein realisierbares stabiles LTI–System? Dazu wollen wir die Abweichungen $|y_\infty(k) - y(k)|$ abschätzen. Es ist

$$\begin{aligned} |y_\infty(k) - y(k)| &= \left| x(k) \cdot h^F(f) - x(k) \cdot \sum_{i=0}^{k} h(i)\,\mathrm{e}^{-\mathrm{j}\,2\pi f i} \right| \\ &= |x(k)| \cdot \left| \sum_{i=k+1}^{\infty} h(i)\,\mathrm{e}^{-\mathrm{j}\,2\pi f i} \right| \leq 1 \cdot \sum_{i=k+1}^{\infty} |h(i)\,\mathrm{e}^{\mathrm{j}\,2\pi f i}| \\ &\leq \sum_{i=k+1}^{\infty} |h(i)| \,. \end{aligned} \tag{4.203}$$

Nach Gl. (4.191) können die Abweichungen für beliebige Werte r mit $r_1 < r$ wie folgt weiter abgeschätzt werden:

$$\begin{aligned} |y_\infty(k) - y(k)| &\leq \sum_{i=k+1}^{\infty} C(r) \cdot r^i \\ &= C(r) \cdot \left[\sum_{i=0}^{\infty} r^i - \sum_{i=0}^{k} r^i \right] = C(r) \cdot \left[\frac{1}{1-r} - \frac{1-r^{k+1}}{1-r} \right] \\ &= C(r) \cdot \frac{r^{k+1}}{1-r} \,,\; r_1 < r \,,\; r_1 < 1 \,. \end{aligned} \tag{4.204}$$

Die Abweichungen klingen daher exponentiell mit dem Abklingfaktor r ab.

Beispiel: Einschwingvorgang für die Rückkopplung 1. Ordnung
Als Beispiel betrachten wir wieder die Rückkopplung 1. Ordnung. Für ihre Impulsantwort $h(k) = \varepsilon(k)\lambda^k$ gilt

$$|h(k)| = \varepsilon(k)|\lambda|^k \,,$$

d. h. Gl. (4.191) ist für $C(r) := 1$, $r := |\lambda|$ erfüllt. Aus Gl. (4.204) folgt

$$|y_\infty(k) - y(k)| \leq \frac{|\lambda|^{k+1}}{1-|\lambda|} \,.$$

Für $\lambda = -0.9$ und $k = 50$ beispielsweise erhält man daraus $|y_\infty(k) - y(k)| \leq 0.046$. Für $f = 1/2$ erhält man für die Abweichung sogar exakt den Wert 0.046.

4.11.2 Die Frequenzfunktion eines Systems 1. Ordnung

Welche Frequenzfunktionen sind möglich, wenn eine Rückkopplung 1. Ordnung und ein FIR–Filter mit dem Filtergrad $n = 1$ hintereinander geschaltet werden? Die Differenzengleichung (DGL) lautet

$$y(k) + a_1 y(k-1) = b_0 x(k) + b_1 x(k-1) \,. \tag{4.205}$$

Aus der DGL folgt die Übertragungsfunktion

$$H(z) = \frac{B(z)}{A(z)} = \frac{b_0 + b_1 z^{-1}}{1 + a_1 z^{-1}} = \frac{b_0 z + b_1}{z + a_1} \,, \; |z| > r_1 \,. \tag{4.206}$$

Die Ordnung des Systems
$A(z)$ besitzt die Nullstelle $p_1 = -a_1$, wobei $a_1 \neq 0$ vorausgesetzt wird. $B(z)$ besitzt für $b_0 \neq 0$ ebenfalls eine Nullstelle, die mit z_1 bezeichnet wird:

$$p_1 = -a_1 \neq 0 \,, \; z_1 = -b_1/b_0 \,. \tag{4.207}$$

Für $p_1 = z_1$ ist die Übertragungsfunktion gemäß

$$H(z) = b_0 \cdot \frac{z + b_1/b_0}{z + a_1} = b_0 \cdot \frac{z - z_1}{z - p_1} = b_0$$

reduzierbar und es liegt ein System 0. Ordnung vor. Für

$$z_1 \neq p_1 \quad \text{oder} \quad b_0 = 0 \tag{4.208}$$

ist die Übertragungsfunktion nicht reduzierbar und es liegt ein System 1. Ordnung vor. Die Nullstellen z_1 und p_1 sind demnach entweder verschieden oder $B(z)$ besitzt keine Nullstelle z_1. Die Polstelle der Übertragungsfunktion ist p_1 und legt den Polradius gemäß $r_1 = |p_1| = |a_1|$ fest. Die Stabilitätsbedingung lautet folglich $|a_1| < 1$. Die Frequenzfunktion ist bei Stabilität gemäß

$$h^F(f) = \frac{b_0 + b_1 \,\mathrm{e}^{-\mathrm{j}\,2\pi f}}{1 + a_1 \,\mathrm{e}^{-\mathrm{j}\,2\pi f}} \,, \; |a_1| < 1 \tag{4.209}$$

definiert. Für das System 0. Ordnung ist die Frequenzfunktion $h^F(f) = b_0$.

Bestimmung der Amplitudenfunktion
Die Amplitudenfunktion kann man wegen $|h^F(f)| = |b^F(f)|/|a^F(f)|$ auf die Amplitudenfunktionen $|b^F(f)|$ und $|a^F(f)|$ zurückführen. Für das FIR–Filter mit der Impulsantwort b ist

$$\begin{aligned} |b^F(f)|^2 &= |b_0 + b_1 \,\mathrm{e}^{-\mathrm{j}\,2\pi f}|^2 \\ &= |b_0 + b_1 \cos[2\pi f] - \mathrm{j}\, b_1 \sin[2\pi f]|^2 \\ &= (b_0 + b_1 \cos[2\pi f])^2 + b_1^2 \sin^2[2\pi f] \end{aligned}$$

$$= b_0^2 + 2b_0b_1\cos[2\pi f] + b_1^2\cos^2[2\pi f] + b_1^2\sin^2[2\pi f]$$
$$= b_0^2 + 2b_0b_1\cos[2\pi f] + b_1^2 .$$

Analog ergibt sich mit $a_0 := 1$

$$|a^F(f)|^2 = a_0^2 + 2a_0a_1\cos[2\pi f] + a_1^2 = 1 + 2a_1\cos[2\pi f] + a_1^2 .$$

Für die Amplitudenfunktion folgt

$$|h^F(f)|^2 = \frac{b_0^2 + 2b_0b_1\cos[2\pi f] + b_1^2}{1 + 2a_1\cos[2\pi f] + a_1^2} . \tag{4.210}$$

„Merkwürdige" Sonderfälle
Für $b_0 = 1$, $b_1 = a_1$ folgt die Amplitudenfunktion

$$|h^F(f)| = 1 . \tag{4.211}$$

In diesem Fall stimmen p_1 und z_1 überein und es liegt ein System 0. Ordnung vor. Wegen $H(z) = b_0 = 1$ handelt es sich um das identische System.

Interessanter ist der Fall $b_0 = a_1$, $b_1 = 1$. In diesem Fall folgen die Nullstellen

$$p_1 = -a_1 \neq 0 , \; z_1 = -1/a_1 .$$

Aus der Stabilitätsbedingung $|a_1| < 1$ folgt $p_1 \neq z_1$. Es liegt daher ein System 1. Ordnung vor. Trotzdem ist auch in diesem Fall die Amplitudenfunktion für alle Frequenzen gleich 1, denn aus Gl. (4.210) folgt ebenfalls

$$|h^F(f)|^2 = \frac{a_1^2 + 2a_1\cos[2\pi f] + 1}{1 + 2a_1\cos[2\pi f] + a_1^2} = 1 .$$

Die Amplitudenfunktion ist somit konstant 1 und es liegt ein sog. *Allpass* vor:

Was ist ein Allpass?

Ein Allpass ist durch die Amplitudenfunktion $|h^F(f)| = 1$ gekennzeichnet. Seine Ortskurve verläuft demnach auf dem Einheitskreis.

Das identische System besitzt ebenfalls die Amplitudenfunktion 1 und ist daher auch ein Allpass. Seine Ordnung ist gleich 0.

Phasenfunktion des Allpasses 1. Ordnung
Aus $b_0 = a_1$, $b_1 = 1$ folgen für einen Allpass 1. Ordnung die Filterkoeffizienten

$$a(k) = \delta(k) + a_1\delta(k-1) , \; b(k) = a_1\delta(k) + \delta(k-1) \tag{4.212}$$

und nach Gl. (4.206) die Übertragungsfunktion

$$H(z) = \frac{b_0 z + b_1}{z + a_1} = \frac{a_1 z + 1}{z + a_1}\,.$$

Das System besitzt daher einen Freiheitsgrad in Form des Filterkoeffizienten a_1. Seine Amplitudenfunktion ist konstant 1, während seine Phasenfunktion von a_1 abhängt. Abb. 4.24 zeigt die Phasenfunktionen für $a_1 = 0.9$ und $a_1 = -0.9$. Es findet demnach eine frequenzabhängige Phasenverschiebung eines sinusförmigen Eingangssignals zwischen 0 und $-\pi$ statt, während die Amplitude nicht verändert wird.

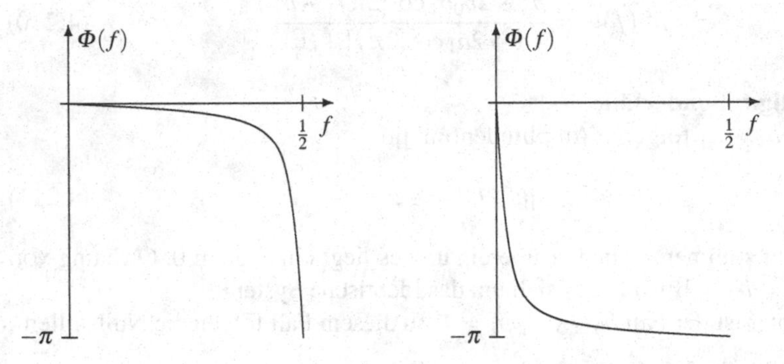

Abb. 4.24 Phasenfunktion für einen Allpass 1. Ordnung.
Seine DGL lautet $y(k) + a_1 y(k-1) = a_1 x(k) + x(k-1)$. *Links:* $a_1 = 0.9$, *rechts:* $a_1 = -0.9$.

Kann man der Impulsantwort das Allpassverhalten „ansehen“?
Die Übertragungsfunktion gemäß

$$H(z) = [a_1 + z^{-1}] \cdot \frac{z}{z + a_1}\,.$$

verdeutlicht den Allpass als Hintereinanderschaltung des FIR–Filters mit der Impulsantwort $b(k) = a_1\delta(k) + \delta(k-1)$ und der Rückkopplung mit der Impulsantwort nach Tab. 4.10, S. 184 gemäß

$$h_{\mathrm{R}}(k) = \varepsilon(k)(-a_1)^k.$$

Daraus folgt

$$\begin{aligned} h(k) &= b(k) * h_{\mathrm{R}}(k) = [a_1\delta(k) + \delta(k-1)] * [\varepsilon(k)(-a_1)^k] \\ &= \varepsilon(k) a_1 (-a_1)^k + \varepsilon(k-1)(-a_1)^{k-1}\,. \end{aligned}$$

Demnach ist

$$h(0) = a_1\,,\; h(k) = (-a_1)^{k-1}[1 - a_1^2]\,,\; k > 0\,. \tag{4.213}$$

Der Impulsantwort ist die konstante Amplitudenfunktion zumindest nicht ohne weiteres anzusehen.

Die Symmetrieeigenschaft eines Allpasses
Für den Allpass 1. Ordnung erhält man nach Gl. (4.212) die Filterkoeffizienten $b(k)$, indem man die Filterkoeffizienten $a(k)$ in entgegengesetzter Richtung durchläuft:

$$b(k) = a(1-k) .$$

Diese Symmetrieeigenschaft erinnert an die Eigenschaft $h(k) = \pm h(c-k)$ symmetrischer FIR–Filter gemäß Gl. (4.87). Im Unterschied zu symmetrischen Filtern bezieht sich die Symmetrieeigenschaft $b(k) = a(1-k)$ auf zwei Impulsantworten. Sie kann analog symmetrischer FIR–Filter gemäß

$$b(k) = \pm a(c-k) = \pm a(-(k-c)) \, , \; c \geq N \tag{4.214}$$

verallgemeinert werden, wobei N die Ordnung des Allpasses ist. Die Bedingung $c \geq N$ ist wichtig, denn sie garantiert die Kausalität des Systems (Begründung folgt). Zwei Impulsantworten mit dieser Eigenschaft wollen wir als *zueinander symmetrisch* bezeichnen.

Für $k < c-N$ ist $c-k > N$ und daher $b(k) = \pm a(c-k) = 0$. Für $k = c-N$ ist $b(k) = \pm a(N) \neq 0$. Folglich ist der Einschaltzeitpunkt von b gleich $k_1(b) = c-N \geq 0$.

Die Allpass–Eigenschaft ergibt sich daraus, dass die Impulsantwort b nach Gl. (4.214) aus a durch eine Spiegelung mit anschließender Verzögerung um c Zeiteinheiten hervorgeht. Beide Operationen haben keinen Einfluss auf die Amplitudenfunktion $|a^F(f)|$, denn nach Gl. (4.67) und Gl. (4.66) gilt

$$b^F(f) = \pm \mathrm{e}^{-\mathrm{j}\,2\pi fc} \cdot [a^F(f)]^* ,$$

woraus

$$|b^F(f)| = |\mathrm{e}^{-\mathrm{j}\,2\pi fc}| \cdot |[a^F(f)]^*| = |a^F(f)| \tag{4.215}$$

folgt. Die Amplitudenfunktion ist daher $|h^F(f)| = |b^F(f)|/|a^F(f)| = 1$. Zwei zueinander symmetrische Impulsantworten a und b führen daher auf einen Allpass. Besitzen a und b keine gemeinsamen Faltungsfaktoren, gilt auch der Umkehrschluss (s. Anhang A.2).

Sonderfälle
Sonderfälle sind:

- Allpass 1. Ordnung:
  Für $N = c = 1$ liegt ein Allpass 1. Ordnung vor.
- Allpass 0. Ordnung:
  Für $a = \delta$ ist Gl. (4.214) für $b(k) = \pm\delta(c-k)$ erfüllt. Bei positivem Vorzeichen ist

  $$b(k) = \delta(c-k) = \delta(k-c) ,$$

  d. h. es liegt das Verzögerungsglied mit der Verzögerungszeit c vor. Seine Frequenzfunktion $h^F(f) = \mathrm{e}^{-\mathrm{j}\,2\pi fc}$ besitzt tatsächlich die konstante Amplitudenfunktion $|h^F(f)| = 1$, d. h. es handelt sich ebenfalls um einen Allpass.

4.11.3 Die Frequenzfunktion der Rückkopplung 2. Ordnung

In Abschn. 4.8.4 haben wir ausführlich die Impulsantworten einer Rückkopplung 2. Ordnung sowie ihre Stabilität anhand der Wurzeln ihrer charakteristischen Gleichung $A(z) = 0$ untersucht. Jetzt wollen wir ihr Verhalten bei einer sinusförmigen Anregung untersuchen. Ausgangspunkt ist wieder die Übertragungsfunktion des Systems:

$$H(z) = \frac{1}{1 + a_1 z^{-1} + a_2 z^{-2}} = \frac{z^2}{z^2 + a_1 z + a_2} \,. \tag{4.216}$$

Die Wurzeln der charakteristischen Gleichung treten als Polstellen der Übertragungsfunktion auf. Die Polstellen für den Schwingfall gemäß Gl. (4.127),

$$p_{1,2} = -\frac{a_1}{2} \pm \mathrm{j}\sqrt{a_2 - \frac{a_1^2}{4}} = \sqrt{a_2} \cdot \mathrm{e}^{\pm \mathrm{j}\, 2\pi f_0} \,, \tag{4.217}$$

spielen auch i. F. eine Rolle. Die Frequenzfunktion ergibt sich aus der Übertragungsfunktion gemäß

$$\begin{aligned} h^F(f) &= H(z = \mathrm{e}^{\mathrm{j}\, 2\pi f}) \\ &= \frac{1}{1 + a_1 \mathrm{e}^{-\mathrm{j}\, 2\pi f} + a_2 \mathrm{e}^{-\mathrm{j}\, 4\pi f}} \,, \; |p_1| < 1 \,, \; |p_2| < 1 \,. \end{aligned} \tag{4.218}$$

Die Stabilitätsbedingung $|p_1| < 1$, $|p_2| < 1$ ist wichtig, denn nur in diesem Fall ist die Frequenzfunktion des Systems definiert. Sie ist wie bei der Rückkopplung 1. Ordnung der Kehrwert der Frequenzfunktion

$$h_1^F(f) := 1 + a_1 \mathrm{e}^{-\mathrm{j}\, 2\pi f} + a_2 \mathrm{e}^{-\mathrm{j}\, 4\pi f} \tag{4.219}$$

eines FIR–Filters.

Amplitudenfunktion und Phasenfunktion für zwei Beispiele

Aus der komplexwertigen Frequenzfunktion gewinnt man die Amplitudenfunktion und Phasenfunktion durch Betragsbildung bzw. Bildung des Arguments. Tab. 4.13 zeigt beide Funktionen für zwei Rückkopplungen 2. Ordnung. In beiden Fällen ist der Filterkoeffizient $a_1 = 0$. Anhand der Amplitudenfunktion erkennt man, dass für $a_2 = 0.5$ ein sog. *Bandpass* und für $a_2 = -0.5$ eine sog. *Bandsperre* vorliegt. Der Filtertyp Bandpass oder Bandsperre ergibt sich aus den Werten der Frequenzfunktion

$$h^F(f) = \frac{1}{1 + a_2 \mathrm{e}^{-\mathrm{j}\, 4\pi f}}$$

für $f = 0$, $1/4$ und $f = 1/2$:

$$h^F(0) = h^F(1/2) = \frac{1}{1 + a_2} \,, \; h^F(1/4) = \frac{1}{1 - a_2} \,. \tag{4.220}$$

Man erhält für

$$a_2 = 0.5 \ : \ h^F(0) = h^F(1/2) = 2/3 \, , h^F(1/4) = 2 \, ,$$
$$a_2 = -0.5 \ : \ h^F(0) = h^F(1/2) = 2 \, , h^F(1/4) - 2/3 \, .$$

Da die Frequenzfunktion bei diesen Frequenzen reell und positiv ist, ergibt sich bei diesen Frequenzen der Phasenwert 0.

Tabelle 4.13 Zwei Beispiele für die Frequenzfunktion einer Rückkopplung 2. Ordnung. Gezeigt sind die Amplitudenfunktion $|h^F(f)|$ und die Phasenfunktion $\Phi(f)$ für den Frequenzbereich $0 \leq f \leq 1/2$.

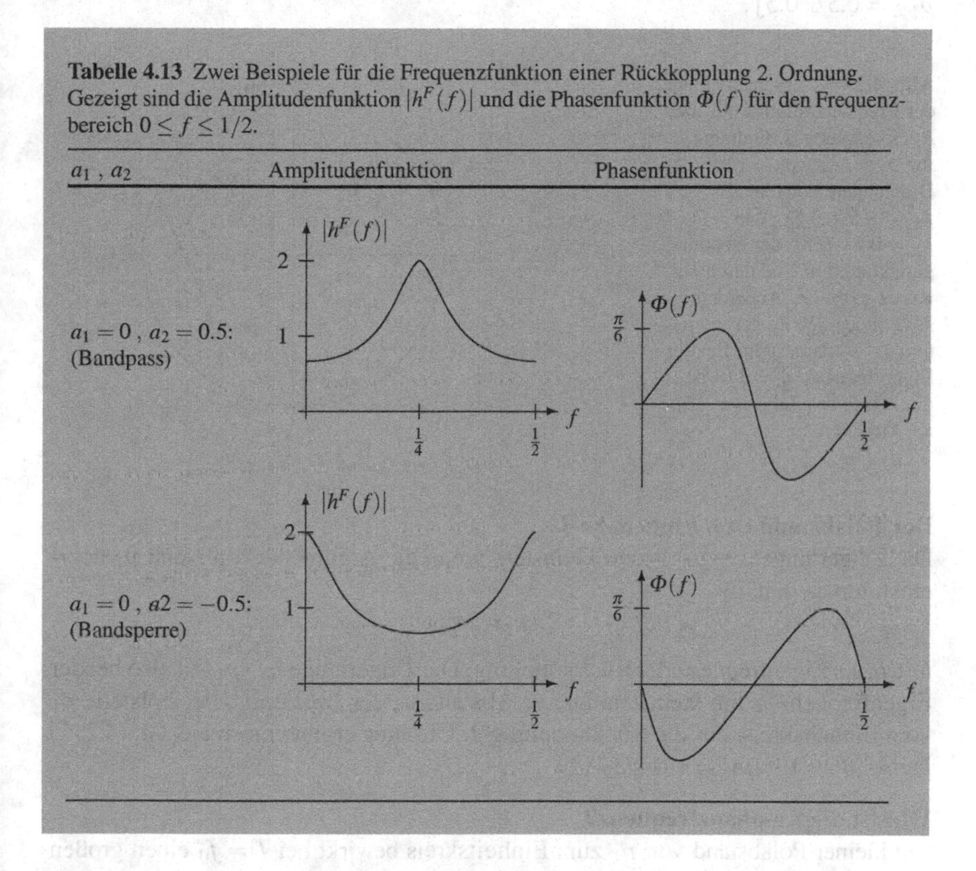

Veranschaulichung für den Schwingfall
Während mit einer Rückkopplung 1. Ordnung Tiefpässe und Hochpässe gebildet werden können, ermöglicht eine Rückkopplung 2. Ordnung auch Bandpässe bzw. Bandsperren. Woran liegt das? Bei der Rückkopplung 1. Ordnung ergab sich eine anschauliche Erklärung für das Tief– und Hochpassverhalten durch die Lage der Polstelle der Übertragungsfunktion gemäß Abb. 4.22, S. 202. Bei der Rückkopplung 2. Ordnung liegen für den Schwingfall zwei zueinander konjugiert komplexe Polstellen vor. Wegen

$$H(z) = \frac{z}{z - p_1} \cdot \frac{z}{z - p_1^*}$$

wirken sie sich auf die Amplitudenfunktion gemäß

$$|h^F(f)| = |H(z = \mathrm{e}^{\mathrm{j}\,2\pi f})| = \frac{1}{|z-p_1|} \cdot \frac{1}{|z-p_1^*|}$$

aus. Hierbei sind $|z-p_1|$ und $|z-p_1^*|$ zwei Zeigerlängen. Ein Beispiel für $a_1 = -1$, $a_2 = 0.5$ zeigt Abb. 4.25. Die beiden Polstellen sind in diesem Fall nach Gl. (4.217) $p_{1,2} = 0.5 \pm 0.5\mathrm{j}$.

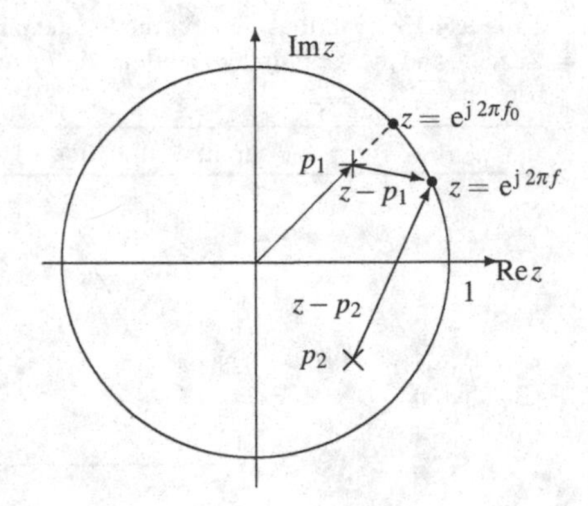

Abb. 4.25 Veranschaulichung der Frequenzfunktion für die Rückkopplung 2. Ordnung für $a_1 = -1$, $a_2 = 0.5$: Die beiden Polstellen $p_1 = 0.5 + 0.5\mathrm{j}$ und $p_2 = 0.5 - 0.5\mathrm{j}$ der Übertragungsfunktion sind durch ein Kreuz markiert. Außerdem sind die beiden Zeiger $z - p_1$ und $z - p_2$ dargestellt. Bei der Eigenfrequenz $f_0 = 1/8$ ist die Länge des Zeigers $z - p_1$ am kleinsten.

Der Polabstand vom Einheitskreis

Die Zeigerlänge $|z-p_1|$ ist am kleinsten, wenn die Argumente von z und p_1 übereinstimmen, d. h. für

$$2\pi f = 2\pi f_0$$

mit f_0 als Eigenfrequenz der Rückkopplung. Die Zeigerlänge $|z-p_1|$ ist also bei der Eigenfrequenz f_0 am kleinsten. Dieser Abstand ist der *Polabstand* der Polstelle p_1 vom Einheitskreis. Für die Rückkopplung 2. Ordnung ergibt er sich aus Gl. (4.217) gemäß $d := 1 - |p_1| = 1 - \sqrt{a_2}$.

Was ist die Resonanzfrequenz?

Ein kleiner Polabstand von p_1 zum Einheitskreis bewirkt bei $f = f_0$ einen großen Faktor $1/|z-p_1|$. Der zweite Faktor $1/|z-p_1^*|$ ist wegen $|z-p_1^*| < 2$ größer als 1/2. Es wird daher ein entsprechend großer Wert der Amplitudenfunktion bei der Eigenfrequenz verursacht. Folglich ist die Amplitudenfunktion einer Rückkopplung 2. Ordnung bei einer Frequenz in der Nähe der Eigenfrequenz am größten. Diese Frequenz ist die sog. *Resonanzfrequenz* (f_R). Für den Bandpass mit $a_1 = 0$, $a_2 = 0.5$ beispielsweise sind die Polstellen nach Gl. (4.217) rein imaginär: $p_{1,2} = \pm\mathrm{j}\,\sqrt{0.5}$. Die Eigenfrequenz ist daher $f_0 = 1/4$ und stimmt sogar exakt mit der Resonanzfrequenz überein. Tab. 4.14 zeigt Resonanzfrequenzen und Eigenfrequenzen auch für andere Filterkoeffizienten. Für $a_2 = 0.9$ ist der Polabstand $d = 1 - \sqrt{a_2}$ am kleinsten und die Frequenzen f_0 und f_R sind fast gleich.

Tabelle 4.14 Resonanzfrequenzen f_R und Eigenfrequenzen f_0 für verschiedene Rückkopplungen 2. Ordnung

a_1	a_2	f_R	f_0
0	0.5	0.25	0.25 (vgl. Tab. 4.13)
1	0.5	≈ 0.385	0.375
-1	0.5	≈ 0.115	0.125 (vgl. Abb. 4.25)
1	0.9	≈ 0.33849	0.3383
-1	0.9	≈ 0.16151	0.16165

Bestimmung der Resonanzfrequenz für den Bandpass–Fall

Man erhält die Resonanzfrequenz aus der Forderung, dass die Amplitudenfunktion bei dieser Frequenz maximal ist. Wie bisher interessieren wir uns nur für den Bandpass–Fall, d. h. es muss $0 < f_R < 1/2$ sein. Diese Aufgabe ist nach Gl. (4.218) gleichwertig mit der Minimierung der Amplitudenfunktion $|h_1^F(f)|$ eines FIR–Filters bzw. mit der Minimierung der Funktion $g(f) := |h_1^F(f)|^2$ für $0 < f < 1/2$. Aus Gl. (4.219) folgt

$$\begin{aligned} g(f) &= h_1^F(f) \cdot [h_1(f)]^* \\ &= \left[1 + a_1 \,\mathrm{e}^{-\mathrm{j}\,2\pi f} + a_2 \,\mathrm{e}^{-\mathrm{j}\,4\pi f}\right] \cdot \left[1 + a_1 \,\mathrm{e}^{\mathrm{j}\,2\pi f} + a_2 \,\mathrm{e}^{\mathrm{j}\,4\pi f}\right] \\ &= 1 + a_1 \,\mathrm{e}^{\mathrm{j}\,2\pi f} + a_2 \,\mathrm{e}^{\mathrm{j}\,4\pi f} + \\ &+ a_1 \,\mathrm{e}^{-\mathrm{j}\,2\pi f} + a_1^2 + a_1 a_2 \,\mathrm{e}^{\mathrm{j}\,2\pi f} + \\ &+ a_2 \,\mathrm{e}^{-\mathrm{j}\,4\pi f} + a_1 a_2 \,\mathrm{e}^{-\mathrm{j}\,2\pi f} + a_2^2 \\ &= 1 + a_1^2 + a_2^2 + (a_1 + a_1 a_2) 2\cos[2\pi f] + a_2 \cdot 2\cos[4\pi f] . \end{aligned}$$

Für $v := \cos[2\pi f]$ gilt

$$\cos[4\pi f] = 2\cos^2[2\pi f] - 1 = 2v^2 - 1$$

und damit

$$g(v) = 1 + a_1^2 + a_2^2 + 2a_1(1 + a_2)v + 2a_2(2v^2 - 1) .$$

Diese Funktion besitzt für $a_2 > 0$ ein Minimum bei

$$v_0 = \frac{-a_1(1 + a_2)}{4a_2} . \tag{4.221}$$

Aus $v = \cos[2\pi f]$ folgt die Resonanzfrequenz

$$f_R = \frac{1}{2\pi} \arccos v_0 . \tag{4.222}$$

Damit $0 < f_R < 1/2$ gilt, muss $-1 < v_0 < 1$ sein. Dies führt nach kurzer Rechnung auf die beiden Ungleichungen

$$a_2(4 - a_1) > a_1 , \; a_2(4 + a_1) > -a_1 . \tag{4.223}$$

Abb. 4.26 zeigt den resultierenden Koeffizientenbereich. Da die Rückkopplung stabil ist, liegen die Koeffizienten im Innern des Stabilitätsdreiecks nach Abb. 4.18, S. 165. Die gefundenen Ungleichungen führen auf die zwei in Abb. 4.26 dargestellten Grenzkurven $a_2 = a_1/(4 - a_1)$ und $a_2 = -a_1/(4 + a_1)$. Da diese oberhalb der Kurve $a_2 = a_1^2/4$ verlaufen, liegt der Schwingfall vor. Dies bedeutet, dass der Bandpass–Fall im Schwingfall enthalten ist.

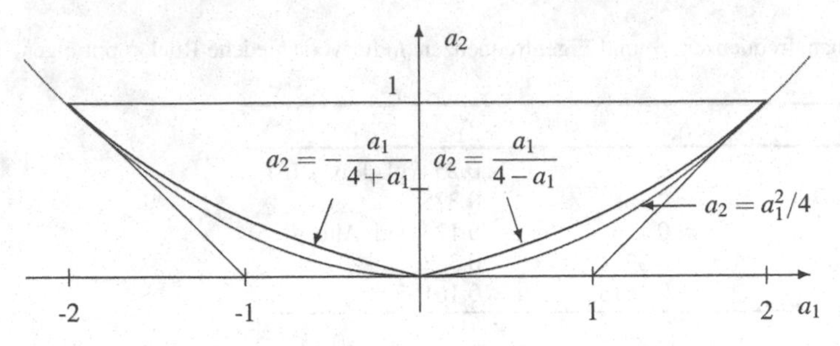

Abb. 4.26 Koeffizientenbereich für den Bandpass–Fall. Dies ist der Bereich zwischen den beiden Grenzkurven $a_1/(4-a_1)$, $-a_1/(4+a_1)$ und $a_2 = 1$.

Hinweise für den Filterentwurf — ein Rückblick

Für die Rückkopplung 1. und 2. Ordnung haben wir festgestellt, dass Polstellen in der Nähe des Einheitskreises große Werte der Amplitudenfunktion verursachen. Die Frequenzen mit maximalen Amplitudenwerten ergeben sich aus der Lage der Polstellen und legen den Filtertyp (Tiefpass, Hochpass, Bandpass und Bandsperre) fest. Analog verursachen Nullstellen der Übertragungsfunktion in der Nähe des Einheitskreises kleine Werte für die Amplitudenfunktion bei entsprechenden Frequenzen. Nullstellen auf dem Einheitskreis verursachen eine Nullstelle der Amplitudenfunktion.

Allpässe sind durch eine konstante Amplitudenfunktion gekennzeichnet: Die Hintereinanderschaltung eines Filters mit einem Allpass hat keinen Einfluss auf die Amplitudenfunktion des Filters sondern nur auf die Phasenfunktion, d. h. es findet eine „Phasenkorrektur" des Filters statt. Die Lage der Nullstellen und Polstellen ist auch für Allpässe von Bedeutung, wie in Anhang A.2 ausgeführt wird.
Fassen wir zusammen:

Frequenzfunktionen realisierbarer LTI–Systeme

Grenzverhalten: Das Grenzverhalten eines realisierbaren LTI–Systems bei Anregung mit dem Einschaltvorgang $x(k) = \varepsilon(k)\mathrm{e}^{\mathrm{j}\,2\pi fk}$ offenbart die Frequenzfunktion des Systems: Das Ausgangssignal nähert sich dem Signal $y_\infty(k) = x(k)\cdot h^F(f)$ für $k \to \infty$ — vorausgesetzt, das System ist stabil.
Nullstellen und Polstellen: Die Nullstellen und Polstellen der Übertragungsfunktion legen fest, ob bei einer Rückkopplung 1. Ordnung ein Tiefpass oder Hochpass vorliegt. Sie entscheiden darüber, ob bei einer Rückkopplung 2. Ordnung ein Bandpass oder eine Bandsperre vorliegt. Allpässe können ebenfalls durch die Lage der Nullstellen und Polstellen charakterisiert werden.

4.12 Übungsaufgaben zu Kap. 4

Übung 4.1 (Übertragungsfunktion)

Für das FIR–Filter mit der Impulsantwort $h_1(k) = 0.5\delta(k) + 0.5\delta(k-1)$ berechne man die Filterkoeffizienten der Potenz $h := h_1^{*p}$ für $p = 2\ ,\ 4\ ,\ 6$.

Übung 4.2 (Sinusförmige Anregung eines FIR–Filters)

Gegeben ist das FIR–Filter mit der Impulsantwort $h(k) = \delta(k) - \delta(k-3)$. Man gebe das Ausgangssignal des FIR–Filters für die folgenden Eingangssignale an:

1. $x(k) = 1$,
2. $x(k) = \cos[\pi k/2]$,
3. $x(k) = (-1)^k$,
4. $x(k) = 2 - 3(-1)^k$.

Übung 4.3 (Faktorisierung)

Gegeben ist das FIR–Filter aus Übung 4.2.

1. Man gebe die Teilsysteme (FIR–Filter) bei einer Faktorisierung an.
2. Mit Hilfe der Nullstellen der Übertragungsfunktion untersuche man die Frequenzfunktion bezüglich ihrer Nullstellen.

Übung 4.4 (Frequenzfunktion eines FIR–Filters)

Gegeben ist die Übertragungsfunktion $H(z) = z^{-3} \cdot (z^2 - 0.618z + 1)(z - 0.5)$.

1. Man gebe $\mathrm{Re}\, h^F(f)$, $\mathrm{Im}\, h^F(f)$, $|h^F(f)|$ und $\Phi(f)$ für die Frequenzen $f = i/12\ ,\ i = 0\ ,\ 1\ ,\ \ldots 6$ an. Wie verläuft die Ortskurve?
2. Mit Hilfe der Übertragungsfunktion $H(z)$ bestimme man die Frequenz f_0, bei der die Frequenzfunktion im Frequenzbereich $0 \le f \le 1/2$ eine Nullstelle besitzt.
3. Man gebe die Amplitudenfunktion und Phasenfunktion für das FIR–Filter mit der Impulsantwort $h_1(k) := h(k-1) * h(k)$ für $f = 1/4$ an.

Übung 4.5 (Rücktransformation mit Hilfe der DFT)

Die Frequenzfunktion mit $h^F(0) = 1$, $h^F(1/3) = 1 + 0.75\mathrm{j}$ soll mit einem FIR–Filter mit der Impulsantwort $h(k) = h(0)\delta(k) + h(1)\delta(k-1) + h(2)\delta(k-2)$ realisiert werden. Man bestimme die Impulsantwort durch Rücktransformation mit Hilfe der DFT, wobei die Periodendauer $T_0 = 3$ ist.

Übung 4.6 (Symmetrische Filter vom Typ 1)

Für die FIR–Filter mit den folgenden Impulsantworten gebe man $|h^F(0)|$, $|h^F(0.25)|$ und $|h^F(0.5)|$ an. Welcher Filtertyp (z. B. Tiefpass, Hochpass) liegt vor?

1. $h(k) = 0.25\delta(k) + 0.5\delta(k-1) + 0.25\delta(k-2)$,
2. $h(k) = 0.25\delta(k) - 0.5\delta(k-1) + 0.25\delta(k-2)$,
3. $h(k) = 0.25\delta(k) - 0.5\delta(k-2) + 0.25\delta(k-4)$,
4. $h(k) = 0.5\delta(k) + 0.5\delta(k-2)$.

Übung 4.7 (Phasenfunktion symmetrischer FIR–Filter)

Man gebe für die FIR–Filter mit der Impulsantwort h den Symmetrietyp, die Gruppenlaufzeit sowie die Ableitung der Phasenfunktion an. Man skizziere die Phasenfunktion für $|f| \le 1/2$ und gebe ihren Wert $\Phi(0)$ — sofern er existiert — sowie die Grenzwerte $\Phi(0-)$ und $\Phi(0+)$ an.

1. $h(k) = -[\delta(k) - \delta(k-1)]$,
2. $h(k) = -0.25\delta(k) - 0.5\delta(k-1) - 0.25\delta(k-2)$,
3. $h(k) = \delta(k-1) - \delta(k+1)$.

Übung 4.8 (Charakteristische Gleichung)
Es wird eine Rückkopplung 3. Ordnung betrachtet. Die Wurzeln ihrer charakteristischen Gleichung seien $p_{1,2} = 0.5 \pm \mathrm{j}/\sqrt{2}$, $p_3 = -0.9$.

1. Ist die Rückkopplung stabil?
2. Welche Eigenfrequenzen besitzt die Rückkopplung?
3. Wie lautet die DGL der Rückkopplung?

Übung 4.9 (Rückkopplung 2. Ordnung)
Gegeben ist eine Rückkopplung 2. Ordnung mit der DGL $2y(k) + y(k-1) + y(k-2) = 2x(k)$.

1. Man gebe die Filterkoeffizienten a_1 und a_2 an.
2. Man gebe an, welcher der drei Fälle, Kriechfall, aperiodischer Grenzfall oder Schwingfall, vorliegt. Ist die Rückkopplung stabil?
3. Man gebe die Wurzeln der charakteristischen Gleichung an.
4. Wie lautet die Eigenfrequenz der Rückkopplung?
5. Man gebe die Impulsantwort der Rückkopplung als Formel an und bestimme damit ihre Werte für $0 \leq k \leq 3$.
6. Man bestätige die gefundenen Werte der Impulsantwort durch rekursive Auswertung der DGL.

Übung 4.10 (z–Transformation)
Mit Hilfe der Regeln der z–Transformation gebe man die Übertragungsfunktionen für die folgende Impulsantworten als Quotient zweier Polynome an:

1. $h(k) = \varepsilon(k) - \delta(k)$,
2. $h(k) = \varepsilon(k-1)$,
3. $\delta(k) + h_{\mathrm{RP}}(k) + h_{\mathrm{RP}}^{*2}(k)$, $h_{\mathrm{RP}}(k) := \lambda\delta(k-2)$,
4. $[\delta(k) - \lambda\delta(k-2)]^{-1}$.

Übung 4.11 (Übertragungsfunktion eines realisierbaren Systems)
Gegeben ist ein realisierbares LTI–System mit der DGL
$y(k) + 0.5y(k-1) - 3/16 \cdot y(k-2) = 0.5x(k-1) + 0.25x(k-2)$.

1. Man gebe die Übertragungsfunktion als Quotient zweier Polynome an.
2. Ist die DGL reduzierbar? Wie lauten die Nullstellen und Polstellen der Übertragungsfunktion?
3. Ist das System stabil? Wie lautet die untere Konvergenzgrenze?
4. Man berechne die Impulsantwort des Systems rekursiv für $0 \leq k \leq 4$.
5. Man gebe eine möglichst einfache Formel für die Impulsantwort für $k \geq 2$ an.
6. Warum lässt sich das System nicht durch ein kausales System umkehren?
7. Wie lässt sich das System bis auf eine Verzögerung von einer Zeiteinheit durch ein realisierbares System umkehren? Wie lautet seine Übertragungsfunktion $H_1(z)$ und seine DGL?
8. Das System mit der Übertragungsfunktion $H_1(z)$ soll als Hintereinanderschaltung eines FIR–Filters und einer Rückkopplung dargestellt werden. Man gebe die Impulsantwort des FIR–Filters und des FIR–Filters im Rückkopplungspfad an.

Übung 4.12 (Frequenzfunktion eines realisierbaren Systems)
Gegeben ist die folgende Schaltung mit der Impulsantwort $h_1(k) = \lambda\delta(k-2)$ im Vorwärtspfad.

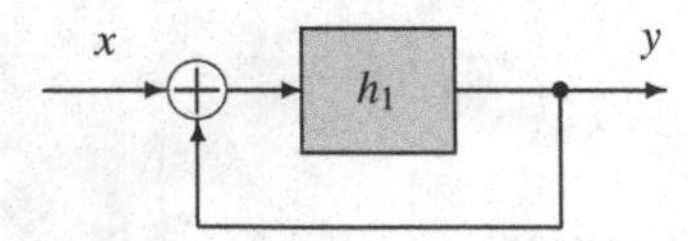

1. Wie lautet die Übertragungsfunktion des Systems?
2. Unter welcher Bedingung kann für das System eine Frequenzfunktion angegeben werden?
3. Wie lautet die Frequenzfunktion des Systems? Man gebe für $\lambda = 0.5$ die Werte der Amplitudenfunktion für die Frequenzen $f = 0$, $1/4$, $1/2$ an.
4. Die Hintereinanderschaltung des Systems mit einem FIR–Filter mit der Übertragungsfunktion $H_2(z)$ soll einen Allpass ergeben. Welche Möglichkeiten bestehen für das FIR–Filter?

Kapitel 5
Anwendungen und Vertiefungen

Zusammenfassung Es werden die bislang entwickelten Grundlagen der Systemtheorie angewandt, um ihre Vielseitigkeit aufzuzeigen. Wie beispielsweise kann die regelungstechnische Aufgabe, einer Führungsgröße möglichst schnell zu folgen, mit Hilfe der Systemtheorie umgesetzt werden? Wie kann ein Faltungssystem gefunden werden, das eine vorgegebene Frequenzfunktion besitzt? Zur Behandlung des Filterentwurfs mit einer Fensterung wird zunächst die Fourier–Transformation vertieft, indem nicht nur stabile Faltungssysteme wie in Abschn. 4.11, sondern beliebige Signale endlicher Energie betrachtet werden. Hierbei können „Wunsch–Frequenzfunktionen" wie die eines idealen Tiefpasses durch FIR–Filter beliebig genau angenähert werden. Eine Demonstration der Filterung erfolgt wie in Abschn. 4.3 auch anhand von Grauwertbildern. Mit Hilfe von FIR–Filtern können aber auch zeitdiskrete LTI–Systeme näherungsweise realisiert werden, die keine Faltungssysteme sind, sog. *verallgemeinerte Faltungssysteme*. Ein Beispiel ist der Sinus–Detektor. Er arbeitet nach dem Korrelationsprinzip und detektiert ein sinusförmiges Signal einer bestimmten Frequenz exakt. Abschn. 5.5 stellt einen Ansatz für eine allgemeine Theorie zeitdiskreter LTI–Systeme dar. In dieser Theorie werden auch LTI–Systeme berücksichtigt, die selbst näherungsweise nicht mit Hilfe von FIR–Filtern realisiert werden können. Ein Beispiel ist der *universelle* Summierer, der im Gegensatz zum Summierer jedes zeitdiskrete Signal als Eingangssignal verarbeiten kann.

5.1 Digitale Regelung

Den Regelkreis haben wir bereits in Abschn. 2.6 kennengelernt und seine Wirkungsweise anhand einer Temperaturregelung verdeutlicht (vgl. Abb. 2.15, S. 50). Abb. 5.1 zeigt das Prinzip für einen digitalen Regelkreis. Sowohl der *Regler* als auch die *Regelstrecke* sind hierbei durch zeitdiskrete Systeme repräsentiert. Beide Systeme werden als realisierbare LTI–Systeme vorausgesetzt. Ihre Übertragungsfunktionen werden mit $H_1(z)$ für den Regler und $H_2(z)$ für die Regelstrecke bezeichnet.

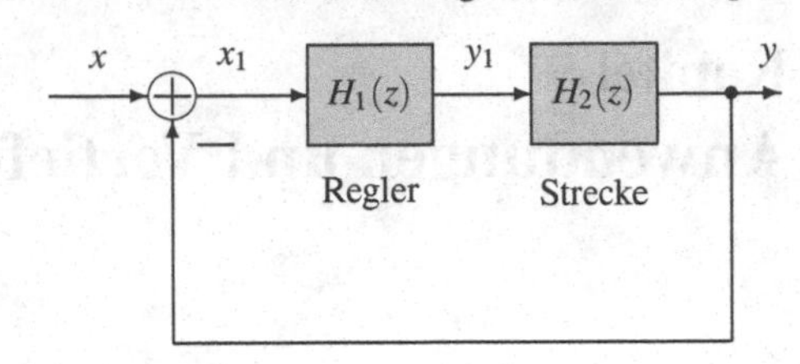

Abb. 5.1 Digitaler Regelkreis, aufgebaut aus einem Regler mit der Übertragungsfunktion $H_1(z)$ und der Regelstrecke mit der Übertragungsfunktion $H_2(z)$

Mit

$$x_1 = x - y \tag{5.1}$$

wird die *Regelabweichung* bezeichnet, welche die Abweichung der Regelgröße y (*Ist–Wert*) von der Führungsgröße x (*Sollwert*) darstellt. Eine Aufgabe der Regelungstechnik besteht darin, die Regelgröße möglichst schnell der Führungsgröße anzugleichen. Hierbei sind große Schwankungen der Regelgröße zu vermeiden.

Die Regelstrecke
Anhand des Beispiels einer Temperaturregelung erkennt man, dass die Regelstrecke zunächst als zeitkontinuierliches System vorliegt. Bei einer Temperaturregelung beinhaltet sie

- als Eingangsgröße eine Stellgröße für eine Heizung oder Klimaanlage, welche zeitabhängig sein kann,
- als Ausgangsgröße die gemessene Temperatur eines Raumes.

Zur Beschreibung der Regelstrecke gehören außerdem die Außentemperatur, die Wärmeverluste des Raumes und die Heizung bzw. Klimaanlage. Dabei können die Wärmeverluste wie die Stellgröße auch zeitabhängig sein, beispielsweise durch das Öffnen eines Fensters im Raum verursacht, was durch eine sog. *Störgröße* berücksichtigt werden kann. Das Ausgangssignal der Regelstrecke hängt damit nicht nur von der Stellgröße y_1, sondern auch von einer Störgröße ab. Ihr Einfluss auf die Regelstrecke kann durch das *Störverhalten* erfasst werden [16]. Wir interessieren uns i. F. aber nur für den Einfluss der Stellgröße auf die Regelstrecke und für das sog. *Führungsverhalten*. Die Regelstrecke wird daher als zeitkontinuierliches System mit der Stellgröße y_1 als zeitdiskretes Eingangssignal aufgefasst. Es stellt sich die Frage nach einem Systemmodell für die zeitkontinuierliche Regelstrecke. Eine andere Frage muss ebenfalls beantwortet werden: Wie erhält man aus diesem Systemmodell eine zeitdiskrete Regelstrecke?

Die Bildung einer zeitdiskreten Regelstrecke
Um aus der zeitkontinuierlichen Regelstrecke eine zeitdiskrete Regelstrecke zu bilden, muss die zeitkontinuierliche Regelstrecke „eingerahmt" werden, wie Abb. 5.2 zeigt. Hierbei wird die Stellgröße, die als zeitdiskretes Signal $y_1(k)$ vorliegt, zunächst in das zeitkontinuierliche Signal $x_2(t)$ überführt, das die Einstellung an der zeitkontinuierlichen Regelstrecke vornimmt. Diese Aufgabe übernimmt ein sog. *Modulator*. Das zeitkontinuierliche Ausgangssignal $y_2(t)$ der zeitkontinuierlichen Regelstrecke muss in das zeitdiskrete Signal $y(k)$ überführt werden. Diese Aufgabe

übernimmt der Abtaster in Abb. 5.2. Für eine Temperaturregelung beispielsweise stellen die Signalwerte

$$y(k) = y_2(kT) \tag{5.2}$$

abgetastete Temperaturwerte dar. Sie hängen von dem gewählten Abtastabstand T zwischen zwei benachbarten Abtastzeitpunkten ab.

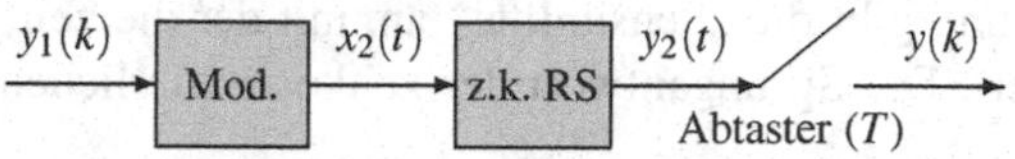

$y_1(k)$ Mod. $x_2(t)$ z.k. RS $y_2(t)$ $y(k)$ Abtaster (T)

Abb. 5.2 Zeitdiskrete Regelstrecke, die als Abtastsystem gebildet wird.
Mit „Mod." wird der Modulator bezeichnet, mit „z.k. RS" die zeitkontinuierliche Regelstrecke. Das Eingangssignal ist die zeitdiskrete Stellgröße $y_1(k)$. Das zeitdiskrete Ausgangssignal $y(k)$ entsteht durch Abtastung des Ausgangssignals der zeitkontinuierlichen Regelstrecke im Abtastabstand T.

Der Modulator

Eine in der Regelungstechnik üblicher Modulator ist ein Halteglied. Ein sog. *Halteglied (0–ter Ordnung)* gibt den Signalwert $x(k)$ für T Zeiteinheiten als konstanten Wert aus. Es entsteht ein treppenförmig verlaufendes Ausgangssignal $x_2(t)$, dessen Treppenbreite durch den Abtastabstand und dessen Treppenhöhen durch die Signalwerte $y_1(k)$ festgelegt werden, wie Abb. 1.2, S. 5 zeigt. Es lässt sich folglich gemäß

$$x_2(t) := \sum_k y_1(k) r_{[0,T]}(t - kT) \tag{5.3}$$

beschreiben. Hierbei ist $r_{[0,T]}(t)$ der in Abschn. 1.1 eingeführte Rechteck–Impuls der Höhe 1 mit dem Einschaltzeitpunkt 0 und dem Ausschaltzeitpunkt T. Man kann das Halteglied als einen Interpolator auffassen, der zwischen zwei Abtastzeitpunkten kT und $(k+1)T$ den Signalwert $x(kT)$ ausgibt. Das Ausgangssignal $x_2(t)$ des Modulators ist daher zeitkontinuierlich.

Die zeitkontinuierliche Regelstrecke

Ein Systemmodell für die zeitkontinuierliche Regelstrecke kann mit Hilfe einer Differentialgleichung gebildet werden. Ein einfaches Beispiel haben wir in Abschn. 2.1 kennengelernt: Das RC–Glied. Seine Differentialgleichung lautet für eine Eingangsspannung $x_2(t)$ nach Gl. (2.1)

$$\tau \cdot y_2' + y_2 = x_2 \,, \tag{5.4}$$

wobei τ die Zeitkonstante des RC–Glieds bezeichnet. In Abb. 2.5, S. 31 haben wir die Antwort des RC–Glieds auf einen Rechteck–Impuls gebildet, indem wir die Sprungantwort des RC–Glieds sowie sein lineares und zeitinvariantes Systemverhalten benutzt haben. Hierbei war die Voraussetzung wichtig, dass der Kondensator vor dem Einschaltzeitpunkt entladen ist. Unter dieser Voraussetzung ist die Systemoperation des RC–Glieds definiert und das System ein LTI–System. Seine Sprungantwort ist nach Gl. (2.12) durch

$$y_2(t) = \varepsilon(t) \cdot (1 - \mathrm{e}^{-t/\tau})$$

gegeben. Hierbei nähert sich die Ausgangsspannung $y_2(t)$ für $t \to \infty$ exponentiell dem Endwert $y_2(\infty) = 1$. Das RC–Glied wollen wir i. F. als Systemmodell für die zeitkontinuierliche Regelstrecke benutzen, wobei die folgende Erweiterung vorgenommen werden soll: Der Endwert nähert sich bei einer Stellgröße gemäß $x_2(t) = \varepsilon(t)$ einem Endwert $V := y_2(\infty)$, der auch ungleich 1 sein kann. Dieser Wert stellt einen Verstärkungsfaktor dar und gibt die „Sensibilität" an, mit der die zeitkontinuierliche Regelstrecke reagiert. Die Sprungantwort der zeitkontinuierlichen Regelstrecke lautet daher

$$x_2(t) = \varepsilon(t) \Rightarrow y_2(t) = V \cdot \varepsilon(t)(1 - \mathrm{e}^{-t/\tau}) . \tag{5.5}$$

(s. Abb. 5.3). Damit sind wir in der Lage, auf realistische Weise Temperaturänderungen in einem Raum zu beschreiben: Die sprungartige Erhöhung der Stellgröße $x_2(t)$ führt auf eine Temperatur, die sich nach Gl. (5.5) exponentiell ihrem Endwert annähert. Wird dagegen die Stellgröße auf 0 gesetzt, nähert sich die Temperatur exponentiell dem Wert 0, wie die Ausgangsspannung des RC–Glieds bei einer Entladung des Kondensators. Der Wert 0 entspricht der Außentemperatur des Raumes. Eine Außentemperatur ungleich 0 könnte man durch ein Signal berücksichtigen, das dem Ausgangssignal der zeitkontinuierlichen Regelstrecke überlagert wird.

Die LTI–Eigenschaft der zeitdiskreten Regelstrecke

Wie kann die Systemoperation der zeitdiskreten Regelstrecke beschrieben werden? Zunächst stellen wir fest, dass sowohl die Modulation als auch die Abtastung lineare Operationen sind. Die zeitdiskrete Regelstrecke ist somit linear. Ist sie auch zeitinvariant? Die Zeitinvarianz ergibt sich wie folgt:

1. Modulator: Eine Verzögerung des (zeitdiskreten) Eingangssignals $y_1(k)$ um c Zeiteinheiten bewirkt eine Verzögerung des treppenförmig verlaufenden Ausgangssignals $x_2(t)$ des Modulators um cT Zeiteinheiten.
2. Zeitkontinuierliche Regelstrecke: Die zeitkontinuierliche Regelstrecke wird durch das RC–Glied mit dem zusätzlichen Verstärkungsfaktor V beschrieben und ist daher zeitinvariant.
3. Das Ausgangssignal entsteht durch Abtastung gemäß $y(k) = y_2(kT)$.

Eine Verzögerung des Eingangssignals um c Zeiteinheiten bewirkt folglich

$$\begin{aligned} y_1(k-c) &\to x_2(t-cT) \to y_2(t-cT) \\ &\to y_2(kT-cT) = y_2((k-c)T) = y(k-c) . \end{aligned}$$

Die zeitdiskrete Regelstrecke ist daher ein LTI–System. Sie kann somit durch eine Faltung beschrieben werden, wenn als Eingangssignale Einschaltvorgänge angenommen werden (s. Abschn. 3.1). Wir wollen i. F. nur solche Eingangssignale betrachten.

Bestimmung der Sprungantwort der zeitdiskreten Regelstrecke
Die Bestimmung der Impulsantwort der zeitdiskreten Regelstrecke mit Hilfe ihrer Sprungantwort ist eine „elegante" Methode: Die Sprungfunktion $y_1(k) = \varepsilon(k)$ am Eingang des Halteglieds bewirkt die Sprungfunktion $x_2(t) = \varepsilon(t)$ an seinem Ausgang. Folglich reagiert die zeitkontinuierliche Regelstrecke nach Gl. (5.5) mit

$$y_2(t) = V \cdot \varepsilon(t)(1 - \mathrm{e}^{-t/\tau}). \tag{5.6}$$

Die Abtastung dieses Signals gemäß

$$y_\varepsilon(k) = y_2(kT) = V \cdot \varepsilon(kT)(1 - \mathrm{e}^{-kT/\tau})$$

liefert die Sprungantwort

$$y_\varepsilon(k) = V \cdot \varepsilon(k)(1 - \mathrm{e}^{-kT/\tau}). \tag{5.7}$$

Die Sprungantwort der zeitdiskreten Regelstrecke erhält man also einfach durch Abtastung der Sprungantwort der zeitkontinuierlichen Regelstrecke (s. Abb. 5.3).

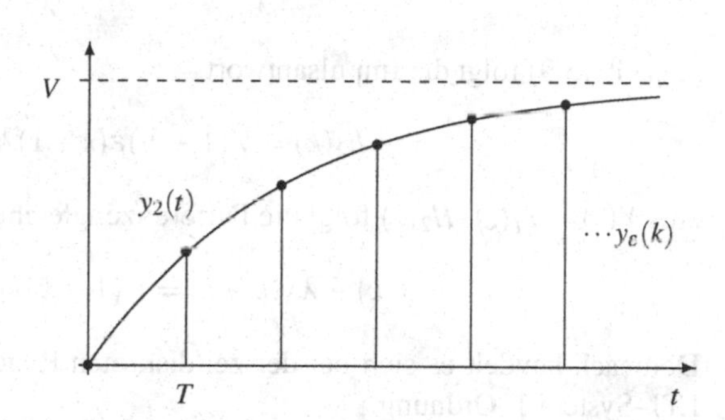

Abb. 5.3 Systemmodell für die Regelstrecke: Die zeitkontinuierliche Regelstrecke wird durch die Sprungantwort $y_2(t)$ gemäß Gl. (5.5) beschrieben. Man erhält die Sprungantwort der zeitdiskreten Regelstrecke durch Abtastung von $y_2(t)$ mit dem Abtastabstand T.

Die Übertragungsfunktion der zeitdiskreten Regelstrecke
Eine Möglichkeit zur Bestimmung der Übertragungsfunktion besteht darin, die Impulsantwort gemäß Gl. (3.22) durch Differenziation der Sprungantwort zu bestimmen, um daraus die Übertragungsfunktion zu gewinnen. Eine andere Möglichkeit besteht darin, die z–Transformation der Sprungantwort vorzunehmen. Nach Gl. (5.7),

$$y_\varepsilon(k) = V \cdot \varepsilon(k) - V \cdot \varepsilon(k)[\mathrm{e}^{-T/\tau}]^k,$$

kann dies auf die Übertragungsfunktion des Summierers (Impulsantwort ε) und einer Rückkopplung 1. Ordnung mit dem Rückkopplungsfaktor

$$\lambda := \mathrm{e}^{-T/\tau} \tag{5.8}$$

gemäß Tab. 4.9, S. 171 zurückgeführt werden. Wegen $0 < \lambda < 1$ ist die Rückkopplung stabil und besitzt nach Gl. (4.147) die Übertragungsfunktion

$$\varepsilon(k)\lambda^k \to \frac{z}{z-\lambda}\,,\ |z| > |\lambda|\,. \tag{5.9}$$

Daraus folgt die z–Transformierte der Sprungantwort gemäß

$$Y_\varepsilon(z) = V\cdot\frac{z}{z-1} - V\cdot\frac{z}{z-\lambda}\,.$$

Sie ist mit der Übertragungsfunktion $H_2(z)$ der zeitdiskreten Regelstrecke gemäß

$$y_\varepsilon = \varepsilon * h_2 \to Y_\varepsilon(z) = \frac{z}{z-1}\cdot H_2(z)$$

verknüpft. Man erhält für die Übertragungsfunktion

$$\begin{aligned} H_2(z) &= \frac{z-1}{z}\cdot Y_\varepsilon(z) = V - V\cdot\frac{z-1}{z}\cdot\frac{z}{z-\lambda} \\ &= V\frac{z-\lambda-(z-1)}{z-\lambda} \\ &= V\frac{1-\lambda}{z-\lambda} = z^{-1}\cdot V\frac{1-\lambda}{1-\lambda z^{-1}}\,,\ |z| > |\lambda|\,. \end{aligned} \tag{5.10}$$

Aus Gl. (5.9) folgt die Impulsantwort

$$h_2(k) = V(1-\lambda)\varepsilon(k-1)\lambda^{k-1}\,. \tag{5.11}$$

Aus $Y(z) = Y_1(z)\cdot H_2(z)$ folgt die Differenzengleichung

$$y(k) - \lambda y(k-1) = V(1-\lambda)y_1(k-1)\,. \tag{5.12}$$

Demnach handelt es sich bei der zeitdiskreten Regelstrecke um ein realisierbares LTI–System 1. Ordnung.

Latenzzeit und Endwert der Sprungantwort

Der Faktor z^{-1} der Übertragungsfunktion verursacht eine Latenzzeit der zeitdiskreten Regelstrecke von $k_1 = 1$ Zeiteinheiten, d. h. es gilt $h_2(0) = 0$. Die Latenzzeit kommt auch bei der Sprungantwort gemäß $y_\varepsilon(0) = 0$ zum Ausdruck (vgl. Abb. 5.3). Die Sprungantwort der zeitdiskreten Regelstrecke nähert sich für $k \to \infty$ dem Endwert

$$y_\varepsilon(\infty) = V \tag{5.13}$$

(vgl. Abb. 5.3). Dies ist auf den Faktor $1-\lambda$ der Übertragungsfunktion zurückzuführen. Er verursacht zunächst

$$H_2(z=1) = V\,. \tag{5.14}$$

Der Endwert V der Sprungantwort folgt auch aus der *Endwert–Regel*

$$y_\varepsilon(\infty) = H_2(z=1)\,. \tag{5.15}$$

Begründung der Endwert–Regel
Es ist

$$y_\varepsilon(k) = (\varepsilon * h_2)(k) = \sum_{i \le k} h_2(i) \overset{k\to\infty}{\to} \sum_i h_2(i) = H_2(z=1)\,.$$

Steuerung der Regelstrecke?

Da die Regelstrecke bekannt ist, besteht prinzipiell die Möglichkeit, die Regelstrecke gemäß Abb. 5.4 zu steuern. Hierbei wird der Regler mit der Übertragungsfunktion $H_1(z)$ als Steuerglied „umfunktioniert".

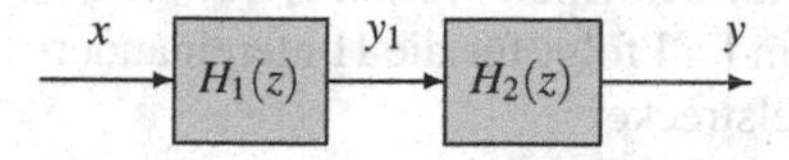

Abb. 5.4 Steuerung der zeitdiskreten Regelstrecke mit der Übertragungsfunktion $H_2(z)$ durch ein Steuerglied mit der Übertragungsfunktion $H_1(z)$

Das Steuerungskonzept könnte darin bestehen, die Systemoperation der zeitdiskreten Regelstrecke durch das Steuerglied umzukehren. Da die zeitdiskrete Regelstrecke die Latenzzeit $k_1 = 1$ besitzt, ist eine Systemumkehrung mit einem kausalen System nicht möglich, jedoch eine Invertierung mit Verzögerung, wie in Abschn. 3.10 dargelegt wurde. Das Steuerglied ist in diesem Fall durch

$$H_1(z) = z^{-1}H_2^{-1}(z) = z^{-1}\cdot z \cdot \frac{1}{V}\frac{1-\lambda z^{-1}}{1-\lambda} = \frac{1}{V}\frac{1-\lambda z^{-1}}{1-\lambda} \tag{5.16}$$

definiert. Für die Hintereinanderschaltung folgt

$$H_{1,2}(z) := H_1(z)\cdot H_2(z) = z^{-1}H_2^{-1}(z)H_2(z) = z^{-1}\,. \tag{5.17}$$

Dies bedeutet, dass der Ist–Wert bei einer sprungartigen Anhebung des Soll–Werts lediglich $k_1 = 1$ Zeiteinheiten später perfekt eingestellt ist. Worin besteht der „Haken" bei dieser Vorgehensweise? Der Übertragungsfunktion $H_1(z)$ entnimmt man zunächst, dass das Steuerglied ein FIR–Filter mit den Filterkoeffizienten

$$h_1(0) = \frac{1}{V(1-\lambda)}\,,\; h_1(1) = -\frac{\lambda}{V(1-\lambda)} \tag{5.18}$$

darstellt. Bei einer trägen Regelstrecke ist die Zeitkonstante τ des RC–Glieds entsprechend groß und daher $\lambda = \mathrm{e}^{-T/\tau}$ nur geringfügig kleiner als 1. Dies verursacht entsprechend große Beträge für die Filterkoeffizienten. Aussteuerungsgrenzen der zeitkontinuierlichen Regelstrecke können überschritten werden und das berechnete Steuerglied führt nicht zum Erfolg.

Das Problem einer realen Steuerung: Fehlanpassung

Das Steuerglied nach Gl. (5.16) erfordert die Kenntnis der zeitdiskreten Regelstrecke. Welche Konsequenz ergibt sich aus dem Sachverhalt, wenn die beiden Parameter der zeitdiskreten Regelstrecke, der Verstärkungsfaktor V und der Rückkopplungsfaktor λ, nicht exakt bekannt sind? In diesem Fall wird das Steuerglied gemäß

$$H_1(z) = \frac{1}{V_1}\frac{1-\lambda_1 z^{-1}}{1-\lambda_1} \tag{5.19}$$

festgelegt, wobei V_1 und λ_1 die für die zeitdiskrete Regelstrecke angenommenen Parameter sind. Wenn diese Parameter von den tatsächlichen Werten V bzw. λ abweichen, liegt eine *Fehlanpassung* vor. In diesem Fall folgt für die Hintereinanderschaltung aus Steuerglied und zeitdiskreter Regelstrecke

$$\begin{aligned} H_{1,2}(z) = H_1(z)\cdot H_2(z) &= \frac{1}{V_1}\frac{1-\lambda_1 z^{-1}}{1-\lambda_1}\cdot z^{-1}\cdot V\frac{1-\lambda}{1-\lambda z^{-1}} \\ &= z^{-1}\cdot\frac{V(1-\lambda)}{V_1(1-\lambda_1)}\cdot\frac{1-\lambda_1 z^{-1}}{1-\lambda z^{-1}}\,. \end{aligned} \tag{5.20}$$

Es liegt somit für $\lambda_1 \neq \lambda$ ein System 1. Ordnung vor. Aus Gl. (5.15) folgt für seine Sprungantwort

$$y_\varepsilon(\infty) = H_{1,2}(z=1) = \frac{V}{V_1}\,. \tag{5.21}$$

Für $V_1 \neq V$ ergibt sich demnach ein Endwert ungleich 1, d. h. eine verbleibende Abweichung zwischen Ist–Wert und Soll–Wert.

Die Übertragungsfunktion des Regelkreises

Um die verbleibende Regelabweichung des Regelkreises zu untersuchen, bestimmen wir zunächst seine Übertragungsfunktion. Man kann sie finden, indem man den Regelkreises auf eine Rückkopplung zurückführt (vgl. Übung 2.11). Wir geben stattdessen die Impulsantwort des Regelkreises an. Der Regelkreis besitzt im Vorwärtspfad das System mit der Übertragungsfunktion $H_{1,2}(z) := H_1(z)\cdot H_2(z)$. Seine Impulsantwort wird mit $h_{1,2}$ bezeichnet. Für den Regelkreis folgt

$$(x-y)*h_{1,2} = y$$

oder

$$y*(\delta + h_{1,2}) = x*h_{1,2}\,.$$

Aus $x = \delta$ folgt die Impulsantwort

$$h = (\delta + h_{1,2})^{-1} * h_{1,2}\,. \tag{5.22}$$

Hierbei ist $a = \delta + h_{1,2}$ ein normierter Einschaltvorgang mit dem Einschaltzeitpunkt 0 und $a(0) = 1$. Aus dem Faltungssatz und Umkehrsatz (s. Abschn. 4.9.3) folgt die Übertragungsfunktion

$$H(z) = \frac{1}{1+H_{1,2}(z)} \cdot H_{1,2}(z) = \frac{H_{1,2}(z)}{1+H_{1,2}(z)}$$
$$= \frac{1}{1+1/H_{1,2}(z)} . \qquad (5.23)$$

Man gelangt zur Übertragungsfunktion auch einfach durch Auflösung der folgende Gleichungen nach $Y(z)$:

- Anregung mit dem Dirac–Impuls: $X(z) = 1$.
- Regelabweichung: $X_1(z) = X(z) - Y(z)$.
- Ausgangssignal: $H(z) = Y(z) = X_1(z) \cdot H_{1,2}(z)$.

Dies ergibt

$$Y(z) = [X(z) - Y(z)] \cdot H_{1,2}(z) ,$$

woraus die angegebene Übertragungsfunktion folgt.

Verbleibende Regelabweichung

Um den Endwert der Sprungantwort des Regelkreises zu bestimmen, wenden wir die Endwert–Regel Gl. (5.15) auf die Übertragungsfunktion $H(z)$ an und erhalten

$$y_\varepsilon(\infty) = H(z=1) = \frac{H_{1,2}(z=1)}{1+H_{1,2}(z=1)} . \qquad (5.24)$$

Es stellt sich die Frage, auf welche Weise dieser Ausdruck gleich 1 sein kann. Diese Frage kann im Zeitbereich als *Regelparadoxon* formuliert werden: Der Endwert $y_\varepsilon(\infty) = 1$ führt auf eine verschwindende Regelabweichung

$$x_1(\infty) = 1 - y_\varepsilon(\infty) = 0 .$$

Mit dem Signal x_1 wird das System im Vorwärtspfad des Regelkreises angeregt. Müsste dann nicht sein Ausgangssignal y wie sein Eingangssignal x_1 ebenfalls abklingen? Dies ist bei Stabilität des Systems im Vorwärtspfad tatsächlich der Fall (s. Problem P5.1). Eine verschwindende Regelabweichung ist in diesem Fall daher nicht möglich. Sie kann daher nur erreicht werden, wenn das System im Vorwärtspfad **nicht stabil ist**.

Der ideale Regler

Eine verschwindende Regelabweichung erfordert, dass die Übertragungsfunktion $H_{1,2}(z)$ des Systems im Vorwärtspfad eine Polstelle bei $z = 1$ besitzt. In diesem Fall ist nach Gl. (5.24)

$$y_\varepsilon(\infty) = \frac{1}{1+1/H_{1,2}(z=1)} = 1 . \qquad (5.25)$$

Dies ist beispielsweise für

$$H_{1,2}(z) = z^{-1} \cdot \frac{z}{z-1} = \frac{1}{z-1} \qquad (5.26)$$

der Fall. Für die Übertragungsfunktion erhält man

$$H(z) = \frac{1}{1+(z-1)} = z^{-1}\,.$$

Wie bei einer idealen Steuerung der Regelstrecke gemäß Gl. (5.17) wird die zeitdiskrete Regelstrecke bis auf eine Verzögerung um $k_1 = 1$ Zeiteinheiten umgekehrt bzw. kompensiert. Diese sog. *Kompensationsregelung* setzt wie bei einer idealen Steuerung die genaue Kenntnis der zeitdiskreten Regelstrecke voraus: Aus

$$H_{1,2}(z) = H_1(z) \cdot H_2(z) = \frac{1}{z-1}$$

folgt die Übertragungsfunktion des Reglers gemäß

$$H_1(z) = \frac{1}{H_2(z)} \cdot \frac{1}{z-1} = \frac{z-\lambda}{V(1-\lambda)} \cdot \frac{1}{z-1} = \frac{1}{V(1-\lambda)} \cdot \frac{z-\lambda}{z-1}\,.$$

Der reale Regler
Der ideale Regler setzt die genaue Kenntnis des Verstärkungsfaktors V und des Rückkopplungsfaktors λ der zeitdiskreten Regelstrecke voraus. Der reale Regler ist dagegen gemäß

$$H_1(z) := \frac{1}{V_1(1-\lambda_1)} \cdot \frac{z-\lambda_1}{z-1} \tag{5.27}$$

festgelegt, wobei V_1 und λ_1 die für die zeitdiskrete Regelstrecke angenommenen Parameter sind. Diese können von den tatsächlichen Werten V und λ abweichen (*Fehlanpassung*) und lassen ein nichtideales Regelverhalten erwarten. Im Unterschied zu einer realen Steuerung ergibt sich wegen der Polstelle $z = 1$ von $H_1(z)$ bzw. $H_{1,2}(z)$ wenigstens eine verschwindende Regelabweichung bei einer sprunghaften Änderung der Führungsgröße.

Bestimmung der Übertragungsfunktion des Regelkreises
Zur Beurteilung des Führungsverhaltens wird die Übertragungsfunktion des realen Regelkreises bestimmt. Mit der Übertragungsfunktion des realen Reglers nach Gl. (5.27) und der Übertragungsfunktion der zeitdiskreten Regelstrecke nach Gl. (5.10) erhält man

$$\begin{aligned} H(z) &= \frac{1}{1+1/H_{1,2}(z)} = \frac{1}{1+\dfrac{1}{H_1(z)} \cdot \dfrac{1}{H_2(z)}} \\ &= \frac{1}{1+V_1(1-\lambda_1) \cdot \dfrac{z-1}{z-\lambda_1} \cdot \dfrac{1}{V}\dfrac{z-\lambda}{1-\lambda}} \\ &= \frac{1}{1+\dfrac{V_1(1-\lambda_1)}{V(1-\lambda)} \cdot \dfrac{z-\lambda}{z-\lambda_1} \cdot (z-1)}\,. \end{aligned}$$

Mit dem Faktor

$$\sigma := \frac{V(1-\lambda)}{V_1(1-\lambda_1)}, \tag{5.28}$$

der bei Fehlanpassung ungleich 1 sein kann, folgt

$$\begin{aligned} H(z) &= \frac{1}{1+\frac{1}{\sigma}\cdot\frac{z-\lambda}{z-\lambda_1}\cdot(z-1)} \\ &= \frac{\sigma(z-\lambda_1)}{\sigma(z-\lambda_1)+(z-\lambda)(z-1)} \\ &= \frac{\sigma(z-\lambda_1)}{\sigma(z-\lambda_1)+[z^2-z-\lambda z+\lambda]} \\ &= \frac{\sigma(z-\lambda_1)}{z^2+(\sigma-\lambda-1)z+\lambda-\sigma\lambda_1} \\ &= z^{-1}\cdot\sigma\cdot\frac{1-\lambda_1 z^{-1}}{1+(\sigma-\lambda-1)z^{-1}+(\lambda-\sigma\lambda_1)z^{-2}}\,. \end{aligned}$$

Der Regelkreis wird somit durch ein System 2. Ordnung mit der Übertragungsfunktion

$$H(z) = \frac{b_1 z^{-1}+b_2 z^{-2}}{1+a_1 z^{-1}+a_2 z^{-2}} \tag{5.29}$$

mit den Filterkoeffizienten

$$b_1 = \sigma\,,\ b_2 = -\sigma\lambda_1\,,\ a_1 = \sigma-\lambda-1\,,\ a_2 = \lambda-\sigma\lambda_1 \tag{5.30}$$

beschrieben.

Bestätigung der Übertragungsfunktion
Wir bestätigen zunächst für den idealen Regler die Übertragungsfunktion $H(z) = z^{-1}$. Der ideale Regler benutzt die exakten Parameter V und λ der zeitdiskreten Regelstrecke, d. h. es gilt $V_1 = V$ und $\lambda_1 = \lambda$. Daraus folgt $\sigma = 1$ sowie

$$b_1 = 1\,,\ b_2 = -\lambda\,,\ a_1 = -\lambda\,,\ a_2 = 0\,.$$

Für die Übertragungsfunktion erhält man

$$H(z) = \frac{z^{-1}-\lambda z^{-2}}{1-\lambda z^{-1}} = z^{-1}.$$

Als nächstes überzeugen wir uns davon, dass die Sprungantwort des Regelkreises den Endwert 1 erreicht. Dies ergibt sich aus

$$H(z=1) = \frac{\sigma-\sigma\lambda_1}{1+(\sigma-\lambda-1)+(\lambda-\sigma\lambda_1)} = 1\,.$$

Berechnung der Sprungantwort
Aus der Übertragungsfunktion des Regelkreises erhält man die DGL

$$y(k) + a_1 y(k-1) + a_2 y(k-2) = b_1 x(k-1) + b_2 x(k-2) \, .$$

Man kann durch Umstellung gemäß

$$y(k) = -a_1 y(k-1) - a_2 y(k-2) + b_1 x(k-1) + b_2 x(k-2)$$

die Sprungantwort rekursiv berechnen, wobei die Anfangswerte $y(-2) = y(-1) = 0$ zu verwenden sind. Man erhält mit $x(k) = 1$ für $k \geq 0$

$$\begin{aligned} y(0) &= 0 \, , \\ y(1) &= -a_1 y(0) + b_1 = b_1 \, , \\ y(2) &= -a_1 y(1) + b_1 + b_2 \, , \ldots \end{aligned}$$

Die Sprungantwort wird in den folgenden zwei Beispielen nach diesem Schema ausgewertet, um das Führungsverhalten des Regelkreises näher kennenzulernen.

Regelung mit dem Summierer
Eine deutliche Fehlanpassung wird bei einer Regelung mit

$$\lambda_1 = 0 \, , \; V_1 = 1 \tag{5.31}$$

in Kauf genommen. Die Übertragungsfunktion des realen Reglers lautet nach Gl. (5.27)

$$H_1(z) = \frac{z}{z-1} \, .$$

Es liegt demnach eine Regelung mit dem Summierer vor. Liefert dieser Regler bereits ein befriedigendes Führungsverhalten? Als Beispiel betrachten wir die zeitdiskrete Regelstrecke mit dem Abtastabstand $T \approx \tau/2$ und dem Verstärkungsfaktor $V = 2$. Nach Gl. (5.8) ist demnach

$$\lambda = \mathrm{e}^{-T/\tau} \approx 0.61 \, , \; V = 2 \, . \tag{5.32}$$

Man erhält $\sigma = 0.78$ sowie $b_1 = 0.78$, $b_2 = 0$, $a_1 = 0.78 - 0.61 - 1 = -0.83$ und $a_2 = 0.61$. Abb. 5.5 (links) zeigt die Sprungantwort des Regelkreises. Man erkennt, dass sich die Sprungantwort dem Endwert 1 nähert — allerdings unter Oszillationen. Worauf sind diese zurückzuführen? Dazu betrachten wir den Koeffizientenbereich der rekursiven Filterkoeffizienten a_1 , a_2 gemäß Abb. 4.18, S. 165. Die Filterkoeffizienten $a_1 = -0.83$, $a_2 = 0.61$ liegen zwischen der Parabel $a_2 = a_1^2/4$ und der Geraden $a_2 = 1$. Für die Rückkopplung mit den Filterkoeffizienten a_1 , a_2 liegt somit der (stabile) Schwingfall vor, worauf die Oszillationen zurückzuführen sind. Wenigstens ist der Regelkreis trotz des instabilen Reglers stabil. Die Stabilität des Regelkreises ist nicht automatisch erfüllt. Beispielsweise ist der Regelkreis für eine zeitdiskrete Regelstrecke mit $\lambda = 0.61$, $V = 10$ instabil: Man erhält in diesem

Fall $\sigma = 3.9$ sowie $b_1 = 3.9$, $b_2 = 0$, $a_1 = 3.9 - 0.61 - 1 = 2.29$, $a_2 = 0.61$. Die Filterkoeffizienten a_1 , a_2 liegen daher nicht innerhalb des Stabilitätsdreiecks nach Abb. 4.18, S. 165.

Regelung mit einem anderen Regler

Es wird wieder die zeitdiskrete Regelstrecke nach Gl. (5.32) vorausgesetzt. Liegt eine geringere Fehlanpassung als beim Summierer bei einer Regelung mit

$$\lambda_1 = 0.65 \, , \, V_1 = 2.23 \tag{5.33}$$

vor? Man erhält in diesem Fall $\sigma = 1$ sowie $b_1 = 1$, $b_2 = -0.65$, $a_1 = 1 - 0.61 - 1 = -0.61$, $a_2 = 0.61 - 0.65 = -0.04$. Abb. 5.5 (rechts) zeigt die Sprungantwort des Regelkreises. Die Filterkoeffizienten $a_1 = -0.61$, $a_2 = -0.04$ liegen unterhalb der Parabel $a_2 = a_1^2/4$ und innerhalb des Stabilitätsdreiecks gemäß Abb. 4.18, S. 165, d. h. es liegt der stabile Kriechfall vor. Oszillationen treten nicht auf, so dass dieser Regler dem Summierer–Regler hinsichtlich des Führungsverhaltens des Regelkreises überlegen ist.

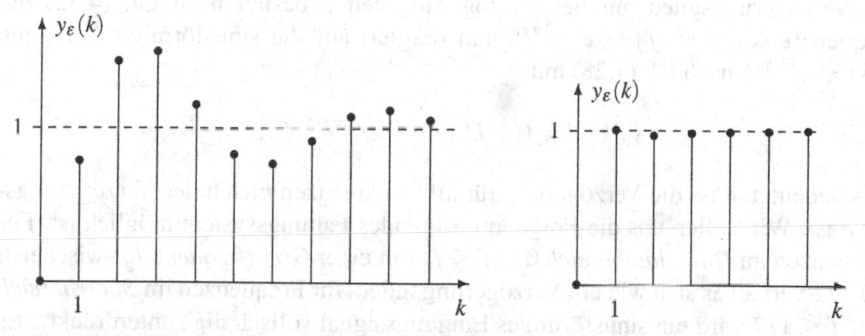

Abb. 5.5 Sprungantwort eines Regelkreises. Die zeitdiskrete Regelstrecke besitzt den Rückkopplungsfaktor $\lambda = 0.61$ und den Verstärkungsfaktor $V = 2$.
Links: Summierer als Regler. *Rechts*: Regler mit den Parametern $\lambda_1 = 0.65$ und $V_1 = 2.23$.

Fassen wir die wichtigsten Ergebnisse zusammen:

Digitale Regelung

Für ein einfaches Modell einer zeitkontinuierlichen Regelstrecke wurde gezeigt, wie eine zeitdiskrete Regelstrecke als Abtastsystem gebildet werden kann. Ihre LTI–Eigenschaft erlaubt die Beschreibung des Führungsverhaltens des Regelkreises durch eine Übertragungsfunktion und damit die Möglichkeit, Regelkreise mit der dargestellten Theorie zu analysieren. Ein wichtiges Ergebnis besagt: Eine verschwindende Regelabweichung bei sprungartiger Änderung der Führungsgröße erfordert, dass das System, bestehend aus Regler und zeitdiskreter Regelstrecke, eine Polstelle bei $z = 1$ besitzt. In diesem Fall ist die Regelung einer Steuerung überlegen.

5.2 Fourier–Transformation für Signale endlicher Energie

Die Ausdehnung der Fourier–Transformation auf beliebige Signale endlicher Energie ermöglicht Faltungssysteme, die bestimmte Idealvorstellungen umsetzen, wie beispielsweise ideale Tiefpässe, den Hilbert–Transformator oder eine Verzögerung des Eingangssignals um eine nichtganzzahlige Verzögerungszeit. Da diese Systeme instabil sind, ist eine Ausdehnung der Fourier–Transformation auf Signale endlicher Energie erforderlich. Die Systeme sind auch nichtkausal und damit nichtrealisierbar. Sie können aber durch FIR–Filter näherungsweise realisiert werden, wie im Abschn. 5.3 ausgeführt wird.

5.2.1 Einführendes Beispiel: Ideale Tiefpässe

Was ist ein idealer Tiefpass?
Ein Verzögerungsglied mit der Verzögerungszeit c besitzt nach Gl. (4.32) die Frequenzfunktion $h^F(f) = \mathrm{e}^{-\mathrm{j}\,2\pi fc}$ und reagiert auf die sinusförmige Anregung $x_\mathrm{c}(k) = \mathrm{e}^{\mathrm{j}\,2\pi fk}$ nach Gl. (4.28) mit

$$y_\mathrm{c}(k) = x_\mathrm{c}(k) \cdot h^F(f) = \mathrm{e}^{\mathrm{j}\,2\pi f(k-c)}\;.$$

Dies bedeutet, dass die Verzögerung für alle Frequenzen gleich der Verzögerungszeit c ist. Wir stellen uns die Frage, ob folgendes Faltungssystem möglich ist: Für Frequenzen im *Durchlassbereich* $0 \le f \le f_\mathrm{g}$ mit einer *Grenzfrequenz* f_g zwischen 0 und $1/2$ verhält es sich wie ein Verzögerungsglied, für Frequenzen im *Sperrbereich* $f_\mathrm{g} < f \le 1/2$ wird ein sinusförmiges Eingangssignal vollständig „unterdrückt". Es handelt sich demnach um einen Tiefpass mit der „Wunsch–Frequenzfunktion"

$$h_W^F(f) = h^F(f) = \begin{cases} \mathrm{e}^{-\mathrm{j}\,2\pi fc} : 0 \le f \le f_\mathrm{g} \\ 0 : f_\mathrm{g} < f \le 1/2 \end{cases}\;. \tag{5.34}$$

Abb. 5.6 zeigt die Amplitudenfunktion und Phasenfunktion für die Grenzfrequenz $f_\mathrm{g} = 1/5$. Die Phasenfunktion ist für $0 \le f \le f_\mathrm{g}$ durch $\Phi(f) = -2\pi fc$ gegeben. Für die Frequenzen $f_\mathrm{g} < f \le 1/2$ ist sie nicht definiert, da die Frequenzfunktion bei diesen Frequenzen gleich 0 ist. Ein Faltungssystem mit dieser Frequenzfunktion wird *idealer Tiefpass* genannt. Seine Impulsantwort wird als *ideales Tiefpass–Signal* bezeichnet. Das Attribut „ideal" bezieht sich hierbei auf die unendlich steile *Flanke* der Amplitudenfunktion bei der Grenzfrequenz f_g. Sie bewirkt, dass ein sinusförmiges Signal unterhalb der Grenzfrequenz das System unverändert passieren kann und oberhalb der Grenzfrequenz vollständig unterdrückt wird. Eine unendlich steile Flanke stellt jedoch nicht automatisch den Idealfall in einer technischen Anwendung dar.

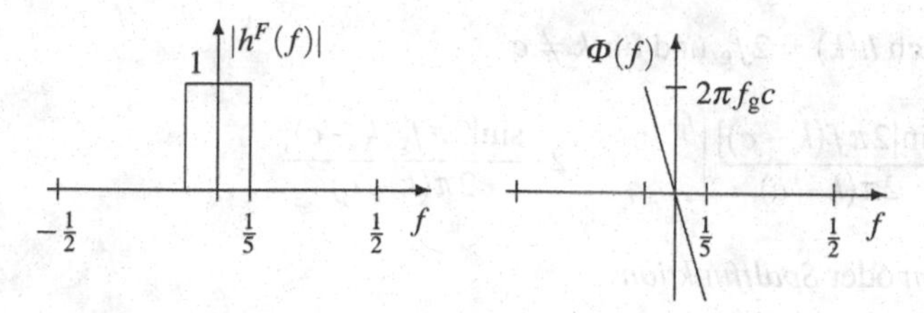

Abb. 5.6 Frequenzfunktion eines idealen Tiefpasses mit der Verzögerungszeit c und der Grenzfrequenz $f_g = 1/5$. *Links:* Amplitudenfunktion, *rechts:* Phasenfunktion.

Wie kann man die Impulsantwort eines idealen Tiefpasses bestimmen?
Die unendlich steile Flanke der Amplitudenfunktion eines idealen Tiefpasses legt die Vermutung nahe, dass das System nichtrealisierbar ist. Es stellt sich darüberhinaus die Frage, ob die Vorgaben eines idealen Tiefpasses von einem Faltungssystem tatsächlich erfüllt werden können. Um diese Fragen zu klären, wird zunächst der Versuch unternommen, die Impulsantwort eines idealen Tiefpasses zu bestimmen. Eine Möglichkeit besteht darin, die Impulsantwort durch Rücktransformation der Frequenzfunktion zu gewinnen. In Abschn. 4.4 haben wir zwei Methoden der Rücktransformation kennengelernt. Die Rücktransformation mit Hilfe einer DFT nach Gl. (4.57) ist auf Signale endlicher Dauer begrenzt. Eine Impulsantwort endlicher Dauer ist für einen idealen Tiefpass jedoch nicht möglich, denn nach Abschn. 4.6 wäre in diesem Fall die Amplitudenfunktion stetig. Sie weist jedoch eine *Unstetigkeitsstelle* bei $f = f_g$ auf. Die Rücktransformation durch Integration gemäß Gl. (4.60) ist auch für Signale unendlicher Dauer möglich, wie in Abschn. 4.9.2 für absolut summierbare Signale gezeigt wurde. Diese Methode soll nun für einen idealen Tiefpass „ausprobiert“ werden. Eine mathematische Begründung wird erst in Abschn. 5.2.2 gegeben.

Rücktransformation der Frequenzfunktion
Die Rücktransformation mit Gl. (4.60) ergibt zunächst

$$\begin{aligned} h(k) &= \int_{-1/2}^{1/2} h_W^F(f)\,\mathrm{e}^{\mathrm{j}\,2\pi f k} df = \int_{-f_g}^{f_g} \mathrm{e}^{-\mathrm{j}\,2\pi f c}\,\mathrm{e}^{\mathrm{j}\,2\pi f k} df \\ &= \int_{-f_g}^{f_g} \mathrm{e}^{\mathrm{j}\,2\pi f (k-c)} df \\ &= \int_{-f_g}^{f_g} \cos[2\pi f(k-c)]df + \int_{-f_g}^{f_g} \mathrm{j}\,\sin[2\pi f(k-c)]df\,. \end{aligned}$$

Da der zweite Integrand eine ungerade Funktion (bzgl. f) ist, liefert die Integration über den Frequenzbereich $-f_g \le f \le f_g$ für das zweite Integral den Wert 0, woraus

$$h(k) = \int_{-f_g}^{f_g} \cos[2\pi f(k-c)]df$$

folgt. Für $k=c$ ergibt sich $h(k)=2f_g$ und für $k \neq c$

$$h(k) = \left.\frac{\sin[2\pi f(k-c)]}{2\pi(k-c)}\right|_{f=-f_g}^{f_g} = 2 \cdot \frac{\sin[2\pi f_g(k-c)]}{2\pi(k-c)} .$$

Mit der sog. si–*Funktion* oder *Spaltfunktion*

$$\mathrm{si}\,(x) := \frac{\sin(x)}{x} \tag{5.35}$$

kann die Impulsantwort auch kürzer gemäß

$$h(k) = 2f_g \cdot \mathrm{si}\,[2\pi f_g(k-c)] \tag{5.36}$$

dargestellt werden. Diese Beziehung gilt zunächst nur für $k \neq c$. Für $k=c$ haben wir bereits $h(c)=2f_g$ herausgefunden. Da die Spaltfunktion für $x \to 0$ den Grenzwert $\mathrm{si}\,(x) \to 1$ besitzt, erhält man dieses Ergebnis auch aus Gl. (5.36).

Die Impulsantwort eines idealen Tiefpasses

Die Impulsantwort entsteht nach Gl. (5.36) durch Abtastung des zeitkontinuierlichen Signals

$$s(t) := 2f_g \cdot \mathrm{si}\,[2\pi f_g(t-c)] \tag{5.37}$$

mit dem Abtastabstand $T=1$. Sowohl die Impulsantwort $h(k)$ als auch das zeitkontinuierliche Signal $s(t)$ sind in Abb. 5.7 für $c=0$ dargestellt.

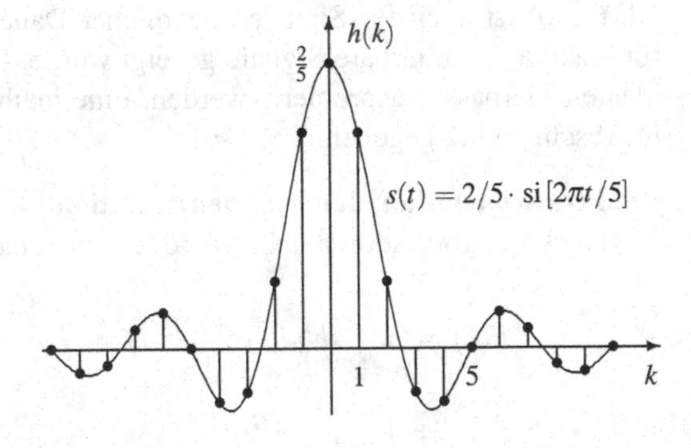

Abb. 5.7 Impulsantwort $h(k) = 2f_g \cdot \mathrm{si}\,[2\pi f_g(k-c)]$ eines idealen Tiefpasses für $c=0$ und $f_g=1/5$. Die Impulsantwort entsteht durch Abtastung des zeitkontinuierlichen Signals $s(t) = 2/5 \cdot \mathrm{si}\,[2\pi t/5]$. Sein erster Nulldurchgang für $t>0$ ist bei $t=5/2$.

Die gefundene Impulsantwort gemäß Gl. (5.36) besitzt die folgenden Eigenschaften:

- Symmetrie:
  Für $c=0$ ist die Impulsantwort gerade. Für $c>0$ wird die gerade Impulsantwort um c Zeiteinheiten verzögert. Die Achsen–Symmetrie bleibt somit erhalten, wobei das Symmetrie–Zentrum bei c liegt. In Abschn. 4.7 haben wir achsensymmetrische FIR–Filter behandelt. Wie diese ist der ideale Tiefpass ebenfalls achsensymmetrisch und linearphasig, jedoch kein FIR–Filter. Die Gruppenlaufzeit ist unabhängig von der Frequenz gleich dem Wert $\tau_g = c$.

- Nullstellen:
  Für $c = 0$ sind die Nullstellen des zeitkontinuierlichen Signals $s(t) = 2f_g \operatorname{si}[2\pi f_g t]$ durch
  $$t_i = i/(2f_g),\ i \neq 0$$
  gegeben. Der Wert $t_0 = 0$ ist keine Nullstelle, da das Signal $s(t)$ an dieser Stelle den Wert $s(0) = 2f_g$ besitzt.
- Instabilität:
  Die Impulsantwort klingt für $k \to \infty$ wie $1/|k|$ ab. Sie verhält sich in dieser Beziehung wie das Signal $x(k) = \varepsilon(k-1)/k$ aus Abschn. 1.3.3. Die Impulsantwort ist folglich nicht absolut summierbar, aber von endlicher Energie. Ein idealer Tiefpass ist daher instabil.
- Verletzung der Kausalität:
  Die Impulsantwort ist nichtkausal, weswegen ein idealer Tiefpass ebenfalls nichtkausal ist.

5.2.2 Fourier–Transformation für Energiesignale

Es ist die Frage zu klären, ob die durchgeführte Rücktransformation für den idealen Tiefpass mathematisch korrekt ist. Da die Impulsantwort eines idealen Tiefpasses von endlicher Energie ist, wird auf die Theorie der Fourier–Transformation für Energiesignale zurückgegriffen [14, IV, S. 486 und Nr. 124].

1. Transformation:
   Jedes Energiesignal kann gemäß
   $$x^F(f) = \sum_i x(i)\,\mathrm{e}^{-\mathrm{j}\,2\pi fi} := \lim_{n\to\infty} \sum_{i=-n}^{n} x(i)\,\mathrm{e}^{-\mathrm{j}\,2\pi fi} \tag{5.38}$$
   fouriertransformiert werden. Das Ergebnis ist eine (über den Frequenzbereich $-1/2 \leq f \leq 1/2$) *quadratisch integrierbare* Frequenzfunktion:
   $$\int_{-1/2}^{1/2} |x^F(f)|^2 df < \infty\,. \tag{5.39}$$
   Für ein reellwertiges Signal ist die Frequenzfunktion konjugiert gerade, d. h. es gilt $x^F(-f) = [x^F(f)]^*$ gemäß Gl. (4.48)).
2. Rücktransformation:
   Umgekehrt ist jede quadratisch integrierbare Funktion die Frequenzfunktion eines Energiesignals. Das Energiesignal gewinnt man durch Rücktransformation gemäß
   $$x(k) = \int_{-1/2}^{1/2} x^F(f)\,\mathrm{e}^{\mathrm{j}\,2\pi fk} df\,. \tag{5.40}$$

Aufgrund dieser Beziehung lässt sich die Frequenzfunktion eines Energiesignals wie bei Signalen endlicher Dauer als „Frequenzgehalt" interpretieren (vgl. Abschn. 4.4). Ein Beispiel für eine quadratisch integrierbare Funktion ist die Frequenzfunktion eines idealen Tiefpasses. Die Rücktransformation kann daher durchgeführt werden und liefert die Impulsantwort dieses Systems gemäß Gl. (5.36).

3. Skalarprodukt:
Das *Skalarprodukt* zweier Energiesignale x, y kann gemäß

$$\sum_i x(i) y^*(i) = \int_{-1/2}^{1/2} x^F(f)[y^F(f)]^* df \qquad (5.41)$$

berechnet werden. Die vorstehende Beziehung gilt allgemein für komplexwertige Signale (Pseudosignale). Bei (reellwertigen) Signalen kann $y^*(i)$ durch $y(i)$ ersetzt werden.

4. Erhaltung der Signalenergie:
Speziell für gleiche Signale $x = y$ erhält man aus der vorstehenden Beziehung die sog. *Parsevalsche Gleichung*

$$\sum_i |x(i)|^2 = \int_{-1/2}^{1/2} |x^F(f)|^2 df . \qquad (5.42)$$

Demnach kann die Signalenergie auch direkt aus der Frequenzfunktion gewonnen werden. Mit Hilfe der Parsevalschen Gleichung erhält man beispielsweise die Energie der Impulsantwort eines idealen Tiefpasses aus

$$\sum_i |h(i)|^2 = \int_{-1/2}^{1/2} |h^F(f)|^2 df = \int_{-1/2}^{1/2} 1 df = 1 . \qquad (5.43)$$

Ist die Frequenzfunktion integrierbar?

Die Rücktransformation gemäß Gl. (5.40) erfordert eine integrierbares Frequenzfunktion. Daher stellt sich die Frage, ob eine quadratisch integrierbare Funktion auch integrierbar ist. Dies folgt aus der für eine quadratisch integrierbare Funktion $g(f)$ gültigen Abschätzung

$$\left[\int_{-1/2}^{1/2} |g(f)| df\right]^2 \leq \int_{-1/2}^{1/2} |g(f)|^2 df < \infty . \qquad (5.44)$$

Nachweis von Gl. (5.44)

Die vorstehende Ungleichung ergibt sich aus der *Schwartzschen Ungleichung* für zwei quadratisch integrierbare Funktionen g_1 und g_2,

$$\left[\int_{-1/2}^{1/2} |g_1(f) g_2(f)| df\right]^2 \leq \int_{-1/2}^{1/2} |g_1(f)|^2 df \cdot \int_{-1/2}^{1/2} |g_2(f)|^2 df .$$

Für $g_1 := g$ und $g_2 := 1$ erhält man daraus die angegebene Ungleichung.

Ist die Frequenzfunktion für alle Frequenzen definiert?
Die Frequenzfunktion eines idealen Tiefpasses ist für alle Frequenzen gemäß Gl. (5.34) definiert. Die Festlegung des Wertes der Amplitudenfunktion an der Sprungstelle $f = f_g$ ist hierbei willkürlich vorgenommen worden, denn einzelne Werte der Frequenzfunktion haben bei der Rücktransformation keinen Einfluss. Andererseits stellt sich die Frage, ob die Reihe

$$\sum_i h(i)\,\mathrm{e}^{-\mathrm{j}\,2\pi fi} = \lim_{n\to\infty} \sum_{i=-n}^{n} h(i)\,\mathrm{e}^{-\mathrm{j}\,2\pi fi}$$

bei den Frequenzen $\pm f_g$ einen Grenzwert besitzt. Für den idealen Tiefpass ohne Verzögerungszeit ($c = 0$) beispielsweise besitzt die Frequenzfunktion den linksseitigen Funktions–Grenzwert $h_W^F(f_g-) = 1$, wenn man sich der Stelle $f = f_g$ von links nähert, sowie den rechtsseitigen Grenzwert $h_W^F(f_g+) = 0$. Der Reihengrenzwert ergibt sich aus der Beziehung

$$\lim_{n\to\infty} \sum_{i=-n}^{n} h(i)\,\mathrm{e}^{-\mathrm{j}\,2\pi fi} = \frac{h_W^F(f-) + h_W^F(f+)}{2}\,. \tag{5.45}$$

An der Sprungstelle $f = f_g$ folgt der Mittelwert

$$[h_W^F(f_g-) + h_W^F(f_g+)]/2 = [1+0]/2 = 1/2\,. \tag{5.46}$$

Die Beziehung Gl. (5.45) gilt, wenn $h_W^F(f)$ die *Dirichletsche Bedingung* erfüllt [13]. Wenn $h_W^F(f)$ linksseitig und rechtsseitig *hölderstetig* ist [15], ist sie ebenfalls erfüllt.

Anders liegen die Verhältnisse, wenn die Frequenzfunktion bei einer Frequenz f eine Polstelle besitzt. Das Beispiel des harmonischen Filters am Ende dieses Abschnitts zeigt, dass in diesem Fall die Reihe für $h^F(f)$ bei dieser Frequenz nicht konvergiert. Dies ist insofern von Bedeutung, als eine sinusförmige Anregung des Systems bei dieser Frequenz dann nicht erlaubt ist. Auf eine sinusförmige Anregung wird i. F. näher eingegangen.

Sinusförmige Anregung
Die Frequenzfunktion eines FIR–Filters wurde in Abschn. 4.3 eingeführt, indem eine sinusförmige Anregung des FIR–Filters betrachtet wurde. Die grundlegende Beziehung

$$x_c(k) = \mathrm{e}^{\mathrm{j}\,2\pi fk} \Rightarrow y_c(k) = x_c(k)\cdot h^F(f) \tag{5.47}$$

wurde in Gl. (4.192) bereits von FIR–Filtern auf stabile realisierbare LTI–Systeme ausgedehnt. Bei der Begründung von Gl. (5.47) gemäß

$$\begin{aligned} y_c(k) &= \sum_i h(i) x_c(k-i) = \sum_i h(i)\,\mathrm{e}^{\mathrm{j}\,2\pi f(k-i)} \\ &= \mathrm{e}^{\mathrm{j}\,2\pi fk} \sum_i h(i)\,\mathrm{e}^{-\mathrm{j}\,2\pi fi} = x_c(k)\cdot h^F(f) \end{aligned}$$

besteht die einzige Voraussetzung darin, dass der Reihengrenzwert

$$h^F(f) = \sum_i h(i)\,\mathrm{e}^{-\mathrm{j}\,2\pi f i}$$

gebildet werden kann.

Eine „unmögliche" Frequenzfunktion

Nach der Parsevalschen Gleichung ergibt die Rücktransformation für den Fall

$$\int_{-1/2}^{1/2} |h^F(f)|^2 df = 0$$

ein Signal mit der Energie 0, d. h. das Nullsignal. Die Frequenzfunktion selbst ist jedoch nicht notwendigerweise gleich 0, sondern könnte beispielsweise an endlich vielen Stellen Werte ungleich 0 besitzen. Somit sind zu einem Signal mehrere Frequenzfunktionen möglich. Sie sind jedoch als quadratisch integrierbare Funktionen identisch. Damit ist die Rücktransformation für quadratisch integrierbare Funktionen eindeutig. Als Beispiel wird die Frequenzfunktion

$$h_W^F(f) := \begin{cases} 1 : f = f_\mathrm{g} \\ 0 : f \neq f_\mathrm{g}\,,\ 0 \leq f \leq 1/2 \end{cases} \tag{5.48}$$

betrachtet. Die Vorstellung, die man mit dieser Frequenzfunktion verbindet, besteht darin, dass das System ein sinusförmiges Signal der Frequenz f_g detektiert: Ein sinusförmiges Eingangssignal führt nur bei der Frequenz $f = f_\mathrm{g}$ auf ein Ausgangssignal ungleich dem Nullsignal. Eine solche Frequenzfunktion ist jedoch als quadratisch integrierbare Funktion identisch gleich 0. Die Impulsantwort des Systems ist demnach das Nullsignal und das Ausgangssignal auch für ein sinusförmiges Signal der Frequenz f_g das Nullsignal. Die Vorstellung lässt sich folglich zumindest nicht als Faltungssystem umsetzen, sondern bleibt zunächst eine Wunschvorstellung.

Eigenschaften der Fourier–Transformation

Die in Abschn. 4.5 aufgestellten Eigenschaften der Fourier–Transformation für Signale endlicher Dauer gelten auch für Energiesignale, wie i. F. dargelegt wird.

1. Linearität:
   Die Linearität der Fourier–Transformation folgt aus der Linearität der Grenzwertoperation $n \to \infty$.
2. Verschiebungs–Regel:
   Die Verschiebungs–Regel gemäß Gl. (4.66) ergibt sich wie folgt:

$$\begin{aligned} y(k) = x(k-c) \Rightarrow y^F(f) &= \sum_k x(k-c)\,\mathrm{e}^{-\mathrm{j}\,2\pi f k} \\ &= \sum_k x(k-c)\,\mathrm{e}^{-\mathrm{j}\,2\pi f(k-c)} \cdot \mathrm{e}^{-\mathrm{j}\,2\pi f c} \\ &= \mathrm{e}^{-\mathrm{j}\,2\pi f c} \cdot x^F(f)\,. \end{aligned}$$

3. Spiegelungs–Regel:
Die Spiegelungs–Regel gemäß Gl. (4.67) ergibt sich wie folgt:

$$\begin{aligned} y(k) = x(-k) \Rightarrow y^F(f) &= \sum_k x(-k)\,\mathrm{e}^{-\mathrm{j}\,2\pi fk} \\ &= \sum_k x(k)\,\mathrm{e}^{\mathrm{j}\,2\pi fk} \\ &= \sum_k x(k)\left[\mathrm{e}^{-\mathrm{j}\,2\pi fk}\right]^* \\ &= [x^F(f)]^* \,. \end{aligned}$$

4. Periodizität und Symmetrieeigenschaften:
Wie bei Signalen endlicher Dauer ist die Frequenzfunktion eines Energiesignals periodisch mit der Periodendauer 1 und konjugiert gerade gemäß Gl. (4.48). Die Amplitudenfunktion ist gerade und die Phasenfunktion pseudo–ungerade (vgl. Tab. 4.4, S. 129).
5. Gerader und ungerader Signalanteil:
Der gerade und ungerade Signalanteil wird auch für Energiesignale gemäß Gl. (4.77) und Gl. (4.78) definiert. Wie bei Signalen endlicher Dauer ergibt die Fourier–Transformation des geraden Signalanteils den Realteil und die Fourier–Transformation des ungeraden Anteils j mal den Imaginärteil der Frequenzfunktion.
6. Faltungssatz:
Die Faltung zweier Energiesignale x und h ergibt nach Tab. 3.3, S. 75 ein beschränktes Signal $y = x * h$. Damit der Faltungssatz gemäß Gl. (4.63),

$$y = x * h \Rightarrow y^F(f) = x^F(f) \cdot h^F(f)\,, \tag{5.49}$$

für Energiesignale gilt, muss $x^F(f) \cdot h^F(f)$ quadratisch integrierbar sein. Diese Bedingung ist beispielsweise dann erfüllt, wenn $x^F(f)$ und $h^F(f)$ beide beschränkte Funktionen sind. Die Frequenzfunktionen dürfen folglich keine Polstellen besitzen, wie beispielsweise die Frequenzfunktion eines idealen Tiefpasses. Unter dieser Bedingung gilt tatsächlich der Faltungssatz.

Nachweis des Faltungssatzes für Energiesignale

Wir setzen voraus, dass für die beiden Energiesignale x und h das Produkt $x^F(f) \cdot h^F(f)$ ihrer Frequenzfunktionen quadratisch integrierbar ist. Dann ergibt sich aus der

- Spiegelungs–Regel:

$$y(i) = h(-i) \Rightarrow y^F(f) = [h^F(f)]^*\,,$$

- Verschiebungs–Regel:

$$y(i) = h(c-i) = h(-(i-c)) \Rightarrow y^F(f) = \mathrm{e}^{-\mathrm{j}\,2\pi fc} \cdot [h^F(f)]^*\,,$$

- Regel für das Skalarprodukt gemäß Gl. (5.41):

$$y(c) = \sum_i x(i)h(c-i) \Rightarrow y^F(f) = \int_{-1/2}^{1/2} x^F(f) \cdot [\mathrm{e}^{\mathrm{j}\,2\pi fc} \cdot h^F(f)]df$$
$$= \int_{-1/2}^{1/2} x^F(f) \cdot h^F(f) \cdot \mathrm{e}^{\mathrm{j}\,2\pi fc} df\,.$$

Da das Produkt $x^F(f) \cdot h^F(f)$ quadratisch integrierbar ist, ist $y(c)$ die Rücktransformierte dieses Produkts. Folglich ist das Signal $y(c)$ ein Energiesignal und seine Frequenzfunktion durch $x^F(f) \cdot h^F(f)$ gegeben.

Anmerkung zum Faltungssatz
Sind die Frequenzfunktionen $x^F(f)$ und $h^F(f)$ beschränkt, ist auch die Frequenzfunktion $y^F(f) = x^F(f) \cdot h^F(f)$ von $y = x * h$ beschränkt. Dies bedeutet, dass Energiesignale mit beschränkter Frequenzfunktion einen Signalraum bilden, in dem die Faltung unbegrenzt ausführbar ist. Diese Signale stellen somit einen ergänzenden Fall für Tab. 3.3, S. 75 dar.

5.2.3 Weitere Beispiele für Impulsantworten endlicher Energie

Tab. 5.1 zeigt fünf IIR–Filter mit einer Impulsantwort endlicher Energie. Bei **Beispiel 1** handelt es sich um ein realisierbares LTI–System 1. Ordnung, definiert durch die DGL $y(k) - \lambda y(k-1) = b_0 x(k)$ gemäß Gl. (4.195). Die Stabilität erkennt man daran, dass seine Impulsantwort $h(k) = b_0 \cdot \varepsilon(k)\lambda^k$ wegen $|\lambda| = 0.9 < 1$ exponentiell abklingt. Die Frequenzfunktion ist Tab. 4.12, S. 200 entnommen. Durch den Normierungsfaktor b_0 ist die Frequenzfunktion auf $h^F(0) = 1$ normiert.

Das zweite System ist Tab. 4.11, S. 186 entnommen. Es ist folglich nichtrealisierbar, obwohl es kausal ist. Die Filterkoeffizienten sind die Reihenglieder 1, 1/2, 1/3 , ... der harmonischen Reihe, weswegen wir das System als *harmonisches Filter* bezeichnen. Seine Frequenzfunktion besitzt eine Polstelle bei $f = 0$. Die Frequenzfunktion ist bei dieser Frequenz nicht definiert, denn für $f = 0$ divergiert die (harmonische) Reihe

$$\sum_i h(i)\mathrm{e}^{-\mathrm{j}\,2\pi fi} = 1 + \frac{1}{2} + \frac{1}{3} + \frac{1}{4} + \cdots\,, f = 0\,. \tag{5.50}$$

Da die Impulsantwort nicht absolut summierbar ist, ist das harmonische Filter instabil. Den idealen Tiefpass haben wir bereits als einführendes Beispiel kennengelernt. Seine Impulsantwort ist wie die des Verzögerers und des Hilbert–Transformators weder kausal noch absolut summierbar. Die Systeme 3–5 sind demnach weder kausal noch stabil. Auf die Systeme 2, 4 und 5 wird i. F. näher eingegangen.

Tabelle 5.1 Beispiele für die Wunsch–Frequenzfunktion von IIR–Filtern mit Impulsantworten endlicher Energie. Gezeigt sind die Impulsantwort, die Amplitudenfunktion $|h^F(f)|$ und die Phasenfunktion $\Phi(f)$ für den Frequenzbereich $0 \leq f \leq 1/2$. Nur das erste System ist realisierbar. Die drei letzten Systeme sind nichtkausal.

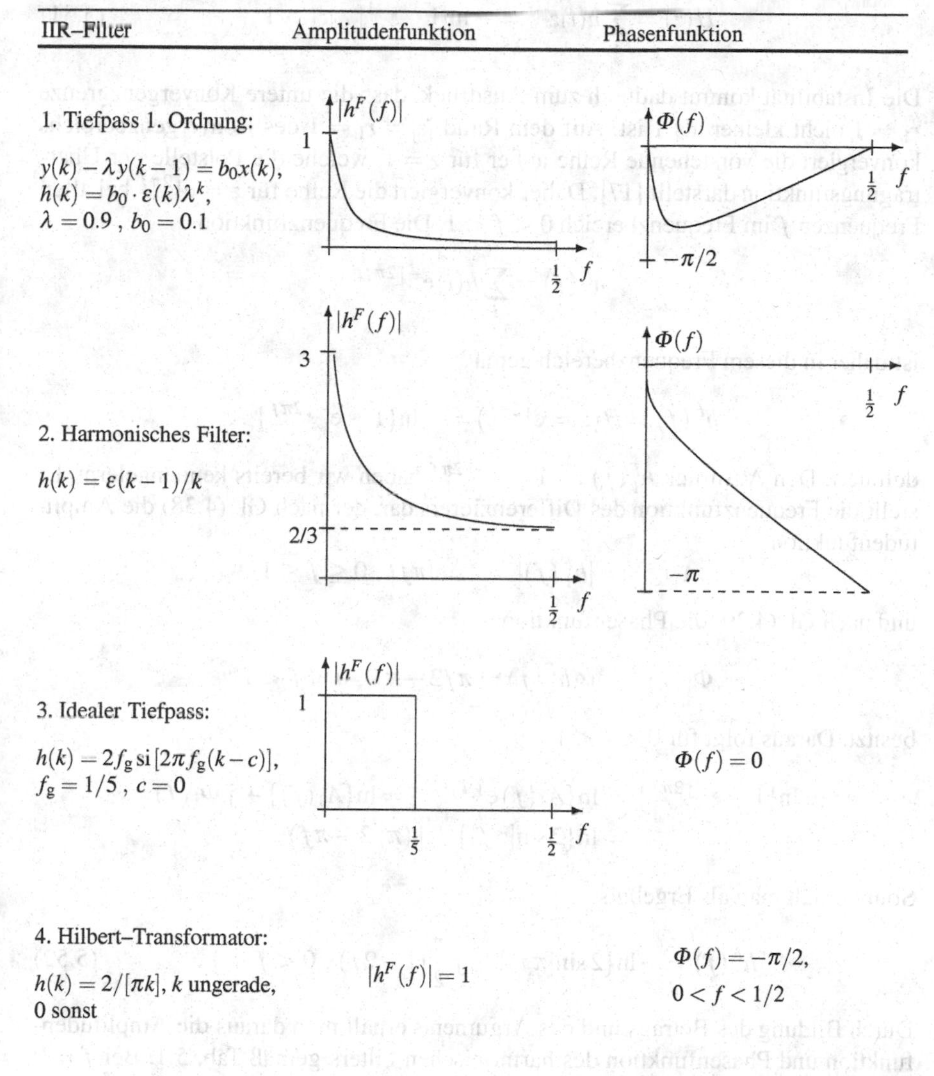

IIR–Filter	Amplitudenfunktion	Phasenfunktion
1. Tiefpass 1. Ordnung: $y(k) - \lambda y(k-1) = b_0 x(k)$, $h(k) = b_0 \cdot \varepsilon(k)\lambda^k$, $\lambda = 0.9$, $b_0 = 0.1$		
2. Harmonisches Filter: $h(k) = \varepsilon(k-1)/k$		
3. Idealer Tiefpass: $h(k) = 2f_g \,\mathrm{si}\,[2\pi f_g(k-c)]$, $f_g = 1/5$, $c = 0$		$\Phi(f) = 0$
4. Hilbert–Transformator: $h(k) = 2/[\pi k]$, k ungerade, 0 sonst	$\lvert h^F(f)\rvert = 1$	$\Phi(f) = -\pi/2$, $0 < f < 1/2$
5. Verzögerer: $h(k) = \mathrm{si}\,[\pi(k-c)]$, $c = 1/2$	$\lvert h^F(f)\rvert = 1$	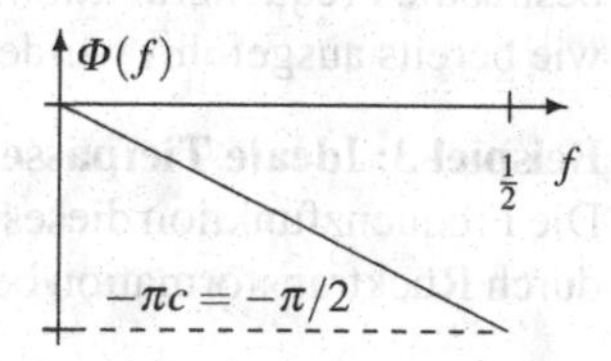

Beispiel 2: Das harmonische Filter
Tab. 4.11, S. 186 entnimmt man für $h(k) = \varepsilon(k-1)/k$ die Übertragungsfunktion

$$H(z) = \sum_i h(i) z^{-i} = -\ln[1 - z^{-1}]\,,\ |z| > 1\,. \tag{5.51}$$

Die Instabilität kommt dadurch zum Ausdruck, dass die untere Konvergenzgrenze $r_1 = 1$ nicht kleiner als 1 ist. Auf dem Rand $|z| = r_1 = 1$ des Konvergenzbereichs konvergiert die vorstehende Reihe außer für $z = 1$, welche die Polstelle der Übertragungsfunktion darstellt [17]. Daher konvergiert die Reihe für $z = \mathrm{e}^{\mathrm{j}\,2\pi f}$ bei allen Frequenzen f im Frequenzbereich $0 < f < 1$. Die Frequenzfunktion

$$h^F(f) = \sum_i h(i)\,\mathrm{e}^{-\mathrm{j}\,2\pi f i}$$

ist daher in diesem Frequenzbereich gemäß

$$h^F(f) = H(z = \mathrm{e}^{\mathrm{j}\,2\pi f}) = -\ln\{1 - \mathrm{e}^{-\mathrm{j}\,2\pi f}\}\,.$$

definiert. Den Ausdruck $h_1^F(f) := 1 - \mathrm{e}^{-\mathrm{j}\,2\pi f}$ haben wir bereits kennengelernt. Er stellt die Frequenzfunktion des Differenzierers dar, der nach Gl. (4.38) die Amplitudenfunktion

$$A_1(f) := |h_1^F(f)| = 2\sin[\pi f]\,,\ 0 \le f \le 1$$

und nach Gl. (4.39) die Phasenfunktion

$$\Phi_1(f) := \arg h_1^F(f) = \pi/2 - \pi f\,,\ 0 < f < 1$$

besitzt. Daraus folgt für $0 < f < 1$

$$\begin{aligned}\ln\{1 - \mathrm{e}^{-\mathrm{j}\,2\pi f}\} &= \ln\{A_1(f)\,\mathrm{e}^{\mathrm{j}\,\Phi_1(f)}\} = \ln\{A_1(f)\} + \mathrm{j}\,\Phi_1(f) \\ &= \ln\{2\sin[\pi f]\} + \mathrm{j}\,(\pi/2 - \pi f)\,.\end{aligned}$$

Somit erhält man als Ergebnis

$$h^F(f) = -\ln\{2\sin[\pi f]\} - \mathrm{j}\,\frac{\pi}{2}(1 - 2f)\,,\ 0 < f < 1\,. \tag{5.52}$$

Durch Bildung des Betrags und des Arguments erhält man daraus die Amplitudenfunktion und Phasenfunktion des harmonischen Filters gemäß Tab. 5.1. Bei $f = 0$ besitzt die Frequenzfunktion eine Polstelle. Sie ist für diese Frequenz nicht definiert, wie bereits ausgeführt wurde.

Beispiel 3: Ideale Tiefpässe
Die Frequenzfunktion dieses Systems haben wir vorgegeben und die Impulsantwort durch Rücktransformation bestimmt.

Beispiel 4: Hilbert–Transformator
Der Hilbert–Transformator bewirkt nach Tab. 5.1 für $0 < f < 1/2$ eine konstante Phasenverschiebung um $-\pi/2$, während die Amplitudenfunktion $A(f)$ konstant 1 ist. Für die Anregung des Hilbert–Transformators mit $x_1(k) := \cos[2\pi fk]$ folgt das Ausgangssignal

$$y_1(k) = A(f) \cdot \cos[2\pi fk + \Phi(f)] = \cos[2\pi fk - \pi/2] = \sin[2\pi fk] .$$

Analog ergibt sich für das Eingangssignal $x_2(k) := \sin[2\pi fk]$ das Ausgangssignal $y_2(k) = -\cos[2\pi fk]$.

Die Impulsantwort des Hilbert–Transformators erhält man wie beim idealen Tiefpass durch Rücktransformation gemäß Gl. (5.40). Daher wird die Frequenzfunktion des Hilbert–Transformators als Formel benötigt. Mit der Signum–Funktion lautet sie

$$h_W^F(f) = A(f) \cdot \mathrm{e}^{\mathrm{j}\,\Phi(f)} = -\mathrm{j}\,\mathrm{sgn}(f)\,,\ -1/2 < f < 1/2\,. \tag{5.53}$$

Da die Phasenfunktion pseudo–ungerade ist, ergibt sich für positive Frequenzen der Wert $-\mathrm{j}$ und für negative Frequenzen der Wert j . Die Werte der Frequenzfunktion bei $f = 0$ und $f = \pm 1/2$ haben bei der folgenden Integration keinen Einfluss auf das Ergebnis. Man erhält

$$\begin{aligned} h(k) &= \int_{-1/2}^{1/2} h_W^F(f)\,\mathrm{e}^{\mathrm{j}\,2\pi fk} df = \int_{-1/2}^{1/2} -\mathrm{j}\,\mathrm{sgn}(f)\,\mathrm{e}^{\mathrm{j}\,2\pi fk} df \\ &= \int_{-1/2}^{1/2} -\mathrm{j}\,\mathrm{sgn}(f)\cos[2\pi fk]df + \int_{-1/2}^{1/2} -\mathrm{j}\,\mathrm{sgn}(f) \cdot \mathrm{j}\,\sin[2\pi fk]df\,. \end{aligned}$$

Der Integrand des ersten Integrals ist eine ungerade Funktion (bzgl. f), der Integrand des zweiten Integrals eine gerade Funktion. Daher ergibt sich für das erste Integral der Wert 0 und für das zweite Integral

$$h(k) = 2\int_0^{1/2} \mathrm{sgn}(f)\sin[2\pi fk]df\,.$$

Für $k = 0$ folgt $h(k) = 0$ und für $k \neq 0$

$$h(k) = 2\int_0^{1/2} \sin[2\pi fk]df = 2 \cdot \left.\frac{-\cos[2\pi fk]}{2\pi k}\right|_{f=0}^{1/2} = -\frac{\cos[\pi k] - 1}{\pi k}\,.$$

Als Ergebnis erhält man die Impulsantwort

$$h(k) = \begin{cases} 2/[\pi k] : k = \pm 1\,,\ \pm 3\,,\ \ldots \\ 0 : \text{sonst} \end{cases}\,. \tag{5.54}$$

Sie ist weder kausal noch absolut summierbar.

5.2.4 Ein „merkwürdiger" Verzögerer

Die Besonderheit bei **Beispiel 5** besteht darin, dass eine Signalverzögerung um eine nichtganzzahlige Verzögerungszeit erfolgt. Auf diese Möglichkeit wird man beispielsweise durch den Differenzierer geführt, dessen Frequenzfunktion nach Gl. (4.40) gemäß

$$h^F(f) = \mathrm{e}^{-\mathrm{j}\,\pi f} \cdot 2\mathrm{j}\,\sin[\pi f] \tag{5.55}$$

dargestellt werden kann. Es werden demnach zwei beschränkte und damit über den Frequenzbereich $-1/2 \leq f \leq 1/2$ quadratisch integrierbare Funktionen miteinander multipliziert. Man kann diese Funktionen daher als Frequenzfunktionen

$$h_1^F(f) := \mathrm{e}^{-\mathrm{j}\,\pi f}\,,\; h_2^F(f) := 2\mathrm{j}\,\sin[\pi f] \tag{5.56}$$

zweier Faltungssysteme interpretieren. Die erste Funktion stimmt formal mit der Frequenzfunktion

$$h_W^F(f) = \mathrm{e}^{-\mathrm{j}\,2\pi f c}\,,\; |f| < 1/2 \tag{5.57}$$

des Verzögerers für $c = 1/2$ überein. Das erste System wird daher als *Verzögerer* mit der Verzögerungszeit $c = 1/2$ bezeichnet. Die Frequenzfunktionen beider Systeme sind konjugiert gerade. Ihre Impulsantworten sind daher reellwertig. Die Funktionen auf der rechten Seite von Gl. (5.56) sind jedoch nicht periodisch mit der Periodendauer 1, sondern besitzen die Periodendauer 2. Um sie als Frequenzfunktionen interpretieren zu können, darf die vorstehende Definition folglich nur für den Frequenzbereich $-1/2 < f < 1/2$ verwendet werden. Außerhalb dieses Frequenzbereichs müssen die Funktionen periodisch mit der Periodendauer 1 fortgesetzt werden. Daraus resultiert für den Verzögerer als Ortskurve ein Halbkreis, der im Uhrzeigersinn durchlaufen wird (s. Abb. 5.8). Bei der Frequenz $f = 1/2$ „springt" die Ortskurve von $-\mathrm{j}$ auf j. Die Frequenzfunktion ist demnach unstetig wie die Frequenzfunktion eines idealen Tiefpasses.

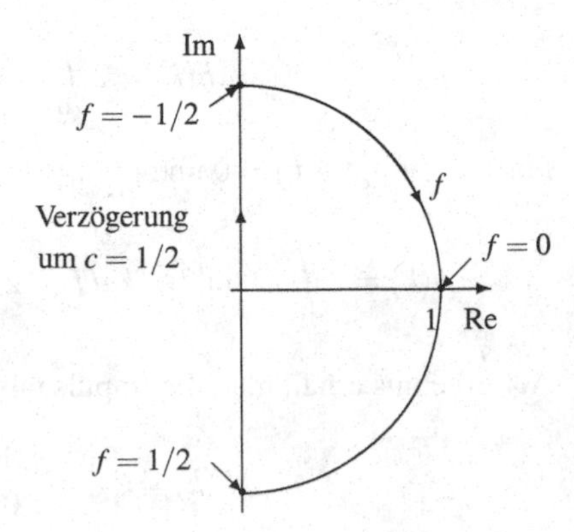

Abb. 5.8 Ortskurve des Verzögerers mit der Verzögerungszeit $c = 1/2$.
Bei der Frequenz $f = 1/2$ „springt" die Ortskurve von $-\mathrm{j}$ auf j.

Die Impulsantwort des Verzögerers

Die Impulsantwort des Verzögerers kann wie bei einem idealen Tiefpass durch Rücktransformation bestimmt werden. Seine Frequenzfunktion gemäß Gl. (5.57),

$$h_W^F(f) = \mathrm{e}^{-\mathrm{j}\,2\pi fc},$$

stimmt formal mit der Frequenzfunktion eines idealen Tiefpasses gemäß Gl. (5.34) mit der Grenzfrequenz $f_g = 1/2$ überein. Im Unterschied zu einem idealen Tiefpass kann die Verzögerungszeit c jedoch auch nichtganzzahlig sein. Man erhält somit die Impulsantwort des Verzögerers aus der Impulsantwort eines idealen Tiefpasses gemäß Gl. (5.36) für $f_g = 1/2$:

$$h(k) = \delta_c(k) := \mathrm{si}\,[\pi(k-c)]\,. \tag{5.58}$$

Die Bezeichnung δ_c soll an die Impulsantwort $\delta(k-c)$ des Verzögerungsglieds mit der ganzzahligen Verzögerungszeit c erinnern. Die Impulsantwort des Verzögerers entsteht nach Gl. (5.58) durch Abtastung des zeitkontinuierlichen Signals

$$s(t) := \mathrm{si}\,[\pi t] \tag{5.59}$$

an den Abtaststellen $k-c$. Abb. 5.9 zeigt den Fall $c = 0$. In diesem Fall stimmt die Impulsantwort mit der Impulsantwort $\delta(k)$ des identischen Systems überein. Bei einer ganzzahligen Verzögerungszeit c erhält man

$$\delta_c(k) = \delta(k-c)\,.$$

Wenn dagegen c nichtganzzahlig ist, stellt $\delta_c(k)$ eine Impulsantwort unendlicher Dauer dar. Der Verzögerer mit der Impulsantwort $h(k) = \delta_c(k)$ verallgemeinert somit das Verzögerungsglied.

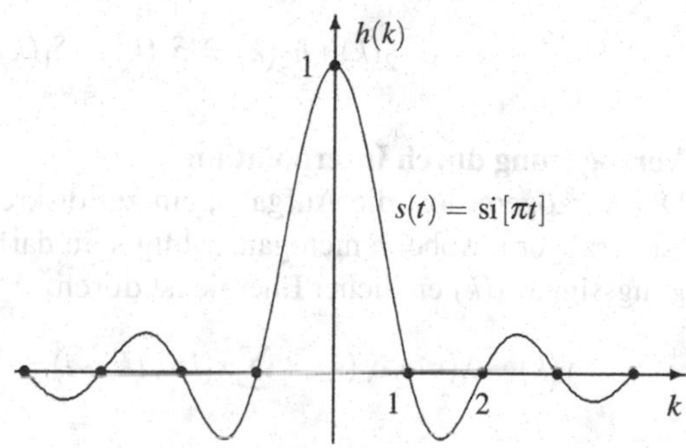

Abb. 5.9 Impulsantwort des Verzögerers mit der Verzögerungszeit c. Sie entsteht durch Abtastung des zeitkontinuierlichen Signals $s(t) = \mathrm{si}\,[\pi t]$ an den Abtaststellen $k-c$. Für $c = 0$ erhält man folglich die Impulsantwort $h(k) = \delta(k)$.

Verhält sich der Verzögerer wie ein Verzögererungsglied?

Eine für Signalverzögerungen charakteristische Eigenschaft beinhaltet, dass die Hintereinanderschaltung zweier Verzögerungsglieder mit den Verzögerungszeiten c_1 und c_2 ein Verzögerungsglied mit der Verzögerungszeit $c = c_1 + c_2$ ergibt.

Insbesondere kann eine Signalverzögerung um c Zeiteinheiten durch eine Signalverzögerer um $-c$ rückgängig gemacht werden. Diese Eigenschaften können gemäß

$$\delta_{c_1} * \delta_{c_2} = \delta_{c_1+c_2} \,,\; \delta_0 = \delta \tag{5.60}$$

dargestellt werden. Sie gelten auch für nichtganzzahlige Verzögerungszeiten. Die Addition der Verzögerungszeiten folgt direkt aus dem Faltungssatz:

$$h^F(f) = \mathrm{e}^{-\mathrm{j}\,2\pi f c_1} \cdot \mathrm{e}^{-\mathrm{j}\,2\pi f c_2} = \mathrm{e}^{-\mathrm{j}\,2\pi f (c_1+c_2)} \,.$$

Beispiel: Differenzierer
Kehren wir zum Beispiel des Differenzierers zurück. Seine Frequenzfunktion lautet gemäß Gl. (5.55)

$$h^F(f) = \mathrm{e}^{-\mathrm{j}\,\pi f} \cdot 2\mathrm{j}\,\sin[\pi f] \,.$$

Nach dem Faltungssatz für Energiesignale kann der Differenzierer als *Hintereinanderschaltung* zweier Faltungssysteme dargestellt werden:

- Erstes System: Ein Verzögerer mit der Verzögerungszeit $c = 1/2$. Seine Impulsantwort lautet $h_1(k) = \delta_{1/2}(k)$.
- Zweites System: Die Frequenzfunktion lautet

  $$h_2^F(f) = 2\mathrm{j}\,\sin[\pi f] = \mathrm{e}^{\mathrm{j}\,\pi f} - \mathrm{e}^{-\mathrm{j}\,\pi f} \,.$$

  Die Impulsantwort ist daher

  $$h_2(k) = \delta_{-1/2}(k) - \delta_{1/2}(k) \,.$$

  Die Verzögerung dieser Impulsantwort um $c = 1/2$ Zeiteinheiten ergibt die Impulsantwort des Differenzierers:

  $$\delta_{1/2}(k) * h_2(k) = \delta_0(k) - \delta_1(k) = \delta(k) - \delta(k-1) \,.$$

Verzögerung durch Interpolation
Der Verzögerer löst die Aufgabe, ein zeitdiskretes Signal $x(k)$ um c Zeiteinheiten zu verzögern, wobei c nichtganzzahlig sein darf. Sein Ausgangssignal für ein Eingangssignal $x(k)$ endlicher Energie ist durch

$$y(k) = x(k) * \delta_c(k) = \sum_i x(i)\,\delta_c(k-i) = \sum_i x(i)\,\mathrm{si}\,[\pi(k-i-c)] \tag{5.61}$$

gegeben. Mi Hilfe des zeitkontinuierlichen Signals

$$s_x(t) := \sum_i x(i)\,\mathrm{si}\,[\pi(t-i)] \tag{5.62}$$

kann das Ausgangssignal des Verzögerers gemäß

$$y(k) = s_x(k-c) \tag{5.63}$$

dargestellt werden. Das Signal $s_x(t)$ kann wie folgt interpretiert werden. Bei einer Abtastung von $s_x(t)$ an den Abtaststellen k werden die Eingangswerte $x(i)$ mit $\mathrm{si}\left[\pi(k-i)\right]$ multipliziert. Abb. 5.9, S. 243 entnimmt man, dass alle Faktoren gleich 0 sind bis auf den Faktor 1 für $i = k$. Es gilt daher

$$s_x(k) = x(k)\ , \tag{5.64}$$

d. h. das zeitdiskrete Signal $x(k)$ geht aus einer Abtastung des zeitkontinuierlichen Signals $s_x(t)$ an den Abtaststellen k hervor. Im Gegensatz zu $x(k)$ ist das Signal $s_x(t)$ für alle reellwertigen Zeitpunkte definiert, d. h. das Signal $x(k)$ wird durch das zeitkontinuierliche Signal $s_x(t)$ interpoliert. Beispielsweise lautet für $x(k) = \delta(k)$ das interpolierte Signal

$$s_x(t) = s_\delta(t) = \mathrm{si}\left[\pi t\right] \tag{5.65}$$

(s. Abb. 5.9, S. 243).

Nach Gl. (5.63) wird das Ausgangssignal des Verzögerers wie folgt gebildet: Zuächst wird das Eingangssignal $x(k)$ interpoliert. Dann wird das interpolierte Signal $s_x(t)$ um c Zeiteinheiten verzögert abgetastet. Eine nichtganzzahlige Verzögerungszeit c bereitet dieser Operation keine Schwierigkeiten, da das Signal $s_x(t)$ zeitkontinuierlich ist.

Zusammenhang mit dem Abtasttheorem von Shannon

Gl. (5.62) ist in der Theorie zeitkontinuierlicher Signale wohlbekannt. Sie stellt eine *Interpolationsformel* für ein zeitkontinuierliches bandbegrenztes Signal $s_x(t)$ dar, das eine Grenzfrequenz $< 1/2$ besitzt. Nach dem *Abtasttheorem von Shannon* ist das Signal $s_x(t)$ durch seine Abtastwerte an den Abtaststellen k eindeutig festgelegt, da die Abtastfrequenz 1 mehr als doppelt so groß wie die Grenzfrequenz ist. Seine Werte zwischen den Abtaststellen ergeben sich aus der Interpolationsformel. Hinter dem Verzögerer „verbirgt" sich somit ein Abtasttheorem für zeitkontinuierliche Signale. Wir haben den Verzögerer jedoch nur mit Hilfe von zeitdiskreten Signalen beschrieben. Wir haben uns damit dem Abtasttheorem von Shannon innerhalb der „Welt" zeitdiskreter Signale genähert.

Die Ergebnisse dieses Abschnitts fassen wir zusammen:

Fourier–Transformation für Energiesignale

Die aus Abschn. 4.5 bekannten Gesetzmäßigkeiten der Fourier–Transformation wie beispielsweise der Faltungssatz gelten auch für Signale endlicher Energie. Mit dieser Theorie können einheitlich Frequenzfunktionen von FIR–Filtern, von stabilen realisierbaren Systemen sowie von IIR–Filtern mit einer Impulsantwort endlicher Energie beschrieben werden. Wichtige Beispiele sind ideale Tiefpässe, der Hilbert–Transformator und der Verzögerer mit einer nichtganzzahligen Verzögerungszeit.

5.3 Annäherung eines Faltungssystems durch FIR–Filter

5.3.1 Rechteckfensterung

Ideale Tiefpässe, der Hilbert–Transformator und Verzögerer für nichtganzzahlige Verzögerungszeiten sind nichtkausale IIR–Filter. Wie können sie realisiert werden? Einen Hinweis auf eine mögliche Lösung dieses Problems beinhaltet die Fourier–Transformation gemäß Gl. (5.38). Demzufolge ist

$$h^F(f) = \lim_{n\to\infty} \sum_{i=-n}^{n} h(i)\,\mathrm{e}^{-\mathrm{j}\,2\pi f i} = \lim_{n\to\infty} h_n^F(f) \tag{5.66}$$

mit

$$h_n(k) := \begin{cases} h(k) : |k| \le n \\ 0 : |k| > n \end{cases}. \tag{5.67}$$

Die Impulsantwort h_n entsteht aus h, indem nur die Signalwerte $h(k)$ im „Fenster“ $-n \le k \le n$ übernommen werden. Außerhalb des Fensters sind die Signalwerte $h_n(k)$ gleich 0 gesetzt. Diese Operation bezeichnet man auch als *Fensterung*:

Was ist eine Rechteckfensterung?

Bei einer Rechteckfensterung wird die Impulsantwort eines FIR–Filters gemäß $h_n(k) = r_n(k) \cdot h(k)$ gebildet. Hierbei ist $r_n(k)$ das *Rechteckfenster* der *Fensterbreite* $2n$ gemäß

$$r_n(k) := r_{[-n,n]}(k) = \begin{cases} 1 : -n \le k \le n \\ 0 : |k| > n \end{cases}. \tag{5.68}$$

Die Annäherung eines IIR–Filters durch FIR–Filter bezieht sich nicht nur auf den Frequenzbereich, sondern auch auf den Zeitbereich. Dies erkennt man daran, dass die Impulsantwort h als ein Signal endlicher Energie abklingt (vgl. Abschn. 1.3.2). Der Einfluss der Fensterung nimmt daher mit wachsendem n ab, wie für da harmonische Filter in Abb. 5.10. Abhängig von der Impulsantwort h können sich unterschiedliche Qualitäten für die Annäherung ergeben, wie i. F. dargelegt wird.

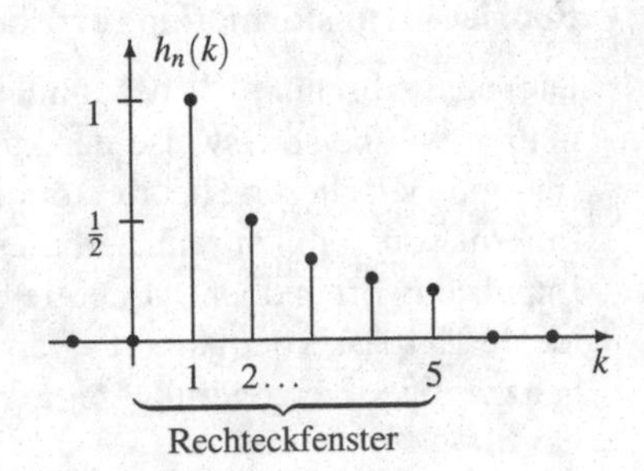

Abb. 5.10 Fensterung der Impulsantwort $h(k) = \varepsilon(k-1)/k$ des harmonischen Filters für $n = 5$

Die Annäherung bei stabilen Faltungssystemen
Frequenzfunktionen stabiler Systeme sind uns bereits mehrfach begegnet: FIR–Filter in Abschn. 4.3 und realisierbare LTI–Systeme in Abschn. 4.11. In beiden Fällen ist das System stabil und die Impulsantwort somit absolut summierbar. Da absolut summierbare Signale endliche Energie besitzen (vgl. Abschn. 1.3.2), stellen sie einen Sonderfall für Energiesignale dar. Die Fourier–Transformation eines absolut summierbaren Signals unterscheidet sich vom allgemeinen Fall dadurch, dass die Konvergenz der Reihe in Gl. (5.66) von höherer „Qualität" ist. Daraus resultiert eine stetige Frequenzfunktion, welche insbesondere keine Unstetigkeitsstellen wie die Frequenzfunktion eines idealen Tiefpasses aufweisen kann. Um dies nachzuvollziehen, wird die Abweichung zwischen $h^F(f)$ und $h_n^F(f)$ betrachtet. Wie in Gl. (4.156) erhält man für eine beliebige Frequenz f

$$\begin{aligned}\left|h^F(f) - h_n^F(f)\right| &= \left|\sum_{|i|>n} h(i)\,\mathrm{e}^{-\mathrm{j}\,2\pi fi}\right| \leq \sum_{|i|>n} |h(i)|\cdot\left|\mathrm{e}^{-\mathrm{j}\,2\pi fi}\right| \\ &\leq \sum_{|i|>n} |h(i)| \to 0 \quad \text{für} \quad n\to\infty\,, \end{aligned} \tag{5.69}$$

da h absolut summierbar ist. Da die Abschätzung für alle Frequenzen gilt, nähern sich die Frequenzfunktionen $h_n^F(f)$ der Frequenzfunktion $h^F(f)$ *gleichmäßig*. Sind die Frequenzfunktionen reellwertig, kann man sich diese Art der Annäherung wie folgt vorstellen: Um die Frequenzfunktion $h^F(f)$ wird ein beliebig schmaler „Streifen" gelegt. Alle Frequenzfunktionen $h_n^F(f)$ verlaufen ab einem bestimmten n innerhalb dieses Streifens. Diese Annäherung ist qualitativ „besser" als für den Fall, dass die Annäherung für bestimmte Frequenzen immer langsamer erfolgt. Aufgrund der gleichmäßigen Konvergenz „überträgt" sich die Stetigkeit der Frequenzfunktionen $h_n^F(f)$ auf $h^F(f)$, d. h. die Frequenzfunktion eines absolut summierbaren Signals ist **stetig** [14, II, S. 274]. Unstetige Frequenzfunktionen wie bei einem idealen Tiefpass treten somit nicht auf. Da die Frequenzfunktion stetig ist, ist sie auch beschränkt. Sie kann daher keine Polstellen wie beim harmonischen Filter aufweisen. Die Abschätzung

$$\begin{aligned}\left|h^F(f)\right| &= \left|\sum_i h(i)\,\mathrm{e}^{-\mathrm{j}\,2\pi fi}\right| \leq \sum_i |h(i)|\cdot\left|\mathrm{e}^{-\mathrm{j}\,2\pi fi}\right| \\ &= \sum_i |h(i)| = \|h\|_1 \end{aligned} \tag{5.70}$$

zeigt, dass die Absolutnorm $\|h\|_1$ der Impulsantwort eine obere Schranke ist.

Beispiel: Rückkopplung 1. Ordnung
Für die Rückkopplung 1. Ordnung lautet die Impulsantwort $h(k) = \varepsilon(k)\lambda^k$. Die Abweichung der Frequenzfunktionen nach Gl. (5.69) kann daher mit Hilfe der geometrischen Summenformel wie folgt weiter abgeschätzt werden:

$$
\begin{aligned}
|h^F(f) - h_n^F(f)| &\leq \sum_{|i|>n} |h(i)| = \sum_{|i|>n} |\varepsilon(i)\lambda^i| = \sum_{i>n} |\lambda|^i \\
&= \sum_{i=0}^{\infty} |\lambda|^i - \sum_{i=0}^{n} |\lambda|^i \\
&= \frac{1}{1-|\lambda|} - \frac{1-|\lambda|^{n+1}}{1-|\lambda|} \\
&= \frac{|\lambda|^{n+1}}{1-|\lambda|} \,. \qquad (5.71)
\end{aligned}
$$

Für $\lambda = 0.9$ und $n = 100$ beispielsweise beträgt die Abweichung für alle Frequenzen höchstens 0.00024.

Die Annäherung bei beliebigen Energiesignalen

Für ein beliebiges Energiesignal h kann die Abweichung zwischen $h^F(f)$ und $h_n^F(f)$ mit Hilfe der Parsevalschen Gleichung wie folgt angegeben werden:

$$
\begin{aligned}
\int_{-1/2}^{1/2} |h^F(f) - h_n^F(f)|^2 df &= \sum_i |h(i) - h_n(i)|^2 \\
&= \sum_{|i|>n} |h(i)|^2 \to 0 \text{ für } n \to \infty \,, \qquad (5.72)
\end{aligned}
$$

da h ein Energiesignal und damit quadratisch summierbar ist. Anders als bei der gleichmäßigen Konvergenz wird jetzt die Fläche gebildet, welche die Funktion $|h^F(f) - h_n^F(f)|^2$ mit der Frequenzachse im Frequenzbereich $-1/2 \leq f \leq 1/2$ einschließt. Die Annäherung der Frequenzfunktionen $h_n^F(f)$ an $h^F(f)$ besteht darin, dass diese Flächen gegen 0 streben. Eine Annäherung dieser Art wird *Konvergenz im quadratischen Mittel* genannt. Die Konvergenz im quadratischen Mittel ist von geringerer „Qualität" als die gleichmäßige Konvergenz. Die Konvergenz im quadratischen Mittel garantiert nicht, dass die Frequenzfunktionen $h_n^F(f)$ für jede Frequenz einen Grenzwert besitzen. Ein Beispiel ist das harmonische Filter, dessen Frequenzfunktionen $h_n^F(f)$ für $f = 0$ nicht konvergieren.

Annäherung der Ausgangssignale

Es stellt sich die Frage, ob die Annäherung im Zeitbereich nicht nur für die Impulsantworten, sondern auch für andere Ausgangssignale gilt. Dies bedeutet, dass sich die Ausgangssignale $y_n := x * h_n$ der FIR–Filter dem Ausgangssignal $y := x * h$ annähern, d. h. die Abweichung $y - y_n$ zwischen den Ausgangssignalen wird mit wachsendem n beliebig klein (s. Abb. 5.11). Zur Beantwortung dieser Frage kann auf die beiden Norm–Ungleichungen Gl. (3.29) und Gl. (3.36) aus Abschn. 3.3 zurückgegriffen werden. Wendet man sie auf die Signale $y - y_n$ an, erhält man das folgende Ergebnis:

1. Stabile Faltungssysteme:
   Für ein stabiles System, welches mit einem beschränkten Eingangssignal angeregt wird, gilt nach Gl. (3.29)

$$\|y-y_n\|_\infty \le \|h-h_n\|_1 \cdot \|x\|_\infty = \sum_{|i|>n} |h(i)| \cdot \|x\|_\infty . \tag{5.73}$$

Die rechte Seite wird nach Gl. (5.69) mit wachsendem n beliebig klein.

2. Faltungssysteme mit einer Impulsantwort endlicher Energie:
   Ein System mit einer Impulsantwort endlicher Energie wird mit einem Signal endlicher Energie angeregt. In diesem Fall gilt nach Gl. (3.36)

$$\|y-y_n\|_\infty^2 \le \|h-h_n\|_2^2 \cdot \|x\|_2^2 = \sum_{|i|>n} |h(i)|^2 \cdot \|x\|_2^2 . \tag{5.74}$$

   Die rechte Seite wird nach Gl. (5.72) mit wachsendem n beliebig klein.

In beiden Fällen werden somit die Ausgangswerte für alle Zeitpunkte k gleichmäßig durch die Ausgangswerte $y_n(k)$ der FIR–Filter angenähert.

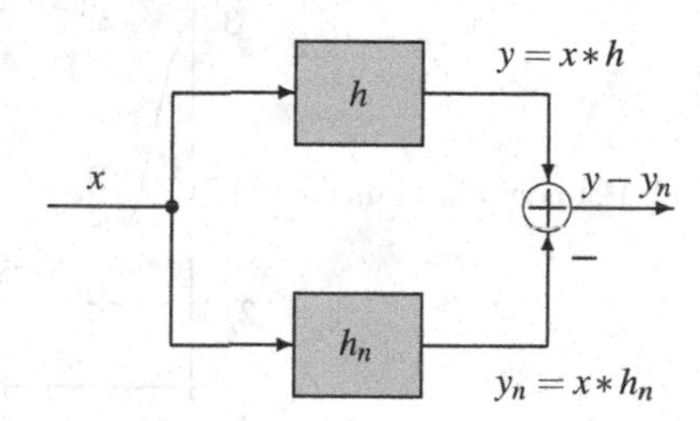

Abb. 5.11 Annäherung des Ausgangssignals y eines Faltungssystems mit der Impulsantwort h durch das Ausgangssignal y_n eines FIR–Filters mit der Impulsantwort $h_n(k) = r_n(k) \cdot h(k)$. Die Abweichung beträgt $y - y_n$.

Sinusförmige Eingangssignale sind keine Energiesignale. Bei sinusförmiger Anregung mit $x(k) = x_c(k) = e^{j\,2\pi fk}$ kann anstelle von Gl. (5.74) die folgende Abschätzung vorgenommen werden:

$$\begin{aligned} |y(k) - y_n(k)| &= |x_c(k) \cdot h^F(f) - x_c(k) \cdot h_n^F(f)| \\ &\le |h^F(f) - h_n^F(f)| . \end{aligned}$$

Die Ausgangswerte $y(k)$ können demnach auch bei einer sinusförmigen Anregung für alle Zeitpunkte k angenähert werden — vorausgesetzt, $h_n^F(f)$ konvergiert für $n \to \infty$ gegen $h^F(f)$.

5.3.2 Beispiele für eine Rechteckfensterung

Die IIR–Filter aus Tab. 5.1, S. 239 sollen durch FIR–Filter näherungsweise realisiert werden. Hierbei wird eine Rechteckfensterung ihrer Impulsantworten mit der halben Fensterbreite $n = 10$ vorgenommen. Das Ergebnis ist ein FIR–Filter mit der Impulsantwort h_n, die sich über den Zeitbereich $-n \le k \le n$ erstreckt. Nur der Tiefpass 1. Ordnung und das harmonische Filter sind kausal, so dass die FIR–Filter mit der Impulsantwort h_n ebenfalls kausal sind. Die übrigen Systeme besitzen nichtkausale Impulsantworten, so dass auch die FIR–Filter nichtkausal sind.

Tabelle 5.2 Frequenzfunktion der FIR–Filter, welche die IIR–Filter aus Tab. 5.1, S. 239 annähern. Ihre Impulsantworten entstehen aus den Impulsantworten der IIR–Filter durch eine Rechteckfensterung mit der halben Fensterbreite $n = 10$. Gezeigt ist die Amplitudenfunktion $|h_n^F(f)|$ und die Phasenfunktion $\Phi_n(f)$ für den Frequenzbereich $0 \leq f \leq 1/2$.

IIR–Filter	Amplitudenfunktion	Phasenfunktion
1. Tiefpass 1. Ordnung: $\lambda = 0.9$	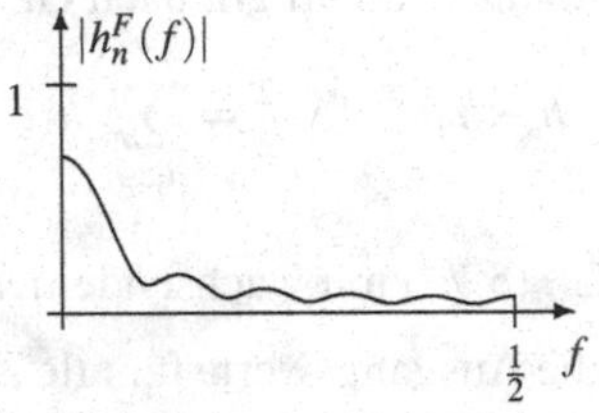	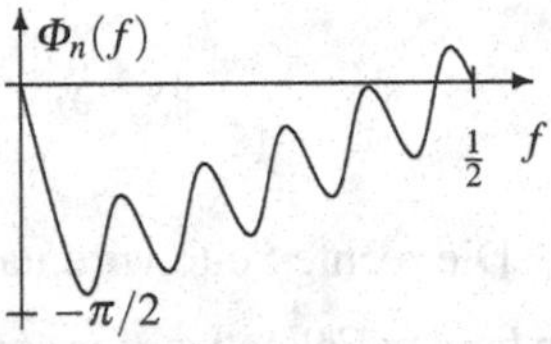
2. Harmonisches Filter	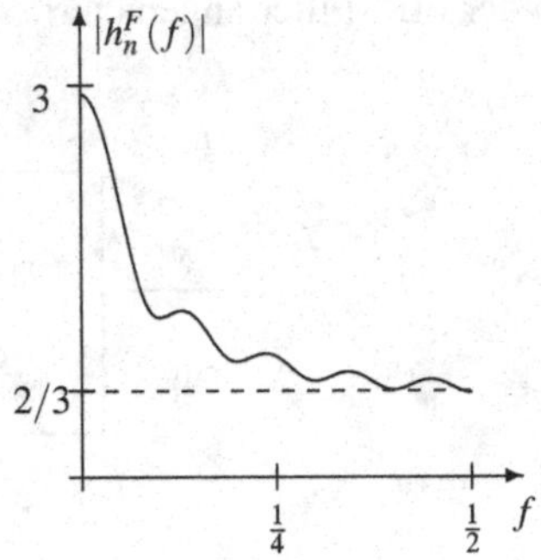	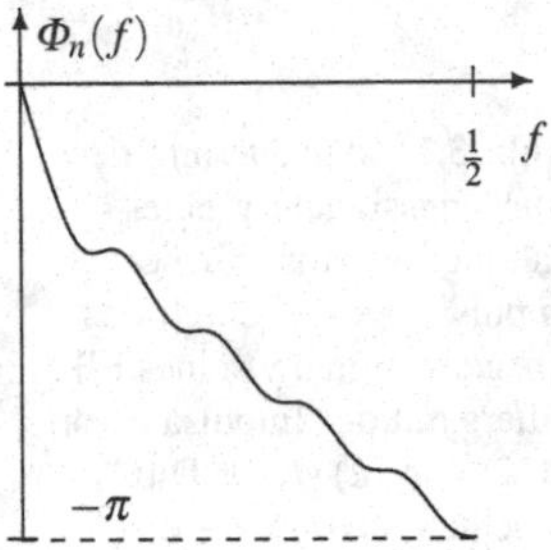
3. Idealer Tiefpass: $f_g = 1/5$	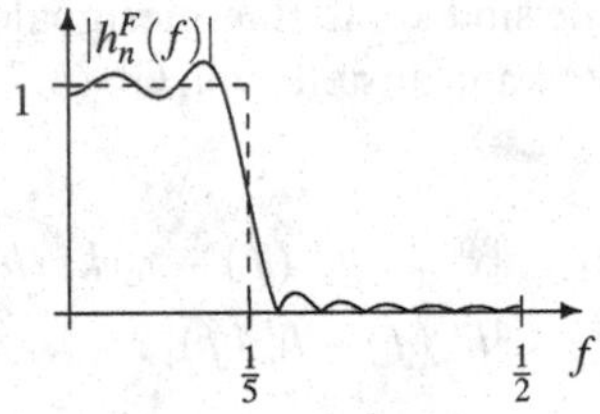	$\Phi_n(f) = 0$
4. Hilbert–Transformator	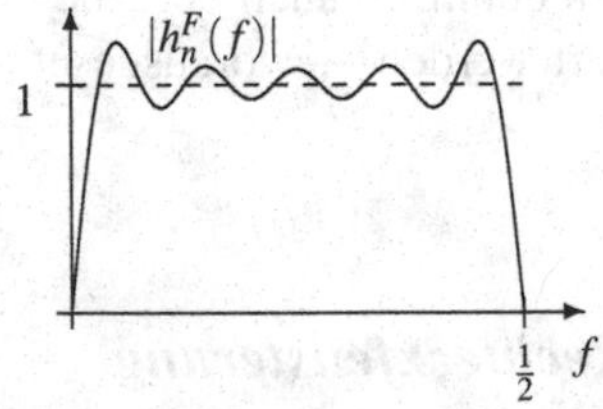	$\Phi_n(f) = -\pi/2$, $0 < f < 1/2$
5. Verzögerer: $c = 0.5$	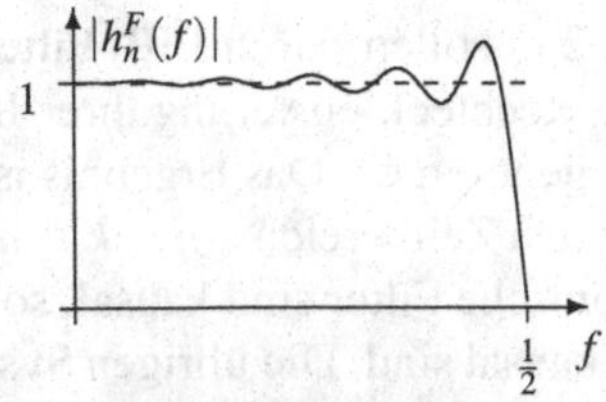	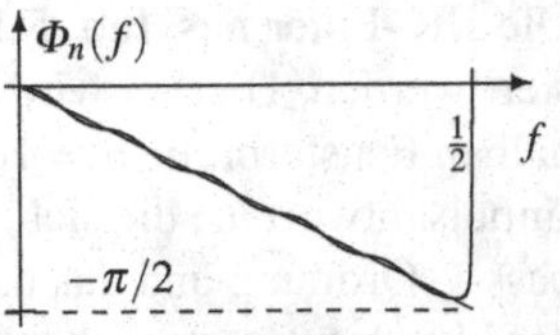

Beispiel 1: Tiefpass 1. Ordnung
Die Frequenzfunktion des FIR–Filters weist für $n = 10$ noch deutliche Abweichungen von der Frequenzfunktion in Tab. 5.1, S. 239 auf. Insbesondere bei $f = 0$ ist die Abweichung auffallend. Bei dieser Frequenz ist

$$h_n^F(f=0) = \sum_i h_n(i) = b_0 \cdot \sum_{i=0}^{n} \lambda^i = b_0 \cdot \frac{1-\lambda^{n+1}}{1-\lambda}.$$

Einsetzen von $b_0 = 0.1$, $\lambda = 0.9$ ergibt für $n = 10$ den Wert $h_n^F(f=0) \approx 0.69$. Bei einem Vergleich mit den nichtkausalen FIR–Filtern der Beispiele 3–5 ist zu berücksichtigen, dass das (kausale) FIR–Filter den Filtergrad 10 besitzt, während der Filtergrad für die nichtkausalen FIR–Filter ungefähr doppelt so groß ist, nämlich $2n+1 = 21$, wenn die Filterkoeffizienten $h(\pm n)$ am Rand des Rechteckfensters ungleich 0 sind. Im anderen Fall ist der Filtergrad gleich 19. Bereits für $n = 20$ ergibt sich für den Tiefpass 1. Ordnung eine deutlich bessere Annäherung an die Frequenzfunktion des Systems. Nach Gl. (5.71) beträgt die Abweichung für $n = 100$ für alle Frequenzen nur noch $|h^F(f) - h_n^F(f)| \leq 0.00024$.

Beispiel 2: Harmonisches Filter
Da das harmonische Filter instabil ist, nähern sich die Frequenzfunktionen $h_n^F(f)$ nicht für alle Frequenzen gleichmäßig der Frequenzfunktion des Systems wie im Beispiel 1. Bei $f = 0$ besitzt die Frequenzfunktion des harmonischen Filters eine Polstelle (vgl. Tab. 5.1, S. 239). Die Frequenzfunktion des FIR–Filters hat bei dieser Frequenz den endlichen Wert

$$h_n^F(f=0) = \sum_i h_n(i) = 1 + 1/2 + 1/3 + \cdots + 1/n.$$

Für $n = 10$ beispielsweise ergibt sich $h_n^F(f=0) \approx 2.9$ (vgl. Tab. 5.2).

Beispiel 3: Idealer Tiefpass
Da für den idealen Tiefpass die Verzögerungszeit $c = 0$ angenommen wird, ist seine Impulsantwort gerade. Folglich ist auch die Impulsantwort h_n des FIR–Filters gerade. Die Frequenzfunktion des FIR–Filters ist daher nach Gl. (4.71) reellwertig wie die des idealen Tiefpasses. Folglich ist die Phasenfunktion gleich 0.

Beispiel 4: Hilbert–Transformator
Nach Tab. 5.2 besitzt die Frequenzfunktion des FIR–Filters bei $f = 0$ und $f = 1/2$ eine Nullstelle. In der Nähe dieser Frequenzen weicht folglich die Amplitudenfunktion deutlich von der Frequenzfunktion des Hilbert–Transformators ab (vgl. Tab. 5.1, S. 239). Wie kommt es zu diesen Nullstellen? Die Impulsantwort des Hilbert–Transformators ist nach Gl. (5.54) ungerade. Daher ist auch die Impulsantwort h_n des FIR–Filters ungerade. Somit kann auf die Ergebnisse symmetrischer FIR–Filter aus Abschn. 4.7 zurückgegriffen werden. Da die Impulsantwort des FIR–Filters ungerade ist, ist sie punktsymmetrisch mit dem Symmetriezentrum $k_0 = 0$. Nach Tab. 4.7, S. 149 liegt folglich der Symmetrietyp 3 vor. Daher besitzt

die Frequenzfunktion bei den Frequenzen $f = 0$ und $f = 1/2$ eine Nullstelle:

$$h_n^F(0) = h_n^F(1/2) = 0\,.$$

Aufgrund dieses Sachverhalts ist die Phasenfunktion $\Phi_n(f)$ bei den Frequenzen $f = 0$ und $f = 1/2$ nicht definiert. Für Werte $0 < f < 1/2$ ist $\Phi_n(f) = -\pi/2$. Die Angabe des Frequenzbereichs ist wichtig, denn für $-1/2 < f < 0$ ist $\Phi_n(f) = \pi/2$, da eine Phasenfunktion pseudo–ungerade ist. Die Werte $\Phi_n(f) = \pm\pi/2$ folgen aus der Symmetrieeigenschaft der Impulsantwort h_n: Da h_n ungerade ist, ist die Frequenzfunktion $h_n^F(f)$ des FIR–Filters nach Gl. (4.72) rein imaginär.

Beispiel 5: Verzögerer
Nach Tab. 5.2 besitzt die Amplitudenfunktion des FIR–Filters bei $f = 1/2$ einen Wert nahe 0. Dieser Wert ist jedoch im Gegensatz zum Hilbert–Transformator nicht exakt, sondern nur näherungsweise 0. Der Wert ergibt sich nach Gl. (5.58) aus

$$h_n^F(f = 1/2) = \sum_i h_n(i)(-1)^i = \sum_{i=-n}^{n} \mathrm{si}\,[\pi(i-c)](-1)^i$$

für $c = 0.5$ und $n = 10$ zu $|h_n^F(1/2)| \approx 0.03$.

Eine Nullstelle der Frequenzfunktion bei $f = 1/2$ wie beim Hilbert–Transformator würde vorliegen, wenn eine Fensterung gemäß

$$h(-n+1)\,,\ h(-n+2)\,,\ \ldots h(0)\,,\ h(1)\,,\ \ldots\,,\ h(n)$$

erfolgen würde. In diesem Fall wäre der Verzögerer mit der Verzögerungszeit $c = 0.5$ achsensymmetrisch mit dem Symmetriezentrum $k_0 = c = 0.5$. Nach Tab. 4.7, S. 149 liegt in diesem Fall der Symmetrietyp 2 vor.

Kausale FIR–Filterung
Aus einem FIR–Filter mit der Impulsantwort h_n erhält man ein kausales FIR–Filter gemäß

$$g_n(k) := h_n(k-n) \tag{5.75}$$

Es wird daher wie folgt gebildet:

- Rechteckfensterung:
  Aus der Impulsantwort $h(k)$ wird durch eine Rechteckfensterung mit der halben Fensterbreite n das FIR–Filter mit der Impulsantwort h_n gebildet.
- Verzögerung der Impulsantwort:
  Die Impulsantwort h_n erstreckt sich über den Zeitbereich $-n \leq k \leq n$. Folglich erstreckt sich die Impulsantwort $g_n(k) = h_n(k-n)$ über den Zeitbereich $0 \leq k \leq 2n$ und ist damit kausal.

Filterwirkung des kausalen Verzögerers
Nach Gl. (5.60) werden bei der Hintereinanderausführung zweier Verzögerungsoperationen auch nichtganzzahlige Verzögerungszeiten addiert. Welchen Effekt erhält man, wenn für die Verzögerungsoperationen zwei FIR–Filter verwendet werden?

Abb. 5.12 demonstriert diesen Effekt für zwei hintereinander geschaltete Verzögerer mit der Verzögerungszeit $c = 10.5$ und der halben Fensterbreite $n = 10$. Jedes FIR–Filter ist kausal mit der Impulsantwort

$$g_n(k) := h_n(k-n)\,. \tag{5.76}$$

Hierbei ist $h(k) = \delta_c(k)$ gemäß Gl. (5.58) mit der Verzögerungszeit $c = 0.5$. Da die hintereinander geschalteten Verzögerer beide kausal sind und die Verzögerungszeit $c = 10.5$ besitzen, ergibt sich für die Hintereinanderschaltung ein kausales FIR–Filter mit der Verzögerungszeit $c = 10.5 + 10.5 = 21$. Tatsächlich weist die Sprungantwort bei diesem Zeitpunkt einen Sprung um ungefähr 1 auf. Abb. 5.12 entnimmt man außerdem, dass die Sprungantwort ab dem Zeitpunkt $k = 40$ konstant ist. Dies folgt aus der Tatsache, dass sich die Impulsantwort der Hintereinanderschaltung auf den Zeitbereich $0 \leq k \leq 4n$ erstreckt. Folglich ist der *Einschwingvorgang* ab dem Zeitpunkt $k_2 = 4n = 40$ abgeschlossen.

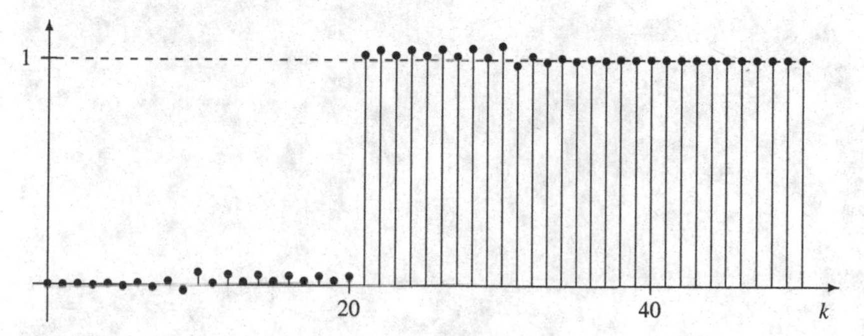

Abb. 5.12 Zweifache Filterung der Sprungfunktion durch den Verzögerer mit der Verzögerungszeit $c = 10.5$ und der halben Fensterbreite $n = 10$

5.3.3 *Filterung eines Grauwertbildes*

Die frequenzabhängige Wirkung der Filter–Beispiele soll i. F. anhand des Testbildes in Abb. 4.4, S. 126 demonstriert werden. Die Bildspalten des Testbildes enthalten sinusförmige Signale, beginnend mit der Frequenz $f = 0$ in der ersten Bildspalte ($S = 0$) und der maximalen Frequenz $f = 1/2$ in der letzten Bildspalte ($S = 120$). Das Testbild wird mit den FIR–Filtern vertikal gefiltert. Eine nichtkausale Filterung für den idealen Tiefpass, den Hilbert–Transformator und den Verzögerer ist möglich, da alle Helligkeitswerte des Testbildes gespeichert vorliegen. Das Ergebnis der Filterung ist in den Abb. 5.13– 5.17 dargestellt.

Einschwingvorgang
Wie bei der Filterung in Abschn. 4.3 kann man einen Einschwingvorgang für die ersten Bildzeilen beobachten, insbesondere am rechten Bildrand für die Beispiele 4 und 5. Da die FIR–Filter einen höheren Filtergrad besitzen, als die FIR–Filter aus Abschn. 4.3, dauert der Einschwingvorgang hier länger.

Beispiel 1: Tiefpass 1. Ordnung
Das Tiefpassverhalten äußert sich in Abb. 5.13 darin, dass sich die Helligkeitswerte in Richtung des rechten Bildrands dem mittleren Grauton $G = 128$ annähern. Die „Dellen" der Amplitudenfunktion für den Tiefpass 1. Ordnung nach Tab. 5.2, S. 250 sind als graue vertikale Streifen schwach erkennbar.

Abb. 5.13 Beispiel 1: Kausale FIR–Filterung für den Tiefpass 1. Ordnung. Gefiltert werden die Bildspalten mit der halben Fensterbreite $n = 10$.

Beispiel 2: Harmonisches Filter
Abb. 5.14 zeigt die „Anhebung" bei kleinen Frequenzwerten, welche bei der Frequenz $f = 0$ gleich $h_n^F(0) \approx 2.9$ ist (s. Tab. 5.2, S. 250). Bei der Frequenz $f = 1/2$ liegt eine Abschwächung vor, welche $h_n^F(1/2) = 2/3$ beträgt. Der Vergleich von Abb. 5.14 mit dem ungefilterten Testbild in Abb. 4.4, S. 126 zeigt bei dieser Frequenz eine Umkehrung des Vorzeichens, die auf den Phasenwinkel $\Phi_n(1/2) = -\pi$ zurückzuführen ist.

Beispiel 3: Idealer Tiefpass
In Abb. 5.15 ist die Grenzfrequenz $f_g = 1/5$ des idealen Tiefpasses zu erkennen. Die lokalen Minima und Maxima der Amplitudenfunktion sind ebenfalls erkennbar. Die lokalen Maxima liegen ungefähr bei $f = 0.25$, 0.3 , 0.35 , 0.4 und $f = 0.45$.

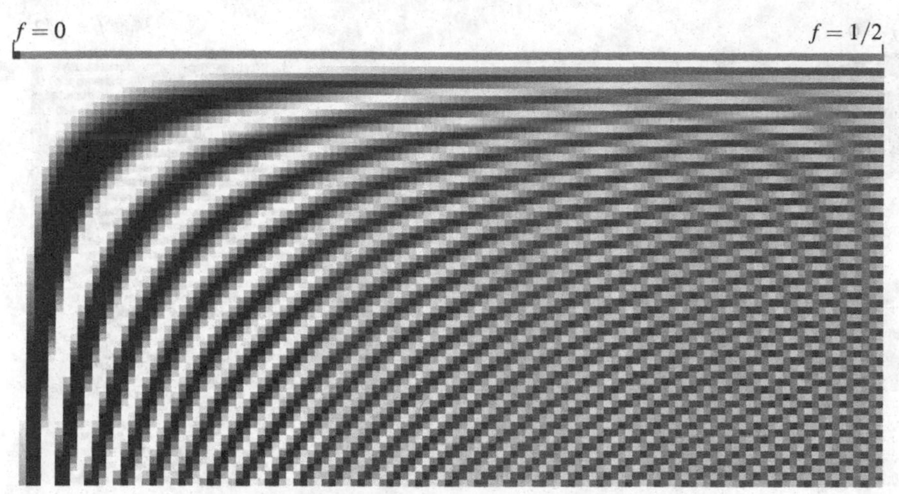

Abb. 5.14 Beispiel 2: Kausale FIR–Filterung für das harmonische Filter mit $n = 10$

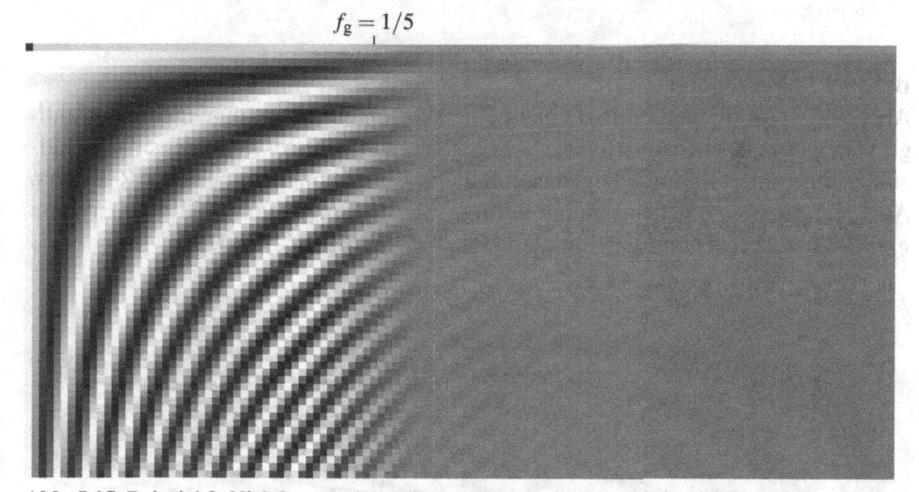

Abb. 5.15 Beispiel 3: Nichtkausale FIR–Filterung für den idealen Tiefpass für $n = 10$

Beispiel 4: Hilbert–Transformator

Abb. 5.16 zeigt eine zweimalige Filterung des Testbildes mit dem FIR–Filter für den Hilbert–Transformator. Als Konsequenz der zweimaligen Filterung ergibt sich ein Phasenwinkel von $\Phi_n(f) \approx -\pi$. Dies äußert sich in einer Umkehrung des Vorzeichens gegenüber dem ungefilterten Testbild in Abb. 4.4, S. 126. Durch die zweifache Filterung wird die Abschwächung bei den Frequenzen $f = 0$ und $f = 1/2$ entsprechend verstärkt. Die „Schmutzeffekte" in den ersten Bildzeilen am rechten Bildrand liegen noch im *Einschwingbereich* des FIR–Filters. Wegen der zweimaligen Filterung ist der Einschwingvorgang erst bei $k = 2n$ abgeschlossen.

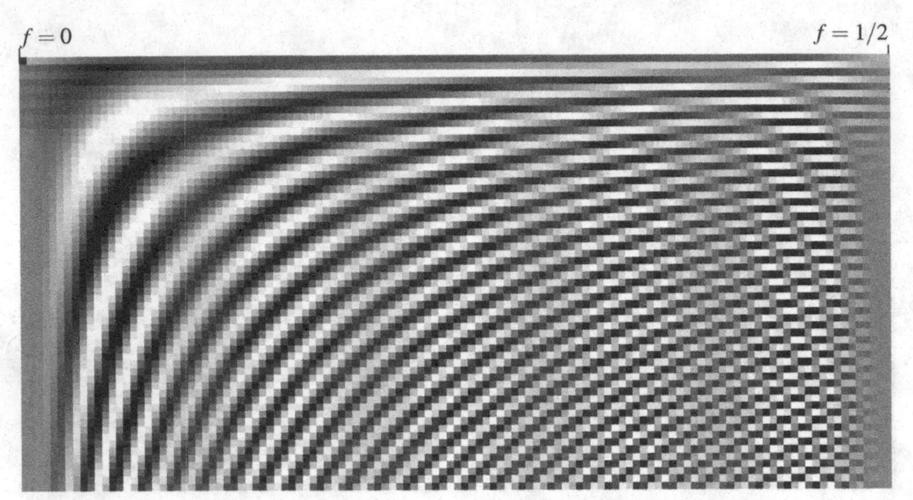

Abb. 5.16 Beispiel 4: Zweimalige nichtkausale FIR–Filterung für den Hilbert–Transformator für $n = 10$

Beispiel 5: Verzögerer

Abb. 5.17 verbildlicht die Möglichkeit einer Verschiebung um eine nichtganzzahlige Verzögerungszeit, nämlich für $c = 1/2$. Die „Schmutzeffekte" in den ersten Bildzeilen am rechten Bildrand liegen ebenfalls im Einschwingbereich des FIR–Filters. Ab $k = n$ dagegen ergeben sich nur geringe Abweichungen vom mittleren Grauton $g = 128$ in Übereinstimmung mit dem kleinen Wert $|h_n^F(1/2)| \approx 0.03$.

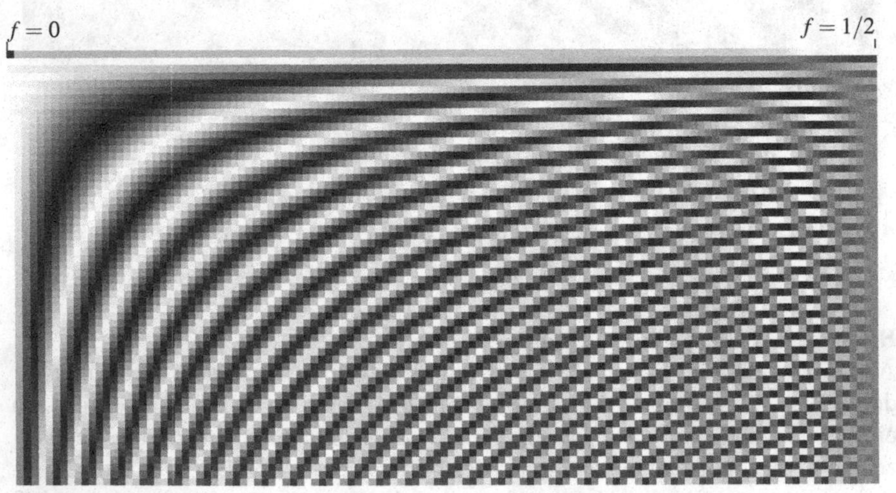

Abb. 5.17 Beispiel 5: Nichtkausale FIR–Filterung für den Verzögerer für $n = 10$

Tiefpassfilterung bei einer Unterabtastung
Eine Tiefpassfilterung wird bei einer Unterabtastung benötigt, wie für das Testbild gezeigt werden soll. Bei einer Unterabtastung mit dem ganzzahligen Abtastabstand T wird das unterabgetastete Signal gemäß

$$x_\mathrm{u}(k) := x(k \cdot T) \tag{5.77}$$

gebildet. Für $T = 2$ beispielsweise wird jeder zweite Signalwert abgetastet. Das Ergebnis dieser Abtastung zeigt der obere Teil von Abb. 5.18. Im unterabgetasteten Bild erscheinen in der rechten Bildhälfte die Grauwerte der linken Bildhälfte spiegelbildlich zur Bildmitte (bei $f = 1/4$). Dieser sog. *Alias–Effekt* kann sowohl für Energiesignale als auch für sinusförmige Signale, wie sie in den Bildspalten des Testbildes auftreten, dadurch erklärt werden, dass das Abtasttheorem von Shannon verletzt ist. Für das sinusförmige Signal $x(k) = A \cdot \cos[2\pi f k]$ folgt für $T = 2$

$$x_\mathrm{u}(k) = x(2k) = A \cdot \cos[2\pi f(2k)] = A \cdot \cos[2\pi(2f)k] \, .$$

Das unterabgetastete Signal besitzt demnach die doppelte Frequenz $2f$. Für $f = 1/4$ beispielsweise folgt $2f = 1/2$, d. h. es tritt das alternierende Signal in der Bildmitte auf. Für $f = 1/2$ ergibt sich $2f = 1$. In diesem Fall entspricht das unterabgetastete Signal einem sinusförmigen Signal mit der Frequenz $2f - 1 = 0$, d. h. das konstante Signal tritt am rechten Bildrand auf. Wird das Signal zunächst mit einem Tiefpass mit der Grenzfrequenz $f_\mathrm{g} = 1/4$ gefiltert und dann unterabgetastet, wird der Alias–Effekt unterdrückt (s. Abb. 5.18, unten).

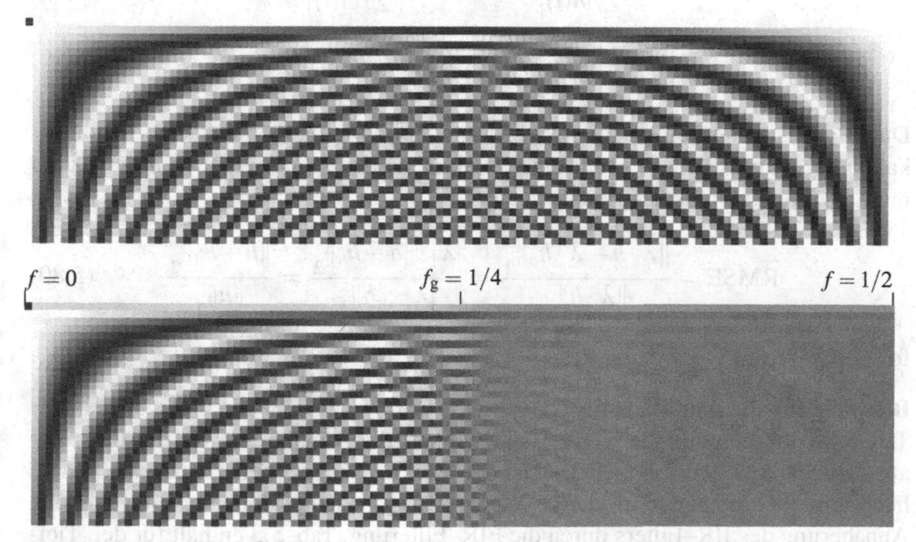

Abb. 5.18 Unterabtastung der Bildspalten des Testbildes für den Abtastabstand $T = 2$.
Oben: Ohne Filterung. *Unten*: Mit Tiefpassfilterung mit der Grenzfrequenz $f_\mathrm{g} = 1/4$ und $n = 10$.

5.3.4 Grenzverhalten bei einer Rechteckfensterung

Wie schnell ist die Annäherung bei einer Rechteckfensterung?
Der Ausdruck

$$\|h - h_n\|_2^2 = \sum_{|i|>n} |h(i)|^2$$

stellt die mittlere quadratische Abweichung der Impulsantwort h des IIR–Filters von der Impulsantwort h_n des FIR–Filters dar. Die Abweichungen nehmen mit wachsendem n monoton ab und streben für $n \to \infty$ gegen 0. Sie geben nach Gl. (5.72) auch die mittleren quadratischen Abweichungen im Frequenzbereich an. Nach Gl. (5.74) erlauben sie auch eine Fehlerabschätzung für die Ausgangssignale bei Anregung mit einem Signal endlicher Energie. Aus dem Ausdruck $\|h - h_n\|_2$ erhält man das folgende, in der Ton– und Bildverarbeitung angewandte *Fehlerkriterium*:

$$\text{RMSE} := \sqrt{\text{MSE}} := \frac{\|h - h_n\|_2}{\|h\|_2} . \tag{5.78}$$

Hierbei steht „RMSE“ für *Root Mean Square Error* und ist die Wurzel aus dem sog. *Mean Square Error* „MSE“. Für $h_n = 0$ ist der Fehler gleich 1 (entspricht 100 Prozent), für $h_n = h$ ist der Fehler gleich 0 (entspricht 0 Prozent). Die Division durch $\|h\|_2$ bewirkt eine Normierung des Fehlers auf Werte zwischen 0 und 1, denn es gilt

$$\begin{aligned} \text{MSE} &= \frac{\sum_{|i|>n} |h(i)|^2}{\sum_i |h(i)|^2} = \frac{\sum_i |h(i)|^2 - \sum_{|i|\leq n} |h(i)|^2}{\sum_i |h(i)|^2} \\ &= 1 - \frac{\sum_{|i|\leq n} |h(i)|^2}{\sum_i |h(i)|^2} . \end{aligned} \tag{5.79}$$

Durch die Normierung wird der Fehler unempfindlich gegenüber einer Multiplikation der Impulsantwort h mit einem Faktor λ, denn dann ist auch h_n mit λ zu multiplizieren, woraus der gleiche Fehler

$$\text{RMSE} = \frac{\|\lambda \cdot h - \lambda \cdot h_n\|_2}{\|\lambda \cdot h\|_2} = \frac{|\lambda| \cdot \|h - h_n\|_2}{|\lambda| \cdot \|h\|_2} = \frac{\|h - h_n\|_2}{\|h\|_2} \tag{5.80}$$

folgt.

Beispiele für die Annäherung
Tab. 5.3 kann entnommen werden, wie schnell die Annäherung für die Beispiele aus Tab. 5.1, S. 239 erfolgt. Hierbei ist der Wert $n_{5\%}$ angegeben, für den der RMSE höchstens 5 % beträgt. Ein kleiner Wert für $n_{5\%}$ bedeutet demnach eine schnelle Annäherung des IIR–Filters durch die FIR–Filterung. Tab. 5.3 enthält für den Tiefpass 1. Ordnung, den idealen Tiefpass und den Verzögerer verschiedene Werte für die Systemparameter.

Der Tabelle ist zu entnehmen, dass ein kleiner Rückkopplungsfaktor λ eine schnelle Annäherung zur Folge hat. Dies ist auf das schnelle Abklingen der Impulsantwort $h(k) = b_0 \cdot \varepsilon(k)\lambda^k$ zurückzuführen. Bei einem idealen Tiefpass ist die Annäherung bei kleiner Grenzfrequenz f_g langsam. Auch dies ist auf ein langsames Abklingen der Impulsantwort zurückzuführen, denn der erste Nulldurchgang der abgetasteten Funktion $s(t)$ gemäß Gl. (5.37),

$$s(t) = 2f_g \cdot \mathrm{si}\,[2\pi f_g t]\,,$$

liegt für $t > 0$ bei $t_0 = 1/(2f_g)$ und ist daher bei kleiner Grenzfrequenz entsprechend groß.

Tabelle 5.3 Schnelligkeit für die Annäherung der IIR–Filter aus Tab. 5.1, S. 239 durch FIR–Filter bei einer Rechteckfensterung. Gezeigt ist die halbe Fensterbreite $n_{5\%}$, für die der RMSE unter 5 Prozent liegt.

IIR–Filter	Systemparameter	Halbe Fensterbreite $n_{5\%}$
1. Tiefpass 1. Ordnung	Rückkopplungsfaktor $\lambda =$	
	0.5	4
	0.6	5
	0.7	8
	0.8	13
	0.9	28
	0.95	58
2. Harmonisches Filter		243
3. Idealer Tiefpass	Grenzfrequenz $f_g =$	
	0.05	405
	0.1	203
	0.15	135
	0.2	101
	0.25	81
	0.3	68
	0.35	58
	0.4	51
	0.45	45
4. Hilbert–Transformator		163
5. Verzögerer	Verzögerungszeit $c =$	
	0.1	8
	0.2	28
	0.3	53
	0.4	73
	0.5	81
	0.6	73
	0.7	53
	0.8	28
	0.9	8

Oszillationen der Frequenzfunktion

Abb. 5.19 zeigt die Frequenzfunktion des FIR–Filters für den idealen Tiefpass ohne Verzögerung. Die Grenzfrequenz beträgt $f_g = 0.2$. Da die Verzögerungszeit 0 ist, ist die Frequenzfunktion reellwertig. Das FIR–Filter wird durch eine Rechteckfensterung mit der halben Fensterbreite $n = 100$ gebildet. Tab. 5.3 entnimmt man, dass der RMSE für $n = 101$ höchstens 5% beträgt. Folglich beträgt der RMSE für $n = 100$ ungefähr 5%. In der Nähe der Grenzfrequenz *oszilliert* die Frequenzfunktion, wobei die Abweichung $|h^F(f) - h_n^F(f)|$ bei $f \approx f_g \pm 1/(2n)$ am größten ist. Dann beträgt sie ungefähr 8.9 Prozent. Diese Maximalabweichung wird bei wachsendem n nicht kleiner, nur die Stellen $f = f_g \pm 1/(2n)$ „wandern" zur Grenzfrequenz f_g. Dieses Phänomen ist ein Beispiel für das sog. *Gibbsche Phänomen*. Es tritt bei einer Sprungstelle der Frequenzfunktion $h^F(f)$ auf und ist daher auch beim Hilbert–Transformator und beim Verzögerer zu beobachten.

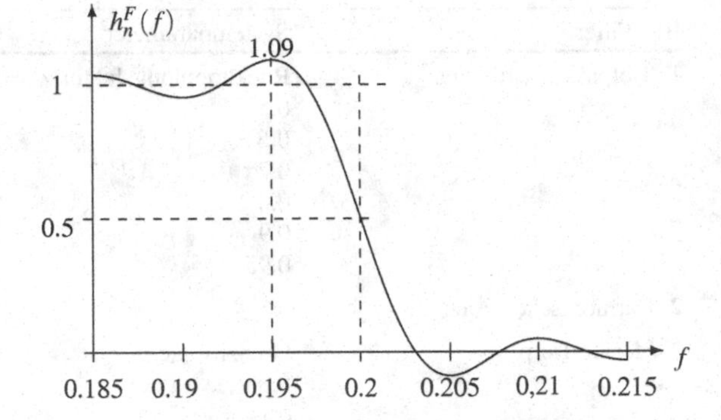

Abb. 5.19 Frequenzfunktion des FIR–Filters bei Rechteckfensterung mit $n = 100$ für einen idealen Tiefpasses ohne Verzögerung ($c = 0$) und der Grenzfrequenz $f_g = 0.2$

Einfluss der Fensterung auf die Frequenzfunktion des FIR–Filters

Um zu verstehen, wie die Oszillationen der Frequenzfunktion $h_n^F(f)$ zustande kommen, soll der Einfluss der Fensterung auf die Frequenzfunktion dargestellt werden. Da im nächsten Abschn. 5.3.5 eine dreieckförmige Fensterung untersucht wird, wird zunächst auch eine vom Rechteckfenster abweichende Fensterfunktion $w_n(k)$ zugelassen. Die Impulsantwort des FIR–Filters wird gemäß

$$h_n(k) := w_n(k) \cdot h(k) \tag{5.81}$$

definiert. Der Einfluss der Fensterfunktion auf $h_n^F(f)$ ergibt sich aus der sog. *Produktregel* (Nachweis folgt):

Das Produkt der Energiesignale w_n und h besitzt die Frequenzfunktion

$$h_n^F(f) = \int_{-1/2}^{1/2} w_n^F(v) h^F(f - v) dv \,. \tag{5.82}$$

Die Operation auf der rechten Seite wird als *Faltung* der beiden Frequenzfunktionen $w_n^F(f)$ und $h^F(f)$ bezeichnet und das Integral als *Faltungsintegral*. Bei der Faltung zweier zeitkontinuierlicher Signale wird ebenfalls das Faltungsintegral angewandt. Es entspricht der Faltungssumme bei zeitdiskreten Signalen. Wie bei zeitdiskreten Signalen kommt es nicht auf die Reihenfolge der miteinander gefalteten Signale bzw. Funktionen an. Nach Gl. (5.82) erhält man die Frequenzfunktion des FIR–Filters also durch Faltung der Frequenzfunktion $h^F(f)$ mit der Frequenzfunktion $w_n^F(f)$ der Fensterfunktion. Der Einfluss der Fensterfunktion auf die Frequenzfunktion des FIR–Filters ist damit mathematisch dargestellt.

Nachweis der Produktregel
Es ist

$$h_n^F(f) = \sum_k h_n(k)\,\mathrm{e}^{-\mathrm{j}\,2\pi fk} = \sum_k w_n(k)\cdot h(k)\,\mathrm{e}^{-\mathrm{j}\,2\pi fk} = \sum_k w_n(k)\cdot y^*(k)$$

mit $y(k) := h(k)\,\mathrm{e}^{\mathrm{j}\,2\pi fk}$ (h ist reellwertig). Wir wenden die Skalarprodukt–Regel Gl. (5.41) auf die beiden Energiesignale $w_n(k)$ und $y(k)$ an und erhalten

$$h_n^F(f) = \int_{-1/2}^{1/2} w_n^F(v)[y^F(v)]^*dv\,.$$

Aus

$$y^F(v) = \sum_k y(k)\,\mathrm{e}^{-\mathrm{j}\,2\pi vk} = \sum_k h(k)\,\mathrm{e}^{-\mathrm{j}\,2\pi(v-f)k} = h^F(v-f) = [h^F(f-v)]^*$$

folgt Gl. (5.82).

Frequenzfunktion des Rechteckfensters

Zur Auswertung von Gl. (5.82) für eine Rechteckfensterung wird die Frequenzfunktion des Rechteckfensters $w_n(k) = r_n(k)$ benötigt. Die Bestimmung von $r_n^F(f)$ ist mit Hilfe der geometrischen Summenformel möglich. Zunächst ist

$$r_{[0,n]}^F(f) = \sum_{i=0}^{n} \mathrm{e}^{-\mathrm{j}\,2\pi fi}\,.$$

Für $f = 0$ ergibt sich $r_{[0,n]}^F(f) = n+1$. Für $0 < f < 1$ folgt aus der geometrischen Summenformel

$$\begin{aligned}
r_{[0,n]}^F(f) &= \frac{1-\mathrm{e}^{-\mathrm{j}\,2\pi f(n+1)}}{1-\mathrm{e}^{-\mathrm{j}\,2\pi f}} \\
&= \frac{\mathrm{e}^{-\mathrm{j}\,\pi f(n+1)}}{\mathrm{e}^{-\mathrm{j}\,\pi f}}\cdot\frac{\mathrm{e}^{\mathrm{j}\,\pi f(n+1)}-\mathrm{e}^{-\mathrm{j}\,\pi f(n+1)}}{\mathrm{e}^{\mathrm{j}\,\pi f}-\mathrm{e}^{-\mathrm{j}\,\pi f}} \\
&= \mathrm{e}^{-\mathrm{j}\,\pi fn}\cdot\frac{2\mathrm{j}\,\sin[\pi f(n+1)]}{2\mathrm{j}\,\sin[\pi f]} \\
&= \mathrm{e}^{-\mathrm{j}\,\pi fn}\cdot\frac{\sin[\pi f(n+1)]}{\sin[\pi f]}\,,
\end{aligned} \tag{5.83}$$

welche für $f \to 0$ den Wert $r^F_{[0,n]}(f=0) = n+1$ als Grenzwert korrekt wiedergibt. Wegen des Zusammenhangs

$$r_n(k) = r_{[-n,n]}(k) = r_{[0,2n]}(k) * \delta_{-n}(k)$$

erhält man für die gesuchte Frequenzfunktion

$$\begin{aligned} r^F_n(f) &= r^F_{[0,2n]}(f) \cdot \mathrm{e}^{\mathrm{j}\,2\pi fn} = \mathrm{e}^{-\mathrm{j}\,2\pi fn} \cdot \frac{\sin[\pi f(2n+1)]}{\sin[\pi f]} \cdot \mathrm{e}^{\mathrm{j}\,2\pi fn} \\ &= \frac{\sin[\pi f(2n+1)]}{\sin[\pi f]} \,. \end{aligned} \tag{5.84}$$

Sie wird als sog. *Dirichlet–Kern* bezeichnet [2] (s. Abb. 5.20).

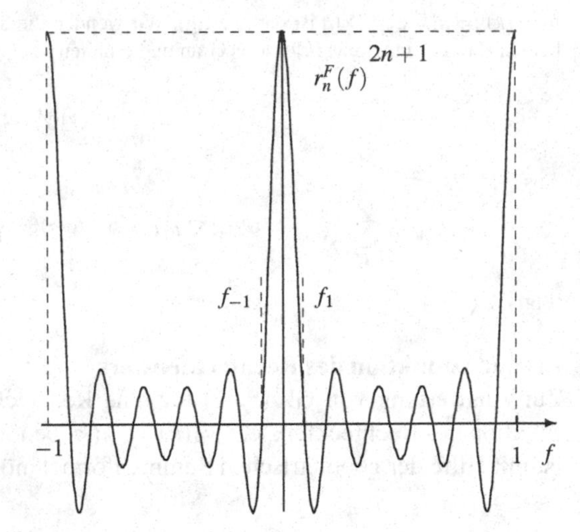

Abb. 5.20 Dirichlet–Kern $r^F_n(f)$ für $n=5$: Die Funktion ist gerade und periodisch mit der Periode 1 und besitzt den Maximalwert $2n+1$. Die Nullstellen liegen bei $f_i = i/(2n+1)$.

Die Funktion besitzt im Frequenzbereich $-1 \le f \le 1$ die Nullstellen

$$f_i := \frac{i}{2n+1}\,, \; -2n \le i \le 2n\,,\; i \ne 0\,.$$

Für $i=0$ liegt keine Nullstelle vor, sondern es gilt

$$r^F_n(f=0) = r^F_n(f=1) = 2n+1\,.$$

Dieser Wert ist für große n entsprechend groß. Der Bereich zwischen den Nullstellen f_{-1} und f_1 wird i. F. als *Kernbereich* bezeichnet. In der „Mitte“ zwischen den zwei Maximalstellen $f=0$ und $f=1$ ist

$$r^F_n(f=1/2) = \frac{\sin[\pi(2n+1)/2]}{\sin[\pi/2]} = \sin[\pi n + \pi/2] = (-1)^n\,.$$

Zusammenhang mit dem gleitenden Mittelwertbilder
In Abschn. 4.3 haben wir für ein ähnliches Signal die Fourier–Transformation durchgeführt: Die Impulsantwort des gleitenden Mittelwertbilders. Die Impulsantwort lautet für drei Eingangswerte nach Gl. (4.33)

$$h(k) = \frac{1}{3}[\delta(k+1) + \delta(k) + \delta(k-1)]$$

und unterscheidet sich von dem Rechteckfenster $r_1(k)$ nur im Faktor $1/3$. Demnach kann die Frequenzfunktion des gleitenden Mittelwertbilders für drei Eingangswerte gemäß

$$h^F(f) = \frac{1}{3} \cdot r_1^F(f) = \frac{1}{3} \cdot \frac{\sin[3\pi f]}{\sin[\pi f]}$$

dargestellt werden. Dieser Darstellung können die beiden Nullstellen $f_1 = 1/3$ und $f_2 = 2/3$ entnommen werden (vgl. Tab. 4.3, S. 121). Die Impulsantwort des gleitenden Mittelwertbilders für $2n+1$ Eingangswerte ist durch die Impulsantwort $h(k) = r_n(k)/(2n+1)$ gegeben und daher $h^F(f=0) = h^F(f=1) = 1$.

Begründung des Gibbschen Phänomens
Das Gibbsche Phänomen soll für den idealen Tiefpass mit der Verzögerungszeit $c = 0$ begründet werden. Aus Gl. (5.82) und dem Durchlassbereich $|f| < f_g$ des idealen Tiefpasses folgt zunächst

$$h_n^F(f) = \int_{-1/2}^{1/2} w_n^F(v) h^F(f-v) dv = \int_{f-f_g}^{f+f_g} w_n^F(v) dv \,. \qquad (5.85)$$

Daraus resultiert für eine Rechteckfensterung und die Frequenz $f = f_g - 1/(2n+1)$

$$\begin{aligned} h_n^F(f) &= \int_{-1/(2n+1)}^{2f_g - 1/(2n+1)} r_n^F(v) dv \\ &= \int_{-1/(2n+1)}^{0} r_n^F(v) dv + \int_{0}^{2f_g} r_n^F(v) dv - \int_{2f_g - 1/(2n+1)}^{2f_g} r_n^F(v) dv \,. \end{aligned}$$

Die Auswertung der drei Integrale für große n liefert das Ergebnis (Nachweis folgt)

$$\lim_{n \to \infty} h_n^F(f_g - 1/(2n+1)) \approx 0.589 + 1/2 + 0 = 1.089 \,. \qquad (5.86)$$

Der Wert der Frequenzfunktion an der Stelle $f = f_g - 1/(2n+1)$ ist somit um ungefähr 8.9 % gegenüber dem Idealwert $h_W^F(f) = 1$ erhöht. Die Stelle f rückt zwar mit wachsendem n gegen f_g. Die Erhöhung um 8.9 % bleibt jedoch erhalten. Dies verdeutlicht den Unterschied zwischen gleichmäßiger Konvergenz und Konvergenz im quadratischen Mittel. Da sich die Frequenzfunktion $h_n^F(f)$ „nur" im quadratischen Mittel der Frequenzfunktion des idealen Tiefpasses annähert, ist eine Erhöhung um 8.9 % möglich. Bei gleichmäßiger Konvergenz dagegen könnte dieser Effekt nicht auftreten. Anhand von Gl. (5.86) kann auch der „Übeltäter“ für die Erhöhung um 8.9 % angeben werden: Die Integration des Dirichlet–Kerns über den halben Kernbereich $-1/(2n+1) \leq f \leq 0$ liefert den Wert $0.589 > 0.5$.

Nachweis von Gl. (5.86)

1. Erstes Integral:
   Für das erste Integral erhält man

$$\int_{-1/(2n+1)}^{0} r_n^F(v)dv = \int_{-1/(2n+1)}^{0} \frac{\sin[\pi v(2n+1)]}{\sin[\pi v]}dv$$
$$\approx \int_{-1/(2n+1)}^{0} \frac{\sin[\pi v(2n+1)]}{\pi v}dv\,.$$

   Für die Substitution $w := \pi v(2n+1)$ folgt

$$\frac{dv}{dw} = \frac{1}{\pi(2n+1)}$$

   und daraus

$$\int_{-1/(2n+1)}^{0} r_n^F(v)dv \approx \int_{-\pi}^{0} \frac{\sin w}{w/(2n+1)} \cdot \frac{1}{\pi(2n+1)}dw$$
$$= \frac{1}{\pi}\int_{-\pi}^{0} \frac{\sin w}{w}dw = \frac{1}{\pi}\int_{0}^{\pi} \frac{\sin w}{w}dw\,.$$

   Das vorstehende Integral ist der Wert des sog. *Integral–Sinus*

$$\mathrm{Si}(v) := \int_0^v \frac{\sin w}{w}dw$$

   an der Stelle $v = \pi$ mit $\mathrm{Si}(\pi) \approx 1.8519370$ [17, S. 231, 244], woraus

$$\int_{-1/(2n+1)}^{0} r_n^F(v)dv \approx 0.589$$

   folgt.
2. Zweites Integral:
   Nach Gl. (5.85) ist das zweite Integral gleich $h_n^F(f_g)$. Nach Gl. (5.45) und Gl. (5.46) ist sein Grenzwert für $n \to \infty$ gleich $1/2$ — und zwar merkwürdigerweise unabhängig von der Grenzfrequenz f_g im Bereich $0 < f_g < 1/2$. Die Integration von $r_n^F(v)$ über $0 \leq v \leq 2f_g$ liefert somit für $n \to \infty$ den Wert $1/2$ unabhängig von f_g. Dies liegt daran, dass die Integration von $r_n^F(v)$ über ein beliebiges Intervall $0 < v_1 \leq v \leq v_2 < 1$ für $n \to \infty$ den Wert 0 liefert.
3. Drittes Integral:
   Das dritte Integral strebt für $n \to \infty$ gegen 0, denn für große n gilt wegen $|\sin\alpha| \leq 1$ die Abschätzung

$$\left|\int_{2f_g-1/(2n+1)}^{2f_g} r_n^F(v)dv\right| \leq \int_{2f_g-1/(2n+1)}^{2f_g} \frac{|\sin[\pi v(2n+1)]|}{|\sin[\pi v]|}dv$$
$$\approx \int_{2f_g-1/(2n+1)}^{2f_g} \frac{|\sin[\pi v(2n+1)]|}{|\sin[\pi 2f_g]|}dv \leq \frac{1}{2n+1} \cdot \frac{1}{\sin[2\pi f_g]}\,.$$

5.3.5 Dreieckförmige Fensterung

Zur Verringerung der Oszillationen der Frequenzfunktion werden anstelle einer Rechteckfensterung andere Fensterungen benutzt, die einen „weicheren" Übergang von $w_n(0) = 1$ auf $w_n(n+1) = w_n(-(n+1)) = 0$ beinhalten [1]. Hierbei sind die folgenden zwei Fragen zu klären:

- Wird das IIR–Filter mit der Impulsantwort h durch das FIR–Filter mit der Impulsantwort $h_n(k) = w_n(k) \cdot h(k)$ wie bei einer Rechteckfensterung ebenfalls angenähert?
- Können durch Fensterungen, die von einer Rechteckfensterung abweichen, Oszillationen der Frequenzfunktionen $h_n^F(f)$ vermieden werden?

Diese Fragen werden i. F. für das sog. *Bartlett–Fenster* beantwortet:

Was ist eine dreieckförmige Fensterung?

Bei einer dreieckförmigen Fensterung wird die Impulsantwort des FIR–Filters gemäß $h_n(k) = d_n(k) \cdot h(k)$ gebildet. Hierbei ist $d_n(k)$ das *Bartlett–Fenster* gemäß (s. Abb. 5.21)

$$d_n(k) = \begin{cases} 1 - |k|/(n+1) : |k| \leq n \\ 0 : |k| > n \end{cases} \tag{5.87}$$

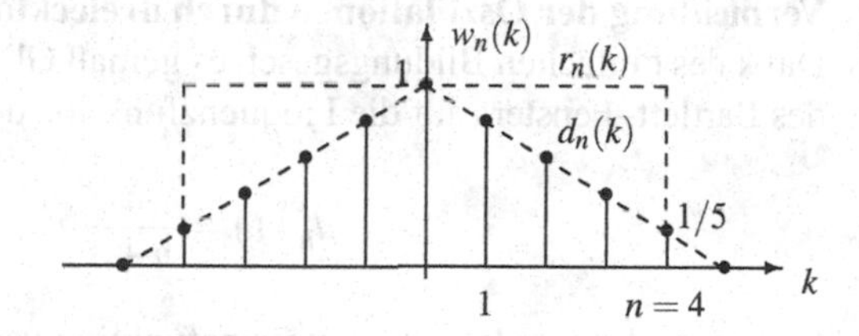

Abb. 5.21 Dreieckförmige Fensterung durch das Bartlett–Fenster mit der halben Fensterbreite $n = 4$. Das Rechteckfenster mit $n = 4$ ist ebenfalls dargestellt.

Aufschlussreich ist das Bildungsgesetz, das diesem Fenster zugrunde liegt. Es kann auf ein Rechteckfenster zurückgeführt werden, denn es gilt für gerades n

$$d_n(k) = \frac{1}{n+1}[r_{n/2}(k) * r_{n/2}(k)]\,. \tag{5.88}$$

Für $n = 2$ beispielsweise erhält man für die z–Transformierte

$$\begin{aligned} D_2(z) &= \frac{1}{3}R_1(z) \cdot R_1(z) \\ &= \frac{1}{3}[z+1+z^{-1}] \cdot [z+1+z^{-1}] \\ &= \frac{1}{3}[z^2+z+1+z+1+z^{-1}+1+z^{-1}+z^{-2}] \end{aligned}$$

$$= \frac{1}{3}[z^2 + 2z + 3 + 2z^{-1} + z^{-2}],$$

der man die Fensterwerte $d_2(-2) = d_2(2) = 1/3$, $d_2(-1) = d_2(1) = 2/3$ und $d_2(0) = 1$ entnimmt. Das angegebene Bildungsgesetz für das Bartlett–Fenster gilt zunächst nur für gerade n. Es kann mit Hilfe des Verzögerers gemäß Gl. (5.58) auf ungerade n ausgedehnt werden. Zu diesem Zweck wird das Rechteckfenster mit der halben Fensterbreite $n/2$ gemäß

$$r_{n/2}(k) := \sum_{i=0}^{n} \delta_{i-n/2}(k) \tag{5.89}$$

eingeführt. Das Bildungsgesetz gemäß Gl. (5.88) gilt dann auch für ungerade n. Für $n = 1$ beispielsweise erhält man

$$\begin{aligned} d_1(k) &= \frac{1}{2}[r_{1/2}(k) * r_{1/2}(k)] \\ &= \frac{1}{2}[\delta_{-1/2}(k) + \delta_{1/2}(k)] * [\delta_{-1/2}(k) + \delta_{1/2}(k)] \\ &= \frac{1}{2}[\delta_{-1}(k) + \delta(k) + \delta(k) + \delta_1(k)] \\ &= \frac{1}{2}[\delta(k+1) + 2\delta(k) + \delta(k-1)], \end{aligned}$$

der man die Fensterwerte $d_1(-1) = d_1(1) = 1/2$ und $d_1(0) = 1$ entnimmt.

Vermeidung der Oszillationen durch dreieckförmige Fensterung

Dank des einfachen Bildungsgesetzes gemäß Gl. (5.88) kann die Frequenzfunktion des Bartlett–Fensters auf die Frequenzfunktion des Rechteckfensters gemäß

$$d_n^F(f) = \frac{1}{n+1}[r_{n/2}^F(f)]^2 \tag{5.90}$$

zurückgeführt werden. Die Frequenzfunktion von $r_{n/2}^F(f)$ ist auch für ungerades n durch Gl. (5.84) gegeben. Wir benötigen diesen Zusammenhang i. F. aber nicht.

Aus

$$r_{n/2}(k) = r_{[-n/2,n/2]}(k) = r_{[0,n]}(k) * \delta_{-n/2}(k)$$

folgt mit Gl. (5.83)

$$\begin{aligned} r_{n/2}^F(f) &= \mathrm{e}^{-\mathrm{j}\,\pi f n} \cdot \frac{\sin[\pi f(n+1)]}{\sin[\pi f]} \cdot \mathrm{e}^{-\mathrm{j}\,2\pi f(-n/2)} \\ &= \frac{\sin[\pi f(n+1)]}{\sin[\pi f]}. \end{aligned}$$

Im Gegensatz zur Frequenzfunktion des Rechteckfensters sind die Werte von $d_n^F(f)$ nicht negativ. Welche Auswirkung hat dies auf die Frequenzfunktion des FIR–Filters? Für den idealen Tiefpass ohne Verzögerung mit der Grenzfrequenz

f_g folgt aus Gl. (5.85)

$$h_n^F(f) = \int_{f-f_g}^{f+f_g} d_n^F(v)dv \geq 0\,. \tag{5.91}$$

Eine Vergrößerung des Integrationsbereichs führt wegen des positiven Vorzeichens von $d_n^F(v)$ auf

$$h_n^F(f) = \int_{f-f_g}^{f+f_g} d_n^F(v)dv \leq \int_{f-1/2}^{f+1/2} d_n^F(v)dv\,.$$

Da $d_n^F(f)$ periodisch mit der Periodendauer 1 ist, kann die Integration auch über den Frequenzbereich $-1/2 \leq f \leq 1/2$ erfolgen, was auf

$$h_n^F(f) \leq \int_{-1/2}^{1/2} d_n^F(v)dv = d_n(0) = 1 \tag{5.92}$$

führt. Die Werte von $h_n^F(f)$ liegen folglich zwischen 0 und 1. Eine Abweichung um 8.9 % wie bei einer Rechteckfensterung kann demnach nicht auftreten. Abb. 5.22 zeigt das Ergebnis für $n = 200$ und $f_g = 0.2$. Oszillationen der Frequenzfunktion wie in Abb. 5.19, S. 260 treten nicht auf. Die Flankensteilheit der beiden Frequenzfunktionen bei der Grenzfrequenz f_g stimmt ungefähr überein. Im Vergleich zur Rechteckfensterung ist die halbe Fensterbreite jedoch doppelt so groß.

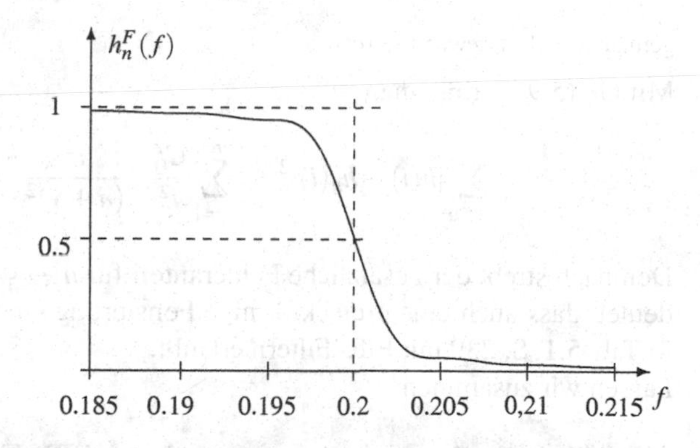

Abb. 5.22 Frequenzfunktion des FIR–Filters bei dreieckförmiger Fensterung mit $n = 200$ für einen idealen Tiefpasses ohne Verzögerung und der Grenzfrequenz $f_g = 0.2$

Annäherung bei einer dreieckförmigen Fensterung

Wir stellen uns die Frage, ob eine dreieckförmige Fensterung die Annäherung des IIR–Filters durch FIR–Filter wie bei einer Rechteckfensterung ebenfalls erlaubt. Dies ist keineswegs selbstverständlich, denn die Abweichung

$$\|h - h_n\|_2^2 = \sum_i |h(i) - h_n(i)|^2 = \sum_{|i|\leq n} |h(i) - h_n(i)|^2 + \sum_{|i|>n} |h(i)|^2 \tag{5.93}$$

weist jetzt gegenüber Gl. (5.72) den zusätzlichen Fehleranteil

$$\sum_{|i|\leq n} |h(i)-h_n(i)|^2 = \sum_{|i|\leq n} |h(i)-w_n(i)\cdot h(i)|^2$$
$$= \sum_{|i|\leq n} h^2(i)\cdot[1-w_n(i)]^2$$

auf. Bei einer dreieckförmigen Fensterung gemäß Gl. (5.87), $d_n(i) = 1 - |i|/(n+1)$ für $|i| \leq n$, beträgt sie

$$\sum_{|i|\leq n} |h(i)-h_n(i)|^2 = \sum_{|i|=1}^{n} h^2(i)\cdot\frac{i^2}{(n+1)^2}\,.$$

Alle IIR–Filter in Tab. 5.1, S. 239 besitzen eine Impulsantwort die wie $1/|k|$ oder schneller für $k \to \infty$ abklingt. Die Impulsantwort des Tiefpasses 1. Ordnung in Tab. 5.1 ist sogar exponentiell abklingend. Für diese Systeme gilt daher mit einer Konstanten C_0 die Abschätzung

$$|h(i)| \leq \frac{C_0}{|i|}\,,\; i \neq 0\,. \tag{5.94}$$

Für den idealen Tiefpass mit der Verzögerungszeit $c = 0$ beispielsweise kann sie wegen

$$|h(i)| = 2f_g\cdot\left|\frac{\sin[2\pi f_g i]}{2\pi f_g i}\right| \leq 2f_g\cdot\frac{1}{2\pi f_g|i|} = \frac{1}{\pi|i|}\,,\; i \neq 0$$

gemäß $C_0 = 1/\pi$ gewählt werden.

Mit Gl. (5.94) erhält man

$$\sum_{|i|\leq n} |h(i)-h_n(i)|^2 \leq \sum_{|i|=1}^{n} \frac{C_0^2}{i^2}\cdot\frac{i^2}{(n+1)^2} = C_0^2\frac{2n}{(n+1)^2}\,.$$

Demnach strebt der zusätzliche Fehleranteil für $n \to \infty$ ebenfalls gegen 0. Dies bedeutet, dass auch eine dreieckförmige Fensterung eine Annäherung der IIR–Filter in Tab. 5.1, S. 239 mit FIR–Filtern erlaubt.

Fassen wir zusammen:

Annäherung eines Faltungssystems durch FIR–Filter

Aus einer Impulsantwort endlicher Energie erhält man durch Rechteckfensterung FIR–Filter, welche das IIR–Filter annähern. Die Annäherung bezieht sich sowohl auf die Ausgangssignale als auch auf die Frequenzfunktion des Systems. Während bei stabilen Systemen die Annäherung an die Frequenzfunktionen gleichmäßig erfolgt, findet bei beliebigen Impulsantworten endlicher Energie nur eine Annäherung im quadratischen Mittel statt. Hierbei können die Frequenzfunktionen der FIR–Filter auch bei beliebig großen Fensterbreiten oszillieren. Dies kann beispielsweise durch eine dreieckförmige Fensterung vermieden werden, wie für den idealen Tiefpass gezeigt wurde.

5.4 Verallgemeinerte Faltungssysteme

Faltungssysteme stellen einen Sonderfall von sog. *verallgemeinerten Faltungssystemen* dar. Es handelt sich um LTI–Systeme, die durch FIR–Filter *angenähert* werden können:

Was ist ein verallgemeinertes Faltungssystem?

Bei einem verallgemeinerten Faltungssystem ergibt sich das Ausgangssignal aus $y(k) = \lim_{n\to\infty} y_n(k)$ mit

$$y_n(k) := (h_n * x)(k) = \sum_i h_n(i)x(k-i) \,. \tag{5.95}$$

Hierbei bezeichnet h_n eine von der natürlichen Zahl n abhängige Impulsantwort eines FIR–Filters und y_n sein Ausgangssignal.

5.4.1 *Beispiele für verallgemeinerte Faltungssysteme*

Der Grenzwertbilder und Mittelwertbilder

Der Grenzwertbilder und Mittelwertbilder aus Tab. 2.1, S. 24 (Systembeispiele 11 und 12) sind zwei Beispiele. Beim Grenzwertbilder ist die Impulsantwort h_n durch

$$h_n(i) = \delta(i-n) \tag{5.96}$$

gegeben, also gleich der Impulsantwort des Verzögerers mit der Verzögerungszeit $c = n$. Aus Gl. (5.95) folgt das Ausgangssignal des Grenzwertbilders gemäß $y(k) = \lim_{n\to\infty} x(k-n) = x(-\infty)$.

Beim Mittelwertbilder ist die Impulsantwort h_n gleich

$$h_n(i) = \begin{cases} \frac{1}{2n+1} : |i| \leq n \\ 0 : \text{sonst} \end{cases} . \tag{5.97}$$

Gl. (5.95) liefert korrekt das Ausgangssignal des Mittelwertbilders gemäß

$$y(k) = \lim_{n\to\infty} \frac{1}{2n+1} \sum_{i=-n}^{n} x(k-i) \,.$$

Worin besteht die Verallgemeinerung?

Bei einem Faltungssystem mit der Impulsantwort h lässt sich das Ausgangssignal $y(k) = \sum_{i=-\infty}^{\infty} h(i)x(k-i)$ gemäß Gl. (5.95) darstellen, indem man

$$h_n(i) = h(i) \cdot r_{[-n,n]}(i) = \begin{cases} h(i) : |i| \leq n \\ 0 : \text{sonst} \end{cases} \tag{5.98}$$

setzt. Die Impulsantworten h_n werden demnach durch Fensterung der Impulsantwort h mit dem Rechteckfenster $r_{[-n,n]}(k)$ gebildet. Faltungssysteme stellen somit einen Sonderfall der Definition gemäß Gl. (5.95) dar. Der Grenzwertbilder und Mittelwertbilder sind Beispiele für verallgemeinerte Faltungssysteme. Der Grenzwertbilder antwortet auf den Dirac–Impuls $x = \delta$ mit $h(k) = x(-\infty) = 0$. Die Mittelwertbildung des Dirac–Impulses ergibt ebenfalls $h(k) = 0$. Beide Systeme besitzen daher die Impulsantwort $h = 0$. Aus $h * x = 0$ folgt, dass der Grenzwertbilder und Mittelwertbilder keine Faltungssysteme sind, sonst wären ihre Ausgangssignale für jedes Eingangssignal gleich dem Nullsignal.

Die Filterkoeffizienten $h_n(i)$ können in einem *Filterkoeffizienten–Schema* wie folgt darstellt werden:

$$h_n(i) = \begin{array}{ccccccc} \ldots & h_0(-2) & h_0(-1) & h_0(0) & h_0(1) & h_0(2) & \ldots \\ \ldots & h_1(-2) & h_1(-1) & h_1(0) & h_1(1) & h_1(2) & \ldots \\ \ldots & h_2(-2) & h_2(-1) & h_2(0) & h_2(1) & h_2(2) & \ldots \\ & & & \ldots & & & \end{array}$$

Die erste Zeile enthält die Filterkoeffizienten $h_n(i)$ für $n = 0$, die weiteren Zeilen enthalten die Filterkoeffizienten für $n = 1\ ,\ 2\ ,\ \ldots$. Da es sich bei h_n um Impulsantworten von FIR–Filtern handelt, enthält jede Zeile nur endlich viele Filterkoeffizienten. Diese Zeilen haben keinen Einfluss auf den in Gl. (5.95) durchzuführenden Grenzübergang. Sie haben vielmehr die Aufgabe, das Bildungsgesetz für die Filterkoeffizienten $h_n(i)$ zu verdeutlichen.

Darstellung eines Faltungssystems

Mit Hilfe des Filterkoeffizienten–Schemas kann auch verdeutlicht werden, worin die Besonderheit eines Faltungssystems besteht. Als Beispiel wird das harmonische Filter mit der Impulsantwort $h(k) = \varepsilon(k-1)/k$ betrachtet. Sein Filterkoeffizienten–Schema lautet:

$$\begin{array}{lllll} 0 & & & & \\ 0 & 1 & & & \\ 0 & 1 & 1/2 & & \\ 0 & 1 & 1/2 & 1/3 & \\ 0 & 1 & 1/2 & 1/3 & 1/4 \\ \ldots & & & & \end{array}$$

In dieser Darstellung bedeuten leere Plätze Filterkoeffizienten $h_n(i) = 0$. Dass es sich um ein Faltungssystem handelt, macht sich darin bemerkbar, dass die Filterkoeffizienten innerhalb jeder Spalte gleich sind. Dies kommt daher, dass sich die Impulsantworten h_n aus der Impulsantwort h durch eine Rechteckfensterung ergeben. Es werden also nur die Filterkoeffizienten $h(i)$ innerhalb des Rechteckfensters $-n \le i \le n$ gemäß Gl. (5.98) übernommen. Tab. 5.4 zeigt neben dem Grenzwertbilder und symmetrischen Mittelwertbilder weitere verallgemeinerte Faltungssysteme, die i. F. eingeführt werden.

Tabelle 5.4 Beispiele für verallgemeinerte Faltungssysteme

System	Impulsantwort h_n
11. Grenzwertbilder	$h_n(i) = \delta(i-n)$
12. Symmetrischer Mittelwertbilder	$h_n(i) = \begin{cases} \frac{1}{2n+1} : -n \leq i \leq n \\ 0 : \lvert i \rvert > n \end{cases}$
13. Kausaler Mittelwertbilder	$h_n(i) = \begin{cases} \frac{1}{n+1} : 0 \leq i \leq n \\ 0 : \text{sonst} \end{cases}$
14. Signal–Detektor (alternierendes Signal)	$h_n(i) = \begin{cases} \frac{1}{n+1}(-1)^i : 0 \leq i \leq n \\ 0 : \text{sonst} \end{cases}$
15. Signal–Detektor	$h_n(i) = \begin{matrix} 1 & & & & & \\ 1/3 & -1/3 & -1/3 & & & \\ 1/6 & -1/6 & -1/6 & 1/6 & 1/6 & 1/6 \\ \dots & & & & & \end{matrix}$
Filterpotenz	$h_n(i) = h_1^{*n}(i)$
16. für $h_1(i) = [\delta(i) + \delta(i-1)]/2$	$h_n(i) = \begin{cases} \left(\frac{1}{2}\right)^n \binom{n}{i} : 0 \leq i \leq n \\ 0 : \text{sonst} \end{cases}$
17. für $h_1(i) = [\delta(i) - \delta(i-1)]/2$	$h_n(i) = \begin{cases} \left(\frac{1}{2}\right)^n \binom{n}{i} (-1)^i : 0 \leq i \leq n \\ 0 : \text{sonst} \end{cases}$

Grenzwertbilder (Systembeispiel 11)
Für den Grenzwertbilder erhält man die Darstellung

$$\begin{matrix} 1 & & & & \\ 0 & 1 & & & \\ 0 & 0 & 1 & & \\ 0 & 0 & 0 & 1 & \\ 0 & 0 & 0 & 0 & 1 \\ \dots & & & & \end{matrix}$$

Es sind nur die Filterkoeffizienten $h_n(i)$ für $i \geq 0$ dargestellt, da die Impulsantworten $h_n(i) = \delta(i-n)$ kausal sind. Die Darstellung beginnt folglich in der ersten Spalte bei $i = 0$.

Symmetrischer Mittelwertbilder (Systembeispiel 12)
Der Mittelwertbilder besitzt die Darstellung

		1		
	1/3	1/3	1/3	
1/5	1/5	1/5	1/5	1/5
		...		

Da die Impulsantworten h_n achsensymmetrisch sind, ergibt sich ein „dreieckförmiges“ Filterkoeffizienten–Schema. Im Gegensatz zum Grenzwertbilder sind die Impulsantworten h_n für $n > 0$ nichtkausal, weswegen auch Filterkoeffizienten links von der mittleren Spalte vorkommen.

Kausaler Mittelwertbilder (Systembeispiel 13)
Der symmetrische Mittelwertbilder ist nichtkausal, da eine Mittelwertbildung symmetrisch zum Ausgabezeitpunkt k erfolgt. Kausalität erreicht man, indem man die Mittelwertbildung bis zum Ausgabezeitpunkt k vornimmt. Dies wird durch den kausalen Mittelwertbilder in Tab. 5.4 erreicht. Sein Filterkoeffizienten–Schema lautet folglich

1				
1/2	1/2			
1/3	1/3	1/3		
1/4	1/4	1/4	1/4	
1/5	1/5	1/5	1/5	1/5
...				

Signal–Detektor (Systembeispiel 14)
Das Filterkoeffizienten–Schema dieses Systems lautet

1				
1/2	−1/2			
1/3	−1/3	1/3		
1/4	−1/4	1/4	−1/4	
1/5	−1/5	1/5	−1/5	1/5
...				

Bei sinusförmiger Anregung mit $x_c(k) = \mathrm{e}^{\mathrm{j}\,2\pi fk}$ folgt

$$\begin{aligned} y_n(k) &= \sum_i h_n(i)x(k-i) = \frac{1}{n+1}\sum_{i=0}^{n}(-1)^i \mathrm{e}^{\mathrm{j}\,2\pi f(k-i)} \\ &= \frac{1}{n+1}\mathrm{e}^{\mathrm{j}\,2\pi fk}\cdot\sum_{i=0}^{n}(-1)^i \mathrm{e}^{-\mathrm{j}\,2\pi fi} \\ &= x_c(k)\cdot\frac{1}{n+1}\sum_{i=0}^{n} q^i \end{aligned} \tag{5.99}$$

mit $q := -\mathrm{e}^{-\mathrm{j}\,2\pi f}$. Hinsichtlich der Frequenz sind die folgenden zwei Fälle zu unterscheiden:

1. Fall: $f = 1/2$.
   Dann ist $q = 1$ und $y_n(k) = x_c(k)$, woraus auch $y(k) = x_c(k)$ folgt.
2. Fall: $0 \leq f < 1/2$.
   Dann ist $q \neq 1$. Aus der geometrischen Summenformel folgt

$$\sum_{i=0}^{n} q^i = \frac{1-q^{n+1}}{1-q}\,.$$

Da der Ausdruck auf der rechten Seite beschränkt ist mit

$$\left|\frac{1-q^{n+1}}{1-q}\right| \leq \frac{|1-q^{n+1}|}{|1-q|} \leq \frac{2}{|1-q|}\,, \tag{5.100}$$

ergibt der Grenzübergang $n \to \infty$ das Ausgangssignal $y(k) = 0$.

Das System reagiert demnach bei einer sinusförmigen Anregung nur dann nicht mit dem Nullsignal, wenn das Eingangssignal alternierend ist, d. h. für die Frequenz $f = 1/2$. Es *detektiert* somit das alternierende Signal bei sinusförmiger Anregung.

Der Signal–Detektor als Korrelator

Das dem Signal–Detektor für alternierende Signale zugrunde liegende Prinzip ist die Bildung der *Korrelation* zweier Signale x_1 und x_2 gemäß

$$\rho[x_1,x_2](k) := \lim_{n\to\infty} \frac{1}{n+1} \sum_{i=0}^{n} x_1(-i)x_2(k-i)\,. \tag{5.101}$$

Der Unterschied zur Korrelation gemäß Gl. (3.10),

$$\rho(k) = \sum_i x(i)h(k+i)\,,$$

besteht darin, dass bei Gl. (5.101) eine Mittelwertbildung für $x_1(-i)x_2(k-i)$ vorgenommen wird, die auch bei nicht abklingenden Signalen möglich ist.

Zur Detektion eines Signals x_0 werden die FIR–Filter gemäß

$$h_n(i) = \begin{cases} \frac{1}{n+1}x_0(-i) : 0 \leq i \leq n \\ 0 : \text{sonst} \end{cases} \tag{5.102}$$

definiert. Für ein Eingangssignal x folgt

$$y_n(k) = \sum_{i=0}^{n} h_n(i)x(k-i) = \frac{1}{n+1} \sum_{i=0}^{n} x_0(-i)x(k-i)\,,$$

woraus $y(k) = \rho[x_0,x](k)$ folgt. Es wird demnach das Eingangssignal x mit dem Signal x_0 korreliert. Eine große Ähnlichkeit des Eingangssignals mit dem Signal x_0 äußert sich in einem großen Korrelationswert. Bei Übereinstimmung $x = x_0$ folgt die durch zeitliche Mittelung gebildete sog. *Autokorrelationsfunktion* $\rho[x_0, x_0]$ des Signals x_0 gemäß

$$\rho[x_0,x_0](k) = \lim_{n\to\infty} \frac{1}{n+1} \sum_{i=0}^{n} x_0(-i)x_0(k-i)\,. \tag{5.103}$$

Für den Signal–Detektor für alternierende Signale ist $x_0(i) = (-1)^i$. Für $k = 0$ wird der maximale Wert angenommen:

$$\rho[x_0,x_0](k=0) = \lim_{n\to\infty} \frac{1}{n+1} \sum_{i=0}^{n} x_0^2(-i) = 1\,. \tag{5.104}$$

Dagegen ist beispielsweise das konstante Signal $x(k) = 1$ nicht mit der alternierenden Signal x_0 korreliert:

$$\rho[x_0,x](k=0) = \lim_{n\to\infty} \frac{1}{n+1} \sum_{i=0}^{n} (-1)^{-i} = 0\,.$$

Die beiden Mittelwertbilder sind ebenfalls Signal–Detektoren. Sie detektieren unter den sinusförmigen Signalen das konstante Signal. Darauf wird in Abschn. 5.4.3 näher eingegangen.

Signal–Detektor (Systembeispiel 15)
Systembeispiel 15 in Tab. 5.4, S. 271 ist ein Signal–Detektor für das Signal gemäß Abb. 5.23. Es besteht aus Gruppen mit konstanten Signalwerten 1 oder -1. Die erste Gruppe enthält den Signalwert $x_0(0) = 1$. Die zweite Gruppe enthält die Signalwerte $x_0(-1) = x_0(-2) = -1$. Allgemein enthält die Gruppe mit der Gruppennummer g den Signalwert $(-1)^{g-1}$ genau g–mal.

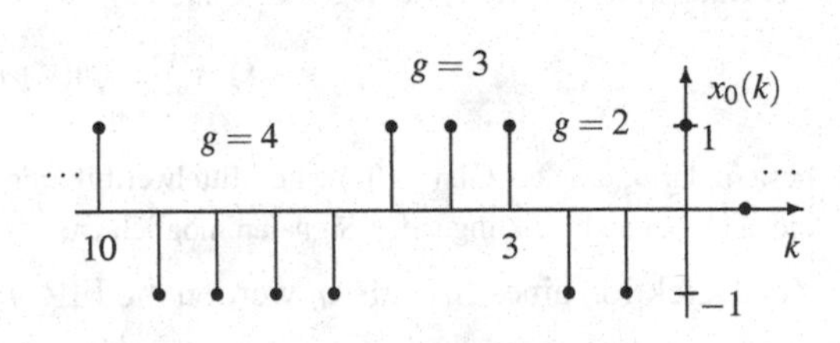

Abb. 5.23 Das Signal x_0 wird durch den Signal–Detektor, Systembeispiel 15, detektiert. Das Signal besteht aus Gruppen gleicher Signalwerte 1 oder -1. Mit g wird die Gruppennummer bezeichnet.

Zur Detektion des Signals x_0 werden die FIR–Filter gemäß Gl. (5.102) in der Form

$$h_n(i) = \begin{cases} \frac{1}{n_\Sigma} x_0(-i) : 0 \le i \le n_\Sigma - 1 \\ 0 : \text{sonst} \end{cases}, \; n \ge 1 \tag{5.105}$$

verwendet. Hierbei gibt n die Anzahl der Gruppen an, weswegen die Folge der Impulsantworten h_n bei $n = 1$ startet. Die Anzahl der Signalwerte für n Gruppen ist

$$n_\Sigma := 1 + 2 + \cdots + n = n(n+1)/2\,,$$

woraus die Werte $n_\Sigma = 1\,,3\,,6\,,10\,,\ldots$ resultieren. Es wird somit eine Mittelung über n vollständige Gruppen vorgenommen. Für das Eingangssignal x_0 folgt

$$y(k) = \rho[x_0,x_0](k) = \lim_{n\to\infty} \frac{1}{n_\Sigma} \sum_{i=0}^{n_\Sigma-1} x_0(-i)x_0(k-i)\,. \tag{5.106}$$

Für $k = 0$ folgt

$$y(k=0) = \lim_{n\to\infty} \frac{1}{n_\Sigma} \sum_{i=0}^{n_\Sigma-1} x_0^2(-i) = 1\,. \tag{5.107}$$

Das System weist gegenüber sinusförmigen Eingangssignalen ein „merkwürdiges" Verhalten auf, denn es reagiert bei allen Frequenzen mit dem Nullsignal (vgl. Abschn. 5.4.3). Das System detektiert somit das Signal x_0 in einem „Signalgemisch", bestehend aus dem Signal x_0 und sinusförmigen Signalen.

Filterpotenzen

Die Systembeispiele 16 und 17 sind sog. *Filterpotenzen*. Die Impulsantworten der FIR–Filter entstehen durch n–fache Faltung einer Impulsantwort h_1. Aus dem Faltungssatz folgen die Frequenzfunktionen

$$h_n^F(f) = [h_1^F(f)]^n\,. \tag{5.108}$$

Die Frequenzfunktionen $h_1^F(f)$ der Systembeispiele 16 und 17 haben im Frequenzbereich $0 \le f \le 1/2$ einen Betrag kleiner als 1 bis auf eine Frequenz f_0 mit $h_1^F(f_0) = 1$, wie in Abschn. 5.4.3 näher ausgeführt wird. Daraus folgt, dass die Frequenzfunktionen $h_n^F(f)$ für $f = f_0$ gegen 1 und für $f \ne f_0$ gegen 0 streben. Darauf beruht die Detektierbarkeit sinusförmiger Signale der Frequenz f_0.

Mittelwertbildung mit Systembeispiel 16

Das FIR–Filter mit der Impulsantwort $h_1(k) := [\delta(k) + \delta(k-1)]/2$ nimmt eine Mittelung des Eingangssignals gemäß $y_1(k) = [x(k) + x(k-1)]/2$ vor. Es erfolgt demnach eine paarweise Mittelung der Eingangswerte. Die Impulsantworten $h_n = h_1^{*n}$ können mit Hilfe der z–Transformation bestimmt werden. Für die Übertragungsfunktion folgt mit Hilfe der binomischen Formel, wie bei der Herleitung von Gl. (4.14),

$$\begin{aligned} H_n(z) &= [(1+z^{-1})/2]^n = \left(\frac{1}{2}\right)^n \sum_{i=0}^{n} \binom{n}{i} [z^{-1}]^i 1^{n-i} \\ &= \left(\frac{1}{2}\right)^n \sum_{i=0}^{n} \binom{n}{i} z^{-i}\,, \end{aligned}$$

der man die in Tab. 5.4, S. 271 angegebenen Filterkoeffizienten

$$h_n(i) = \left(\frac{1}{2}\right)^n \binom{n}{i}\,,\; 0 \le i \le n \tag{5.109}$$

entnimmt. Das Filterkoeffizienten–Schema lautet folglich

1				
1/2	1/2			
1/4	2/4	1/4		
1/8	3/8	3/8	1/8	
1/16	4/16	6/16	4/16	1/16
...				

Sind die Mittelwertbilder 13 und 16 identisch?
Die Systembeispiele 13 und 16 führen beide eine Mittelwertbildung durch. Die Systemoperationen stimmen jedoch nicht überein.

Das Signal

$$x(k) := (-1)^k \cdot k \tag{5.110}$$

ist für Systembeispiel 16, aber nicht für Systembeispiel 13 als Eingangssignal erlaubt:
Für **Systembeispiel 13** ist

$$y_n(0) = \frac{1}{n+1}\sum_{i=0}^{n} x(-i) = \frac{1}{n+1}[0-1+2+\cdots+(-1)^n \cdot n] .$$

Für die vorstehende Summe erhält man beispielsweise für

$$n=4 \; : \; -1+2-3+4=(-1+2)+(-3+4)=1+1=n/2 ,$$
$$n=5 \; : \; -1+2-3+4-5=-1+(2-3)+(4-5)=-1-1-1=-(n+1)/2 .$$

Allgemeiner gilt

$$(n+1)y_n(0) = \begin{cases} n/2 : n \text{ gerade} \\ -(n+1)/2 : n \text{ ungerade} \end{cases} . \tag{5.111}$$

$y_n(0)$ konvergiert nicht für $n \to \infty$, so dass das Signal x kein erlaubtes Eingangssignal ist.
Für **Systembeispiel 16** ist zunächst

$$2y_1(k) = x(k)+x(k-1) = (-1)^k \cdot k + (-1)^{k-1} \cdot (k-1) = (-1)^k \cdot [k-(k-1)] = (-1)^k .$$

Nochmalige Filterung ergibt $y_2(k) = [y_1(k)+y_1(k-1)]/2 = 0$, woraus das Nullsignal $y(k) = 0$ folgt.

Systembeispiel 17
Die Filterkoeffizienten $h_n(i)$ für Systembeispiel 17 unterscheiden sich von Gl. (4.14), den Filterkoeffizienten für eine n–fache Differenziation, nur im Faktor $(1/2)^n$. Das Filterkoeffizienten–Schema lautet

1				
1/2	−1/2			
1/4	−2/4	1/4		
1/8	−3/8	3/8	−1/8	
1/16	−4/16	6/16	−4/16	1/16
...				

5.4.2 Eigenschaften verallgemeinerter Faltungssysteme

Warum sind die Systembeispiele 11–17 keine Faltungssysteme?
Die Impulsantwort eines verallgemeinerten Faltungssystems erhält man aus

$$h(i) = \lim_{n\to\infty} y_n(i) \ , \ y_n = h_n * \delta = h_n$$

gemäß

$$h(i) = \lim_{n\to\infty} h_n(i) \ . \tag{5.112}$$

Die Systembeispiele 11–17 besitzen alle die Impulsantwort $h = 0$. Dies wird auch durch das Filterkoeffizienten–Schema dieser Systeme verdeutlicht. Der Wert $h(i)$ ergibt sich nämlich durch Grenzübergang $n \to \infty$ innerhalb der Spalte mit den Filterkoeffizienten $h_n(i)$.

Die Filterkoeffizienten für Systembeispiel 16
Für Systembeispiel 16 stellen die Filterkoeffizienten $h_n(i)$ eine binomische Verteilung für den Parameter $p := 0.5$ dar. Die Filterkoeffizienten $h_n(i)$ geben hierbei die Wahrscheinlichkeit dafür an, dass bei n unabhängigen Würfen einer symmetrischen Münze die Seite „Wappen" genau i–mal auftritt. Für große n ist die binomische Verteilung einer Normalverteilung ähnlich, welche den gleichen Erwartungswert und die gleiche Varianz wie die binomische Verteilung besitzt [18]. Da die Varianz gleich $\sigma^2 = np(1-p) = n/4$ beträgt, folgt für große n für die Filterkoeffizienten der maximale Wert

$$\frac{1}{\sqrt{2\pi\sigma^2}} = \frac{1}{\sqrt{\pi n/2}} \ ,$$

der für $n \to \infty$ gegen 0 strebt.

Da die Systembeispiele 11–17 die Impulsantwort $h = 0$ besitzen, sind diese Systeme keine Faltungssysteme: Aus $h = 0$ folgt nämlich $h * x = 0$. Ein Faltungssystem mit dieser Impulsantwort würde für jedes Eingangssignal mit dem Ausgangssignal $y = h * x = 0$ antworten, was für die Systembeispiele 11–17 jedoch nicht zutrifft.

Warum sind die Systembeispiele 11–17 dennoch LTI–Systeme?
Das Ausgangssignal eines verallgemeinerten Faltungssystems ergibt sich aus den Ausgangssignalen

$$y_n = S_n(x) := x * h_n \ ,$$

wobei der Grenzübergang $n \to \infty$ für jeden Ausgabezeitpunkt k vorzunehmen ist. Das FIR–Filter mit der Impulsantwort h_n wird i. F. als System S_n bezeichnet. Bei den Systemen S_n handelt es sich somit um LTI–Systeme. Es stellt sich die Frage, ob die LTI–Eigenschaft dieser Systeme beim Grenzübergang

$$y = S(x) \ , \ S(x) := \lim_{n\to\infty} S_n(x) \tag{5.113}$$

erhalten bleibt. Es stellt sich heraus, dass die LTI–Eigenschaft nicht nur für FIR–Filter, sondern für beliebige LTI–Systeme S_n richtig ist (Nachweis folgt). Es muss lediglich vorausgesetzt werden, dass für ein Eingangssignal x der Grenzübergang für jeden Ausgabezeitpunkt k vorgenommen werden kann. Die Verallgemeinerung eines Faltungssystems ist demnach nicht auf FIR–Filter beschränkt. Man könnte eine Verallgemeinerung von Faltungssystemen auch mit Hilfe einer Folge von IIR–Filtern vornehmen oder sogar verallgemeinerte Faltungssysteme zur Konstruktion neuer LTI–Systeme benutzen (s. Problem 5.7).

Verallgemeinerte Faltungssysteme sind LTI–Systeme
Es sei S_n eine Folge von LTI–Systemen. Mit Ω wird der Signalraum der Eingangssignale bezeichnet. Folglich sind für $x \in \Omega$ die Systeme S_n sowie das System S, gegeben durch Gl. (5.113), definiert. Wir überzeugen uns davon, dass das System S ein LTI–System ist.

1. Linearität:
   Es seien $x_1, x_2 \in \Omega$ und λ_1, λ_2 zwei reelle Zahlen. Da die Systeme S_n linear sind und die Grenzwerte $S_n(x_1)(k) \to S(x_1)(k)$ und $S_n(x_2)(k) \to S(x_2)(k)$ für jeden Ausgabezeitpunkt k besitzen, folgt für jedes k
$$\begin{aligned} S(\lambda_1 x_1 + \lambda_2 x_2)(k) &= \lim_{n\to\infty} S_n(\lambda_1 x_1 + \lambda_2 x_2)(k) \\ &= \lim_{n\to\infty} [\lambda_1 S_n(x_1)(k) + \lambda_2 S_n(x_2)(k)] \\ &= \lambda_1 \lim_{n\to\infty} S_n(x_1)(k) + \lambda_2 \lim_{n\to\infty} S_n(x_2)(k) \\ &= \lambda_1 S(x_1)(k) + \lambda_2 S(x_2)(k)\,. \end{aligned}$$
2. Zeitinvarianz:
   Es sei $x \in \Omega$ und c ganzzahlig. Wir zeigen, dass eine Verzögerung des Eingangssignals x um c Zeiteinheiten eine Verzögerung des Ausgangssignals $S(x)$ um ebenfalls c Zeiteinheiten bewirkt. Da die Systeme S_n zeitinvariant sind und den Grenzwert $S_n(x)(k) \to S(x)(k)$ für jeden Ausgabezeitpunkt k besitzen, folgt für jedes k
$$\begin{aligned} S(\tau_c(x))(k) &= \lim_{n\to\infty} S_n(\tau_c(x))(k) = \lim_{n\to\infty} \tau_c(S_n(x))(k) \\ &= \lim_{n\to\infty} S_n(x)(k-c) = S(x)(k-c)\,. \end{aligned}$$

Warum werden LTI–Systeme mit Faltungssystemen gleichgesetzt?

Die folgende Argumentation führt das Ausgangssignal eines LTI–Systems auf eine Faltung zurück. Worin besteht der Fehler bei dieser Argumentation?

$$\begin{aligned} y(k) = S(x)(k) &= S\left(\lim_{n\to\infty} \sum_{i=-n}^{n} x(i)\delta(k-i)\right) \\ &= \lim_{n\to\infty} S\left(\sum_{i=-n}^{n} x(i)\delta(k-i)\right) \\ &= \lim_{n\to\infty} \sum_{i=-n}^{n} x(i)h(k-i) = \sum_{i=-\infty}^{\infty} x(i)h(k-i)\,. \end{aligned} \tag{5.114}$$

Zunächst wird das Eingangssignal mit Hilfe seiner Impulse $x(i)\delta(k-i)$ dargestellt. Bei der ersten Umformung wird die Systemoperation S mit der Grenzwertbildung $n \to \infty$ vertauscht. Bei der zweiten Umformung wird die Linearität und Zeitinvarianz des Systems S benötigt. Dies führt auf die Faltungssumme am Ende der Argumentation. Der Fehler bei dieser Argumentation kann nur in der ersten

Umformung bestehen. Mit Hilfe des gefensterten Eingangssignals

$$x_n(k) := r_{[-n,n]}(k) \cdot x(k)$$

kann sie gemäß

$$S(x) = S(\lim_{n\to\infty} x_n) \stackrel{!}{=} \lim_{n\to\infty} S(x_n) \tag{5.115}$$

dargestellt werden. Sie beinhaltet eine Vertauschung der Systemoperation mit der Grenzwertbildung $n \to \infty$. Für den Grenzwertbilder beispielsweise liefert die rechte Seite $S(x_n) = x_n(-\infty) = 0$, da x_n ein Einschaltvorgang ist. Andererseits ist die linke Seite gleich $x(-\infty)$. Übereinstimmung besteht also nur für linksseitig abklingende Eingangssignale. Für Eingangssignale mit $x(-\infty) \neq 0$ dagegen besteht keine Übereinstimmung.

LTI–Systeme mit der Impulsantwort 0

Aus der Impulsantwort $h = 0$ folgt — sofern es sich nicht um das Nullsystem handelt — dass kein Faltungssystem vorliegt. Der Umkehrungschluss gilt jedoch nicht. Beispielsweise besitzt das System mit dem Ausgangssignal

$$y(k) = x(-\infty) + x(k) - x(k-1)$$

die Impulsantwort $h(i) = \delta(i) - \delta(i-1)$ des Differenzierers. Es liegt jedoch keine Faltungsoperation vor, sonst wäre wegen $x(-\infty) = y(k) - [x(k) - x(k-1)]$ die Grenzwertbildung ebenfalls eine Faltungsoperation. Ein verallgemeinertes Faltungssystem ist somit nicht durch die Impulsantwort $h = 0$ gekennzeichnet.

LTI–Systemen mit der Impulsantwort $h = S(\delta) = 0$ kommt insofern eine besondere Bedeutung zu, als sich ein beliebiges LTI–System als Summe zweier LTI–Systeme gemäß

$$S(x) = [S(x) - h * x] + [h * x] \tag{5.116}$$

darstellen lässt — vorausgesetzt, dass das Signal x mit h faltbar ist. Das erste System ist ein LTI–System mit der Impulsantwort $S(\delta) - h = 0$. Das zweite System ist ein Faltungssystem mit der Impulsantwort h. Ein LTI–System besitzt somit zwei Systemkomponenten: Ein LTI–System mit der Impulsantwort 0 und eine Faltungskomponente.

Eingangssignale, für die eine Faltungsdarstellung besteht

Für bestimmte Eingangssignale ist die erste Systemkomponente gleich 0 und es gilt die Faltungsdarstellung $y = h * x$. Die Faltungsdarstellung besteht nach den Ergebnissen in Abschn. 3.1 wenigstens in einem der beiden folgenden Fälle:

1. Das Eingangssignal ist von endlicher Dauer.
2. Das LTI–System ist kausal und das Eingangssignal ist ein Einschaltvorgang.

In beiden Fällen sind für einen Ausgabezeitpunkt k nur die endlich vielen Eingangsimpulse $x(i)\delta(k-i)$ für $i \leq k$ zu berücksichtigen. Der Grenzübergang $n \to \infty$ in Gl. (5.114) muss daher nicht durchgeführt werden, so dass die Faltungsdarstellung gilt. Die Systembeispiele 11–17 sind bis auf den symmetrischen Mittelwertbilder kausal. Das Ausgangssignal dieser Systeme ergibt sich für Einschaltvorgänge folglich durch Faltung des Eingangssignals mit der Impulsantwort. Da diese Systeme die Impulsantwort $h = 0$ besitzen, reagieren sie bei Anregung mit einem Einschaltvorgang mit dem Nullsignal. Sie kommen daher „erst zum Zug", wenn sie nicht mit einem Einschaltvorgang angeregt werden.

Kausalität verallgemeinerter Faltungssysteme
Da die Systembeispiele 11–17 bis auf den symmetrischen Mittelwertbilder kausal sind, kann ihre Annäherung durch kausale FIR–Filter erfolgen. Das Filterkoeffizienten–Schema $h_n(i)$ „beginnt" somit bei $i = 0$, d. h. es ist

$$h_n(i) = 0 \text{ für } \; i < 0\,. \tag{5.117}$$

Umgekehrt ergibt sich aus dieser Bedingung die Kausalität des verallgemeinerten Faltungssystems. Um dies nachzuprüfen, werden zwei Eingangssignale x_1 und x_2 betrachtet, die bis zu einem Zeitpunkt k_0 übereinstimmen, d. h. es gilt $x_1(i) = x_2(i)$ für $i \leq k_0$. Wir überzeugen uns davon, dass die Ausgangswerte $y_1(i)$ und $y_2(i)$ für $i \leq k_0$ ebenfalls übereinstimmen:
Für das Differenz–Signal $x := x_1 - x_2$ gilt zunächst

$$x(i) = x_1(i) - x_2(i) = 0 \text{ für } \; i \leq k_0\,.$$

Aus der Kausalität der FIR–Filter folgt

$$y_n(k) = \sum_i h_n(i)x(k-i) = h_n(0)x(k) + h_n(1)x(k-1) + \cdots = 0 \text{ für } \; k \leq k_0\,.$$

Die Ausgangswerte aller FIR–Filter sind demnach bis zum Zeitpunkt k_0 gleich 0. Dies trifft folglich auch für die Grenzwerte

$$y(k) = \lim_{n\to\infty} y_n(k)$$

zu. Daher ist $y(k) = y_1(k) - y_2(k) = 0$ für $k \leq k_0$, d. h. die Ausgangssignale y_1 und y_2 stimmen bis zum Zeitpunkt k_0 ebenfalls überein.

Stabilität verallgemeinerter Faltungssysteme
Sind die Systembeispiele 11–17 stabil? Nach Gl. (2.18) sind bei einem stabilen System die Ausgangswerte begrenzt, wenn nur die Eingangswerte begrenzt sind. Daher müssen die Ausgangswerte des verallgemeinerten Faltungssystems abgeschätzt werden. Nach Gl. (3.29) gilt für die Ausgangswerte der FIR–Filter die Abschätzung

$$|y_n(k)| \leq \|y_n\|_\infty \leq \|h_n\|_1 \cdot \|x\|_\infty\,,$$

wobei $\|y_n\|_\infty$ und $\|x\|_\infty$ die Maximumnorm der Signale y_n bzw. x bezeichnen und $\|h_n\|_1$ die Absolutnorm der Impulsantwort h_n. Aus der Bedingung

$$\|h_n\|_1 = \sum_i |h_n(i)| \leq C \tag{5.118}$$

mit einer Konstanten C, die eine obere Schranke für $\|h_n\|_1$ für *alle n* darstellen soll, folgt

$$|y_n(k)| \leq C \cdot \|x\|_\infty$$

und daraus durch Grenzübergang $n \to \infty$ die Abschätzung

$$|y(k)| \leq C \cdot \|x\|_\infty . \tag{5.119}$$

Stabilität besteht demnach unter der Bedingung Gl. (5.118). Diese Bedingung stellt ein hinreichendes *Stabilitäts–Kriterium* für ein verallgemeinertes Faltungssystems dar. Sie verallgemeinert das Stabilitätskriterium für Faltungssysteme gemäß Gl. (3.25).

Stabilität der Systembeispiele 11–17

Mit Hilfe des Stabilitätskriteriums prüfen wir nach, dass die Systembeispiele 11–17 stabil sind.

- Systembeispiele 11–15:
  Die Impulsantworten dieser Systeme gemäß Tab. 5.4, S. 271 erfüllen die einfache Gesetzmäßigkeit

$$\|h_n\|_1 = \sum_i |h_n(i)| = 1 . \tag{5.120}$$

  Das Stabilitätskriterium Gl. (5.118) ist somit mit $C = 1$ erfüllt.
- Systembeispiele 16 und 17:
  Die Systembeispiele 16 und 17 gemäß Tab. 5.4, S. 271 entnimmt man

$$\|h_n\|_1 = \sum_i |h_n(i)| = \left(\frac{1}{2}\right)^n \sum_{i=0}^{n} \binom{n}{i} .$$

  Aus der Binomischen Formel folgt

$$2^n = (1+1)^n = \sum_{i=0}^{n} \binom{n}{i} 1^i \cdot 1^{n-i} = \sum_{i=0}^{n} \binom{n}{i} .$$

  Damit erhält man auch für diese Systeme $\|h_n\|_1 = 1$. Das Stabilitätskriterium Gl. (5.118) ist somit für beide Filterpotenzen ebenfalls mit $C = 1$ erfüllt.

Aus der Stabilität der Systembeispiele 11–17 ergibt sich eine wichtige Schlussfolgerung. Nach Gl. (2.21) gilt für stabile lineare Systeme

$$\|y_1 - y_2\|_\infty \leq C \cdot \|x_1 - x_2\|_\infty .$$

Kleine „Abweichungen“ am Eingang dieser Systeme führen daher zu kleinen Abweichungen am Ausgang. Sie verhalten sich in diesem Sinn *stetig*.

Welche Eingangssignale sind für die Systembeispiele erlaubt?
Wie bei Faltungssystemen sind auch bei verallgemeinerten Faltungssystemen nicht alle Signale als Eingangssignale erlaubt. Für den Grenzwertbilder beispielsweise muss der linksseitige Grenzwert gebildet werden. Die Systemoperation ist daher nur für Signale erlaubt, die einen linksseitigen Grenzwert $x(-\infty)$ besitzen. Die Systemoperation ist beispielsweise für konstante Signale erlaubt, für andere sinusförmige Signale dagegen nicht. Bereits für den Mittelwertbilder gestaltet sich die Aufgabe, die erlaubten Eingangssignale anzugeben, als schwierig. Man könnte vermuten, dass eine Mittelwertbildung für alle beschränkten Signale möglich ist. Dies ist jedoch nicht der Fall, wie das folgende Beispiel zeigt.

Ein beschränktes Signal ohne Mittelwert
Als Gegenbeispiel wird das folgende Signal betrachtet. Es besitzt wie das Signal in Abb. 5.23, S. 274 Gruppen mit konstanten Signalwerten 1 oder -1. Die erste Gruppe enthält den Signalwert $x_0(0) = 1$. Die zweite Gruppe enthält die Signalwerte $x_0(-1) = x_0(-2) = -1$. Die dritte Gruppe enthält den Signalwert 1 viermal. Allgemein enthält die Gruppe mit der Gruppennummer g den Signalwert $(-1)^{g-1}$ genau 2^g–mal. Die kausale Mittelwertbildung über $n+1$ Eingangswerte ergibt für $k=0$

$$y_n(0) = \frac{1}{n+1} \sum_{i=0}^{n} x_0(-i) \,.$$

Bezüglich des Grenzübergangs $n \to \infty$ weist dieser Ausdruck ein „merkwürdiges" Verhalten auf. Wird eine Mittelung über G Gruppen vorgenommen, d. h. für

$$n+1 = 1+2+4+\cdots+2^G = \frac{1-2^{G+1}}{1-2} = 2^{G+1}-1 \,,$$

erhält man mit der geometrischen Summenformel

$$\begin{aligned} y_n(0) &= \frac{1}{n+1}[1-2+4-\cdots+(-1)^G \cdot 2^G] \\ &= \frac{1}{n+1} \cdot \frac{1-(-2)^{G+1}}{1-(-2)} \\ &= \frac{-1}{2^{G+1}-1} \cdot \frac{(-2)^{G+1}-1}{3} \,. \end{aligned} \tag{5.121}$$

Für ungerades G folgt $y_n(0) = -1/3$. Für gerades G folgt

$$y_n(0) \approx \frac{1}{2^{G+1}} \cdot \frac{2^{G+1}}{3} = \frac{1}{3} \,.$$

Die Werte $y_n(0)$ „bewegen" sich somit zwischen $\pm 1/3$, so dass die Folge $y_n(0)$ nicht konvergiert. Eine Mittelung des Signals x_0 ist daher nicht möglich. Dies liegt daran, dass eine neue Gruppe g 2^g Eingangswerte umfasst und damit ungefähr doppelt soviel Eingangswerte, wie alle vorherigen Gruppen zusammen:

$$1+2+4+\cdots+2^{g-1}=2^g-1\,.$$

Für den Mittelwertbilder sind somit nicht alle beschränkten Signale als Eingangssignale erlaubt. In dieser Hinsicht verhält sich der (stabile) Mittelwertbilder anders als ein stabiles Faltungssystem, für das jedes beschränkte Signal als Eingangssignal erlaubt ist (vgl. Abschn. 3.2).

5.4.3 Die Frequenzfunktion verallgemeinerter Faltungssysteme

Die Frequenzfunktion eines verallgemeinerten Faltungssystems
Eine sinusförmige Anregung des Grenzwertbilders ist für Frequenzen $0<f\leq 1/2$ nicht erlaubt, da der linksseitige Grenzwert $x(-\infty)$ nicht gebildet werden kann. Für die übrigen Systembeispiele 12–17 stellt sich heraus, dass eine sinusförmige Anregung erlaubt ist. Die Fähigkeit des Systembeispiels 14 beispielsweise beruht gerade auf seinem Verhalten für sinusförmige Anregung. Analog Gl. (5.99) für Systembeispiel 14 wird zunächst das Ausgangssignal des FIR–Filters mit der Impulsantwort h_n bei einer sinusförmigen Anregung mit $x_c(k)=e^{j\,2\pi fk}$ betrachtet. Man erhält das Ausgangssignal des FIR–Filters gemäß

$$y_n(k)=x_c(k)\cdot h_n^F(f)$$

mit

$$h_n^F(f)=\sum_i h_n(i)\,e^{-j\,2\pi fi}\,. \qquad (5.122)$$

Folglich ist das Ausgangssignal definiert, wenn der Grenzwert

$$\lim_{n\to\infty} h_n^F(f)$$

gebildet werden kann. Diesen Grenzwert nennen wir die Frequenzfunktion des verallgemeinerten Faltungssystems:

Was ist die Frequenzfunktion eines verallgemeinerten Faltungssystems?
Für ein verallgemeinertes Faltungssystem mit dem Filterkoeffizienten–Schema $h_n(i)$ ist die Funktion

$$S^F(f):=\lim_{n\to\infty} h_n^F(f) \qquad (5.123)$$

die Frequenzfunktion des Systems.

Die Frequenzfunktion des Systems ergibt sich demnach aus den Frequenzfunktionen der FIR–Filter, welche das System annähern. Ihre Bedeutung besteht wie bei Faltungssystemen darin, dass bei einer sinusförmigen Anregung des Systems mit $x_c(k) = \mathrm{e}^{\mathrm{j}\,2\pi fk}$ das Ausgangssignal

$$y_c(k) = x_c(k) \cdot S^F(f) \tag{5.124}$$

resultiert. Wie bei Faltungssystemen ist die Frequenzfunktion periodisch mit der Periode 1 und konjugiert gerade, denn diese Eigenschaften gelten für die Frequenzfunktionen der FIR–Filter. Das Ausgangssignal bei Anregung mit dem sinusförmigen Signal $x_1(k) = \cos[2\pi fk]$ ergibt sich wie bei einem Faltungssystem gemäß

$$y_1(k) = \mathrm{Re}\,[y_c(k)] = |S^F(f)| \cdot \cos[2\pi fk + \arg S^F(f)]\,. \tag{5.125}$$

Eine entsprechende Beziehung besteht für die Anregung mit dem Signal $x_2(k) = \sin[2\pi fk]$.

Systeme ohne Frequenzfunktion
Wie bei Faltungssystemen muss die Frequenzfunktion nicht existieren. Für den Grenzwertbilder beispielsweise erhält man

$$h_n^F(f) = \mathrm{e}^{-\mathrm{j}\,2\pi fn}\,.$$

Da der Grenzwert für $n \to \infty$ für Frequenzen $0 < f \leq 1/2$ nicht gebildet werden kann, ist die Frequenzfunktion für diese Frequenzen nicht definiert. Dies steht im Einklang damit, dass der Grenzwert $x(-\infty)$ für ein nicht konstantes sinusförmiges Signal nicht gebildet werden kann.

Sinus–Detektor
Die Systembeispiele 13 und 14 besitzen die folgende Form:

$$h_n(i) = \begin{cases} \frac{1}{n+1}\cos[2\pi f_0 i] : 0 \leq i \leq n \\ 0 : \text{sonst} \end{cases}, \; 0 \leq f_0 \leq 1/2\,. \tag{5.126}$$

Für $f_0 = 0$ erhält man daraus die FIR–Impulsantworten des kausalen Mittelwertbilders und für $f_0 = 1/2$ die des Signal–Detektors für alternierende Signale gemäß Tab. 5.4, S. 271. Die vorstehenden FIR–Impulsantworten definieren einen Korrelator gemäß Gl. (5.102) für das Signal $x_0(i) = \cos[2\pi f_0 i]$. Für $f_0 = 0$ und $f_0 = 1/2$ findet man für die Frequenzfunktion (Nachweis folgt)

$$S^F(f) = \begin{cases} 1 : f = f_0 \\ 0 : 0 \leq f \leq 1/2\,,\; f \neq f_0 \end{cases}, \tag{5.127}$$

welche Tab. 5.5 zeigt (Systembeispiele 12–14). Für $0 < f_0 < 1/2$ stimmt die Frequenzfunktion $S^F(f)$ mit Gl. (5.127) bis auf den Faktor $1/2$ überein. Wird anstelle von h_n die Impulsantwort $g_n := 2h_n$ verwendet, besteht Übereinstimmung auch für $0 < f_0 < 1/2$.

Bestimmung der Frequenzfunktion des Sinus–Detektors
Es wird vorausgesetzt, dass beide Frequenzen f und f_0 im Frequenzbereich

$$0 \leq f \leq 1/2 \,, \, 0 \leq f_0 \leq 1/2$$

liegen. Zunächst erhält man

$$\begin{aligned} h_n^F(f) &= \frac{1}{n+1} \sum_{i=0}^{n} \cos[2\pi f_0 i]\, \mathrm{e}^{-\mathrm{j}\,2\pi f i} \\ &= \frac{1}{n+1} \sum_{i=0}^{n} \frac{1}{2} \cdot \left[\mathrm{e}^{\mathrm{j}\,2\pi f_0 i} + \mathrm{e}^{-\mathrm{j}\,2\pi f_0 i} \right] \mathrm{e}^{-\mathrm{j}\,2\pi f i} \\ &= \frac{1}{n+1} \cdot \frac{1}{2} \sum_{i=0}^{n} \underbrace{\left[\mathrm{e}^{-\mathrm{j}\,2\pi (f-f_0)} \right]}_{q_1}^{i} + \frac{1}{n+1} \cdot \frac{1}{2} \sum_{i=0}^{n} \underbrace{\left[\mathrm{e}^{-\mathrm{j}\,2\pi (f+f_0)} \right]}_{q_2}^{i} . \end{aligned}$$

Es wird i. F. der erste Summand mit $S_1(n)$ und der zweite Summand mit $S_2(n)$ bezeichnet. Es handelt sich in beiden Fällen um eine geometrische Summe mit den Parametern q_1 und q_2 in den eckigen Klammern. Hinsichtlich der Frequenz sind die folgenden zwei Fälle zu unterscheiden:

1. Fall: $f = f_0$.
   Dann ist $q_1 = 1$ und damit $S_1(n) = 1/2$.
   Für $S_2(n)$ betrachten wir die folgenden zwei Fälle.

   a. $f_0 = 0$ oder $f_0 = 1/2$:
      Dann ist $f + f_0$ gleich 0 oder 1 und daher $q_2 = 1$, woraus $S_2(n) = 1/2$ folgt.
   b. $0 < f_0 < 1/2$:
      Dann ist $0 < f + f_0 = 2f_0 < 1$. Daher ist $q_2 \neq 1$ und damit

      $$S_2(n) = \frac{1}{n+1} \cdot \frac{1}{2} \sum_{i=0}^{n} q_2^i = \frac{1}{n+1} \cdot \frac{1}{2} \frac{1-q_2^{n+1}}{1-q_2} .$$

      Da der letzte Bruch gemäß Gl. (5.100) beschränkt ist, folgt $S_2(n) \to 0$ für $n \to \infty$.

   Für $n \to \infty$ folgt

   $$h_n^F(f_0) \to \begin{cases} 1 : f_0 = 0 \;\text{ oder }\; f_0 = 1/2 \\ 1/2 : 0 < f_0 < 1/2 \end{cases} . \tag{5.128}$$

2. Fall: $f \neq f_0 \,, \, 0 \leq f \leq 1/2$.
   Dann ist wegen $0 \leq f_0 \leq 1/2$ auch $0 < f + f_0 < 1$. Daher sind sowohl $f - f_0$ als auch $f + f_0$ nichtganzzahlig. Daraus folgt $q_1 \neq 1$ und $q_2 \neq 1$. Man erhält daraus wie im Fall 1b für $n \to \infty$ sowohl $S_1(n) \to 0$ als auch $S_2(n) \to 0$. Für $f \neq f_0$ strebt daher $h_n^F(f)$ gegen 0.

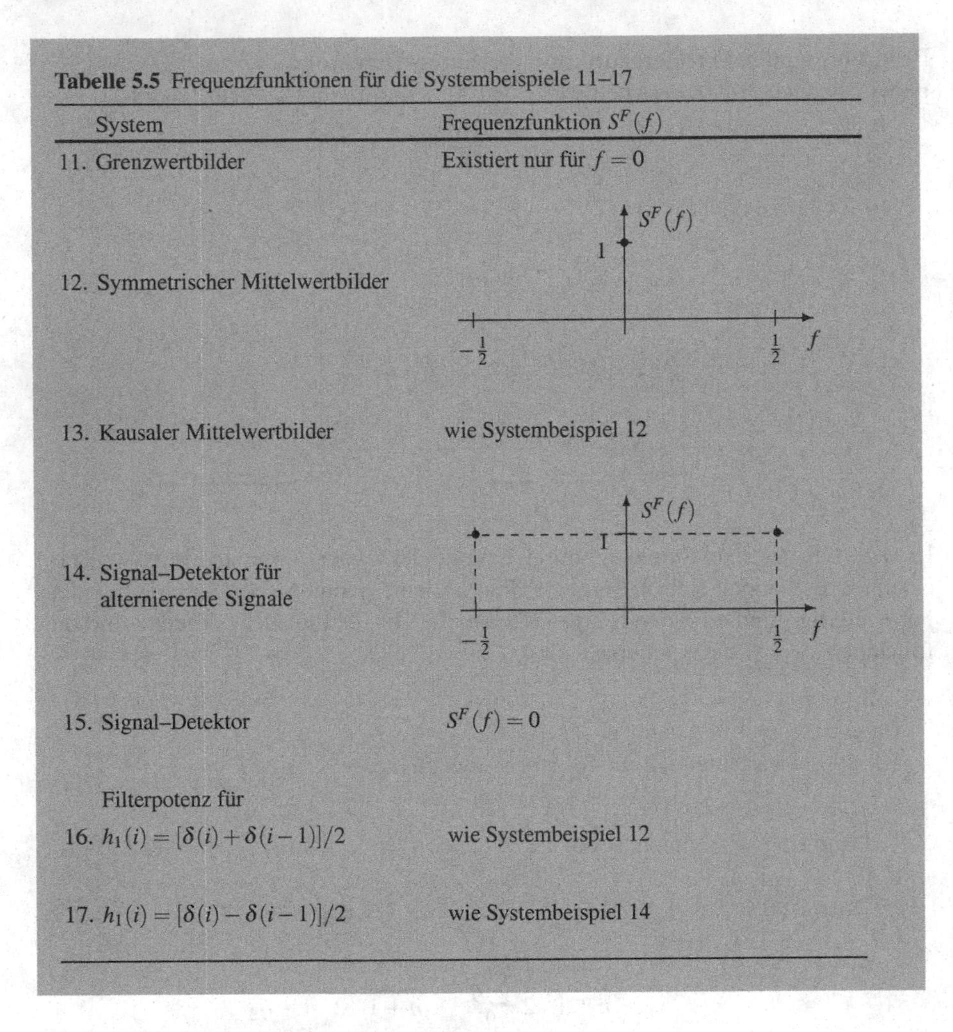

Tabelle 5.5 Frequenzfunktionen für die Systembeispiele 11–17

System	Frequenzfunktion $S^F(f)$
11. Grenzwertbilder	Existiert nur für $f = 0$
12. Symmetrischer Mittelwertbilder	$S^F(f)$; 1; $-\frac{1}{2}$; $\frac{1}{2}$; f
13. Kausaler Mittelwertbilder	wie Systembeispiel 12
14. Signal–Detektor für alternierende Signale	$S^F(f)$; 1; $-\frac{1}{2}$; $\frac{1}{2}$; f
15. Signal–Detektor	$S^F(f) = 0$
Filterpotenz für	
16. $h_1(i) = [\delta(i) + \delta(i-1)]/2$	wie Systembeispiel 12
17. $h_1(i) = [\delta(i) - \delta(i-1)]/2$	wie Systembeispiel 14

Entartete Frequenzfunktionen

Der Sinus–Detektor besitzt die Wunsch–Frequenzfunktion gemäß Gl. (5.48) für $f_g = f_0$. Ein Faltungssystem mit dieser Frequenzfunktion konnte nicht angegeben werden, wie sich aus der Diskussion dieser Frequenzfunktion ergab. Die Wunsch–Frequenzfunktion ist jedoch für ein verallgemeinertes Faltungssystem möglich. Sie besitzt eine Unstetigkeitsstelle bei $f = f_0$. Die Frequenzfunktion eines idealen Tiefpasses besitzt ebenfalls eine Unstetigkeitsstelle. Die vorstehende Frequenzfunktion ist jedoch „entarteter“ als die Frequenzfunktion eines idealen Tiefpasses, da sie für ein Faltungssystem nicht existiert.

Die Frequenzfunktion der Systembeispiele 12 und 13

Für $f_0 = 0$ erhält man aus Gl. (5.127) die Frequenzfunktion des kausalen Mittelwertbilders (Systembeispiel 13). Sie stimmt mit der Frequenzfunktion des symmetrischen Mittelwertbilders überein (Systembeispiel 12). Der Mittelwertbilder reagiert bei einer sinusförmigen Anregung nur dann nicht mit dem Nullsignal, wenn das Eingangssignal konstant ist, d. h. für die Frequenz $f = 0$. Er *detektiert* somit konstante Signale bei sinusförmiger Anregung.

Die Frequenzfunktion von Systembeispiel 14

Für $f_0 = 1/2$ erhält man die Frequenzfunktion des Signal–Detektors für alternierende Signale (Systembeispiel 14). Wie bereits im Anschluss an Gl. (5.99) dargestellt wurde, detektiert das System alternierende Signale bei sinusförmiger Anregung.

Die Frequenzfunktion von Systembeispiel 15

Es wird i. F. gezeigt, dass die Frequenzfunktion dieses Systems gleich 0 ist. Auf eine sinusförmige Anregung reagiert das System folglich mit dem Nullsignal — unabhängig von der Frequenz.

Die Impulsantworten h_n gemäß Gl. (5.105) sind in Gruppen konstanter Signalwerte „organisiert". Daher können sie gemäß

$$h_n(k) = \frac{1}{n_\Sigma} \sum_{g=1}^{n} (-1)^{g-1} h_g(k)$$

dargestellt werden. Hierbei umfasst

$$h_g(k) := \sum_{i=k_1}^{k_2} \delta(k-i)$$

die Impulse $\delta(k-i)$ der Gruppe g. Da ihre Gruppengröße g Signalwerte umfasst, beginnen sie bei

$$k_1 := 1+2+\cdots+(g-1) = \frac{g(g-1)}{2}$$

und enden bei $k_2 := k_1 + g - 1$. Zur Bestimmung der Frequenzfunktion

$$h_n^F(f) = \frac{1}{n_\Sigma} \sum_{g=1}^{n} (-1)^{g-1} h_g^F(f)$$

wird die Frequenzfunktion der Gruppe g benötigt. Sie lautet

$$\begin{aligned} h_g^F(f) &= \sum_{i=k_1}^{k_2} \mathrm{e}^{-\mathrm{j}\,2\pi f i} = \mathrm{e}^{-\mathrm{j}\,2\pi f k_1} \cdot \sum_{i=k_1}^{k_2} \mathrm{e}^{-\mathrm{j}\,2\pi f (i-k_1)} \\ &= \mathrm{e}^{-\mathrm{j}\,2\pi f k_1} \cdot \sum_{i=0}^{k_2-k_1} \mathrm{e}^{-\mathrm{j}\,2\pi f i} \,. \end{aligned}$$

Hinsichtlich der Frequenz sind die folgenden zwei Fälle zu unterscheiden:

1. Fall: $f = 0$.
   Dann ist $h_g^F(f=0) = k_2 - k_1 + 1 = g$. Daraus folgt

   $$h_n^F(f) = \frac{1}{n_\Sigma} \sum_{g=1}^{n} (-1)^{g-1} g$$

   Die vorstehende Summe ist nach Gl. (5.111) für gerades n gleich $-n/2$ und für ungerades n gleich $(n+1)/2$. In beiden Fällen ist der Betrag der Summe somit höchstens gleich $(n+1)/2$, woraus

$$|h_n^F(f=0)| \leq \frac{1}{n(n+1)/2} \cdot \frac{n+1}{2} = \frac{1}{n} \tag{5.129}$$

folgt. Durch Grenzübergang $n \to \infty$ erhält man daraus $S^F(f=0) = 0$.

2. Fall: $0 < f \leq 1/2$.
Zunächst ist

$$|h_n^F(f)| \leq \frac{1}{n_\Sigma} \sum_{i=0}^{n} |h_g^F(f)| \,.$$

Mit Hilfe der geometrischen Summenformel und $g = k_2 - k_1 + 1$ lässt sich $|h_g^F(f)|$ gemäß

$$|h_g^F(f)| \leq \left| \frac{1 - \mathrm{e}^{-\mathrm{j}\,2\pi f g}}{1 - \mathrm{e}^{-\mathrm{j}\,2\pi f}} \right| \leq \frac{2}{|1 - \mathrm{e}^{-\mathrm{j}\,2\pi f}|}$$

abschätzen, woraus

$$|h_n^F(f)| \leq \frac{1}{n(n+1)/2} \cdot (n+1) \cdot \frac{2}{|1 - \mathrm{e}^{-\mathrm{j}\,2\pi f}|} = \frac{4}{n} \frac{1}{|1 - \mathrm{e}^{-\mathrm{j}\,2\pi f}|} \tag{5.130}$$

folgt. Der rechte Ausdruck kann bei einer Frequenz $f \approx 0$ zwar sehr groß sein, strebt aber für $n \to \infty$ dennoch gegen 0, d. h. es ist ebenfalls $S^F(f) = 0$.

Die Frequenzfunktion der Filterpotenzen
Bei einer Filterpotenz ergibt eine n–fache Filterung mit der Impulsantwort h_1 das FIR–Filter mit der Impulsantwort h_n. Nach Gl. (5.108) gilt somit der Zusammenhang $h_n^F(f) = [h_1^F(f)]^n$. Für Systembeispiel 16 erhält man

$$h_1^F(f) = \frac{1 + \mathrm{e}^{-\mathrm{j}\,2\pi f}}{2} = \frac{\mathrm{e}^{-\mathrm{j}\,\pi f}}{2} \cdot [\mathrm{e}^{\mathrm{j}\,\pi f} + \mathrm{e}^{-\mathrm{j}\,\pi f}] = \mathrm{e}^{-\mathrm{j}\,\pi f} \cdot \cos[\pi f] \,. \tag{5.131}$$

Sie erfüllt die Bedingung

$$|h_1^F(f)| < 1 \text{ bis auf } \; f = f_0 \; \text{ mit } \; h_1^F(f_0) = 1 \tag{5.132}$$

für die Frequenz $f_0 = 0$. Daraus folgt die Frequenzfunktion des Mittelwertbilders.

Für Systembeispiel 17 führt eine ähnliche Rechnung wie bei Systembeispiel 16 auf

$$h_1^F(f) = \frac{1 - \mathrm{e}^{-\mathrm{j}\,2\pi f}}{2} = \frac{\mathrm{e}^{-\mathrm{j}\,\pi f}}{2} \cdot [\mathrm{e}^{\mathrm{j}\,\pi f} - \mathrm{e}^{-\mathrm{j}\,\pi f}] = \mathrm{e}^{-\mathrm{j}\,\pi f} \cdot \mathrm{j}\, \sin[\pi f] \,.$$

Die Bedingung in Gl. (5.132) ist für $f_0 = 1/2$ erfüllt, woraus die Frequenzfunktion des Systembeispiels 14 resultiert.

Ist die Frequenzfunktion eine Systemcharakteristik?
Für Systembeispiel 15 ist die Frequenzfunktion gleich 0. Das System besitzt damit die gleiche Frequenzfunktion wie das Nullsystem. Im Gegensatz zum Nullsystem detektiert dieses System jedoch das Signal x_0 gemäß Abb. 5.23, S. 274. Aus der Frequenzfunktion kann somit nicht auf das System geschlossen werden. Die Frequenzfunktion stellt daher wie die Impulsantwort keine Systemcharakteristik für ein verallgemeinertes Faltungssystem dar.

Die Systembeispiele 12, 13 und 16 besitzen vielmehr alle die gleiche Frequenzfunktion, wie Tab. 5.5, S. 286 zeigt. Diese Systeme stimmen jedoch nicht überein: Der symmetrische Mittelwertbilder ist nichtkausal, während der kausale Mittelwertbilder und das Systembeispiel 16 kausal sind. Die Mittelwertbildungen mit den Systembeispielen 13 und 16 stimmen ebenfalls nicht überein, wie die Anregung mit dem Eingangssignal gemäß Gl. (5.110) zeigt.

Periodische Eingangssignale

Durch die Frequenzfunktion ist das Systemverhalten für sinusförmige Eingangssignale festgelegt, denn nach Gl. (5.124) gilt

$$y_{\mathrm{c}}(k) = x_{\mathrm{c}}(k) \cdot S^F(f) \, .$$

Allgemeiner ist durch die Frequenzfunktion das Systemverhalten für periodische Signale festgelegt, da periodische Signale durch Überlagerung sinusförmiger Signale gebildet werden können: Für ein zeitdiskretes periodisches Signal x_{p} mit der Periodendauer T_0 gilt nach Gl. (1.35)

$$x_{\mathrm{p}}(k) = \sum_{i=0}^{T_0-1} \mathrm{DFT}_i \mathrm{e}^{\mathrm{j}\, 2\pi f_i k} \, , \; f_i = i/T_0 \, . \tag{5.133}$$

Für das verallgemeinerte Faltungssystem folgt aus der LTI–Eigenschaft das Ausgangssignal

$$y(k) = \sum_{i=0}^{T_0-1} \mathrm{DFT}_i \cdot S^F(f_i) \mathrm{e}^{\mathrm{j}\, 2\pi f_i k} \, . \tag{5.134}$$

Das Ausgangssignal ist daher für periodische Eingangssignale durch die Frequenzfunktion des Systems festgelegt. Für den symmetrischen Mittelwertbilder beispielsweise folgt aus seiner Frequenzfunktion gemäß Tab. 5.5, S. 286 das Ausgangssignal

$$y(k) = \mathrm{DFT}_0 \cdot S^F(0) = \mathrm{DFT}_0 \, . \tag{5.135}$$

Der Mittelwertbilder liefert somit den Gleichanteil

$$\mathrm{DFT}_0 = \frac{1}{T_0} \sum_{i=0}^{T_0-1} x_{\mathrm{p}}(i)$$

des periodischen Signals für alle Ausgabezeitpunkte k.

Sinusförmigkeit ab einem Zeitpunkt

In Abschn. 5.4.2 wurden zwei Fälle genannt, für die eine Faltungsdarstellung besteht: Das Eingangssignal ist von endlicher Dauer, oder ein kausales LTI–System wird mit einem Einschaltvorgang angeregt. Die Faltungsdarstellung gilt folglich für ein kausales LTI–System, dass mit einem Einschaltvorgang angeregt wird, der ab einem Zeitpunkt sinusförmig ist. Da die Systembeispiele 11–17 bis auf den symmetrischen Mittelwertbilder alle kausal sind und die Impulsantwort $h = 0$ besitzen, antworten sie auf solche Eingangssignale mit dem Nullsignal. Diese (stabilen)

Systeme verhalten sich in dieser Hinsicht anders als stabile kausale Faltungssysteme. Das Ausgangssignal stabiler kausaler Faltungssysteme nähert sich für $k \to \infty$ dem Ausgangssignal bei sinusförmiger Anregung beliebig genau, wie in Gl. (4.200) dargestellt wurde.

Annäherung der Frequenzfunktion beim Mittelwertbilder

In Abschn. 5.3 wurde die Frequenzfunktion des Rechteckfensters $r_{[0,n]}$ bestimmt. Da dieses Signal mit der Impulsantwort des kausalen Mittelwertbilders gemäß

$$h_n(k) := \frac{1}{n+1} \cdot r_{[0,n]}(k)$$

verknüpft ist, folgt aus Gl. (5.83) für den kausalen Mittelwertbilder

$$h_n^F(f) = \frac{1}{n+1} \cdot \mathrm{e}^{-\mathrm{j}\,\pi f n} \cdot \frac{\sin[\pi f(n+1)]}{\sin[\pi f]} . \tag{5.136}$$

Diese Frequenzfunktion besitzt die Nullstellen $f_1 = 1/(n+1)$ und $f_2 = 2/(n+1)$ und für die Frequenz $f_0 := (f_1 + f_2)/2 = 1.5/(n+1)$ zwischen diesen beiden Nullstellen den Betrag

$$|h_n^F(f_0)| = \frac{1}{n+1} \cdot \frac{|\sin[1.5\pi]|}{|\sin[1.5\pi/(n+1)]|} \approx \frac{1}{n+1} \cdot \frac{1}{1.5\pi/(n+1)} = \frac{1}{1.5\pi}$$

und somit ungefähr 21.2 % bezogen auf den Grundwert 1. Die Frequenzfunktionen der FIR–Filter zur Annäherung des kausalen Mittelwertbilders weisen somit starke Oszillationen auf. Wie beim Gibbschen Phänomen nehmen die Oszillationen für große n nicht ab. Nur die Stellen ihres Auftretens „rücken zusammen".

Vermeidung von Oszillationen durch Filterpotenzen

Oszillationen der Frequenzfunktionen eines FIR–Filters können vermieden werden, wenn die Mittelwertbildung mit Systembeispiel 16 erfolgt. In diesem Fall sind die Frequenzfunktionen durch $h_n^F(f) = [h_1^F(f)]^n$ gegeben, wobei $h_1^F(f)$ nach Gl. (5.131)

$$h_1^F(f) = \mathrm{e}^{-\mathrm{j}\,\pi f} \cdot \cos[\pi f]$$

lautet. Man erhält daraus die Amplitudenfunktionen

$$|h_n^F(f)| = |\cos[\pi f]|^n ,$$

welche im Frequenzbereich $0 \leq f \leq 1/2$ monoton fallen. Oszillationen treten daher nicht auf.

Vermeidung von Oszillationen durch Fensterung

Die Fenstermethode aus Abschn. 5.3.5 kann zur Vermeidung von Oszillationen auch auf verallgemeinerte Faltungssysteme angewandt werden. Bei einer Fensterung mit der Fensterfunktion w_n werden die Impulsantworten h_n der FIR–Filter gemäß

$$g_n(k) := w_n(k) \cdot h_n(k) \tag{5.137}$$

modifiziert. Bei einer dreieckförmigen Fensterung ist die Fensterfunktion durch den dreieckförmigen Verlauf gemäß Gl. (5.87) gegeben.

Dreieckförmige Fensterung für den Mittelwertbilder

Die FIR–Filter des kausalen Mittelwertbilders werden bei einer dreieckförmigen Fensterung gemäß

$$g_n(i) = \begin{cases} \frac{2}{n+1}[1 - i/(n+1)] : 0 \leq i \leq n \\ 0 : \text{sonst} \end{cases} \tag{5.138}$$

modifiziert. Der Faktor 2 sorgt dafür, dass der Gleichanteil

$$\begin{aligned} g_n^F(0) &= \sum_{i=0}^{n} g_n(i) = \frac{2}{n+1}\left[(n+1) - \sum_{i=0}^{n} i/(n+1)\right] \\ &= \frac{2}{n+1}\left[(n+1) - \frac{n(n+1)}{2} \cdot 1/(n+1)\right] \\ &= \frac{2}{n+1}[n/2+1] \end{aligned}$$

für $n \to \infty$ gegen 1 strebt wie bei einer Mittelwertbildung, d. h. es gilt $S^F(0) = 1$. Andererseits streben die Frequenzfunktionen für $0 < f \leq 1/2$ für $n \to \infty$ gegen 0 (Nachweis folgt). Das Filterkoeffizienten–Schema $g_n(i)$ besitzt daher die gleiche Frequenzfunktion wie der Mittelwertbilder. Der Abb. 5.24 (Verlauf 1) entnimmt man, dass durch die dreieckförmige Fensterung Oszillationen der FIR–Frequenzfunktionen wirksam unterdrückt werden.

Die Frequenzfunktion für $0 < f \leq 1/2$

Die zeitdiskrete Differenziation von $g_n(k)$ lässt sich wegen der konstanten negativen Steigung von $d_n(k)$ für $k \geq 0$ gemäß

$$g_n'(k) = \frac{2}{n+1}\left[\delta(k) - \frac{1}{n+1} \cdot r_{[1,n+1]}(k)\right]$$

darstellen. Es ist demnach

$$g_n'(k) = \frac{2}{n+1}\left[\delta(k) - h_n(k-1)\right],$$

wobei

$$h_n(k) := r_{[0,n]}(k)/(n+1)$$

die FIR–Impulsantworten des kausalen Mittelwertbilders in Tab. 5.4, S. 271 bezeichnen. Somit gilt

$$[1 - \mathrm{e}^{-\mathrm{j}\,2\pi f}] \cdot g_n^F(f) = \frac{2}{n+1}\left[1 - \mathrm{e}^{-\mathrm{j}\,2\pi f} \cdot h_n^F(f)\right].$$

Für eine Frequenz $0 < f \leq 1/2$ besitzt der Mittelwertbilder den Grenzwert $h_n^F(f) \to 0$ für $n \to \infty$. Folglich strebt für $n \to \infty$ auch die rechte Seite gegen 0 und damit auch $g_n^F(f)$. Es gilt daher $S^F(f) = 0$ für jede Frequenz $0 < f \leq 1/2$.

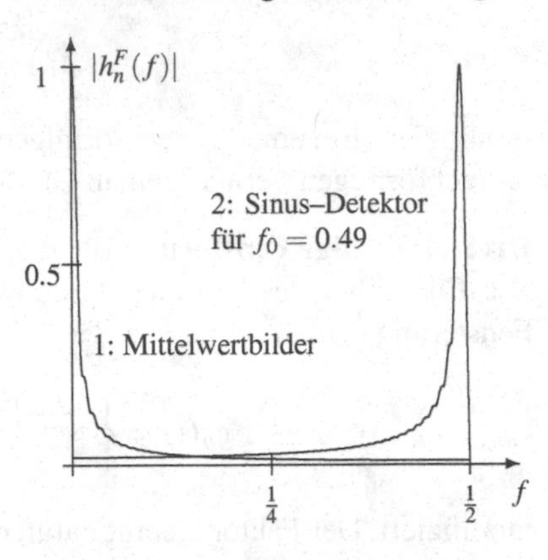

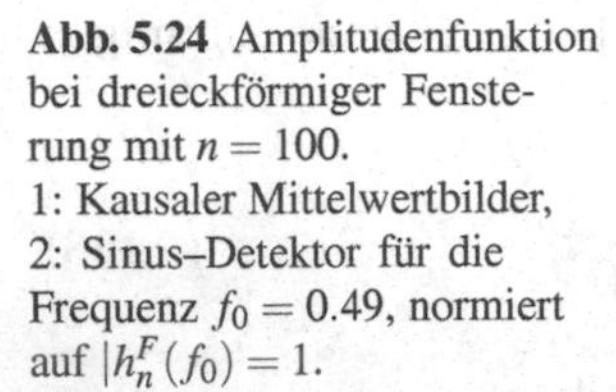

Abb. 5.24 Amplitudenfunktion bei dreieckförmiger Fensterung mit $n = 100$.
1: Kausaler Mittelwertbilder,
2: Sinus–Detektor für die Frequenz $f_0 = 0.49$, normiert auf $|h_n^F(f_0) = 1$.

Abb. 5.24 zeigt außerdem die Detektion der Frequenz $f_0 = 0.49$ bei einer dreieckförmigen Fensterung durch den Sinus–Detektor (Verlauf 2). Werden die in Abb. 5.24 dargestellten Signal–Detektoren in einer Summenschaltung verwendet, können damit die Frequenzen $f_0 = 0$ sowie $f_0 = 0.49$ detektiert werden.
Die Ergebnisse von Abschn. 5.4 fassen wir zusammen:

Verallgemeinerte Faltungssysteme

- Verallgemeinerte Faltungssysteme können durch ein **Filterkoeffizienten–Schema** dargestellt werden. Die **Faltungsdarstellung** gilt für Eingangssignale endlicher Dauer und auch für Einschaltvorgänge, sofern sie kausal sind.
- Es ist möglich, sie durch FIR–Filter beliebig genau **anzunähern**. Dies trifft sowohl für ihre Ausgangssignale zu als auch für ihre Frequenzfunktionen, sofern sie eine Frequenzfunktion besitzen.
- Die Impulsantwort eines verallgemeinerten Faltungssystems stellt keine **Systemcharakteristik** dar, wie die vorgestellten stabilen Systembeispiele zeigen, die alle die Impulsantwort $h = 0$ besitzen. Die Frequenzfunktion ist ebenfalls keine Systemcharakteristik.
- Mit verallgemeinerten Faltungssystemen können Korrelatoren und Filterpotenzen aufgebaut werden, um Signale zu **detektieren**. Die Detektierbarkeit sinusförmiger Signale einer bestimmten Frequenz drückt sich in einer Frequenzfunktion aus, welche für Faltungssysteme nicht möglich ist.
- Die für Faltungssysteme aus Abschn. 5.3.5 bekannte **Fenstertechnik** kann beim Enwurf verallgemeinerter Faltungssysteme ebenfalls dazu dienen, Oszillationen der Frequenzfunktionen zu verhindern.

5.5 Theorie zeitdiskreter LTI–Systeme

Es wird zunächst erklärt, wie die Signale eines Signalraums gebildet werden können, dann wird auf die Abhängigkeiten zwischen den Signalen eines Signalraums eingegangen. Sie sind insofern von Bedeutung, als diese Abhängigkeiten auch für die Ausgangssignale eines LTI–Systems gelten. Die Abhängigkeit zwischen den Signalwerten eines sinusförmigen Signals beispielsweise führt auf ein sinusförmiges Ausgangssignal der gleichen Frequenz. Daher besitzen nicht nur bestimmte (verallgemeinerte) Faltungssysteme eine Frequenzfunktion. Dies trifft vielmehr für *jedes* LTI–System zu. Die Analyse von Signalabhängigkeiten deckt auch LTI–Systeme mit beliebigen Frequenzfunktionen auf, für die kein Zusammenhang mit der Impulsantwort des Systems besteht. Universelle LTI–Systeme sind ebenfalls ein Ergebnis dieser Analyse.

5.5.1 Signalräume

Erzeugung eines Signalraums

Ein Signalraum ist nach Abschn. 1.3 dadurch gekennzeichnet, dass die elementaren Signaloperationen uneingeschränkt für die Signale des Signalraums ausgeführt werden können. Die Linearkombination $\lambda_1 x_1 + \lambda_2 x_2$ zweier Signale x_1 , $x_2 \in \Omega$ sowie die zeitliche Verschiebung $x_1(k-c)$ sind daher ebenfalls im Signalraum Ω enthalten. Durch wiederholte Anwendung elementarer Signaloperationen auf ein einzelnes Signal x_1 beispielsweise entsteht ein Signal, das mit Hilfe eines FIR–Filters mit der Impulsantwort h gemäß

$$x(k) = \sum_i h(i) x_1(k-i)$$

dargestellt werden kann. Mit Hilfe eines einzelnen Signals können auf diese Weise bereits Signalräume gebildet werden. Ein Beispiel ist der Dirac–Impuls $x_1 = \delta$. Die FIR–Filterung des Dirac–Impulses ergibt die Impulsantwort des FIR–Filters und damit ein Signal endlicher Dauer. Durch beliebige FIR–Filterungen entstehen somit alle Signale endlicher Dauer. Dieser Signalraum wird daher durch ein einziges Signal, den Dirac–Impuls, erzeugt. Die Erzeugung kann gemäß

$$\Omega_1 := \mathbf{LTI}(\delta) \tag{5.139}$$

ausgedrückt werden, wobei **LTI** als sog. *LTI–Hülle* bezeichnet wird. Dies ist der kleinste Signalraum, der das Signal x_1 enthält. Ein weiteres Beispiel für die Erzeugung eines Signalraums mit Hilfe eines Signals haben wir bereits in Übung 1.5 kennengelernt. Für die Sprungfunktion $x_1 = \varepsilon$ ergeben sich durch FIR–Filterungen Einschaltvorgänge, die ab einem Zeitpunkt konstant sind. Ist die Konstante gleich 0, folgen Signale endlicher Dauer, d. h. der Signalraum

$$\Omega_2 := \mathbf{LTI}(\varepsilon) \tag{5.140}$$

umfasst den Signalraum Ω_1.

Die vorgestellte Methode zur Definition eines Signalraums ist nicht auf ein einzelnes Signal beschränkt. Anstelle eines einzelnen Signals kann eine Signalmenge $\mathbb{E}$ benutzt werden, die sogar unendlich viele Signale enthalten darf. Daher definieren wir:

Was ist der Erzeuger eines Signalraums?

Für eine beliebige Menge $\mathbb{E}$ von Signalen werden die Signale

$$x = \mathrm{FIR}_1(x_1) + \cdots + \mathrm{FIR}_n(x_n)\,, \tag{5.141}$$

gebildet, wobei $x_1\,, \ldots\,, x_n$ eine beliebige Auswahl endlich vieler Signale aus $\mathbb{E}$ darstellt und $\mathrm{FIR}_1\,, \ldots\,, \mathrm{FIR}_n$ beliebige FIR–Filter. Die Signale x definieren den Signalraum

$$\Omega := \mathbf{LTI}(\mathbb{E})\,, \tag{5.142}$$

die sog. *LTI–Hülle* von $\mathbb{E}$. Die Menge $\mathbb{E}$ ist der *Erzeuger* des Signalraums Ω.

Beispiele für die Erzeugung eines Signalraums

Tab. 5.6 enthält neben den bereits behandelten Fällen 1 und 2 weitere Beispiele für die Erzeugung eines Signalraums mit höchstens zwei Signalen.

Tabelle 5.6 Beispiele für Signalräume und ihre Erzeuger

Erzeuger $\mathbb{E}$	Signalraum $\Omega = \mathbf{LTI}(\mathbb{E})$
1. $x_1 = \delta$	Signale endlicher Dauer (Ω_1)
2. $x_1 = \varepsilon$	Einschaltvorgänge, die ab einem bestimmten Zeitpunkt konstant sind (Ω_2)
3. $x_1 = k^2$	Polynome vom Grad ≤ 2
4. $x_1(k) = \sum_i \delta(k - iT_0)$	Periodische Signale der Periodendauer T_0
5. $x_1(k) = \lambda^k$	Exponentielle Signale $C \cdot \lambda^k$
6. $x_1(k) = \varepsilon(-k)$	Ausschaltvorgänge, die bis zu einem bestimmten Zeitpunkt konstant sind
7. $x_1 = \varepsilon\,, x_2 = \delta$	s. Fall 2
8. $x_1 = \varepsilon\,, x_2(k) = 1$	Signale, die bis zu einem ersten Zeitpunkt und ab einem zweiten Zeitpunkt konstant sind
9. $x_1(k) = \cos[2\pi f k]\,, x_2(k) = \sin[2\pi f k]$	Sinusförmige Signale der Frequenz f ($\Omega(f)$)

Die Fälle 2 und 7
Mit dem Signal $x_1 = \varepsilon$ (Fall 2) werden alle Einschaltvorgänge erzeugt, die ab einem bestimmten Zeitpunkt konstant sind, wie bereits ausgeführt wurde. Ein Beispiel zeigt Abb. 5.25.

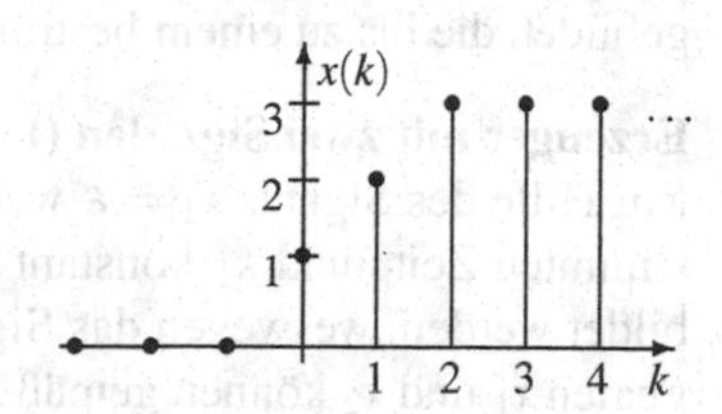

Abb. 5.25 Beispiel für ein Signal nach Fall 2: $x(k) = \varepsilon(k) + \varepsilon(k-1) + \varepsilon(k-2)$. Das Signal ist ein Einschaltvorgang, der ab dem Zeitpunkt $k = 2$ konstant gleich 3 ist.

Wird wie in Fall 7 der Dirac–Impuls als zweites erzeugendes Signal hinzu genommen, werden keine neuen Signale gebildet, denn der Dirac–Impuls entsteht durch Differenziation des Signals x_1. Der Signalraum im Fall 7 entspricht daher dem Signalraum im Fall 2.

Polynome (Fall 3)
Eine FIR–Filterung des Signals $x_1(k) = k^2$ ergibt

$$x(k) = \sum_i h(i)(k-i)^2 ,$$

also ein Polynom vom Grad ≤ 2. Polynome vom Grad < 2 können durch Differenziation gebildet werden: Durch Differenziation von x_1 entsteht

$$x(k) = x_1(k) - x_1(k-1) = k^2 - (k-1)^2 = 2k - 1 .$$

Eine zweite Differenziation liefert das konstante Signal $x(k) - x(k-1) = 2$.

Periodische Signale (Fall 4)
Ein periodisches Signal mit der Periodendauer T_0 ist durch seine Signalwerte innerhalb der Periode $0 \leq k \leq T_0 - 1$ festgelegt, da sich die Signalwerte periodisch wiederholen. Das Signal x_1 für Fall 4 besitzt innerhalb des Zeitbereichs $0 \leq k \leq T_0 - 1$ nur für $k = 0$ einen Impuls (der Höhe 1). Durch zeitliche Verschiebungen können Impulse (der Höhe 1) an jeder beliebigen Stelle innerhalb dieses Zeitbereichs gebildet werden und daraus jeder periodische Signalverlauf.

Exponentielle Signale (Fall 5)
Eine zeitliche Verschiebung des Signals $x_1(k) = \lambda^k$ um c Zeiteinheiten bewirkt

$$x_1(k-c) = \lambda^{k-c} = \lambda^{-c} \cdot \lambda^k ,$$

also eine Multiplikation des Signals $x_1(k)$ mit der Konstanten $C = \lambda^{-c}$. Die exponentiellen Signale $C \cdot \lambda^k$ mit dem Abklingfaktor λ und einer beliebigen Konstanten C bilden daher einen Signalraum.

Ausschaltvorgänge (Fall 6)
Das Signal $x_1(k) = \varepsilon(-k)$ besitzt den Ausschaltzeitpunkt $k_2 = 0$ und ist vor diesem Zeitpunkt konstant gleich 1. Es handelt sich demnach um einen Ausschaltvorgang, der bis zu einem bestimmten Zeitpunkt konstant ist. Diese Signaleigenschaften bleiben bei einer FIR–Filterung erhalten. Auf diese Weise werden Ausschaltvorgänge gebildet, die bis zu einem bestimmten Zeitpunkt konstant sind.

Erzeuger mit zwei Signalen (Fall 8)
Mit Hilfe des Signals $x_1 = \varepsilon$ werden Einschaltvorgänge gebildet, die ab einem bestimmten Zeitpunkt k_1 konstant sind (Fall 2). Konstante Signale können nicht gebildet werden, weswegen das Signal $x_2(k) = 1$ hinzu genommen wird. Mit den Signalen x_1 und x_2 können gemäß $x = \mathrm{FIR}_1(x_1) + \mathrm{FIR}_2(x_2)$ Signale gemäß Fall 2 mit einem konstanten Signal überlagert werden. Wird beispielsweise das Signal gemäß Abb. 5.25 mit dem konstanten Signal -1 überlagert, folgt ein Signal, dass bis zum Zeitpunkt $k = -1$ konstant gleich -1 und ab dem Zeitpunkt $k = 2$ konstant gleich 2 ist. Allgemein werden Signale gebildet, die bis zu einem ersten Zeitpunkt konstant gleich C_1 und ab einem zweiten Zeitpunkt konstant gleich C_2 sind. Abhängig von den Konstanten erhält man die folgenden Signale:

1. $C_1 = C_2 = 0$: Fall 1, d. h. Signale endlicher Dauer,
2. $C_1 = 0$: Fall 2, d. h. Einschaltvorgänge, die ab einem bestimmten Zeitpunkt konstant sind,
3. $C_2 = 0$: Fall 6, d. h. Ausschaltvorgänge, die bis zu einem bestimmten Zeitpunkt konstant sind.

Sinusförmige Signale (Fall 9)
Sinusförmige Signale können gemäß

$$x(k) = A \cdot \sin[2\pi fk + \Phi_0] \tag{5.143}$$

dargestellt werden. Diese Signale bilden bei vorgegebener Frequenz f einen Signalraum, wie in Abschn. 1.3.1 gezeigt wurde. Er wird i. F. mit $\Omega(f)$ bezeichnet. Das Signal x kann gemäß

$$\begin{aligned} x(k) &= A \cdot \sin[2\pi fk + \Phi_0] \\ &= A \cdot \sin[2\pi fk] \cos \Phi_0 + A \cdot \cos[2\pi fk] \sin \Phi_0 \\ &= A_1 \cdot \sin[2\pi fk] + A_2 \cdot \cos[2\pi fk] \end{aligned}$$

mit

$$A_1 := A \cdot \cos \Phi_0 \ , \ A_2 := A \cdot \sin \Phi_0$$

angegeben werden. Daher sind die beiden Signale

$$x_1(k) = \cos[2\pi fk] \ , \ x_2(k) = \sin[2\pi fk] \tag{5.144}$$

zur Erzeugung von $\Omega(f)$ ausreichend.

Erzeugung mit nur einem Signal?
Für die Frequenzen $f = 0$ und $f = 1/2$ ist $x_2 = 0$, d. h. der Signalraum $\Omega(f)$ wird vom Signal x_1 erzeugt. Aber auch für Frequenzen $0 < f < 1/2$ wird der Signalraum $\Omega(f)$ von einem einzigen Signal erzeugt, wie i. F. erklärt wird. Zur Begründung ist die Beziehung zwischen der sin–Funktion und cos–Funktion gemäß

$$\cos\alpha = \sin[\alpha + \pi/2]$$

zwar naheliegend, aber nicht ausreichend.
Aus der vorstehenden Beziehung folgt

$$x_1(k) = \cos[2\pi fk] = \sin[2\pi fk + \pi/2] = \sin[2\pi f(k+c)] = x_2(k+c)$$

für $2\pi fc = \pi/2$. Da c ganzzahlig ist, gilt der vorstehende Zusammenhang nur für spezielle Frequenzen.
Dagegen führt beispielsweise die trigonometrische Beziehung

$$\cos\alpha - \cos\beta = -2\sin\frac{\alpha+\beta}{2}\sin\frac{\alpha-\beta}{2} \tag{5.145}$$

zum Ziel. Aus ihr folgt für $\alpha = 2\pi f(k+1)$, $\beta = 2\pi f(k-1)$

$$\sin[2\pi fk] = \frac{-1}{2\sin[2\pi f]}\{\cos[2\pi f(k+1)] - \cos[2\pi f(k-1)]\}\ . \tag{5.146}$$

Das Signal $x_2(k) = \sin[2\pi fk]$ lässt sich also aus dem Signal $x_1(k) = \cos[2\pi fk]$ durch FIR–Filterung gewinnen. Daraus folgt, dass auch für Frequenzen $0 < f < 1/2$ der Signalraum $\Omega(f)$ bereits durch das Signal x_1 erzeugt werden kann.

5.5.2 Signalabhängigkeiten

Bedeutung von Signalabhängigkeiten für LTI–Systeme
Mit Hilfe von FIR–Filtern können nicht nur Signalräume erzeugt werden, sondern auch lineare Signalabhängigkeiten zwischen Signalen dargestellt werden. Ein Beispiel für eine solche Signalabhängigkeit ist der Zusammenhang zwischen dem Dirac–Impuls $x_1(k) = \delta(k)$ und der Sprungfunktion $x_2(k) = \varepsilon(k)$ gemäß Gl. (2.4). Demnach ergibt die Ableitung der Sprungfunktion den Dirac–Impuls, d. h. es gilt

$$x_1(k) = x_2(k) - x_2(k-1)\ . \tag{5.147}$$

Ein zweites Beispiel ist das alternierende Signal $x(k) = (-1)^k$. Für dieses Signal gilt die Beziehung

$$x(k) + x(k-1) = 0\ . \tag{5.148}$$

Die Bedeutung von Signalabhängigkeiten für LTI–Systeme besteht darin, dass die gleichen Abhängigkeiten für die zugehörigen Ausgangssignale bestehen. Für die beiden Beispiele gilt daher

$$y_1(k) = y_2(k) - y_2(k-1)\,,\; y(k) + y(k-1) = 0\,. \tag{5.149}$$

Die erste Beziehung stimmt mit Gl. (3.22) überein. Sie besagt, dass sich die Impulsantwort des LTI–Systems durch Differenziation aus seiner Sprungantwort gewinnen lässt. Aus der zweiten Beziehung folgt, dass das Ausgangssignal des LTI–Systems die Form $y(k) = C(-1)^k$ besitzen muss, also ebenfalls ein alternierendes Signal darstellt. Die Konstante C stellt hierbei den einzigen Freiheitsgrad für das LTI–System dar.

Zwei verschiedene Arten von Signalabhängigkeiten

Die vorstehenden zwei Beispiele unterschieden sich darin, dass im ersten Fall Abhängigkeiten zwischen den Signalwerten zweier Signale bestehen, während im zweiten Fall Abhängigkeiten zwischen den Signalwerten eines einzelnen Signals vorliegen. Dieser Unterschied wird i. F. durch die Bezeichnung *Inter–Abhängigkeit* für den ersten Fall und *Intra–Abhängigkeit* für den zweiten Fall ausgedrückt. Zunächst wird auf Intra–Abhängigkeiten näher eingegangen.

5.5.2.1 Intra–Abhängigkeiten

Lineare Abhängigkeiten zwischen den Signalwerten eines Signals x können mit Hilfe eines FIR–Filters gemäß $\mathrm{FIR}(x) = 0$ dargestellt werden. Mit der Impulsantwort h für das FIR–Filter lautet diese Bedingung

$$h(k) * x(k) = \sum_i h(i)x(k-i) = 0\,. \tag{5.150}$$

Um Abhängigkeiten zwischen den Signalwerten $x(k)$ darzustellen, muss eine Impulsantwort $h \neq 0$ vorausgesetzt werden. Für das Beispiel des alternierenden Signals $x(k) = (-1)^k$ kann

$$h(k) = \delta(k) + \delta(k-1) \tag{5.151}$$

gewählt werden, denn die FIR–Filterung des alternierenden Signals ergibt

$$h(k) * (-1)^k = (-1)^k + (-1)^{k-1} = (-1)^k \cdot [1-1] = 0\,.$$

Ein FIR–Filter mit dem Filtergrad 0 besitzt die Impulsantwort

$$h_0(k) = \lambda\delta(k-c)\,,\; \lambda \neq 0\,.$$

Die Gleichung $h_0 * x = 0$ lautet daher $\lambda x(k-c) = 0$ und besitzt nur die Lösung $x = 0$. Ein Filter mit dem Filtergrad 0 ist daher für die Beschreibung von Intra–Abhängigkeiten nicht tauglich.

Primäre Abhängigkeiten
Ist eine Impulsantwort h mit $h * x = 0$ gefunden, kann sie durch eine Impulsantwort h_1 endlicher Dauer gemäß $h_2 = h_1 * h$ „erweitert" werden. Für die erweiterte Impulsantwort gilt ebenfalls

$$h_2 * x = h_1 * h * x = h_1 * 0 = 0\,.$$

Für diese Umformung wird die Assozitativität der Faltung benötigt, die nach Abschn. 3.5 für zwei Signale h_1 und h endlicher Dauer und ein beliebiges Signal x gilt. Für das alternierende Signal beispielsweise erhält man neben $x(k) + x(k-1) = 0$ für $h_1 = \delta(k) - \delta(k-1)$ die Beziehung

$$\begin{aligned} h_2(k) * x(k) &= [\delta(k) - \delta(k-1)] * [\delta(k) + \delta(k-1)] * x(k) \\ &= [\delta(k) - \delta(k-2)] * x(k) = x(k) - x(k-2) = 0\,. \end{aligned}$$

Sie ist zwar für das Signal $x(k) = (-1)^k$ erfüllt, aber auch für ein konstantes Signal. Die Signalabhängigkeit des alternierenden Signals ist somit durch die Impulsantwort $h_2(k) = \delta(k) - \delta(k-2)$ nicht zutreffend charakterisiert. Um diese beiden Arten von Signalabhängigkeiten zu unterscheiden, wird in [10, Definition 5.3 und Lemma 5.13] der Begriff „primäre Signalabhängigkeit" eingeführt. Darunter ist für das alternierende Signal das FIR–Filter mit der Impulsantwort $g(k) = \delta(k) + \delta(k-1)$ zu verstehen. Dieses FIR–Filter wird *Generator–Filter* genannt und mit FIRg bezeichnet. Es drückt die primäre Abhängigkeit eines Signals aus, sofern Intra–Abhängigkeiten bestehen. Es ist dadurch gekennzeichnet, dass es unter allen FIR–Filtern mit $\mathrm{FIR}(x) = 0$ den kleinsten Filtergrad besitzt (Minimalität). Es ist nicht eindeutig bestimmt, denn anstelle von g ist auch $C \cdot g(k-c)$ mit beliebigen Konstanten c und C als Generator–Filter wählbar.
Die neuen Begriffe fassen wir zusammen:

Was ist eine Intra–Abhängigkeit?

Für ein Signal x liegt eine Intra–Abhängigkeit vor, wenn sich ein FIR–Filter mit einer Impulsantwort $h \neq 0$ angeben lässt, so dass $\mathrm{FIR}(x) = h * x = 0$ gilt. Die primären Abhängigkeiten werden durch ein Generator–Filter FIRg mit der Impulsantwort g angegeben. Es ist dadurch gekennzeichnet, dass es unter allen FIR–Filtern mit $\mathrm{FIR}(x) = 0$ den kleinsten Filtergrad besitzt.

Zusammenhang zwischen Intra–Abhängigkeit und Eigenbewegung
Signale mit Intra–Abhängigkeit sind uns bereits als Eigenbewegungen einer Rückkopplung begegnet. Um diesen Zusammenhang zu erkennen, wird die Impulsantwort des Generator–Filters wie in Gl. (3.51) normiert:

$$a(k) := \frac{g(k+k_1)}{g(k_1)}\,. \tag{5.152}$$

Hierbei bezeichnet $k_1 := k_1(g)$ den Einschaltzeitpunkt von g. Für die Impulsantwort a folgt der Einschaltzeitpunkt 0 mit $a(0) = 1$. Die Beziehung $g * x = 0$ kann gleichwertig durch

$$a * x = 0 \tag{5.153}$$

dargestellt werden. Beispielsweise sind die beiden Beziehungen

$$\frac{1}{2}x(k-1) - x(k-2) = 0 \, , \; x(k) - 2x(k-1) = 0$$

gleichwertig, denn die zweite Beziehung geht aus der ersten Beziehung durch Multiplikation mit 2 und Substitution von $k-1$ durch k hervor. Die Gleichung $a * x = 0$ stimmt mit Gl. (3.64) überein, welche die Eigenbewegungen einer Rückkopplung beschreibt. Hierbei steht die Impulsantwort a mit der Impulsantwort h_{RP} für den Rückkopplungspfad nach Gl. (3.59) gemäß $a = \delta - h_{\mathrm{RP}}$ in Verbindung. Die Eigenbewegungen der Rückkopplung stimmen daher mit den Signalen überein, für die eine Intra–Abhängigkeit besteht.

Form von Signalen mit Intra–Abhängigkeit

Da Signale, für die eine Intra–Abhängigkeit besteht, mit Eigenbewegungen gleichgesetzt werden können, ergeben sie sich nach Anhang A.1 durch Überlagerung von Signalen der Form

$$y_1(k) = k^i \cdot |p_0|^k \cdot \cos[2\pi f_0 k] \, , \; y_2(k) = k^i \cdot |p_0|^k \cdot \sin[2\pi f_0 k] \, . \tag{5.154}$$

Hierbei ist $i \geq 0$, $|p_0|$ ein nichtnegativer Abklingfaktor und f_0 eine Frequenz. Insbesondere sind die sinusförmigen Signale

$$x_1(k) = \cos[2\pi f_0 k] \, , \; x_2(k) = \sin[2\pi f_0 k] \tag{5.155}$$

Eigenbewegungen sowie Potenzen k^i und exponentielle Signale λ^k. Wie lauten ihre Generator–Filter?

Beispiele für Generator–Filter

Tab. 5.7 enthält Eigenbewegungen und ihre zugehörigen Generator–Filter.

Tabelle 5.7 Beispiele für eine Eigenbewegung und ihr Generator–Filter

Eigenbewegung	Impulsantwort eines Generator–Filters
konstantes Signal	$\delta'(k) = \delta(k) - \delta(k-1)$
alternierendes Signal	$\delta(k) + \delta(k-1)$
sinusförmiges Signal (Frequenz $0 < f < 1/2$)	$\delta(k) - 2\cos[2\pi f]\delta(k-1) + \delta(k-2)$
exponentielles Signal $x(k) = \lambda^k$	$\delta(k) - \lambda\delta(k-1)$
Potenz $x(k) = k$	$\delta''(k)$
periodisches Signal (Periodendauer T_0)	$\delta(k) - \delta(k-T_0)$

Konstante und alternierende Signale
Die Bedingung für ein konstantes Signal lautet $x(k) - x(k-1) = 0$. Sie besagt, dass die Differenziation eines konstanten Signals das Nullsignal ergibt. Der Differenzierer ist folglich ein Generator–Filter. Die Bedingung für ein alternierendes Signal lautet $x(k) + x(k-1) = 0$. Gl. (5.151) gibt daher die Impulsantwort eines Generator–Filters für alternierende Signale an.

Sinusförmige Signale
Konstante und alternierende Signale sind sinusförmige Signale mit der Frequenz $f = 0$ bzw. $f = 1/2$. Wie lautet ein Generator–Filter für eine Frequenz $0 < f < 1/2$? Bei einer sinusförmigen Anregung des Generator–Filters mit der Frequenz f muss Auslöschung stattfinden. Die Frequenzfunktion $g^F(f)$ muss also bei dieser Frequenz eine Nullstelle besitzen. Dies ist für das FIR–Filter mit der Übertragungsfunktion

$$G(z) = \frac{z - z_1}{z} \cdot \frac{z - z_1^*}{z}\,, \; z_1 := \mathrm{e}^{\mathrm{j}\,2\pi f}$$

mit den beiden Nullstellen z_1 und z_1^* der Fall. Für die Impulsantwort folgt

$$\begin{aligned} g(k) &= [\delta(k) - \mathrm{e}^{\mathrm{j}\,2\pi f}\delta(k-1)] * [\delta(k) - \mathrm{e}^{-\mathrm{j}\,2\pi f}\delta(k-1)] \\ &= \delta(k) - \mathrm{e}^{-\mathrm{j}\,2\pi f}\delta(k-1) - \mathrm{e}^{\mathrm{j}\,2\pi f}\delta(k-1) + \delta(k-2) \\ &= \delta(k) - 2\cos[2\pi f]\delta(k-1) + \delta(k-2)\,, \end{aligned} \tag{5.156}$$

wie in Tab. 5.7 angegeben ist.

Exponentielle Signale
Ein normiertes FIR–Filter mit dem Filtergrad 1 besitzt die Impulsantwort

$$g(k) = \delta(k) - \lambda\,\delta(k-1)\,. \tag{5.157}$$

Damit können Abhängigkeiten zwischen den Signalwerten für

- konstante Signale: $\lambda = 1$,
- alternierende Signale: $\lambda = -1$,
- exponentielle Signale: λ reell

dargestellt werden, denn es ist $\lambda^k * g(k) = \lambda^k - \lambda \cdot \lambda^{k-1} = 0$. Die Darstellung der Abhängigkeiten für sinusförmige Signale der Frequenz $0 < f < 1/2$ ist daher mit einem FIR–Filter mit dem Filtergrad 1 nicht möglich.

Potenzen und periodische Signale
Eine erste Differenziation des Signals $x(k) = k$ ergibt $x'(x) = k - (k-1) = 1$. Eine zweite Differenziation dieses Signals liefert folglich das Nullsignal. Der zweifache Differenzierer ist daher ein Generator–Filter. Das in Tab. 5.7 angegebene Generator–Filter mit $g(k) = \delta(k) - \delta(k - T_0)$ für ein periodisches Signal mit der Periodendauer T_0 ergibt sich aus $x(k) - x(k - T_0) = 0$.

5.5.2.2 Inter–Abhängigkeiten

Wie definiert man Signalabhängigkeiten zwischen zwei Signalen?
Mit Hilfe von FIR–Filtern können ebenfalls Inter–Abhängigkeiten dargestellt werden, also lineare Abhängigkeiten zwischen den Signalwerten mehrerer Signale. Für zwei abhängige Signale x_1 und x_2 lautet diese Darstellung

$$\mathrm{FIR}_1(x_1) + \mathrm{FIR}_2(x_2) = 0\,. \tag{5.158}$$

Hierbei sind FIR_1 und FIR_2 zwei FIR–Filter mit Impulsantworten g_1 , $g_2 \neq 0$. Gl. (5.158) ist für zwei Eigenbewegungen auch dann erfüllbar, wenn kein linearer Zusammenhang zwischen den Signalen besteht: Für die beiden FIR–Filter können die zu den Eigenbewegungen x_1 und x_2 zugehörigen Generator–Filter gewählt werden. Als Beispiel werden die beiden Eigenbewegungen

$$x_1(k) = 1\,,\; x_2(k) = (-1)^k \tag{5.159}$$

betrachtet. Ihre Generator–Filter können Tab. 5.7, S. 300 entnommen werden. Folglich ist Gl. (5.158) erfüllt, wenn die Impulsantworten der beiden FIR–Filter gemäß

$$g_1(k) = \delta(k) - \delta(k-1)\,,\; g_2(k) = \delta(k) + \delta(k-1)$$

gewählt werden. Trotzdem besteht keine lineare Abhängigkeit zwischen dem konstanten und alternierenden Signal: Da bei einer FIR–Filterung die Sinus-förmigkeit erhalten bleibt, ergibt die FIR–Filterung des konstanten Signals $x_1(k)$ ein konstantes Signal $\mathrm{FIR}_1(x_1) = C_1$. Die FIR–Filterung des alternierenden Signals $x_2(k)$ ergibt ein alternierendes Signal $\mathrm{FIR}_2(x_2) = C_2(-1)^k$. Aus Gl. (5.158) folgt

$$\mathrm{FIR}_1(x_1) + \mathrm{FIR}_2(x_2) = C_1 + C_2(-1)^k = 0\,.$$

Die vorstehende Beziehung ist nur erfüllbar, wenn beide Konstanten C_1 und C_2 gleich 0 sind. Eine lineare Abhängigkeit zwischen x_1 und x_2 besteht daher nicht. Um Inter–Abhängigkeit korrekt zu erfassen, muss daher

$$\mathrm{FIR}_1(x_1) \neq 0\,,\; \mathrm{FIR}_2(x_2) \neq 0 \tag{5.160}$$

gefordert werden. Inter–Abhängigkeiten zwischen zwei Eigenbewegungen können dann nicht „vorgetäuscht" werden. Daher definieren wir:

Was ist eine Inter–Abhängigkeit?

Für zwei Signale x_1 und x_2 besteht eine Inter–Abhängigkeit oder kurz Abhängigkeit, wenn es FIR–Filter FIR_1 und FIR_2 gibt, für die Gl. (5.158) erfüllt ist, wobei beide Summanden $\mathrm{FIR}_1(x_1)$ und $\mathrm{FIR}_2(x_2)$ ungleich 0 sein müssen.

Erweiterung der Definition für Inter–Abhängigkeit
Die vorstehende Definition kann auf mehr als zwei Signale ausgedehnt werden. Die folgenden Erweiterungen sind möglich:

- Endlich viele Signale:
  Endlich viele Signale x_1 , x_2 , ... , x_n sind voneinander abhängig, wenn
  $$\mathrm{FIR}_1(x_1) + \mathrm{FIR}_2(x_2) + \cdots + \mathrm{FIR}_n(x_n) = 0 \qquad (5.161)$$
  für FIR–Filter FIR_1 , FIR_2 , ... , FIR_n erfüllt ist, wobei nicht alle Summanden $\mathrm{FIR}_i(x_i)$ gleich 0 sind.
- Unabhängigkeit:
  Die Signale x_1 , x_2 , ... , x_n heißen voneinander unabhängig, wenn sie *nicht* voneinander abhängig sind. Dies bedeutet, dass Gl. (5.161) nur dann erfüllbar ist, wenn alle Summanden $\mathrm{FIR}_i(x_i)$ gleich 0 sind.
- Beliebig viele Signale:
  Signale einer unendlichen Menge heißen unabhängig, wenn die Unabhängigkeit für jede endliche Auswahl aus dieser Menge zutrifft.
- Basis:
  Ein Erzeuger eines Signalraums heißt *Basis*, wenn die Signale des Erzeugers unabhängig sind.
- Abhängigkeit eines Signals von einem Signalraum:
  Eine Abhängigkeit zwischen einem Signal x_0 und einem Signalraum Ω besteht, wenn das Signal x_0 und ein Signal $x \in \Omega$ voneinander abhängig sind. Dies ist gleichbedeutend damit, dass es ein FIR–Filter mit
  $$\mathrm{FIR}(x_0) \in \Omega \qquad (5.162)$$
  gibt.

Ähnlichkeit mit Vektorräumen
Bei Vektorräumen wird eine ähnliche Begriffsbildung vorgenommen. Die *lineare Unabhängigkeit* zweier Vektoren x_1 , x_2 beispielsweise beinhaltet, dass aus
$$\lambda_1 x_1 + \lambda_2 x_2 = 0$$
$\lambda_1 = \lambda_2 = 0$ folgt. Die Unabhängigkeit zweier Signale beinhaltet, dass aus
$$\mathrm{FIR}_1(x_1) + \mathrm{FIR}_2(x_2) = 0$$
$\mathrm{FIR}_1(x_1) = \mathrm{FIR}_2(x_2) = 0$ folgt. Die hier vorgenommene Begriffsbildung ist insofern komplizierter, als anstelle von Zahlen λ_i FIR–Filter verwendet werden.

Beispiele für zwei Signale
Die folgenden Beispiele untersuchen Abhängigkeiten zwischen zwei Signalen.

1. Ein– und Ausgangssignal eines realisierbaren LTI–Systems:
   Für ein realisierbares LTI–System gilt die Differenzengleichung $a * y = b * x$ gemäß Gl. (3.89) mit zwei Impulsantworten a und b endlicher Dauer. Zwischen dem Eingangs– und Ausgangssignal eines realisierbaren LTI–Systems besteht daher eine Inter–Abhängigkeit.
2. Zwei voneinander unabhängige Eigenbewegungen:
   Aufgrund der vorstehenden Definition sind die beiden Eigenbewegungen $x_1(k) = 1$ und $x_2(k) = (-1)^k$ gemäß Gl. (5.159) voneinander unabhängig. Für ein konstantes und alternierendes Signal bestehen demnach nur Intra–Abhängigkeiten.
3. Zwei voneinander abhängige Eigenbewegungen:
   Gibt es auch Eigenbewegungen, die voneinander abhängig sind? Ein erstes Beispiel sind die sinusförmigen Signale
   $$x_1(k) = \cos[2\pi fk]\,,\; x_2(k) = \sin[2\pi fk]\,.$$
   Nach Gl. (5.146) besteht zwischen ihnen der Zusammenhang
   $$x_2(k) = \frac{1}{2\sin[2\pi f]}[x_1(k-1) - x_1(k+1)]\,. \tag{5.163}$$
   Die beiden Signale
   $$x_1(k) = k\,,\; x_2(k) = 1\,.$$
   sind ebenfalls voneinander abhängig, da die Differenziation des Signals x_1 das Signal x_2 ergibt.
4. Der Dirac–Impuls und eine Eigenbewegung:
   Ein Beispiel für diesen Fall sucht man vergeblich: Eine Abhängigkeit zwischen dem Dirac–Impuls und einer Eigenbewegung kann nach [10] nicht auftreten.
5. Der Dirac–Impuls und die Sprungfunktion:
   Eine Abhängigkeit zwischen dem Dirac–Impuls und einem Signal x kann nur bestehen, wenn das Signal x keine Eigenbewegung ist, beispielsweise für die Sprungfunktion $x = \varepsilon$.
6. Der Dirac–Impuls und das Signal $h(k) = \varepsilon(k-1)/k$:
   Der Dirac–Impuls und die Impulsantwort $h(k) = \varepsilon(k-1)/k$ des harmonischen Filters (vgl. Tab. 5.1, S. 239) sind nach [10] voneinander unabhängig.

Beispiel für vier Signale
Das folgende Beispiel zeigt, wie umfangreich das „Beziehungsgeflecht" bereits für vier Signale sein kann. Die Signale lauten

$$x_1(k) = \varepsilon(k)\,,\; x_2(k) = 1\,,\; x_3(k) = 1 - \varepsilon(k)\,,\; x_4(k) = \delta(k)\,. \tag{5.164}$$

Es bestehen die folgenden Abhängigkeiten:

1. Intra–Abhängigkeiten: $x_2' = 0$.
2. Zwei Signale: $x_4 = x_1'$, $x_4 = -x_3'$, $x_1' = -x_3'$.
3. Drei Signale: $x_2 = x_1 + x_3$.
4. Vier Signale: $x_2(k) = x_1(k) + x_3(k-1) - x_4(k)$.

Welchen Signalraum Ω erzeugen die Signale x_1–x_4? Dieser Signalraum wird bereits von x_1 und x_2 erzeugt, denn die Signale x_3 und x_4 können daraus gemäß

$$x_3 = x_2 - x_1 \; , \; x_4 = x_1'$$

gebildet werden. Der Signalraum Ω stimmt daher mit Fall 8 aus Tab. 5.6, S. 294 überein und enthält folglich alle Signale, die bis zu einem ersten Zeitpunkt und ab einem zweiten Zeitpunkt konstant sind. Da zwischen der Sprungfunktion $x_1 = \varepsilon$ und dem konstanten Signal $x_2(k) = 1$ keine Abhängigkeit besteht, bilden diese beiden Signale eine Basis des Signalraums Ω.

Beispiel: Sinusförmige Signale und der Dirac–Impuls

Nach unseren bisherigen Ergebnissen sind das konstante und alternierende Signal unabhängig. Eine Abhängigkeit zwischen dem Dirac–Impuls und einer Eigenbewegung besteht ebenfalls nicht. Allgemeiner sind die folgenden Signale unabhängig:

$$x(k) = \cos[2\pi f k] \; , \; 0 \leq f \leq 1/2 \;\text{ und }\; \delta(k) \; . \tag{5.165}$$

Bei der Definition von LTI–Systemen in Abschn. 5.5.4 werden wir auf dieses wichtige Ergebnis zurückkommen. Da es sich um unendlich viele Signale handelt, bedeutet Unabhängigkeit, dass für beliebige sinusförmige Signale $x_i(k) := \cos[2\pi f_i k]$ mit Frequenzen $0 \leq f_1 < f_2 < \cdots < f_n \leq 1/2$ und dem Dirac–Impuls $x_0 := \delta$ keine Abhängigkeit besteht. Es wird daher die Beziehung

$$\mathrm{FIR}_1(x_1) + \cdots + \mathrm{FIR}_n(x_n) + \mathrm{FIR}_0(x_0) = 0$$

betrachtet. Da bei einer FIR–Filterung die Sinusförmigkeit erhalten bleibt, sind die Signale $y_i := \mathrm{FIR}_i(x_i)$ ebenfalls sinusförmig mit der Frequenz f_i. Andererseits ist das Signal $y_0 := \mathrm{FIR}_0(x_0)$ von endlicher Dauer. Die Überlagerung dieser Signale ergibt

$$x(k) := y_1(k) + \cdots + y_n(k) + y_0(k) = 0 \; . \tag{5.166}$$

Auf das Signal wenden wir einen Sinus–Detektor (System S_i) für die Frequenz f_i an. Aus $x = 0$ folgt zunächst $S_i(x) = 0$. Mit seiner Frequenzfunktion gemäß Gl. (5.127) erhält man

$$S_i(x) = y_i + S_i(y_0) = S_i(x) = 0 \; . \tag{5.167}$$

Der Sinus–Detektor liefert für das Signal y_0 endlicher Dauer das Ausgangssgnal $S_i(y_0) = 0$, da seine Impulsantwort 0 ist, wie sich aus Gl. (5.112) ergab. Wegen Gl. (5.167) ist daher auch $y_i = 0$ und wegen Gl. (5.166) auch $y_0 = 0$. Alle Signale y_i , $0 \leq i \leq n$ sind somit 0 und daher die Signale x_i , $0 \leq i \leq n$ unabhängig.

5.5.3 *Die Frequenzfunktion eines LTI–Systems*

Rückblick auf die Frequenzfunktion

Die sinusförmige Anregung eines (verallgemeinerten) Faltungssystems führte auf seine Frequenzfunktion. Nach Gl. (5.125) gilt für verallgemeinerte Faltungssysteme

$$x_1(k) = \cos[2\pi fk] \Rightarrow y_1(k) = |S^F(f)| \cdot \cos[2\pi fk + \arg S^F(f)] \,. \tag{5.168}$$

Da verallgemeinerte Faltungssysteme auch Faltungssysteme mit einschließen, gilt dieser Zusammenhang ebenfalls für FIR–Filter (vgl. Abschn. 4.3) sowie realisierbare LTI–Systeme (vgl. Abschn. 4.11). Für Faltungssysteme ergibt sich die Frequenzfunktion durch Fourier–Transformation der Impulsantwort. Bei verallgemeinerten Faltungssystemen funktioniert diese Methode nicht, wie anhand von Systemen gezeigt wurde, welche die Impulsantwort 0 besitzen. Die Frequenzfunktion ergibt sich in diesem Fall aus den Frequenzfunktionen der FIR–Filter, welche das LTI–System annähern. Die Bildung der Frequenzfunktion ist nicht automatisch möglich: So besitzen Faltungssysteme mit einer Impulsantwort unendlicher Energie keine Frequenzfunktion — sofern gewöhnliche Funktionen betrachtet werden. Der Grenzwertbilder ist ein Beispiel für ein verallgemeinertes Faltungssystem ohne Frequenzfunktion.

Besitzt jedes LTI–System eine Frequenzfunktion?

Es wird i. F. erklärt, dass *jedes* LTI–System eine Frequenzfunktion besitzt. Die einzige Voraussetzung besteht darin, dass sinusförmige Signale als Eingangssignale erlaubt sind. Eine Begründung kann mit Hilfe der Intra–Abhängigkeit erfolgen, die zwischen den Signalwerten eines sinusförmigen Signals besteht. Nach Tab. 5.7, S. 300 kann die Intra–Abhängigkeit für ein konstantes Signal ($f = 0$), alternierendes Signal ($f = 1/2$) und sinusförmiges Signal der Frequenz $0 < f < 1/2$ wie folgt dargestellt werden:

$$\begin{aligned} f = 0 \; &: \; x(k) - x(k-1) = 0 \,, \\ f = 1/2 \; &: \; x(k) + x(k-1) = 0 \,, \\ 0 < f < 1/2 \; &: \; x(k) - 2\cos[2\pi f] \cdot x(k-1) + x(k-2) = 0 \,. \end{aligned}$$

Für ein beliebiges LTI–System folgen die gleichen Intra–Abhängigkeiten für dessen Ausgangswerte:

$$f = 0 \; : \; y(k) - y(k-1) = 0 \,, \tag{5.169}$$

$$f = 1/2 \; : \; y(k) + y(k-1) = 0 \,, \tag{5.170}$$

$$0 < f < 1/2 \; : \; y(k) - 2\cos[2\pi f] \cdot y(k-1) + y(k-2) = 0 \,. \tag{5.171}$$

Daher ist das Ausgangssignal für $f = 0$ ebenfalls konstant und für $f = 1/2$ alternierend:

$$f = 0 \; : \; y(k) = C_1 \,, \; f = 1/2 \; : \; y(k) = C_2(-1)^k \,. \tag{5.172}$$

Hierbei sind C_1 und C_2 zwei reelle Konstanten, welche den Ausgangswert $y(0)$ bei diesen Frequenzen wiedergeben. Sie stellen den Freiheitsgrad für das LTI–System dar und legen die Werte der Frequenzfunktion an den Frequenzgrenzen gemäß

$$S^F(0) = C_1 \, , \; S^F(1/2) = C_2 \tag{5.173}$$

fest, wie der Vergleich von Gl. (5.172) mit Gl. (5.168) ergibt. Es stellt sich die Frage, ob ein Ausgangssignal gemäß Gl. (5.171) ebenfalls sinusförmig ist. Die Frequenzfunktion wäre dann auch für $0 < f < 1/2$ gemäß Gl. (5.168) definierbar.

Die allgemeine Lösung von Gl. (5.171)
Es wird i. F. ein Frequenzwert $0 < f < 1/2$ vorausgesetzt. Gl. (5.171) ist nach Gl. (5.156) äquivalent zu $g * y = 0$ mit

$$g(k) = [\delta(k) - \mathrm{e}^{\mathrm{j}\,2\pi f}\delta(k-1)] * [\delta(k) - \mathrm{e}^{-\mathrm{j}\,2\pi f}\delta(k-1)] \, .$$

Für $y_\mathrm{c}(k) = \mathrm{e}^{\mathrm{j}\,2\pi f k}$ ist

$$[\delta(k) - \mathrm{e}^{\mathrm{j}\,2\pi f}\delta(k-1)] * y_\mathrm{c}(k) = y_\mathrm{c}(k) - \mathrm{e}^{\mathrm{j}\,2\pi f} y_\mathrm{c}(k-1) = 0 \, ,$$

d. h. y_c ist eine Lösung von $g * y = 0$. Durch Realteil– und Imaginärteilbildung erhält man die beiden reellen Lösungen $y_1(k) = \cos[2\pi f k]$ und $y_2(k) = \sin[2\pi f k]$. Daher ist auch die Linearkombination

$$y(k) = y_0 \cdot \cos[2\pi f k] + \frac{y_1 - y_0 \cos[2\pi f]}{\sin[2\pi f]} \cdot \sin[2\pi f k] \tag{5.174}$$

eine Lösung von $g * y = 0$. Hierbei wird die Voraussetzung $0 < f < 1/2$ benötigt, um $\sin[2\pi f] \neq 0$ zu garantieren. Die Faktoren für die Signale y_1 und y_2 sind so gewählt, dass das Signal y die Werte $y(0) = y_0$, $y(1) = y_1$ besitzt. Für die zwei aufeinanderfolgenden Signalwerte $y(0)$ und $y(1)$ folgen durch rekursive Auswertung von Gl. (5.171) alle anderen Ausgangswerte $y(k)$. Gl. (5.174) stellt daher die Lösung von Gl. (5.171) dar. Das Signal $y(k)$ ist als Überlagerung zweier sinusförmiger Signale der Frequenz f ebenfalls sinusförmig mit der Frequenz f und damit von der Form $y(k) = A \cdot \cos[2\pi f k + \Phi]$. Somit ist die folgende Definition möglich:

Was ist die Frequenzfunktion eines beliebigen LTI–Systems?

Es sei S ein LTI–System, für das sinusförmige Eingangssignale erlaubt sind. Wird das System mit $x_1(k) = \cos[2\pi f k]$ angeregt, entsteht ein sinusförmiges Ausgangssignal

$$y_1(k) = A(f) \cdot \cos[2\pi f k + \Phi(f)] \, . \tag{5.175}$$

$A(f)$ heißt Amplitudenfunktion, $\Phi(f)$ Phasenfunktion und die Funktion

$$S^F(f) := A(f) \cdot \mathrm{e}^{\mathrm{j}\,\Phi(f)} \tag{5.176}$$

Frequenzfunktion des Systems.

Das Ausgangssignal bei anderen sinusförmigen Anregungen

Wir überzeugen uns davon, dass die Amplitudenfunktion den Verstärkungsfaktor und die Phasenfunktion die Phasenverschiebung auch bei einer Anregung mit

$$x_2(k) = \sin[2\pi fk]$$

beschreiben (Nachweis folgt):

$$y_2(k) = A(f) \cdot \sin[2\pi fk + \Phi(f)] \,. \tag{5.177}$$

Die Anregung mit

$$x_{\mathrm{c}}(k) = \mathrm{e}^{\mathrm{j}\,2\pi fk} = \cos[2\pi fk] + \mathrm{j}\,\sin[2\pi fk]$$

liefert wie bei Faltungssystemen das Ausgangssignal (Nachweis folgt)

$$y_{\mathrm{c}}(k) = x_{\mathrm{c}}(k) \cdot S^F(f) \,. \tag{5.178}$$

Nachweis von Gl. (5.177)
Nach Gl. (5.146) gilt

$$x_2(k) = \frac{-1}{2\sin[2\pi f]}[x_1(k+1) - x_1(k-1)] \,. \tag{5.179}$$

Aus der LTI–Eigenschaft des Systems, Gl. (5.175) und der trigonometrischen Beziehung Gl. (5.145) für $\alpha = 2\pi f(k+1) + \Phi(f)$, $\beta = 2\pi f(k-1) + \Phi(f)$ folgt

$$\begin{aligned} y_2(k) &= -\frac{1}{2\sin[2\pi f]}[y_1(k+1) - y_1(k-1)] \\ &= -\frac{1}{2\sin[2\pi f]}\{A(f) \cdot \cos[2\pi f(k+1) + \Phi(f)] - A(f) \cdot \cos[2\pi f(k-1) + \Phi(f)]\} \\ &= \frac{-A(f)}{2\sin[2\pi f]}\{-2\sin[(\alpha+\beta)/2]\sin[(\alpha-\beta)/2]\} \\ &= A(f) \cdot \sin[2\pi fk + \Phi(f)] \,. \end{aligned}$$

Nachweis von Gl. (5.178)
Aus Gl. (5.175) und Gl. (5.177) ergibt sich aus der Linearität des Systems für $x_{\mathrm{c}}(k)$

$$\begin{aligned} y_{\mathrm{c}}(k) &= A(f) \cdot \cos[2\pi fk + \Phi(f)] + \mathrm{j}\,A(f) \cdot \sin[2\pi fk + \Phi(f)] \\ &= A(f) \cdot \mathrm{e}^{\mathrm{j}\,[2\pi fk + \Phi(f)]} = A(f) \cdot \mathrm{e}^{\mathrm{j}\,2\pi fk}\,\mathrm{e}^{\mathrm{j}\,\Phi(f)} = x_{\mathrm{c}}(k) \cdot S^F(f) \,. \end{aligned}$$

Eigenschaften der Frequenzfunktion

Wie für Faltungssysteme ist die Frequenzfunktion periodisch mit der Periode 1 und konjugiert gerade, d. h. es gilt

$$S^F(f+1) = S^F(f) \,, \; S(-f) = [S^F(f)]^* \tag{5.180}$$

(Nachweis folgt). Nach Gl. (5.173) ist die Frequenzfunktion an den Frequenzgrenzen $f = 0$ und $f = 1/2$ reellwertig.

Nachweis der Periodizität
Aus

$$x_c(k) = e^{j\,2\pi f k} = e^{j\,2\pi(f+1)k}$$

folgt

$$x_c(k) \cdot S^F(f) = x_c(k) \cdot S^F(f+1)\,,$$

woraus sich die Periodizität ergibt.

Nachweis der Symmetrie
Aus Gl. (5.178) folgt für

$$x(k) := e^{-j\,2\pi f k} = \cos[2\pi f k] - j\,\sin[2\pi f k]$$

$$y(k) = S^F(-f) \cdot e^{-j\,2\pi f k}\,. \tag{5.181}$$

Andererseits gilt wegen der Linearität des Systems

$$\begin{aligned} y(k) &= A(f) \cdot \cos[2\pi f k + \Phi(f)] - j\,A(f) \cdot \sin[2\pi f k + \Phi(f)] \\ &= A(f) \cdot e^{-j\,[2\pi f k + \Phi(f)]} \\ &= A(f) \cdot e^{-j\,\Phi(f)} \cdot e^{-j\,2\pi f k} \\ &= [S^F(f)]^* \cdot e^{-j\,2\pi f k}\,. \end{aligned}$$

Der Vergleich mit Gl. (5.181) liefert die Symmetrieeigenschaft.

Nachweis für die Frequenzgrenzen
Die Reellwertigkeit der Frequenzfunktion an den Frequenzgrenzen $f = 0$ und $f = 1/2$ ergibt sich auch aus der Symmetrie und Periodizität der Frequenzfunktion: Aus der Symmetrie folgt zunächst $S^F(0) = [S^F(0)]^*$, d. h. $S^F(0)$ ist reellwertig. Aus der Periodizität und Symmetrie folgt

$$S^F(1/2) = S^F(-1/2) = [S^F(1/2)]^*\,,$$

d. h. $S^F(1/2)$ ist ebenfalls reellwertig.

Welche Frequenzfunktionen sind möglich?

Bei FIR–Filtern ist die Frequenzfunktion stetig (vgl. Abschn. 4.6). Dies trifft allgemeiner für stabile Faltungssysteme zu, wie sich aus Gl. (5.69) ergab. Bei Impulsantworten endlicher Energie sind die Frequenzfunktionen quadratisch integrierbar und können daher auch unstetig sein wie die Frequenzfunktion eines idealen Tiefpasses. Bei verallgemeinerten Faltungssystemen sind auch „entartete" Frequenzfunktionen möglich wie die des Sinus–Detektors. Welche Frequenzfunktionen sind möglich, wenn beliebige LTI–Systeme betrachtet werden? Sind die Eigenschaften einer Frequenzfunktion — Periodizität, Symmetrie und Reellwertigkeit an den Frequenzgrenzen — vielleicht die einzigen Bedingungen? Um diese Fragen zu klären, werden Methoden zur Definition von LTI–Systemen benötigt. Dabei entsteht die Frage: Wie können LTI–Systeme definiert werden, die noch nicht einmal verallgemeinerte Faltungssysteme sind?

5.5.4 Definition von LTI–Systemen mit Hilfe einer Basis

Wie können LTI–Systeme definiert werden?
In [10] werden drei Methoden zur Definition eines LTI–Systems vorgeschlagen:

1. Mit Hilfe einer Basis des Signalraums,
2. durch Signal–Projektoren (vgl. Abschn. 5.5.5),
3. durch Fortsetzung bzw. Verallgemeinerung eines Systems (vgl. Abschn. 5.5.6).

Darstellung des Ausgangssignals mit Hilfe einer Basis
Wir nehmen an, dass eine Basis des Signalraums $\Omega = \mathbf{LTI}(\mathbb{E})$ bekannt ist. Die Basis $\mathbb{E}$ enthält somit unabhängige Signale, mit denen der Signalraum erzeugt werden kann. Seine Signale nennen wir *Basissignale*. Jedes Signal des Signalraums Ω kann durch Basissignale $x_1 , \ldots , x_n$ gemäß Gl. (5.141),

$$x = \mathrm{FIR}_1(x_1) + \cdots + \mathrm{FIR}_n(x_n) , \tag{5.182}$$

erzeugt werden. Für das Ausgangssignal eines LTI–Systems S folgt zunächst

$$y = S(x) = S(\mathrm{FIR}_1(x_1)) + \cdots + S(\mathrm{FIR}_n(x_n)) .$$

Zur weiteren Auswertung werden die Ausgangssignale

$$y_i := S(x_i) \tag{5.183}$$

des Systems für Basissignale benötigt. Hierzu werden die FIR–Filterungen der Basissignale als Faltungssummen dargestellt. Für das erste FIR–Filter mit der Impulsantwort h_1 ergibt sich für $\mathrm{FIR}_1(x_1)$ die Darstellung

$$\sum_i h_1(i) x_1(k-i) .$$

Aus der LTI–Eigenschaft des Systems folgt für $S(\mathrm{FIR}_1(x_1))$

$$\sum_i h_1(i) y_1(k-i) .$$

Es ist folglich

$$S(\mathrm{FIR}_1(x_1)) = \mathrm{FIR}_1(y_1) = \mathrm{FIR}_1(S(x_1)) , \tag{5.184}$$

d. h. die Systemoperation S kann mit der FIR–Filterung vertauscht werden. Daher erhält man für das Ausgangssignal

$$y = S(x) = \mathrm{FIR}_1(y_1) + \cdots + \mathrm{FIR}_n(y_n) . \tag{5.185}$$

Das Ausgangssignal y ist also durch die Ausgangssignale $y_i = S(x_i)$ für die Basissignale festgelegt.

Definition eines LTI–Systems mit Hilfe einer Basis
Um ein LTI–System auf einem Signalraum Ω zu definieren, reicht es nach Gl. (5.185) aus, die Ausgangssignale für Basis–Signale festzulegen. Hierbei sind eventuelle Intra–Abhängigkeiten für die Basis–Signale zu berücksichtigen. Beispielsweise folgt aus der Intra–Abhängigkeit für das Basis–Signal x_1 gemäß

$$\mathrm{FIRg}(x_1) = 0$$

eine entsprechende Intra–Abhängigkeit für das Ausgangssignal $y_1 = S(x_1)$ gemäß

$$\mathrm{FIRg}(y_1) = \mathrm{FIRg}(S(x_1)) = S(\mathrm{FIRg}(x_1)) = 0\,, \tag{5.186}$$

da die FIR–Filterung FIRg mit der Systemoperation S vertauscht werden kann wie in Gl. (5.184). Die Definition eines LTI–Systems gemäß Gl. (5.185) wirft die folgenden Fragen auf:

- Stellt die Bedingung gemäß Gl. (5.186) die einzige Einschränkung für die Festlegung der Ausgangssignale $y_i = S(x_i)$ dar? Ist hierbei ein Generator–Filter zu verwenden, um die primären Signalabhängigkeiten auszudrücken?
- Für zwei Darstellungen des Eingangssignals gemäß

$$x = \mathrm{FIR}_1(x_1) + \cdots + \mathrm{FIR}_n(x_n) = \widetilde{\mathrm{FIR}}_1(x_1) + \cdots + \widetilde{\mathrm{FIR}}_n(x_n) \tag{5.187}$$

  mit zwei unterschiedlichen FIR–Filter–Systemen stellt sich die Frage, welche FIR–Filter für die Definition des Ausgangssignals durch Gl. (5.185) zu benutzen sind.

Nach [10, Satz 5.6] ist tatsächlich Gl. (5.186) die einzige Bedingung für die Festlegung der Ausgangssignale für Basissignale, wobei Generator–Filter zu verwenden sind. Die Definition der Ausgangssignale gemäß Gl. (5.185) erweist sich als „unempfindlich" gegenüber dem verwendeten FIR–Filter–System: Die FIR–Filter haben keinen Einfluss auf das Ausgangssignal gemäß Gl. (5.185), sofern sie das gleiche Signal gemäß Gl. (5.187) darstellen. Ein LTI–System lässt sich daher wie folgt definieren:

Definition eines LTI–Systems mit Hilfe einer Basis

Ein LTI–System kann gemäß Gl. (5.185) definiert werden. Hierbei sind $y_i = S(x_i)$ Ausgangssignale für die Basissignale x_i und FIR_i beliebige FIR–Filter, welche das Eingangssignal gemäß $x = \mathrm{FIR}_1(x_1) + \cdots + \mathrm{FIR}_n(x_n)$ erzeugen. Besteht keine Intra–Abhängigkeit für das Basissignal x_i, ist y_i beliebig wählbar. Im anderen Fall gilt die gleiche Intra–Abhängigkeit für y_i wie für x_i, denn die einzige Bedingung lautet $\mathrm{FIRg}(y_i) = 0$, wobei FIRg ein Generator–Filter für das Signal x_i darstellt.

Beispiel 1: Frequenzfunktion
Als Beispiel werden die sinusförmigen Signale

$$x(k) = \cos[2\pi fk]\,,\; 0 \leq f \leq 1/2$$

betrachtet. Sie sind unabhängig, da sogar die Signale gemäß Gl. (5.165) unabhängig sind. Sie stellen daher eine Basis für einen Signalraum dar, der mit

$$\Omega(0 \leq f \leq 1/2) := \mathbf{LTI}(\cos[2\pi fk]\,,\; 0 \leq f \leq 1/2) \tag{5.188}$$

bezeichnet wird, und alle sinusförmigen Signale enthält. Für ein sinusförmiges Signal der Frequenz f besteht eine Intra–Abhängigkeit, die nach Gl. (5.174) auf das Ausgangssignal

$$y(k) = y_0 \cdot \cos[2\pi fk] + \frac{y_1 - y_0 \cos[2\pi f]}{\sin[2\pi f]} \cdot \sin[2\pi fk] \tag{5.189}$$

führt. Durch eine von der Frequenz abhängigen Wahl der Signalwerte $y(0) = y_0$ und $y_1 = y(1)$ kann damit jedes Ausgangssignal

$$y(k) = A \cdot \cos[2\pi fk + \Phi]$$

gebildet werden (Nachweis folgt). Es kann somit **jede Funktion** — vorausgesetzt, sie ist periodisch und symmetrisch und an den Frequenzgrenzen $f = 0$ und $f = 1/2$ reellwertig — als Frequenzfunktion vorgegeben werden. Damit sind Frequenzfunktionen möglich, die noch entarteter sind, als die des Sinus–Detektors.

Beliebige Amplituden– und Phasenwerte sind möglich
Wir überzeugen uns davon, dass jeder Amplitudenwert A und Phasenwert Φ durch eine geeignete Wahl der Signalwerte y_0 und y_1 gebildet werden kann:
Aus der trigonometrischen Beziehung

$$\cos[\alpha + \beta] = \cos\alpha\cos\beta - \sin\alpha\sin\beta \tag{5.190}$$

folgt zunächst

$$y(k) = A \cdot \cos[2\pi fk + \Phi] = A \cdot \cos[2\pi fk]\cos\Phi - A \cdot \sin[2\pi fk]\sin\Phi\,.$$

Gl. (5.189) entnimmt man

$$y_0 = A \cdot \cos\Phi\,,\; \frac{y_1 - y_0\cos[2\pi f]}{\sin[2\pi f]} = -A \cdot \sin\Phi\,.$$

Mit Gl. (5.190) erhält man daraus

$$\begin{aligned} y_1 &= y_0\cos[2\pi f] - A \cdot \sin\Phi\sin[2\pi f] = A \cdot \cos\Phi\cos[2\pi f] - A \cdot \sin\Phi\sin[2\pi f] \\ &= A \cdot \cos[2\pi f + \Phi]\,. \end{aligned}$$

Somit gilt für einen beliebigen Amplitudenwert A und Phasenwert Φ

$$y_0 = A \cdot \cos\Phi\,,\; y_1 = A \cdot \cos[2\pi f + \Phi]\,. \tag{5.191}$$

Beispiel 2: Frequenzfunktion und Impulsantwort
In Abschn. 5.4 haben wir verallgemeinerte Faltungssysteme kennengelernt, deren Frequenzfunktion keinen Zusammenhang mit ihrer Impulsantwort $h = 0$ aufweist. Zwischen Frequenzfunktion und Impulsantwort eines LTI–Systems besteht daher nicht zwangsläufig ein Zusammenhang, wie wir ihn bei Faltungssystemen kennengelernt haben. Dieser Sachverhalt kommt in unserer Analyse von Signalabhängigkeiten dadurch zum Ausdruck, dass zwischen sinusförmigen Signalen und dem Dirac–Impuls keine Abhängigkeit besteht, wie Gl. (5.165) zeigt. Sie stellen vielmehr eine Basis des Signalraums

$$\Omega := \Omega(0 \leq f \leq 1/2) + \mathbf{LTI}(\delta) \tag{5.192}$$

dar. Hierbei bezeichnet $\Omega_1 + \Omega_2$ die sog. *Summe zweier Signalräume* Ω_1 und Ω_2, die per Definition alle Überlagerungen $x_1 + x_2$ aus Signalen $x_1 \in \Omega_1$ und Signalen $x_2 \in \Omega_2$ enthält. Der Signalraum Ω enthält somit alle Überlagerungen sinusförmiger Signale beliebiger Frequenzen mit einem Signal endlicher Dauer. Da die Ausgangssignale für Basissignale unabhängig voneinander definiert werden können, können die Ausgangssignale $S(\cos[2\pi fk])$ unabhängig von der Impulsantwort $h = S(\delta)$ festgelegt werden. Daher kann eine beliebige Frequenzfunktion wie in Beispiel 1 definiert werden, die keinen Zusammenhang mit der Impulsantwort des Systems aufweist.

5.5.5 Definition von LTI–Systemen durch Signal–Projektoren

Die direkte Summe zweier Signalräume
Der Signalraum gemäß Gl. (5.192) ist ein Beispiel für eine sog. *direkte Summe* zweier Signalräume. Die direkte Summe

$$\Omega = \Omega_1 \oplus \Omega_2 \tag{5.193}$$

stimmt mit ihrer Summe $\Omega_1 + \Omega_2$ überein und ist dadurch gekennzeichnet, dass die beiden Signalräume Ω_1 und Ω_2 nur das Nullsignal gemeinsam haben. Dies kann auch dadurch ausgedrückt werden, dass keine Inter–Abhängigkeit zwischen einem Signal $x_1 \in \Omega_1$ und einem Signal $x_2 \in \Omega_2$ besteht: Aus

$$\mathrm{FIR}_1(x_1) + \mathrm{FIR}_2(x_2) = 0$$

folgt $\mathrm{FIR}_1(x_1) = -\mathrm{FIR}_2(x_2)$. Wegen $\mathrm{FIR}_1(x_1) \in \Omega_1$ und $-\mathrm{FIR}_2(x_2) \in \Omega_2$ erhält man daraus

$$\mathrm{FIR}_1(x_1) = \mathrm{FIR}_2(x_2) = 0\,.$$

Was sind Signal–Projektoren?
Wir betrachten die direkte Summe zweier Signalräume Ω_i. Ein Signal des Signalraums $\Omega = \Omega_1 \oplus \Omega_2$ besitzt daher die Darstellung

$$x = x_1 + x_2 \tag{5.194}$$

mit $x_1 \in \Omega_1$ und $x_2 \in \Omega_2$. Ist es möglich, aus dem Signal x seine Signalkomponenten x_1 und x_2 zu bestimmen? Eine Antwort darauf gibt [10, Lemma 5.11]. Demnach gewinnt man die Signalkomponenten durch Signal–Projektoren zurück, die durch

$$S_{\text{PR1}}(x) := x_1 \, , \; S_{\text{PR2}}(x) := x_2 \tag{5.195}$$

definiert sind. Die Unabhängigkeit der Signale x_1 und x_2 ist hierbei wichtig, denn sie garantiert, dass eine Zerlegung des Signals x in seine Signalkomponenten gemäß Gl. (5.194) nur auf eine einzige Weise möglich ist.

Eindeutigkeit der Zerlegung gemäß Gl. (5.194)
Wir gehen von zwei Zerlegungen des Signals x gemäß

$$x = x_1 + x_2 = \widetilde{x}_1 + \widetilde{x}_2 \, , \; x_1 \, , \; \widetilde{x}_1 \in \Omega_1 \, , \; x_2 \, , \; \widetilde{x}_2 \in \Omega_2$$

aus. Dann gilt $x_1 - \widetilde{x}_1 = \widetilde{x}_2 - x_2$.
Die linke Seite ist in Ω_1 enthalten, während die rechte Seite in Ω_2 enthalten ist. Da die beiden Signalräume Ω_1 und Ω_2 nur das Nullsignal gemeinsam haben, ergibt sich daraus

$$x_1 - \widetilde{x}_1 = 0 \, , \; \widetilde{x}_2 - x_2 = 0 \, .$$

Die Zerlegungen stimmen demnach überein.

Signal–Projektoren erweisen sich als LTI–Systeme, so dass die Definition eines LTI–Systems gemäß Abb. 5.26 erfolgen kann.

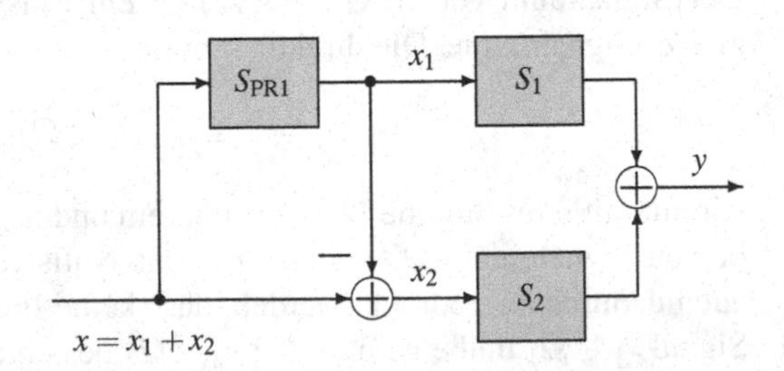

Abb. 5.26 Definition eines LTI–Systems mit Hilfe der Signal–Projektoren $S_{\text{PR1}}, S_{\text{PR2}}$. Der Signal–Projektor S_{PR2} wird durch den Subtrahierer realisiert.

Durch die Signal–Projektoren wird das Eingangssignal x zunächst in seine Signalkomponenten $x_1 \in \Omega_1$ und $x_2 \in \Omega_2$ zerlegt. Hierbei ist der zweite Signal–Projektor durch einen Subtrahierer definiert. Dann erfolgt eine separate Verarbeitung der Signalkomponenten durch die zwei LTI–Systeme S_1 und S_2. Das Ausgangssignal wird daraus wie folgt gebildet:

$$y = S(x) := S_1(x_1) + S_2(x_2) \tag{5.196}$$

Beispiel: Überlagerung eines sinusförmigen Signals mit einem Signal endlicher Dauer
Als Signal–Projektor für ein sinusförmiges Signal der Frequenz f kann der Sinus–Detektor mit der Frequenzfunktion in Gl. (5.127) angewandt werden. Mit dem System S_1 kann die Amplitude und der Phasenwinkel der sinusförmigen Signalkomponente x_1 des Eingangssignals gezielt verändert werden. Da das Signal x_2 von endlicher Dauer, führt das System S_2 eine Faltungsoperation mit dieser Signalkomponente durch.
Wählt man beispielsweise für

- die Frequenz $f = 0$,
- das System S_1 das Nullsystem,
- das System S_2 den Summierer,

ist $x_1(k) = x(-\infty)$ der konstante Signalanteil des Eingangssignals. Daraus erhält man das Ausgangssignal $y = S_2(x_2) = S_2(x - x_1)$ gemäß

$$y(k) = \sum_{i=-\infty}^{k} [x(i) - x(-\infty)] .$$

Dies ist das Ausgangssignal des Systems Nr. 13 in Tab. 2.4, S. 47.

5.5.6 *Definition von LTI–Systemen durch Fortsetzung*

Was ist eine Fortsetzung?
Abb. 5.26, S. 314 ist ein Beispiel für eine Fortsetzung: Die Systeme S_1 und S_2, die für Eingangssignale aus Ω_1 bzw. Ω_2 definiert sind, werden durch das System S auf den Signalraum $\Omega = \Omega_1 + \Omega_2$ fortgesetzt. Eine weitere Möglichkeit, LTI–Systeme fortzusetzen, besteht darin, den Signalraum der Eingangssignale schrittweise um ein „neues" Eingangssignal x_0 zu erweitern. Die damit erzeugbaren Eingangssignale sind Überlagerungen

$$x = x_\Omega + \mathrm{FIR}(x_0)$$

eines Signals $x_\Omega \in \Omega$ und dem gefilterten Signal $\mathrm{FIR}(x_0)$ für ein beliebiges FIR–Filter. Sie bilden den *erweiterten* Signalraum

$$\Omega^+ := \Omega + \mathbf{LTI}(x_0) . \tag{5.197}$$

Ausgangspunkt einer Fortsetzung ist ein System S, dass für die Signale $x_\Omega \in \Omega$ bereits definiert ist. Die Fortsetzung des Systems S besteht darin, ein System S^+ anzugeben, dass für Signale $x \in \Omega^+$ definiert ist und für Signale x_Ω mit dem System S übereinstimmt. Das System S wird folglich durch das System S^+ *fortgesetzt* bzw. verallgemeinert.

Das Ausgangssignal einer Fortsetzung

Da wir von einem LTI–System S ausgehen und verlangen, dass die Fortsetzung S^+ ebenfalls ein LTI–System ist, ergibt sich das Ausgangssignal der Fortsetzung gemäß

$$\begin{aligned} S^+(x_\Omega + \mathrm{FIR}(x_0)) &= S^+(x_\Omega) + S^+(\mathrm{FIR}(x_0)) = S(x_\Omega) + \mathrm{FIR}(S^+(x_0)) \\ &= S(x_\Omega) + \mathrm{FIR}(y_0)\,, \end{aligned} \tag{5.198}$$

wobei $y_0 := S^+(x_0)$ das Ausgangssignal für das neue Eingangssignal x_0 bezeichnet. Dieses Signal stellt folglich den Freiheitsgrad bei der Fortsetzung des Systems S dar. Bei der Wahl des Signals y_0 müssen Intra–Abhängigkeiten des Signals x_0 berücksichtigt werden, da diese auch für y_0 gelten. Diese Einschränkung ist uns bereits bei der Definition eines LTI–System mit Hilfe einer Basis begegnet. Es muss darüber hinaus auch die Inter–Abhängigkeit berücksichtigt werden, die zwischen dem Signal x_0 und dem Signalraum Ω bestehen kann, die ein FIR–Filter „FIR" vorsieht, welches das Signal x_0 gemäß $\mathrm{FIR}(x_0) \in \Omega$ in den Signalraum Ω überführt. Ein Beispiel ist $\Omega = \mathbf{LTI}(\delta)$ und $x_0 = \varepsilon$. Die Abhängigkeit $\varepsilon' = \delta$ besteht ebenfalls zwischen der Sprungantwort $y_0 = S(\varepsilon)$ und der Impulsantwort $h = S(\delta)$ gemäß $y_0' = h$. Allgemein folgt aus $\mathrm{FIR}(x_0) \in \Omega$

$$\mathrm{FIR}(y_0) = \mathrm{FIR}(S^+(x_0)) = S^+(\mathrm{FIR}(x_0)) = S(\mathrm{FIR}(x_0))\,. \tag{5.199}$$

Die FIR–Filterung des Ausgangssignals y_0 mit dem FIR–Filter „FIR" muss demnach das Signal $S(\mathrm{FIR}(x_0))$ ergeben, welches bereits durch das System S festgelegt ist.

Definition einer Fortsetzung

Gl. (5.199) wird in [10] als *Fortsetzungsbedingung* bezeichnet. Diese Bedingung muss bei der Festlegung des Ausgangssignals $y_0 = S^+(x_0)$ erfüllt sein — und zwar für jedes FIR–Filter mit $\mathrm{FIR}(x_0) \in \Omega$. Es ergeben sich daher analog zu der Definition eines LTI–Systems mit Hilfe einer Basis folgende Fragen:

- Wie kann die Fortsetzungsbedingung erfüllt werden?
- Welches FIR–Filter ist bei einer Definition der Fortsetzung gemäß Gl. (5.198) zu verwenden?

Nach [10, Lemma 5.12 und Lemma 5.13] ist das FIR–Filter so zu wählen, dass es unter allen FIR–Filtern mit $\mathrm{FIR}(x_0) \in \Omega$ den kleinsten Filtergrad besitzt. Es verallgemeinert das Generator–Filter, welches die primäre Intra–Abhängigkeit eines Signals darstellt, auf die Inter–Abhängigkeit eines Signals von einem Signalraum, und wird daher ebenfalls *Generator–Filter* genannt. Damit gelingt die Fortsetzung eines Systems auf den Signalraum Ω^+ und sogar die Fortsetzung auf den Signalraum $\mathbb{R}^{\mathbb{Z}}$ **aller** zeitdiskreten Signale (kleiner und großer Fortsetzungssatz). Dies ist keineswegs selbsverständlich aufgrund der unüberblickbaren Vielfalt der Signalabhängigkeiten, welche in dem „riesigen" Signalraum $\mathbb{R}^{\mathbb{Z}}$ bestehen.

Fassen wir zusammen:

Definition eines LTI–Systems durch Signal–Projektoren und Fortsetzung

Mit Hilfe von **Signal–Projektoren** erfolgt die Zerlegung eines Signals $x = x_1 + x_2$ in seine Signalkomponenten x_1 und x_2 und eine separate Verarbeitung dieser Signalkomponenten durch LTI–Systeme S_1 und S_2. Die Zerlegung ist möglich, wenn zwischen den Signalen $x_1 \in \Omega_1$ und $x_2 \in \Omega_2$ keine Inter–Abhängigkeit besteht.
Bei der **Fortsetzung** eines LTI–Systems wird der Signalraum für die Eingangssignale erweitert. Inter–Abhängigkeiten zwischen den neuen und alten Eingangssignalen können durch ein Generator–Filter dargestellt werden, das zur Festlegung der Ausgangssignale für die neuen Eingangssignale benötigt wird.

Universelle LTI–Systeme
Nach dem großen Fortsetzungssatz kann jedes LTI–System auf den Signalraum $\mathbb{R}^{\mathbb{Z}}$ **aller** zeitdiskreten Signale fortgesetzt werden. Diese Fortsetzung S^+ kann als *universelles System* bezeichnet werden, denn für S^+ ist jedes zeitdiskrete Signal als Eingangssignal erlaubt. Universelle Systeme sind uns bislang in Form von FIR–Filtern begegnet. Mit Hilfe einer Fortsetzung können auch universelle LTI–Systeme angegeben werden, die keine FIR–Filter sind. Ein Beispiel ist die Fortsetzung des Summierers. Der Summierer ist nur für linksseitig summierbare Eingangssignale definiert. Durch seine Fortsetzung auf den Signalraum $\mathbb{R}^{\mathbb{Z}}$ erhält man ein universelles System, das für linksseitig summierbare Eingangssignale mit dem Summierer übereinstimmt und damit *kein* FIR–Filter sein kann. In [10] wird gezeigt, dass universelle LTI–Systeme, die keine FIR–Filter sind, keine verallgemeinerten Faltungssysteme sind (Lemma A.3). Damit haben wir LTI–Systeme gefunden, die sich einer näherungsweisen Realisierung durch FIR–Filter entziehen. Zeitdiskrete LTI–Systeme können daher als Mengen wie folgt hierachisch geordnet werden:

Hierarchie für zeitdiskrete LTI–Systeme

1. FIR–Filter
2. Faltungssysteme:
   Faltungssysteme, die keine FIR–Filter sind, sind IIR–Filter. Ein Beispiel ist der Summierer, welcher realisierbar ist sowie ein idealer Tiefpass, der näherungsweise realisierbar ist.
3. Verallgemeinerte Faltungssysteme: Sie können wie Faltungssysteme durch FIR–Filter näherungsweise realisiert werden. Ein Beispiel für ein verallgemeinertes Faltungssystem, welches kein Faltungssystem ist, ist der Sinus–Detektor.
4. Beliebige LTI–Systeme:
   Ein Beispiel für ein LTI–System, welches kein verallgemeinertes Faltungssystem ist, ist ein universelles LTI–System, das den Summierer fortsetzt.

5.6 Probleme zu Kap. 5

Problem 5.1 (Das Verhalten stabiler LTI–Systeme bei abklingenden Eingangssignalen)

Man zeige: Das Ausgangssignal eines stabilen und kausalen LTI–Systems ist bei Anregung mit einem abklingenden Einschaltvorgang ebenfalls abklingend.

Problem 5.2 (Hintereinanderschaltung zweier verallgemeinerter Faltungssysteme)

Man untersuche die Voraussetzung, unter der die Hintereinanderschaltung zweier verallgemeinerter Faltungssysteme ein verallgemeinertes Faltungssystem ergibt.

Problem 5.3 (Gleichheit zweier verallgemeinerter Faltungssysteme)

Wie kann man dem Filterkoeffizienten–Schema zweier verallgemeinerter Faltungssysteme „ansehen", dass es sich um das gleiche System handelt?

Problem 5.4 (Stabilität für verallgemeinerte Faltungssysteme)

Wie lässt sich das hinreichende Stabilitätskriterium gemäß Gl. (5.118) modifizieren, um ein notwendiges Kriterium für Stabilität zu erhalten?

Problem 5.5 (kausaler Mittelwertbilder)

Man zeige, dass das Ausgangssignal des kausalen Mittelwertbilders für jedes erlaubte Eingangssignal konstant ist.

Problem 5.6 (Filterpotenzen)

Gibt es ein systematisches Entwurfsverfahren für FIR–Filter, welches die Bedingung gemäß Gl. (5.132) für Filterpotenzen erfüllt?

Problem 5.7 (Definition verallgemeinerter Faltungssysteme)

Wird die Menge der verallgemeinerten Faltungssysteme erweitert, indem für die Annäherung eines LTI–Systems anstelle von FIR–Filtern beliebige Faltungssysteme verwendet werden? Welche LTI–Systeme erhält man, wenn anstelle von FIR–Filtern verallgemeinerte Faltungssysteme verwendet werden?

Problem 5.8 (Abhängigkeit zwischen zwei Signalen)

Man zeige: Die Inter–Abhängigkeit zwischen zwei Signalen ist eine transitive Beziehung.

Problem 5.9 (Basis eines Signalraums)

Besitzt jeder Signalraum eine Basis, wie dies bei Vektorräumen der Fall ist?

Problem 5.10 (Fortsetzung)

Gelingt für ein kausales und stabiles LTI–System eine Fortsetzung, die ebenfalls kausal und stabil ist?

Problem 5.11 (Rätsel)

Welches System kann sich selbst verarbeiten?

Problem 5.12 (interdisziplinär)

Man gebe für jedes Fachgebiet (z. B. Biologie, Soziologie) ein Systembeispiel an.

Anhang A
Anhang

A.1 Eigenbewegungen

Eigenbewegungen sind Lösungen der Gleichung $a * y_0 = 0$. Hierbei ist a die Impulsantwort eines FIR–Filters mit dem Einschaltzeitpunkt $k_1 = 0$ sowie dem Ausschaltzeitpunkt $k_2 = N$ und $a(0) = 1$. Seine Anregung mit einer Eigenbewegung y_0 liefert demnach ausgangsseitig das Nullsignal. Mit $p_0 = p_1, \ldots, p_N$ werden die Wurzeln der charakteristischen Gleichung $A(z) = 0$ bezeichnet. Die Übertragungsfunktion des FIR–Filters lautet aufgrund der Voraussetzungen über a nach Gl. (4.107)

$$A(z) = \frac{z - p_1}{z} \cdots \frac{z - p_N}{z} . \tag{A.1}$$

Aus dem Faltungssatz folgt, dass das FIR–Filter als Hintereinanderschaltung von Teilsystemen mit der Impulsantwort

$$a_i(k) = \delta(k) - p_i \delta(k-1) \, , \; 1 \leq i \leq N \tag{A.2}$$

dargestellt werden kann (s. Abb. A.1).

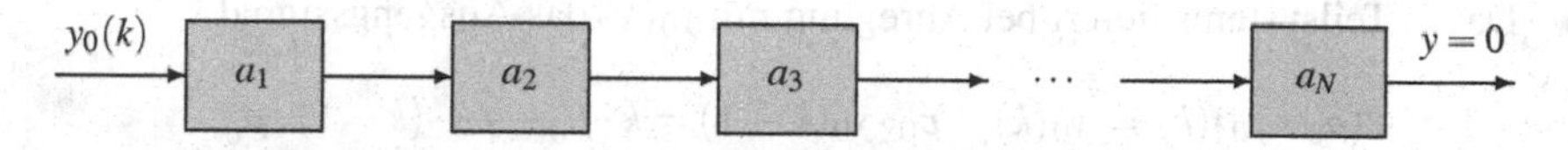

Abb. A.1 Eigenbewegungen als Eingangssignal einer Hintereinanderschaltung

Die Eigenbewegungen bei reellen und komplexen Wurzeln
Betrachten wir die Anregung der Hintereinanderschaltung nach Abb. A.1 mit

$$y_0(k) = p_0^k = |p_0|^k \cdot \mathrm{e}^{\mathrm{j}\, 2\pi f_0 k} . \tag{A.3}$$

Da es für das Ausgangssignal der Hintereinanderschaltung nicht auf die Reihenfolge der Teilsysteme ankommt, dürfen wir annehmen, dass das 1. Teilsystem zur Wurzel p_0 gehört. Für das Ausgangssignal des 1. Teilsystems gilt

$$p_0^k * [\delta(k) - p_0 \delta(k-1)] = p_0^k - p_0 \cdot p_0^{k-1} = 0 . \tag{A.4}$$

Daraus folgt auch für die Hintereinanderschaltung das Ausgangssignal $y(k) = 0$. Die Anregung des FIR–Filters mit $y_0(k) = p_0^k$ ergibt demnach das Nullsignal, d. h. $y_0(k) = p_0^k$ ist eine Eigenbewegung. Für eine reelle Wurzel p_0 ist $y_0(k) = p_0^k$

reellwertig, für eine nichtreelle Wurzel p_0 dagegen nicht. Wie erhält man für eine nichtreelle Wurzel eine reelle Eigenbewegung? Die Vorgehensweise ähnelt der Faktorisierung eines FIR–Filters nach Abschn. 4.2. Die komplexe Wurzel p_0 tritt als konjugiert komplexes Paar auf, d. h. p_0^* ist ebenfalls eine Wurzel der Übertragungsfunktion $A(z)$. Damit sind auch $[p_0^*]^k$ und damit auch

$$y_1(k) := \frac{p_0^k + [p_0^*]^k}{2} = \mathrm{Re}\,[p_0^k] = |p_0|^k \cdot \cos[2\pi f_0 k] \,, \tag{A.5}$$

$$y_2(k) := \frac{p_0^k - [p_0^*]^k}{2\mathrm{j}} = \mathrm{Im}\,[p_0^k] = |p_0|^k \cdot \sin[2\pi f_0 k] \tag{A.6}$$

Eigenbewegungen. Hierbei haben wir davon Gebrauch gemacht, dass mit zwei Eigenbewegungen auch daraus gebildete Linearkombinationen Eigenbewegungen sind (vgl. Abschn. 2.6.4).

Die Eigenbewegungen bei mehrfachen Wurzeln

Bei einer Wurzel p_0 der Vielfachheit $q > 1$ enthält die Hintereinanderschaltung das Teilsystem mit der Impulsantwort

$$a_0(k) = \delta(k) - p_0\delta(k-1)$$

mindestens zweimal. Das Signal

$$y_0(k) = k \cdot p_0^k$$

ist dann ebenfalls eine Eigenbewegung:

- Das 1. Teilsystems liefert bei Anregung mit $y_0(k)$ das Ausgangssignal

$$\begin{aligned}(a_0 * y_0)(k) &= y_0(k) - p_0 \cdot y_0(k-1) = k \cdot p_0^k - p_0 \cdot (k-1) \cdot p_0^{k-1} \\ &= p_0^k,\end{aligned}$$

- das 2. Teilsystem liefert folglich das Ausgangssignal 0.

Allgemeiner gilt: Bei einer Wurzel der Vielfachheit q sind alle q Signale

$$y_0(k) = k^i \cdot p_0^k \,, \; 0 \leq i \leq q-1 \tag{A.7}$$

Eigenbewegungen. Bei nichtreellen Wurzeln ergeben sich daraus durch Real– und Imaginärteilbildung wie in Gl. (A.5) und Gl. (A.6) reelle Eigenbewegungen.

Nachweis von Gl. (A.7)

Es wird die Hintereinanderschaltung von q Teilsystemen für das Eingangssignal $y_0(k) = k^i \cdot p_0^k$ für $i < q$ betrachtet, wobei jedes Teilsystem die Impulsantwort $a_0(k) = \delta(k) - p_0\delta(k-1)$ besitzt. Das Ausgangssignal nach dem 1. Teilsystem ist

$$y_0(k) * a_0(k) = k^i \cdot p_0^k - p_0 \cdot (k-1)^i \cdot p_0^{k-1} = p_0^k \cdot [k^i - (k-1)^i] \,.$$

Aus der Binomischen Formel, angewandt auf

$$(k-1)^i = k^i + \binom{i}{1} \cdot k^{i-1}(-1)^1 + \binom{i}{2} \cdot k^{i-2}(-1)^2 + \cdots + (-1)^i ,$$

folgt, dass $[k^i - (k-1)^i]$ ein Polynom $i-1$–ten Grades ist. Daraus folgt: Das Eingangssignal y_0 liefert nach „Durchlaufen" von m Teilsystemen ein Ausgangssignal der Form

$$y(k) = p_0^k \cdot P_{i-m}(k)$$

mit einem Polynom P_{i-m} mit dem Polynomgrad $i-m$. Dies bedeutet, dass nach $m = i$ Teilsystemen das Ausgangssignal proportional p_0^k ist. Nach $m > i$ Teilsystemen ist folglich das Ausgangssignal gleich dem Nullsignal. Die Hintereinanderschaltung aus $q > i$ Teilsystemen liefert folglich das Ausgangssignal 0.

Fassen wir zusammen:

Eigenbewegungen eines realisierbaren LTI–Systems

Für jede Wurzel $p_0 = \mathrm{e}^{\mathrm{j}\,2\pi f_0}$ der charakteristischen Gleichung eines realisierbaren LTI–Systems, d. h. für $A(p_0) = 0$, gilt:
Ist p_0 eine reelle Wurzel der Vielfachheit q, dann sind die q Signale

$$y_0(k) = k^i \cdot p_0^k \, , \; 0 \leq i \leq q-1 \tag{A.8}$$

Eigenbewegungen der Systems.
Ist p_0 eine nichtreelle Wurzel der Vielfachheit q, dann sind die $2q$ Signale

$$y_1(k) = k^i \cdot |p_0|^k \cdot \cos[2\pi f_0 k] \, , \tag{A.9}$$

$$y_2(k) = k^i \cdot |p_0|^k \cdot \sin[2\pi f_0 k] \, , \; i = 0 \, , 1 \, , \ldots \, , q-1 \tag{A.10}$$

reelle Eigenbewegungen des Systems.

A.2 Symmetrische FIR–Filter und Allpässe

Symmetriebedingungen
Symmetrische FIR–Filter und realisierbare Allpässe sind durch bestimmte Symmetriebedingungen gekennzeichnet. Ein symmetrisches FIR–Filter besitzt nach Gl. (4.87) eine Impulsantwort mit der Symmetrieeigenschaft ($c = 2k_0$)

$$b(k) = \pm b(c-k) \, . \tag{A.11}$$

Für einen realisierbaren Allpass haben wir zwei zueinander symmetrische Impulsantworten gemäß Gl. (4.214),

$$b(k) = \pm a(c-k) = \pm a(-(k-c)) \, , \tag{A.12}$$

angegeben. Diese Bedingung geht für $b = a$ in die Symmetriebedingung gemäß Gl. (A.11) über und kann daher als Verallgemeinerung interpretiert werden. Unter der Symmetriebedingung Gl. (A.12) besitzen die beiden Impulsantworten a und b die gleiche Amplitudenfunktion, denn sowohl eine Verschiebung als auch eine Spiegelung der Impulsantwort haben keinen Einfluss auf die Amplitudenfunktion, wie in Gl. (4.215) demonstriert wurde. Folglich besitzt das System mit der Übertragungsfunktion

$$H(z) = \frac{B(z)}{A(z)}\,,\ |z| > r_1$$

die Amplitudenfunktion

$$|h^F(f)| = |H(z = \mathrm{e}^{\mathrm{j}\,2\pi f})| = \frac{|b^F(f)|}{|a^F(f)|} = 1\,,$$

d. h. es liegt ein Allpass vor. Hierbei muss ein Polradius $r_1 < 1$ vorausgesetzt werden, damit die Frequenzfunktion gebildet werden kann. Die Nullstellen von $A(z)$ liegen folglich alle im Innern des Einheitskreises. Es stellt sich die Frage, ob umgekehrt ein Allpass die Symmetriebedingung gemäß Gl. (A.12) erfüllt.

Voraussetzungen und Bezeichnungen

Die Impulsantwort a wird wie bisher als normierter Einschaltvorgang vorausgesetzt. Mit k_1 wird der Einschaltzeitpunkt der Impulsantwort b bezeichnet. Die Filtergrade der FIR–Filter mit den Impulsantworten a und b werden mit N bzw. n bezeichnet. Es ist demnach

$$a(0) = 1\,,\ a(N) \neq 0\,,\ b(k_1) \neq 0\,,\ b(k_2) \neq 0\,,\ n = k_2 - k_1\,. \tag{A.13}$$

Aufgrund dieser Voraussetzungen können die Übertragungsfunktionen nach Gl. (4.107) bzw. Gl. (4.18) wie folgt faktorisiert werden:

$$A(z) = \frac{z - p_1}{z} \cdots \frac{z - p_N}{z} = \prod_{i=1}^{N} \frac{z - p_i}{z}\,,$$

$$B(z) = z^{-k_1} b(k_1) \cdot \frac{z - z_1}{z} \cdots \frac{z - z_n}{z} = z^{-k_1} b(k_1) \cdot \prod_{i=1}^{n} \frac{z - z_i}{z}\,.$$

Hierbei bezeichnen $p_1\,,\ \ldots\,,\ p_N$ die Nullstellen von $A(z)$ und $z_1\,,\ \ldots\,,\ z_n$ die Nullstellen von $B(z)$, welche alle ungleich 0 sind.

FIR–Filter mit der gleichen Amplitudenfunktion

Die Untersuchung von Allpässen kann wie folgt erweitert werden: Unter welcher Bedingung sind die Amplitudenfunktionen zweier FIR–Filter gleich? Diese erweiterte Fragestellung ist von Interesse, um den „Spielraum“ für FIR–Filter mit einer bestimmten Amplitudenfunktion kennenzulernen. Im Gegensatz zu einem Allpass werden nunmehr auch Übertragungsfunktionen $A(z)$ erlaubt, deren Nullstellen nicht alle im Innern des Einheitskreises liegen müssen. Die Bedingung für gleiche Amplitudenfunktionen $|b^F(f)| = |a^F(f)|$ ist äquivalent mit

$$|b^F(f)|^2 = |a^F(f)|^2 \,. \tag{A.14}$$

Nach Gl. (4.73) ist $|a^F(f)|^2$ die Frequenzfunktion von $a(k) * a(-k)$. Eine analoge Aussage gilt für die Impulsantwort b. Daher gilt

$$b(k) * b(-k) = a(k) * a(-k) \,. \tag{A.15}$$

Die vorstehende Bedingung stellt eine Faltungsgleichung dar. Man kann versuchen, zu einer vorgegebenen Impulsantwort a Lösungen b zu finden. Die Untersuchung gestaltet sich übersichtlich, wenn anstelle der Impulsantworten ihre Übertragungsfunktionen betrachtet werden. Daher sollen beide Seiten der vorstehende Faltungsgleichung z–transformiert werden. Dazu benötigen wir neben dem Faltungssatz die z–Transformierte der gespiegelten Signale $a(-k)$ und $b(-k)$.

z–Transformation eines gespiegelten Signals
Für ein Signal x endlicher Dauer erhält man für das gespiegelte Signal $y(k) = x(-k)$

$$\sum_i y(i) z^{-i} = \sum_i x(-i) z^{-i} = \sum_i x(i) z^{i} = \sum_i x(i) [1/z]^i \,,$$

d. h. die folgende *Spiegelungs–Regel* der z–Transformation:

$$y(k) = x(-k) \Rightarrow Y(z) = X(1/z) \,. \tag{A.16}$$

Da es sich bei $x(k)$ und $x(-k)$ um Signale endlicher Dauer handelt, gilt diese Regel für alle Werte $z \neq 0$. Sie kann auf beliebige z–transformierbare Signale ausgedehnt werden, aber wir benötigen die Regel nur für den Fall endlicher Dauer. Sie entspricht der Regel für die Fourier–Transformation eines gespiegelten Signals gemäß Gl. (4.67).

Bedingungen für zwei FIR–Filter mit der gleichen Amplitudenfunktion
Mit Hilfe der Spiegelungs–Regel für die z–Transformation und dem Faltungssatz erhält man

$$B(z) \cdot B(1/z) = A(z) \cdot A(1/z) \,, \; z \neq 0 \,. \tag{A.17}$$

Somit können die folgenden Bedingungen aufgestellt werden:

1. *Normierungsbedingung*:

   $$B(z=1) = \pm A(z=1) \,. \tag{A.18}$$

   Diese Bedingung ergibt sich auch direkt aus $z = \mathrm{e}^{\mathrm{j}\,2\pi f} = 1$ für $f = 0$:

   $$|B(z=1)| = |b^F(f=0)| = |a^F(f=0)| = |A(z=1)| \,.$$

2. *Nullstellenbedingung*:
   Für jede Nullstelle z_0 von $B(z)$ ist entweder z_0 oder $1/z_0$ auch eine Nullstelle von $A(z)$. Umgekehrt gilt: Für jede Nullstelle z_0 von $A(z)$ ist entweder z_0 oder $1/z_0$ auch eine Nullstelle von $B(z)$.

Die Bedingungen sind beispielsweise für $b = a$ erfüllt. In diesem Fall stimmen die Nullstellen von $A(z)$ und $B(z)$ überein. Auch bei einer nur teilweisen Übereinstimmung der Nullstellen von $A(z)$ und $B(z)$ enthalten die Impulsantworten a und b einen gemeinsamen Faltungsfaktor, welcher den gleichen Beitrag zu den Amplitudenfunktion $|a^F(f)|$ und $|b^F(f)|$ liefert. Die übrigen Nullstellen sind interessanter: Sie gehen durch Kehrwertbildung ineinander über. Die Kehrwertbildung lässt sich geometrisch wie folgt interpretieren: Da die Nullstellen von $A(z)$ und $B(z)$ als konjugiert komplexe Paare auftreten, ist mit $z_1 := r \cdot e^{j\,2\pi f}$ auch z_1^* eine Nullstelle von $A(z)$ und damit

$$z_2 := 1/z_1^* = 1/r \cdot e^{j\,2\pi f} \tag{A.19}$$

eine Nullstelle von $B(z)$. Die komplexe Zahl z_2 nennt man die *am Einheitskreis gespiegelte*komplexe Zahl z_1. Wenn z_1 auf dem Einheitskreis liegt, ist $r = 1$ und damit $z_2 = z_1$, d. h. die Spiegelung ist ohne Konsequenz. Im anderen Fall liefert die Spiegelung die komplexe Zahl z_2 mit dem gleichen Argument wie für z_1 (s. Abb. A.2, S. 328).

Die Filtergrade zweier FIR–Filter mit gleichen Amplitudenfunktionen

Eine weitere Konsequenz aus Gl. (A.17) sind gleiche Filtergrade für die FIR–Filter:

$$\begin{aligned} B(z) \cdot B(1/z) &= [b(k_1)z^{-k_1} + \cdots + b(k_2)z^{-k_2}] \cdot [b(k_1)z^{k_1} + \cdots + b(k_2)z^{k_2}] \\ &= b(k_2)z^{-k_2} \cdot b(k_1)z^{k_1} + \cdots + b(k_1)z^{-k_1} \cdot b(k_2)z^{k_2} \\ &= b(k_1)b(k_2)z^{-n} + \cdots + b(k_1)b(k_2)z^{n} \,, \\ A(z) \cdot A(1/z) &= a(0)a(N)z^{-N} + \cdots + a(0)a(N)z^{N} \,. \end{aligned}$$

Multiplikation beider Seiten mit z^{n+N} liefert folglich für

- $z^{n+N} \cdot B(z) \cdot B(1/z)$ ein Polynom mit dem Polynomgrad $(n+N)+n$,
- $z^{n+N} \cdot A(z) \cdot A(1/z)$ analog ein Polynom mit dem Polynomgrad $(n+N)+N$.

Aus Gl. (A.17) folgt, dass beide Polynome übereinstimmen. Daher müssen insbesondere ihre Polynomgrade übereinstimmen, woraus

$$n = N \tag{A.20}$$

resultiert. Die Filtergrade zweier FIR–Filter mit gleicher Amplitudenfunktion sind demnach gleich.

Die Übertragungsfunktionen zweier FIR–Filter mit gleichen Amplitudenfunktionen

Nehmen wir an, dass $A(z)$ und $B(z)$ keine gemeinsamen Nullstellen besitzen, d. h.

$$B(p_i) \neq 0 \,, \; A(z_i) \neq 0 \,. \tag{A.21}$$

In diesem Fall gehen *alle* Nullstellen von $A(z)$ und $B(z)$ durch Kehrwertbildung ineinander über, d. h. es gilt die *Kehrwertbedingung*

$$z_i = 1/p_i \,, \; i = 1 \,, \, \ldots \,, N \,. \tag{A.22}$$

Insbesondere ist die Anzahl der Nullstellen von $A(z)$ und $B(z)$ gleich, da die FIR–Filter gleiche Filtergrade besitzen. Mit Hilfe der Normierungsbedingung gemäß Gl. (A.18) ergibt sich $b(k_1)$ aus

$$A(z=1) = \prod_{i=1}^{N}(1-p_i) = \pm B(z=1) = \pm b(k_1) \cdot \prod_{i=1}^{N}(1-1/p_i)$$

mit $1-1/p_i = (p_i-1)/p_i$ zu

$$b(k_1) = \pm \prod_{i=1}^{N} \frac{1-p_i}{1-1/p_i} = \pm \prod_{i=1}^{N} \frac{1-p_i}{(p_i-1)/p_i} = \pm \prod_{i=1}^{N}(-p_i)\,.$$

Somit gilt

$$B(z) = \pm z^{-k_1} \prod_{i=1}^{N}(-p_i) \cdot \frac{z-1/p_i}{z} = \pm z^{-k_1} \prod_{i=1}^{N} \frac{1-p_i z}{z} = \pm z^{-k_1} \prod_{i=1}^{N}(1/z-p_i)\,.$$

Um diesen Ausdruck mit $A(z)$ zu vergleichen, wird

$$B(1/z) = \pm z^{k_1} \prod_{i=1}^{N}(z-p_i) = \pm z^{k_1} z^N A(z)$$

gebildet. Dies liefert den Zusammenhang

$$B(z) = \pm z^{-c} \cdot A(1/z)\,,\ c := k_1 + N\,. \tag{A.23}$$

Aus der Spiegelungs– und Verschiebungs–Regel der z–Transformation folgt, dass die rechte Seite die z–Transformierte von $\pm a(-(k-c))$ ist. Die vorstehende Bedingung ist daher gleichwertig mit der Symmetriebedingung gemäß Gl. (A.12):

$$b(k) = \pm a(-(k-c))\,.$$

Zusammenfassung der Argumentation

Unsere bisherige Argumentation kann wie folgt zusammengefasst werden:

1. Wir sind von zwei FIR–Filtern ausgegangen, deren Impulsantworten gemäß Gl. (A.12) zueinander symmetrisch sind.
2. Da eine Spiegelung und Verschiebung einer Impulsantwort keinen Einfluss auf die Amplitudenfunktion hat, besitzen folglich die FIR–Filter die gleiche Amplitudenfunktion.
3. Daraus ergibt sich die Faltungsgleichung Gl. (A.15) für die Impulsantworten und die Beziehung Gl. (A.17) für die Übertragungsfunktionen. Eine Konsequenz ist die Normierungsbedingung gemäß Gl. (A.18).
4. Unter der Voraussetzung, dass die Übertragungsfunktionen keine gemeinsamen Nullstellen besitzen, gilt die Kehrwertbedingung gemäß Gl. (A.22):

Die Nullstellen der Übertragungsfunktionen gehen durch Kehrwertbildung bzw. eine Spiegelung am Einheitskreis ineinander über.

5. Wir haben uns im letzten Schritt unserer Argumentation davon überzeugt, dass aus der Normierungsbedingung und der Kehrwertbedingung die Symmetriebedingung gemäß Gl. (A.12) folgt.

Der 5. Argumentationsschritt hat uns somit an den Ausgangspunkt unserer Argumentation zurückgebracht. Für FIR–Filter mit der gleichen Amplitudenfunktion können wir daher festhalten:

FIR–Filter mit gleicher Amplitudenfunktion

Für zwei FIR–Filter, deren Übertragungsfunktionen $A(z)$ und $B(z)$ keine gemeinsamen Nullstellen besitzen, sind die folgenden Aussagen äquivalent:

- Die Impulsantworten der FIR–Filter sind zueinander symmetrisch.
- Die Amplitudenfunktionen der FIR–Filter sind gleich.
- Es gilt die Normierungsbedingung gemäß Gl. (A.18) sowie die Kehrwertbedingung gemäß Gl. (A.22), wonach die Nullstellen von $A(z)$ und $B(z)$ durch Kehrwertbildung bzw. Spiegelung am Einheitskreis ineinander übegehen.

Der „Spielraum" bei FIR–Filtern mit gleicher Amplitudenfunktion

Besitzen die Übertragungsfunktionen gemeinsame Nullstellen, bedeutet dies, dass die Impulsantworten a und b einen gemeinsamen Faltungsfaktor g besitzen. In diesem Fall können durch „Abspaltung" dieses Faltungsfaktors gemäß

$$a = a_1 * g \,, \; b = b_1 * g$$

die zwei Impulsantworten a_1 und b_1 gewonnen werden, deren Übertragungsfunktionen keine gemeinsamen Nullstellen besitzen. Nach dem vorstehenden Ergebnis müssen bei gleichen Amplitudenfunktionen diese Impulsantworten a_1 und b_1 zueinander symmetrisch sein. Daran erkennt man den „Spielraum" für FIR–Filter mit gleicher Amplitudenfunktion: Ihre Impulsantworten können einen gemeinsamen Faltungsfaktor besitzen und enthalten zwei zueinander symmetrische Impulsantworten als weitere Faltungsfaktoren.

Eine Methode zur Modifikation eines FIR–Filters mit der Impulsantwort b bei Beibehaltung der Amplitudenfunktion besteht beispielsweise darin, bei einer reellen Nullstelle z_1 den Faktor $z - z_1$ durch $1 - z_1 z$ zu ersetzen, denn beide Ausdrücke erfüllen sowohl die Normierungsbedingung als auch die Kehrwertbedingung.

Allpässe

Unsere Ergebnisse über FIR–Filter mit gleichen Amplitudenfunktionen können auf einen Allpass mit der Übertragungsfunktion $H(z) = B(z)/A(z)$ angewandt werden. Hierbei gehen wir von einer nichtreduzierbaren Übertragungsfunktion aus, d. h. die Nullstellen $p_1, \ldots p_N$ von $A(z)$ sind die Polstellen von $H(z)$. Daher ist die Voraussetzung erfüllt, dass $A(z)$ und $B(z)$ keine gemeinsamen Nullstellen besitzen und wir erhalten als Folgerung:

Allpässe

Ein realisierbares LTI–System mit der nichtreduzierbaren Übertragungsfunktion $H(z) = B(z)/A(z)$ ist genau dann ein Allpass, wenn eine der folgenden äquivalenten Bedingungen erfüllt ist:

- Die Impulsantworten a und b sind zueinander symmetrisch.
- Es gilt die Normierungsbedingung gemäß Gl. (A.18) sowie die Kehrwertbedingung gemäß Gl. (A.22), wonach die Nullstellen und Polstellen der Übertragungsfunktion $H(z) = B(z)/A(z)$ durch Kehrwertbildung bzw. Spiegelung am Einheitskreis ineinander übergehen.

Da ein Allpass stabil ist, liegen die Polstellen seiner Übertragungsfunktion im Innern des Einheitskreises. Aufgrund der Kehrwertbildung ergeben sich daraus Nullstellen außerhalb des Einheitskreises.

Symmetrische FIR–Filter

Unsere Ergebnisse über FIR–Filter mit gleichen Amplitudenfunktionen können auch auf symmetrische FIR–Filter mit der Impulsantwort b angewandt werden. Zunächst bestimmen wir die Verteilung der Nullstellen seiner Übertragungsfunktion $B(z)$.

Aus der Symmetriebedingung

$$b(k) = \pm b(c-k)$$

folgt zunächst mit Hilfe der Spiegelungs– und Verschiebungs–Regel

$$B(z) = \pm z^{-c} \cdot B(1/z) .$$

Demnach ist mit einer Nullstelle z_0 von $B(z)$ auch $1/z_0$ eine Nullstelle von $B(z)$. Da z_0^* ebenfalls eine Nullstelle von $B(z)$ ist, ist auch der am Einheitskreis gespiegelte Wert $1/z_0^*$ eine Nullstelle von $B(z)$. Hinsichtlich der Nullstelle können somit die folgenden Fälle unterschieden werden:

1. Fall: Die Nullstelle z_0 liegt nicht auf dem Einheitskreis.
   Wenn z_0 nichtreell ist, erhält man neben z_0 die Nullstelle z_0^* sowie die am Einheitskreis gespiegelten Werte $1/z_0^*$ und $1/z_0$ als weitere Nullstellen. Nichtreelle Nullstellen treten somit als „Vierer–Gruppen" auf (s. Abb. A.2). Wenn z_0 reell ist, ist $1/z_0$ eine weitere (reelle) Nullstelle, d. h. reelle Nullstellen treten als „Zweier–Gruppen" auf.
2. Fall: Die Nullstelle z_0 liegt auf dem Einheitskreis.
   Der am Einheitskreis gespiegelte Wert $1/z_0^*$ stimmt mit der Nullstelle z_0 überein.

Ist das gefundene Kriterium auch hinreichend?
Es stellt sich die Frage, ob die Nullstellen–Verteilungen eines symmetrischen FIR–Filters charakteristisch für die Symmetrie ist. Daher gehen wir von einer Übertragungsfunktion $B(z)$ mit der Eigenschaft aus, dass mit z_0 auch $1/z_0$ eine Nullstelle von $B(z)$ ist. Unsere Ergebnisse über FIR–Filter mit gleicher Amplitudenfunktionen wenden wir auf zwei FIR–Filter mit der gleichen Impulsantwort $a = b$ an. Wegen $A(z) = B(z)$ gilt folglich die Normierungsbedingung gemäß Gl. (A.18). Da mit z_0 auch $1/z_0$ eine Nullstelle von $B(z)$ ist, gilt außerdem die Kehrwertbedingung gemäß Gl. (A.22), wonach die Nullstellen von $A(z)$ und $B(z)$ durch Kehrwertbildung bzw. Spiegelung am Einheitskreis ineinander übergehen. Im 5. Argumentationsschritt haben wir gezeigt, dass unter diesen Bedingungen die beiden Impulsantworten a und b zueinander symmetrisch sind. Wegen $a = b$ ist folglich b zu sich selbst symmetrisch, also die Symmetriebedingung gemäß Gl. (A.11) erfüllt.
Damit haben wir herausgefunden:

Symmetrische FIR–Filter

Ein FIR–Filter mit der Impulsantwort b ist genau dann symmetrisch, wenn eine der folgenden äquivalenten Bedingungen erfüllt ist:

- Es gilt die Symmetriebedingung $b(k) = \pm b(c-k)$.
- Nullstellen von $B(z)$ liegen entweder auf dem Einheitskreis oder sie treten in Gruppen auf, die durch Kehrwertbildung bzw. Spiegelung am Einheitskreis entstehen.

Beispiele für symmetrische FIR–Filter
Für die symmetrischen FIR–Filter aus Abschn. 4.3 liegen die Nullstellen der Übertragungsfunktion auf dem Einheitskreis:
Differenzierer: $z_0 = 1$,
121–Filter: Doppelte Nullstelle $z_{1,2} = -1$,
Mittelwertbilder (3 Eingangswerte): $z_{1,2} = -1/2 \pm \sqrt{3}/2$.
Eine Spiegelung am Einheitskreis findet in diesen Fällen somit nicht statt. Abb. A.2 zeigt eine Vierer–Gruppe von Nullstellen, die durch eine Spiegelung zweier komplexer Nullstellen z_1 und z_3 innerhalb des Einheitskreises entstehen.

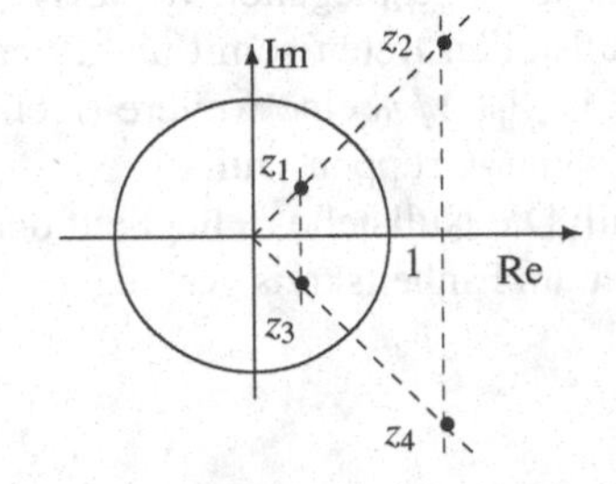

Abb. A.2 Eine Vierer–Gruppe von Nullstellen der Übertragungsfunktion eines symmetrischen FIR–Filters. Die beiden Nullstellen z_2 und z_4 entstehen aus z_1 und z_3 durch Spiegelung am Einheitskreis gemäß $z_2 = 1/z_1^*$ und $z_4 = 1/z_3^*$.

Anhang B
Lösungen zu den Übungsaufgaben

B.1 Lösungen zu Kap. 1

Lösung 1.1 (Elementare Signaloperationen)

Die Signalwerte $y(k)$ sind der folgenden Tabelle zu entnehmen:

$x_1(k)$	$x_2(k)$	$y(0)$	$y(1)$	$y(2)$	$y(3)$	$y(4)$
$a_1(k)$	$a_1(k)$	4	0	-4	0	4
$a_1(k)$	$a_2(k)$	1	3	-1	-3	1
$a_1(k)$	$a_3(k)$	1	0	-4	0	-2
$a_2(k)$	$a_1(k)$	3	1	-3	-1	3
$a_2(k)$	$a_2(k)$	0	4	0	-4	0
$a_2(k)$	$a_3(k)$	0	1	-3	-1	-3
$a_3(k)$	$a_1(k)$	4	0	-2	1	4
$a_3(k)$	$a_2(k)$	1	3	1	-2	1
$a_3(k)$	$a_3(k)$	1	0	-2	1	-2

Lösung 1.2 (Überlagerung sinusförmiger Signale)

Entfällt.

Lösung 1.3 (Überlagerung sinusförmiger Signale)

Das Signal $y(k)$ sowie A und Φ_0 sind der folgenden Tabelle zu entnehmen:

$x_1(k)$	$x_2(k)$	$y(k)$	A	Φ_0
$a_1(k)$	$a_1(k)$	$4\cos[\pi k/2]$	4	$\pi/2$
$a_1(k)$	$a_2(k)$	$3\sin[\pi k/2]+\cos[\pi k/2]$	$\sqrt{10}$	0.322
$a_2(k)$	$a_1(k)$	$\sin[\pi k/2]+3\cos[\pi k/2]$	$\sqrt{10}$	1.249
$a_2(k)$	$a_2(k)$	$4\sin[\pi k/2]$	4	0

Lösung 1.4 (Signaleigenschaften)

1. Das Signal x_1 ist nicht beschränkt, da $|x_1(k)|$ für $k \to -\infty$ unbegrenzt wächst. Es ist daher nicht abklingend und auch nicht absolut summierbar.
2. Das Signal x_2 ist exponentiell abklingend und damit auch absolut summierbar und beschränkt.
3. Das Signal x_3 ist beschränkt, aber nicht abklingend und daher auch nicht absolut summierbar.

Lösung 1.5 (Signalräume)

Der Signalraum umfasst alle Einschaltvorgänge, die ab einem Zeitpunkt konstant sind.

Lösung 1.6 (DFT)

Man erhält aus Gl. (1.34) mit $f_0 = 0$, $f_1 = 1/3$ und $f_2 = 2/3$ die DFT–Koeffizienten

$$\mathrm{DFT}_0 = 2\ ,\ \mathrm{DFT}_1 = 0.5 - 0.289\mathrm{j}\ ,\ \mathrm{DFT}_2 = 0.5 + 0.289\mathrm{j}\ .$$

B.2 Lösungen zu Kap. 2

Lösung 2.1 (121–Filter)

1. Die Sprungantwort ist $y(-1) = 1/4$, $y(0) = 3/4$, $y(1) = 1$ und sonst 0.
2. Das System ist nichtkausal. Es ist realisierbar, wenn k nicht als Zeitpunkt, sondern als Ortspunkt interpretiert wird (Bildverarbeitung).
3. LTI–Eigenschaft: Eine Linearkombination von (drei) Eingangswerten ist eine lineare und zeitunabhängige Systemoperation.
   Stabilität: Für begrenze Eingangswerte $|x(k)| \leq C_x$ folgen begrenzte Ausgangswerte gemäß $|y(k)| \leq C_y = C_x$.

Lösung 2.2 (Zeitkontinuierlicher Differenzierer)

Der zeitkontinuierliche Differenzierer ist ein LTI–System. Das System ist nicht gedächtnislos, da sein Ausgangswert $y(t)$ nicht durch den Eingangswert $x(t)$ festgelegt ist. Das System ist instabil, denn das beschränkte Eingangssignal $x(t) = \sin[2\pi f(t)t]$ mit der zeitabhängigen Frequenz $f(t) = t$ führt auf das unbeschränkte Ausgangssignal $y(t) = 4\pi \cdot t \cdot \cos[2\pi t^2]$.

Lösung 2.3 (Gedächtnislose zeitvariante Systeme)

1. Die Kennlinie ist eine Gerade mit der Steigung 1, welche die y–Achse für $k = 0$ und $k = 2$ bei $y = 1$ und für $k = 1$ bei $y = -1$ schneidet.
2. Die Kennlinie ist eine Gerade durch den Nullpunkt mit der Steigung 1 für $k = 0$ und $k = 2$ und der Steigung -1 für $k = 1$.
3. Die Kennlinie stimmt mit der Kennlinie der Konstanten $C = 1$ für $k = 0$, des identischen Systems für $k = 1$ und des Quadrierers für $k = 2$ überein.

Lösung 2.4 (Gedächtnislose Systeme)

1. Die Kennlinien stimmen überein, d. h. es gilt $F_k(x) = F_0(x)$.
2. Aus der Homogenität folgt $F_k(\lambda x) = \lambda \cdot F_k(x)$. Daraus folgt für $x = 1$: $F_k(\lambda) = \lambda \cdot F_k(1)$. Die Kennlinie zum Zeitpunkt k ist also eine Gerade durch den Nullpunkt mit der Steigung $F_k(1)$.
3. $F_0(x)$ besitzt keine Polstellen.
4. Ein gedächtnisloses LTI–System besitzt nur eine Kennlinie (Teil 1). Nach Teil 2 ist diese Kennlinie eine Gerade durch den Nullpunkt.

Lösung 2.5 (LTI–Systeme)

Das System ist zeitinvariant, denn bei einer zeitlichen Verschiebung des Eingangssignals wird sein erster Impuls entsprechend zeitlich verschoben.

Das System ist auch homogen, aber nicht additiv. Die Additivität kann durch die zwei Eingangssignale $x_1(k) = \delta(k)$ und $x_2(k) = -\delta(k) + \delta(k-1)$ widerlegt werden.

Lösung 2.6 (Summenschaltung)

1. Kausalität: Beide Ausgangssignale $y_1(k)$, $y_2(k)$ hängen nur von $x(k')$, $k' \leq k$ ab, also auch $y(k) = y_1(k) + y_2(k)$.
2. Stabilität: Folgt aus $|y(k)| \leq |y_1(k)| + |y_2(k)|$.
3. Linearität: Für $x = \lambda_1 x_1 + \lambda_2 x_2$ folgt $y = S_1(x) + S_2(x)$ mit $S_1(x) = \lambda_1 S_1(x_1) + \lambda_2 S_1(x_2)$ und $S_2(x) = \lambda_1 S_2(x_1) + \lambda_2 S_2(x_2)$. Daraus erhält man $y = \lambda_1 S(x_1) + \lambda_2 S(x_2)$.
4. Zeitinvarianz: Wenn die Systemoperationen der Teilsysteme zeitunabhängig sind, ist auch die Systemoperation des Gesamtsystems zeitunabhängig.

Lösung 2.7 (Inverse Systeme)

Das zeitvariante Verzögerungsglied liefert die Ausgangswerte

$$\ldots, y(-2) = x(-2)\,,\; y(-1) = x(-1)\,,\; y(0) = 0\,,\; y(1) = x(0)\,,\; y(2) = x(1)\,,\; \ldots\,.$$

Die Operation des zeitvarianten Verzögerungsglieds kann demnach durch eine zeitliche (nichtkausale) Verschiebung gemäß $x(k) = y(k+1)$ für $k \geq 0$ rückgängig gemacht werden.

Lösung 2.8 (Eindeutigkeit)

Es müssen zwei verschiedene Eingangssignale x_1 und x_2 angegeben werden, die zu gleichen Ausgangssignalen führen.

1. Konstante: Zwei beliebige verschiedene Eingangssignale.
2. Quadrierer: Wähle $x_1(k) = 1$ und $x_2(k) = -1$.
3. Zeitvariantes Proportionalglied: Zwei Eingangssignale, deren Signalwerte für alle Zeitpunkte bis auf den Zeitpunkt $k = 0$ übereinstimmen.
4. Systembeispiel 10: Wähle $x_1(k) = \delta(k+1)$ und $x_2(k) = 1/2 \cdot \delta(k)$.
   In beiden Fällen sind die Ausgangssignale gleich mit
   $y(0) = x(-1) + 2x(0) = 1$, $y(1) = 2x(-1) + 4x(0) = 2$. Die übrigen Ausgangswerte sind 0.
   Die Nicht–Eindeutigkeit erhält man auch daraus, dass die Matrix nicht invertierbar ist.
5. Grenzwertbilder: Zwei verschiedene Eingangssignale mit dem gleichen linksseitigen Grenzwert.
6. Mittelwertbilder: Zwei verschiedene Eingangssignale mit dem gleichen Mittelwert.

Lösung 2.9 (Rechtsseitiger Summierer)

Das Ausgangssignal des rechtsseitigen Summierers lautet $y_1(k) = -[x(k+1) + x(k+2) + \cdots]$.
Das Ausgangssignal des Differenzierers ist $y_2(k) = x(k) - x(k-1)$.

1. Reihenfolge Summierer, Differenzierer:
   Der rechtsseitige Summierer liefert für $k < 0$ die Ausgangswerte $y_1(k) = -1$. Die anderen Ausgangswerte sind 0. Die Differenziation von $y_1(k)$ ergibt folglich $y(k) = \delta(k)$.
2. Reihenfolge Differenzierer, Summierer:
   Der Differenzierer liefert die beiden folgenden Ausgangswerte ungleich 0:
   $y_2(0) = 1\,,\; y_2(1) = -1$. Der rechtsseitige Summierer bildet daraus den Dirac–Impuls:

$$y(-1) = -[y_2(0) + y_2(1)] = 0\,,\; y(0) = -y_2(1) = 1\,,\; y(1) = 0\,.$$

Lösung 2.10 (Erhaltung der Eindeutigkeit)

1. Das inverse System ist die Hintereinanderschaltung der zwei Teilsysteme S_2^{-1} und S_1^{-1}.
2. Das inverse System ist die Hintereinanderschaltung, bestehend aus zwei Differenzierern.
3. Die Summenschaltung ist eindeutig für $S_1 = S_2$ und nicht eindeutig für $S_2 = -S_1$ (Nullsystem).

Lösung 2.11 (Regelkreis)

Das System S_{VP} im Vorwärtspfad des Regelkreises (s. Abb. *links*) wird im Rückkopplungspfad positioniert (s. Abb. *rechts*). Das negative Vorzeichen ist wegen der Subtrahierstelle im Regelkreis erforderlich. Für das umgeformte System gilt: $y = S_{\mathrm{VP}}(y_1)$ und $x - S_{\mathrm{VP}}(y_1) = y_1$.
Daraus folgt die Gleichung für den Regelkreis: $y = S_{\mathrm{VP}}(y_1) = S_{\mathrm{VP}}(x - S_{\mathrm{VP}}(y_1)) = S_{\mathrm{VP}}(x - y)$.

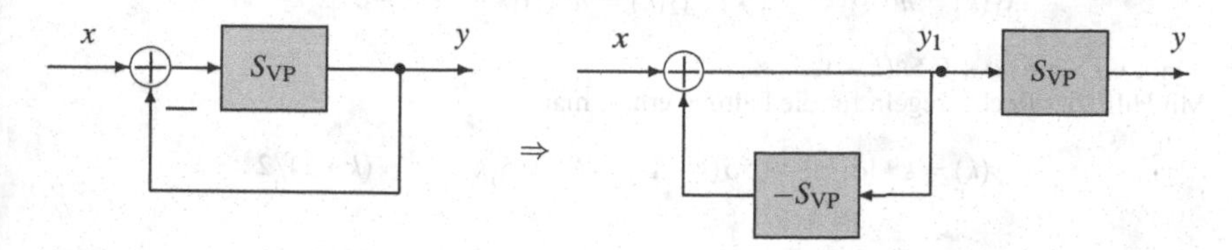

Lösung 2.12 (RC–Glied)

Für das RC–Glied gilt nach Gl. (2.1) die Differentialgleichung $\tau \cdot y' + y = x$. Man erhält somit die Eingangsspannung aus der Ausgangsspannung gemäß $x = \tau \cdot y' + y$ zurück.

Lösung 2.13 (Rückkopplung)

1. Die Rückkopplungsgleichung lautet $y(k) = x(k) + \lambda y(k-1)$. Die rekursive Auswertung analog zur Summierer–Rückkopplung liefert für $x(k) = \varepsilon(k)$ mit $y(-1) = 0$

$$y(0) = x(0) + \lambda y(-1) = 1\,,\; y(1) = x(1) + \lambda y(0) = 1 + \lambda\,, \ldots$$

   und allgemein

$$y(k) = \varepsilon(k) \sum_{i=0}^{k} \lambda^i = \varepsilon(k) \cdot \begin{cases} \frac{1-\lambda^{k+1}}{1-\lambda} : \lambda \neq 1 \\ k+1 : \lambda = 1 \end{cases} .$$

2. Für $k \to \infty$ erhält man den Grenzwert

$$y(\infty) = \frac{1}{1-\lambda}\,,\; |\lambda| < 1\,.$$

   Für $|\lambda| \geq 1$ existiert der Grenzwert nicht.
3. Eigenbewegungen sind Lösungen der Rückkopplungsgleichung $y_0(k) = \lambda y_0(k-1)$. Daraus erhält man $y_0(1) = \lambda y_0(0) = \lambda$, $y_0(2) = \lambda^2$, sowie $y_0(-1) = 1/\lambda$. Allgemein gilt $y_0(k) = \lambda^k$. Speziell für $\lambda = 1$ erhält man konstante Signale $y_0(k) = 1$, also die Eigenbewegungen der Summierer–Rückkopplung.

B.3 Lösungen zu Kap. 3

Lösung 3.1 (Impulsantwort zeitvarianter Systeme)

1. Zeitvariantes Proportionalglied: $h_i(k) = k\delta(k-i)$.
2. Zeitvariantes Verzögerungsglied:
   Für $i < 0$ ist $h_i(k) = \delta(k-i)$, für $i \geq 0$ ist $h_i(k) = \delta(k-i-1)$.

Lösung 3.2 (Zeitdiskrete Faltung)

1. Die Überlagerung der beiden Ausgangssignale

$$y_1(k) = \delta(k) - 0.5\delta(k-1)\,,\; y_2(k) = 0.5[\delta(k-1) - 0.5\delta(k-2)]$$

   führt auf $y(k) = \delta(k) - 0.25\delta(k-2)$.
2. Die Gewichtung des Eingangssignals mit den Gewichtswerten $h(0) = 1$ und $h(1) = -0.5$ ergibt die Ausgangswerte

$$y(-1) = 1 \cdot 1 - 0.5 \cdot 0 = 1\,,\; y(0) = 1 \cdot 1 - 0.5 \cdot 1 = 0.5\,,\; y(1) = 1 \cdot 0 - 0.5 \cdot 1 = -0.5\,.$$

3. Die Überlagerung der Eingangssignale

$$x_1(k) = h(0)x(k) = x(k)\,,\; x_2(k) = h(1)x(k-1) = -0.5x(k-1)$$

   ergibt $y(k) = \delta(k) + 0.5\varepsilon(k-1)$.
4. Mit Hilfe der Rechenregeln für die Faltung erhält man

$$y(k) = k * [\delta(k) - 0.5\delta(k-1)] = k - 0.5(k-1) = (k+1)/2\,.$$

Lösung 3.3 (Kausales 121–Filter)

1. Die Filterkoeffizienten ungleich 0 lauten $h(0) = h(2) = 0.25$ und $h(1) = 0.5$.
2. Die Summierung der Impulsantwort bis zum Ausgabezeitpunkt k ergibt für die Sprungantwort

$$y(0) = 0.25\,,\; y(1) = 0.25+0.5 = 0.75\,,\; y(2) = 0.25+0.5+0.25 = 1\,.$$

Für $k < 0$ ist $y(k) = 0$, für $k > 2$ ist $y(k) = 1$.
Umgekehrt folgt durch Differenziation der Sprungantwort

$$\begin{aligned} h(0) &= y(0) - y(-1) = 0.25\,,\\ h(1) &= y(1) - y(0) = 0.75 - 0.25 = 0.5\,,\\ h(2) &= y(2) - y(1) = 1 - 0.75 = 0.25\,. \end{aligned}$$

3. $\|h\|_1 = 0.25 + 0.5 + 0.25 = 1$.
4. Anregung mit dem Signal $x_1(k) = 1$ ergibt das Ausgangssignal

$$y_1(k) = h(0)x_1(k) + h(1)x_1(k-1) + h(2)x_1(k-2) = h(0) + h(1) + h(2) = 1\,.$$

Anregung mit dem Signal $x_2(k) = (-1)^k$ ergibt das Ausgangssignal

$$\begin{aligned} y_2(k) &= h(0)x_2(k) + h(1)x_2(k-1) + h(2)x_2(k-2)\\ &= h(0)(-1)^k + h(1)(-1)^{k-1} + h(2)(-1)^{k-2}\\ &= (-1)^k \cdot [h(0) - h(1) + h(2)] = 0\,. \end{aligned}$$

Lösung 3.4 (Faltungsdarstellung)

1. Aus dem Ausgangssignal

$$y(k) = \sum_{i=-\infty}^{k} [x(i) - x(-\infty)]$$

folgt die Impulsantwort $h(k) = \varepsilon(k)$ des Summierers.
2. Faltungsdarstellung:
A) Für linksseitig summierbare Eingangssignale ist $x(-\infty) = 0$ und das System verhält sich wie der Summierer und insbesondere wie ein Faltungssystem.
B) Für konstante Eingangssignale $x(k) = C$ liefert das System $y(k) = 0$ (Nullsignal). Die Faltung von $x(k) = C$ mit der Impulsantwort $h = \varepsilon$ ist nicht durchführbar. Daraus folgt, dass das System für konstante Eingangssignale kein Faltungssystem ist.

Lösung 3.5 (Faltbarkeit)

1. Die Faltung der beiden Einschaltvorgänge ergibt einen Einschaltvorgang (s. Tab. 3.3, S. 75).
2. Die Faltung ist nicht durchführbar, da die Faltungssumme nicht konvergiert.
3. Die Faltung ist durchführbar, da das Signal $\varepsilon(k) - \varepsilon(k-2)$ ein Signal endlicher Dauer ist. Das Ausgangssignal ist $y(k) = 2$, also ein konstantes Signal.
4. Das Signal $1/(1+k^2)$ ist absolut summierbar. Daher ist das Signal mit sich selbst faltbar und ergibt ein ebenfalls absolut summierbares Signal.
5. Das Signal $1/(1+|k|)$ ist nicht absolut summierbar, aber besitzt endliche Energie. Da das zweite Signal $1/(1+k^2)$ ebenfalls endliche Energie besitzt, sind beide Signale miteinander faltbar und ergeben ein beschränktes Signal. Es besitzt darüber hinaus endliche Energie, was sich aus der Faltung eines absolut summierbaren Signals mit einem Signal endlicher Energie ergibt (ohne Nachweis).
6. Da das Signal $1/(1+|k|)$ endliche Energie besitzt, ist es mit sich selbst faltbar und das Faltungsprodukt ein beschränktes Signal.
7. Die Faltung ist nicht durchführbar, da die Faltungssumme nicht konvergiert.

Lösung 3.6 (Ein– und Ausschaltzeitpunkte)

1. $k_1(y) = 0, k_2(y) = k_2 + 1$.
2. $k_1(y) = -1\,,\, k_2(y) = k_2 + 1$.
3. $k_1(y) = 0\,,\, k_2(y) = k_2 + p$.
4. Differenzierer für $x = \varepsilon$: $k_2(y) = k_2(\delta) = 0$.
5. 121–Filter für $x = \varepsilon$: $k_2(y)$ ist nicht definiert, da y kein Ausschaltvorgang ist.
6. p–facher Differenzierer für $x = \varepsilon$: Aus

$$y = (\delta')^{*(p-1)} * \delta' * \varepsilon = (\delta')^{*(p-1)}$$

folgt $k_2(y) = p - 1$.

Lösung 3.7 (Impulsantwort und Eigenbewegungen einer Rückkopplung)

1. Es ist $a(k) = \delta(k) - h_{\mathrm{RP}}(k) = \delta(k) + \delta(k-1)$. Daraus folgt $a(0) = a(1) = 1$ und

$$\begin{aligned}
y(0) &= 1\,,\\
y(1) &= -a(1)y(0) = -1\,,\\
y(2) &= -a(1)y(1) - a(2)y(0) = -a(1)y(1) = 1\,,\\
y(3) &= -a(1)y(2) - a(2)y(1) - a(3)y(0) = -a(1)y(2) = -1
\end{aligned}$$

und daraus $h(k) = y(k) = \varepsilon(k)(-1)^k$.

2. Summenformel:

$$\begin{aligned}
y(k) &= \delta(k) + h_{\mathrm{RP}}(k) + h_{\mathrm{RP}}^{*2}(k) + \cdots\\
&= \delta(k) - \delta(k-1) + \delta(k-2) - \cdots\\
&= \varepsilon(k)(-1)^k\,.
\end{aligned}$$

3. Die Eigenbewegungen lauten $y_0(k) = y_0(0)(-1)^k$. Die Eigenbewegung mit $y_0(0) = 1$ stimmt folglich für $k \geq 0$ mit der Impulsantwort überein.

Lösung 3.8 (Rückkopplung ohne Eigenbewegungen)

1. Es ist $a(k) = \delta(k) - h_{\mathrm{RP}}(k) = \varepsilon$. Daraus folgt $h = a^{-1} = \delta'$.
2. Die äquivalente Bedingung für Eigenbewegungen lautet $a * y_0 = 0$ bzw $\varepsilon * y_0 = 0$. Also ist für jedes k

$$\begin{aligned}
\cdots y_0(k-2) + y_0(k-1) + y_0(k) &= 0\,,\\
\cdots y_0(k-2) + y_0(k-1) + y_0(k) + y_0(k+1) &= 0\,,
\end{aligned}$$

woraus $y_0(k+1) = 0$ folgt. Demnach ist y_0 das Nullsignal, d. h. die Rückkopplung besitzt keine echten Eigenbewegungen. Insbesondere besteht keine Übereinstimmung der Impulsantwort dieser Rückkopplung mit einer Eigenbewegung (sonst wäre $h = 0$). Eine solche Übereinstimmung besteht für ein FIR–Filter im Rückkopplungspfad, aber nicht in diesem Fall.

Lösung 3.9 (Invertierung eines FIR–Filters)

1. Es ist $a(k) = (n+1)h(k) = \delta(k) + \cdots + \delta(k-n)$ normiert. Die Invertierung von a kann folglich durch eine Rückkopplung vorgenommen werden mit

$$h_{\mathrm{RP}}(k) = \delta(k) - a(k) = -\delta(k-1) - \cdots - \delta(k-n)\,.$$

Aus $h = a/[n+1]$ folgt $h^{-1} = [n+1] \cdot a^{-1}$. Also ist $\lambda = n+1$.

2. Die DGL des Umkehrsystems lautet $a * y = \lambda x$ oder ausführlich

$$y(k) + y(k-1) + \cdots + y(k-n) = \lambda x(k)\,.$$

Lösung 3.10 (Differenzengleichung)

1. Die Latenzzeit beträgt $k_1 = 0$ (keine Verzögerung).
2. Eine Implementierung als Hintereinanderschaltung lautet: Ein FIR–Filter mit der Impulsantwort $b(k) = \delta(k) + 1/2 \cdot \delta(k-1)$ und eine Rückkopplung mit
$$h_{\mathrm{RP}}(k) = \delta(k) - a(k) = \delta(k) - [\delta(k) - 1/4 \cdot \delta(k-1)] = 1/4 \cdot \delta(k-2)$$
im Rückkopplungspfad.
3. Aus $y_\varepsilon(k) - 1/4 \cdot y_\varepsilon(k-2) = \varepsilon(k) + 1/2 \cdot \varepsilon(k-1)$ folgt
$$\begin{aligned} y_\varepsilon(0) &= 1\,, \\ y_\varepsilon(1) &= 3/2 + 1/4 \cdot y(-1) = 3/2\,, \\ y_\varepsilon(2) &= 3/2 + 1/4 \cdot y(0) = 3/2 + 1/4 = 7/4\,, \\ y_\varepsilon(3) &= 3/2 + 1/4 \cdot y(1) = 3/2 + 3/8 = 15/8 \ldots \end{aligned}$$
4. Differenziation der Sprungantwort ergibt die Impulsantwort gemäß
$$\begin{aligned} h(0) &= y_\varepsilon(0) - y_\varepsilon(-1) = 1\,, \\ h(1) &= y_\varepsilon(1) - y_\varepsilon(0) = 1/2\,, \\ h(2) &= y_\varepsilon(2) - y_\varepsilon(1) = 1/4 \ldots\,, \\ h(k) &= \varepsilon(k)(1/2)^k\,. \end{aligned}$$
5. Die Rückkopplung 1. Ordnung mit der DGL
$$y(k) - 1/2 \cdot y(k-1) = x(k)$$
(DGL 1) besitzt ebenfalls die Impulsantwort $h(k)$. Dies liegt daran, dass die gegebene DGL 2. Ordnung (DGL 2) und die DGL 1 für Einschaltvorgänge äquivalent sind: Aus der DGL 1 erhält man durch Faltung beider Seiten mit $g(k) := \delta(k) + 1/2 \cdot \delta(k-1)$ die DGL 2.

Lösung 3.11 (Differenzengleichungen für Schaltungen)

Die Filterkoeffizienten der beiden Teilsysteme sind
$$\begin{aligned} a_1(k) &:= \delta(k) + 1/2 \cdot \delta(k-1)\,,\ b_1(k) := \delta(k-1)\,, \\ a_2(k) &:= \delta(k) - 1/2 \cdot \delta(k-1)\,,\ b_2(k) := \delta(k-1)\,. \end{aligned}$$
Die DGLs lauten:
$$\begin{aligned} 1.:\ y(k) - 1/4 \cdot y(k-2) &= 2x(k-1)\,, \\ 2.:\ y(k) - 1/4 \cdot y(k-2) &= x(k-2)\,, \\ 3.:\ y(k) - 1/2 \cdot y(k-1) &= x(k) + 1/2 \cdot x(k-1)\,, \\ 4.:\ y(k) + 3/4 \cdot y(k-2) &= x(k-2)\,. \end{aligned}$$
Die ersten drei DGLs ergeben sich aus Tab. 3.4, S. 102.
Für den Regelkreis findet man die 4. DGL wie folgt: Die Regelabweichung $y_1 := x - y$ ist das Eingangssignal der Hintereinanderschaltung des Reglers (Teilsystem 1) und der Regelstrecke (Teilsystem 2). Aus Teil 2 folgt
$$y(k) - 1/4 \cdot y(k-2) = y_1(k-2)\,.$$
Mit $y_1 = x - y$ erhält man daraus
$$x(k-2) - y(k-2) = y_1(k-2) = y(k) - 1/4 \cdot y(k-2)$$
und daraus die angegebene DGL.

B.4 Lösungen zu Kap. 4

Lösung 4.1 (Übertragungsfunktion)

Mit der binomischen Formel findet man für die Übertragungsfunktion wie bei der mehrfachen Differenziation

$$H(z) = H_1^p(z) = 0.5^p \cdot [1+z^{-1}]^p = 0.5^p \cdot \sum_{i=0}^{p} \binom{p}{i} z^{-i}\,.$$

Daraus folgen die Filterkoeffizienten für

1. $p = 2$: $h(i) = 1/4\,,\ 1/2\,,\ 1/4$ für $i = 0\,,\ 1\,,\ 2$,
2. $p = 4$: $h(i) = 1/16\,,\ 4/16\,,\ 6/16\,,\ 4/16\,,\ 1/16$ für $i = 0$ bis 4,
3. $p = 6$: $h(i) = 1/64\,,\ 6/64\,,\ 15/64\,,\ 20/64\,,\ 15/64\,,\ 6/64\,,\ 1/64$ für $i = 0$ bis 6.

Lösung 4.2 (Sinusförmige Anregung eines FIR–Filters)

In den ersten drei Fällen ist das Eingangssignal sinusförmig gemäß $x(k) = \cos[2\pi f k]$ mit den Frequenzen $f = 0\,,\ 1/4$ und $f = 1/2$. Einsetzen von $z = \mathrm{e}^{\mathrm{j}\,2\pi f}$ in die Übertragungsfunktion $H(z) = 1 - z^{-3}$ des FIR–Filters liefert $H(1) = 0\,,\ H(\mathrm{j}\,) = 1 - \mathrm{j}$ und $H(-1) = 2$. Daraus erhält man das Ausgangssignal $y(k) = |H(z)| \cdot \cos[2\pi f k + \arg H(z)]$.

1. $f = 0$: $y(k) = 0$,
2. $f = 1/4$: $y(k) = \sqrt{2} \cdot \cos[\pi k/2 - \pi/4]$,
3. $f = 1/2$: $y(k) = 2(-1)^k$,
4. Aus den Fällen 1 und 3 folgt $y(k) = -6(-1)^k$.

Lösung 4.3 (Faktorisierung)

1. Die Übertragungsfunktion $H(z) = 1 - z^{-3}$ besitzt die Nullstelle $z_1 = 1$. Die Polynomdivision von $H(z)$ durch $z - 1$ führt auf $H(z) = z^{-3}(z-1)(z^2+z+1)$. Die beiden weiteren Nullstellen der Übertragungsfunktion sind

$$z_{2,3} = -\frac{1}{2} \pm \sqrt{\frac{1}{4} - 1} = -\frac{1}{2} \pm \mathrm{j}\,\frac{\sqrt{3}}{2}$$

und damit nichtreell. Daraus folgt die Faktorisierung

$$H(z) = \frac{z-1}{z} \cdot \frac{z^2+z+1}{z^2}$$

und daraus die reellwertigen Impulsantworten der Teilsysteme gemäß

$$h_1(k) = \delta(k) - \delta(k-1)\,,\ h_2(k) = \delta(k) + \delta(k-1) + \delta(k-2)\,.$$

2. Die Nullstelle $z_1 = 1$ der Übertragungsfunktion offenbart eine erste Nullstelle der Frequenzfunktion bei $f_1 = 0$. Die Nullstellen z_2 und z_3 sind zueinander konjugiert komplex und liegen auf dem Einheitskreis wegen $|z_{2,3}|^2 = 1/4 + 3/4 = 1$. Folglich ergibt sich eine weitere Nullstelle f_0 der Frequenzfunktion im Frequenzbereich $0 \leq f \leq 1/2$ aus

$$2\pi f_0 = \arg z_2 = \pi + \arctan\frac{\sqrt{3}/2}{-1/2} = \pi - \arctan\sqrt{3}$$

zu $f_2 = 1/3$.

Lösung 4.4 (Frequenzfunktion eines FIR–Filters)

1. Die Frequenzfunktion erhält man durch Einsetzen von $z = e^{j\,2\pi f}$ in die Übertragungsfunktion

$$H(z) = z^{-3} \cdot (z^2 - 0.618z + 1)(z - 0.5)$$
$$= 1 - 1.118z^{-1} + 1.309z^{-2} - 0.5z^{-3} \ :$$

	$f=0$	1/12	1/6	1/4	1/3	5/12	1/2
$\mathrm{Re}\, h^F(f)$	0.691	0.686	0.287	-0.309	0.405	2.623	3.927
$\mathrm{Im}\, h^F(f)$	0	-0.075	-0.165	0.618	2.102	2.193	0
$\lvert h^F(f)\rvert$	0.691	0.69	0.331	0.691	2.14	3.419	3.927
$\Phi(f)$	0	-0.108	-0.524	2.034	1.381	0.696	0

2. Die Nullstelle $z_1 = 0.5$ liegt nicht auf dem Einheitskreis und liefert daher keine Nullstelle der Frequenzfunktion. Die beiden anderen Nullstellen

$$z_{2,3} = 0.309 \pm \sqrt{0.309^2 - 1} = 0.309 \pm 0.951\,j$$

liegen auf dem Einheitskreis und liefern im Frequenzbereich $0 \leq f \leq 1/2$ die Nullstelle $f_0 = 0.2$.
3. Aus dem Faltungssatz und der Verschiebungs–Regel folgt $h_1^F(f) = e^{-j\,2\pi f} \cdot [h^F(f)]^2$ und daraus

$$A_1(f) = A^2(f)\ ,\ \Phi_1(f) = -2\pi f + 2\Phi(f)\ .$$

Für $f = 1/4$ folgt $A_1(f) = 0.691^2 = 0.477$ und $\Phi_1(f) = -\pi/2 + 2 \cdot 2.034 = 2.497$.

Lösung 4.5 (Rücktransformation mit Hilfe der DFT)

Die Rücktransfomation mit der DFT für $T_0 = 3$ liefert

$$h(k) = \frac{1}{3}[h^F(0) + h^F(1/3)\, e^{j\,2\pi k/3} + h^F(2/3)\, e^{j\,4\pi k/3}]$$

mit

$$h^F(2/3) = h^F(-1/3) = [h^F(1/3)]^* = 1 - 0.75j\ .$$

Daraus erhält man die Filterkoeffizienten

$$h(0) = 1\ ,\ h(1) = -0.433\ ,\ h(2) = 0.433\ .$$

Lösung 4.6 (Symmetrische Filter vom Typ 1)

Die Auswertung von $|h^F(f)|$ bei den Frequenzen $f = 0$; $f = 1/4$ und $f = 1/2$ zeigt, dass mit FIR–Filtern vom Symmetrietyp 1 alle Filtertypen (Tiefpass, Hochpass, Bandpass und Bandsperre) realisiert werden können:

	$\lvert h^F(0)\rvert$	$\lvert h^F(1/4)\rvert$	$\lvert h^F(1/2)\rvert$	Filtertyp
1.	1	1/2	0	Tiefpass
2.	0	1/2	1	Hochpass
3.	0	1	0	Bandpass
4.	1	0	1	Bandsperre

Lösung 4.7 (Phasenfunktion symmetrischer FIR–Filter)

Symmetrietypen

Das zweite FIR–Filter ist achsensymmetrisch mit Symmetriezentrum $k_0 = 1$, die beiden anderen FIR–Filter sind punktsymmetrisch mit $k_0 = 0.5$ bzw. $k_0 = 0$.

Gruppenlaufzeiten und Ableitungen

Die Gruppenlaufzeiten τ_g und die Ableitungen $\Phi'(f) = -2\pi\tau_g$ ergeben sich aus der folgenden Tabelle:

	τ_g	$\Phi'(f)$	$\Phi(0-)$	$\Phi(0+)$	$\Phi(0)$
1.	0.5	$-\pi$	$\pi/2$	$-\pi/2$	—
2.	1	-2π	$-\pi$	π	π
3.	0	0	$\pi/2$	$-\pi/2$	—

Werte der Phasenfunktionen

1. Der Zusammenhang mit der Phasenfunktion des Differenzierers, $\Phi_1(f) := \pi/2 - \pi f$, $0 < f < 1$, lautet
$$\Phi(f) = \Phi_1(f) \pm \pi \,.$$
$\Phi(0)$ ist nicht definiert wegen $h^F(0) = 0$. Außerdem folgt $\Phi(0+) = \pi/2$ und $\Phi(0-) = -\Phi(0+) = -\pi/2$.
2. Die Impulsantwort entsteht durch Verzögerung der Impulsantwort des 121–Filters um 1 Zeiteinheit und Multiplikation mit -1. Folglich ist die Frequenzfunktion
$$h^F(f) = -\,e^{j\,2\pi f} \cdot \cos^2[\pi f] \,.$$
Die Phasenfunktion ist daher durch
$$0 \leq f < 1/2 \;:\; \Phi(f) = \pi - 2\pi f \,,\; -1/2 < f < 0 \;:\; \Phi(f) = -\pi - 2\pi f$$
gegeben. Daraus folgt $\Phi(0) = \Phi(0+) = \pi$ und $\Phi(0-) = -\pi$.
3. Die Frequenzfunktion ist rein imaginär, da die Impulsantwort ungerade ist:
$$h^F(f) = e^{-j\,2\pi f} - e^{j\,2\pi f} = -2j\,\sin[2\pi f] \,.$$
Die Phasenfunktion ist daher für $0 < f < 1/2$ gleich $\Phi(f) = -\pi/2$. $\Phi(0)$ ist nicht definiert wegen $h^F(0) = 0$. Die Grenzwerte lauten $\Phi(0+) = -\pi/2$ und $\Phi(0-) = -\Phi(0+) = \pi/2$.

Lösung 4.8 (Charakteristische Gleichung)

1. Die Rückkopplung ist stabil, da die Wurzeln der charakteristischen Gleichung im Innern des Einheitskreises liegen: $|p_{1,2}| = 0.75 < 1$ und $|p_3| < 1$.
2. Aus $2\pi f_0 = \arg p_1$ folgt die Eigenfrequenz $f_0 = 0.152$.
3. Mit Hilfe der angegebenen Polstellen findet man für die Übertragungsfunktion
$$\begin{aligned} A(z) &= \frac{z-p_1}{z} \cdot \frac{z-p_2}{z} \cdot \frac{z-p_3}{z} \\ &= 1 - 0.1z^{-1} - 0.15z^{-2} + 0.675z^{-3} \end{aligned}$$
und daraus die DGL
$$y(k) - 0.1y(k-1) - 0.15y(k-2) + 0.675y(k-3) = x(k) \,.$$

Lösung 4.9 (Rückkopplung 2. Ordnung)

1. Die Filterkoeffizienten lauten $a_1 = a_2 = 0.5$.
2. Es liegt der stabile Schwingfall vor.
3. Die Wurzeln der charakteristischen Gleichung lauten

$$p_{1,2} = -\frac{1}{4} \pm \mathrm{j}\,\frac{\sqrt{7}}{4}\,.$$

4. Die Eigenfrequenz ist $f_0 = \arg p_1 = 0.277$.
5. Die Impulsantwort der Rückkopplung lautet

$$h(k) = \varepsilon(k)|p_1|^k \cdot \frac{\sin[2\pi f_0(k+1)]}{\sin[2\pi f_0]}$$

mit $|p_1| = \sqrt{2}/2$. Daraus erhält man die Werte $h(0) = 1$, $h(1) = -0.5$, $h(2) = -0.25$ und $h(3) = 0.375$.
6. Die gleichen Werte findet man durch eine rekursive Berechnung der Impulsantwort gemäß

$$h(-1) = 0\,,\ h(0) = 1\,,\ h(k) = -a_1 h(k-1) - a_2 h(k-2)\,,\ k > 0\,.$$

Lösung 4.10 (z–Transformation)

1. $H(z) = 1/(z-1)$.
2. Es ist ebenfalls $H(z) = 1/(z-1)$, da die Impulsantwort mit der vorherigen Impulsantwort übereinstimmt.
3. Mit der geometrischen Summenformel erhält man

$$H(z) = 1 + \lambda z^{-2} + \lambda^2 z^{-4} = \frac{1-(\lambda z^{-2})^3}{1-\lambda z^{-2}} = \frac{z^6 - \lambda^3}{z^6 - \lambda z^4}\,.$$

4. $H(z) = z^2/(z^2 - \lambda)$.

Lösung 4.11 (Übertragungsfunktion eines realisierbaren Systems)

1. Die Übertragungsfunktion lautet

$$H(z) = \frac{1}{2} \cdot \frac{z + 1/2}{z^2 + 1/2 \cdot z - 3/16}\,.$$

2. Die Nullstellen lauten: $z_1 = -1/2$. Die Polstellen sind $p_1 = 1/4$, $p_2 = -3/4$. Folglich ist die DGL nichtreduzierbar.
3. Das System ist stabil, da der Polradius $r_1 = 3/4 < 1$ ist. Dies ist außerdem die untere Konvergenzgrenze.
4. Durch rekursive Auswertung der DGL gemäß

$$h(-2) = h(-1) = 0\,,\ h(k) = -a_1 h(k-1) - a_2 h(k-2) + b_1 \delta(k-1) + b_2 \delta(k-2)$$

für $a_1 = 1/2$, $a_2 = -3/16$, $b_1 = 1/2$, $b_2 = 1/4$ erhält man die Werte

$$h(0) = 1\,,\ h(1) = 1/2\,,\ h(2) = 0\,,\ h(3) = 3/32\,,\ h(4) = -3/64\,.$$

5. Aus der Übertragungsfunktion

$$H(z) = \frac{1}{2} z^{-1} \cdot [1 + 1/2 \cdot z^{-1}] \cdot \frac{z^2}{(z-p_1)(z-p_2)}$$

folgt, dass sich die Impulsantwort aus der Faltung von $1/2 \cdot \delta(k-1) + 1/4 \cdot \delta(k-2)$ mit

$$\varepsilon(k)\frac{p_2^{k+1}-p_1^{k+1}}{p_2-p_1}$$

ergibt. Man erhält

$$h(k)=1/2\cdot\varepsilon(k-1)\cdot(p_1^k-p_2^k)+1/4\cdot\varepsilon(k-2)\cdot(p_1^{k-1}-p_2^{k-1})$$

und daraus für $k\geq 2$

$$h(k)=3/2\cdot p_1^k-1/6\cdot p_2^k\,.$$

6. Das System besitzt die Latenzzeit $k_1=1$ und lässt sich daher nicht durch ein kausales System umkehren.
7. Die gesuchte Übertragungsfunktion lautet

$$H_1(z)=z^{-1}\cdot\frac{1}{H(z)}=2\cdot\frac{1+1/2\cdot z^{-1}-3/16\cdot z^{-2}}{1+1/2\cdot z^{-1}}\;,\;|z|>1/2\,.$$

Daraus folgt die DGL

$$y(k)+0.5y(k-1)=2x(k)+x(k-1)-3/8\cdot x(k-2)\,.$$

8. FIR–Filter: $b(k)=2\delta(k)+\delta(k-1)-3/8\cdot\delta(k-2)$.
FIR–Filter im Rückkopplungspfad:

$$h_{\mathrm{RP}}(k)=\delta(k)-[\delta(k)+0.5\delta(k-1)]=-0.5\delta(k-1)\,.$$

Lösung 4.12 (Frequenzfunktion eines realisierbaren Systems)

1. Die Übertragungsfunktion lautet

$$H(z)=\frac{\lambda z^{-2}}{1-\lambda z^{-2}}\,.$$

2. Aus den Polstellen $p_{1,2}=\pm\sqrt{\lambda}$ folgt der Polradius $|p_{1,2}|=|\lambda|$. Daraus folgt die Bedingung $|\lambda|<1$.
3. Für die Frequenzfunktion erhält man

$$h^F(f)=\frac{\lambda\,\mathrm{e}^{-\mathrm{j}\,4\pi f}}{1-\lambda\,\mathrm{e}^{-\mathrm{j}\,4\pi f}}$$

und daraus für $\lambda=0.5$ die Werte $|h^F(0)|=|h^F(1/2)|=1$ und $|h^F(1/4)|=|-1/3|=1/3$.
4. Grundsätzlich gibt es die folgenden zwei Möglichkeiten:

   a. $H_2(z)=\pm(1-\lambda z^{-2})/\lambda$.
   Die Übertragungsfunktion der Hintereinanderschaltung ist dann $\pm z^{-2}$.
   b. $H_2(z)=\pm(\lambda-z^{-2})/\lambda$.
   Die Hintereinanderschaltung ist in diesem Fall ebenfalls ein Allpass mit der Übertragungsfunktion

$$\pm z^{-2}\cdot\frac{\lambda-z^{-2}}{1-\lambda z^{-2}}\,.$$

Weitere Allpässe erhält man aus $z^{-c}\cdot H_2(z)$.

Literaturverzeichnis

1. Oppenheim A, Schafer R.W. (1975) Digital Signal Processing, Prentice–Hall, Englewood Cliffs, N.J.
2. Kammeyer K.D., Kroschel K. (2002) Digitale Signalverarbeitung, 5. Auflage, Teubner, Stuttgart Leipzig Wiesbaden
3. Unbehauen R. (1997) Systemtheorie – Allgemeine Grundlagen, Signale und lineare Systeme im Zeitbereich und Frequenzbereich, Bd. 1, 7. Auflage, Oldenbourg, München Wien
4. Lüke H.D. (1999) Signalübertragung – Grundlagen der digitalen und analogen Nachrichtenübertragungssysteme, 7. Auflage, Springer, Berlin Heidelberg New York
5. Wendemuth A. (2005) Grundlagen der digitalen Signalverarbeitung, Springer, Berlin Heidelberg New York
6. Grüningen D.Ch. (2004) Digitale Signalverarbeitung, 3. Auflage, Fachbuchverlag Leipzig
7. Krabs W. (1995) Mathematical Foundations of Signal Theory, Heldermann Verlag, Berlin
8. Jantscher L. (1971) Distributionen, Walter de Gruyter, Berlin New York
9. Huang T.S. (1979) Picture Processing and Digital Filtering, 2. Auflage, Springer, Berlin Heidelberg New York
10. Vogel P. (1999) Signaltheorie und Kodierung, Springer, Berlin Heidelberg New York
11. Netravali A.N., Haskell B.G. (1988) Digital Pictures – Representation and Compression, Plenum Press, New York London
12. Tietze U., Schenk Ch. (1999) Halbleiter-Schaltungstechnik, 11. Auflage, Springer, Berlin Heidelberg New York
13. Bronstein I.N., Semendjajew K.A. (1991) Taschenbuch der Mathematik, 25. Auflage, Teubner, Stuttgart Leipzig
14. v.Mangoldt, Knopp (1974, 1975) Einführung in die höhere Mathematik, Bd. II, III: 14. Auflage, Bd. IV: 2. Auflage, Hirzel, Stuttgart
15. Wloka, J. (1971) Funktionalanalysis und Anwendungen, 1. Auflage, de Gruyter, Berlin New York
16. Isermann R. (1986) Digitale Regelsysteme, Bd. 1: Grundlagen deterministische Regelungen, 2. Auflage, Springer, Berlin Heidelberg New York
17. Abramowitz M., Stegun I.A. (1972) Handbook of Mathematical Functions, Dover Publications, New York
18. Papoulis A. (1991) Probability, Random Variables, and Stochastic Processes, 3. Auflage, McGraw-Hill, Boston

Sachverzeichnis